Praxisbeispiele Bauphysik

Wolfgang M. Willems · Kai Schild ·
Diana Stricker · Alexandra Wagner

Praxisbeispiele Bauphysik

Wärme – Feuchte – Schall – Brand – Aufgaben mit Lösungen

5. Auflage

Mit 132 Verständnisfragen, 107 Aufgaben und ausführlichen Lösungen

Wolfgang M. Willems
TU Dortmund
Dortmund, Deutschland

Kai Schild
TU Dortmund
Dortmund, Deutschland

Diana Stricker
Ruhr-Universität Bochum
Bochum, Deutschland

Alexandra Wagner
Ruhr-Universität Bochum
Bochum, Deutschland

ISBN 978-3-658-25169-7 ISBN 978-3-658-25170-3 (eBook)
https://doi.org/10.1007/978-3-658-25170-3

Die Deutsche Nationalbibliothek verzeichnet diese Publikation in der Deutschen Nationalbibliografie; detaillierte bibliografische Daten sind im Internet über http://dnb.d-nb.de abrufbar.

Springer Vieweg

Springer Vieweg ist ein Imprint der eingetragenen Gesellschaft Springer Fachmedien Wiesbaden GmbH und ist ein Teil von Springer Nature
Die Anschrift der Gesellschaft ist: Abraham-Lincoln-Str. 46, 65189 Wiesbaden, Germany

Vorwort

Das Fachgebiet der Bauphysik hat sich in den letzten 35 Jahren zu einem der zentralen Arbeitsbereiche im Bauwesen entwickelt. Architekten und Bauingenieure müssen sich daher mit immer differenzierteren und vielschichtigeren Normen und Regelwerken auseinandersetzen. Physikalische Grundlagen, gesetzliche Anforderungen, Nachweisverfahren und Kennwerte der Bauphysik werden den Studierenden in Vorlesungen und Übungen nahegebracht.

Das vorliegende Übungsbuch beschäftigt sich mit den bauphysikalischen Grundlagen der folgenden Bereiche: Wärmeschutz und Energieeinsparung, Feuchte-, Schall- und Brandschutz. Das Buch enthält einen Aufgabenteil und einen Lösungsteil, wobei für jedes bauphysikalische Teilgebiet Verständnisfragen und Aufgaben mit den jeweiligen Lösungen aufgeführt sind. Allen Lösungswegen sind genaue Nummerierungs-Verweise auf Tabellen und Formeln des Nachschlagewerkes „Formeln und Tabellen - Bauphysik -“ und damit auf die zugrunde liegenden Normen und Regelwerke beigefügt.

Seit Erscheinen der vierten Ausgabe der Praxisbeispiele Bauphysik, sowie der Formeln und Tabellen Bauphysik ist nun schon wieder einige Zeit verstrichen, in denen sich im Hinblick auf Normen und Regelwerke einige Änderungen ergeben haben. Also wurden in der fünften Auflage - neben einigen redaktionellen Änderungen - der Bereich „Schallschutz“ entsprechend überarbeitet und auf den aktuellen Stand gebracht.

Inhaltlich finden die Nutzer dieses Buches Fragen und Aufgaben aus Lehrveranstaltungen sowie früheren Klausuren an der Ruhr-Universität Bochum und der TU Dortmund ebenso wieder wie praktische Fragestellungen aus Ingenieurbüro- und Forschungstätigkeiten der Wissenschaftlichen Mitarbeiter. An dieser Stelle sei besonders den inzwischen mehreren Generationen von Auszubildenden des Berufsfeldes „Bauzeichner“ gedankt, die die zahlreichen Bilder erstellt haben.

Bochum und Dortmund im Januar 2019

Die Autoren

Hinweis:

Die im Lösungsteil rechtsseitig aufgeführten Formel- und Tabellennummerierungen, z.B. (*Formel 2.1.2-1*), beziehen sich auf das Fachbuch:

Formeln und Tabellen Bauphysik, 5. Auflage

von Wolfgang M. Willems, Kai Schild, Diana Stricker, Alexandra Wagner

Inhaltsverzeichnis

1 Fragen und Aufgaben

2 Antworten und Lösungen

3 Anhang

1 Fragen und Aufgaben

1.1 Wärmeschutz und Energieeinsparung

1.1.1 Verständnisfragen

1. Wovon hängt die Wärmeleitfähigkeit eines Baustoffes ab?

2. Wodurch entstehen Wärmeströme in einem Bauteil?

3. Welche drei Wärmetransportmechanismen gibt es?

4. Was beschreiben die Begriffe „Wärmedurchlasswiderstand“ und „Wärmedurchgangswiderstand“?

5. Gegeben ist der Verlauf der Außenlufttemperatur im Punkt 0 über ein Jahr sowie ein Bereich ungestörtes Erdreich. Welcher Temperaturverlauf stellt sich in den Punkten 1 und 2 ein?

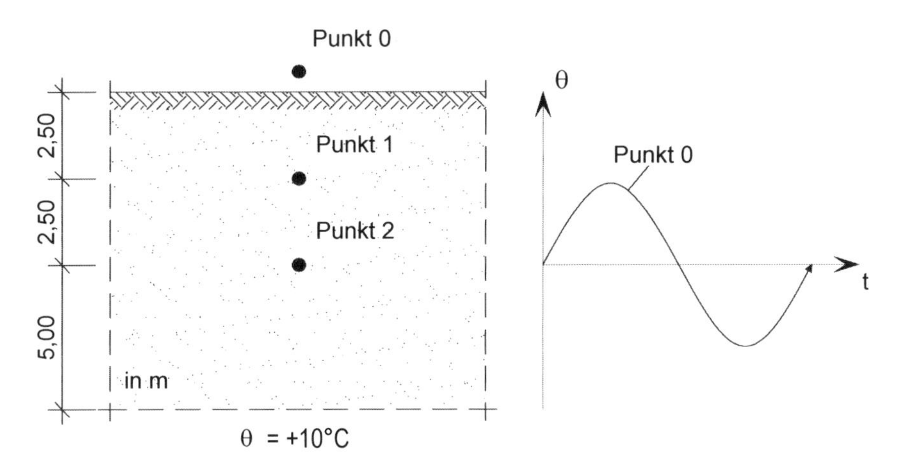

6. Was versteht man unter der „spezifischen Wärmekapazität“?

7. Erläutern Sie den Begriff „Konvektion“ beispielhaft für die Wärmeübertragung in einem Wohnraum.

8. Warum werden für den inneren und den äußeren Wärmeübergangswiderstand unterschiedliche Werte angesetzt?

9. Was ist bei der Berechnung des Wärmedurchgangswiderstandes von Bauteilen mit Abdichtungen zu beachten?

W. M. Willems et al., *Praxisbeispiele Bauphysik*,
https://doi.org/10.1007/978-3-658-25170-3_1

10. Welchen Wärmedurchlasswiderstand weist eine Außenwand aus 23 cm Stahlbeton auf und wieviel cm Wärmedämmung (WLG 040) entspricht sie?

11. Welchen U-Wert besitzt eine Wand, die bei $\theta_e = -10$ °C und $\theta_i = 20$ °C eine Wärmestromdichte von $q = 1{,}0$ W/m² aufweist?

12. Wie groß ist der schlechtestmögliche Wärmedurchgangskoeffizient einer Außenwandkonstruktion?

13. Wie werden „ruhende" Luftschichten, „schwach belüftete" Luftschichten und „stark belüftete" Luftschichten bei der Berechnung des *U*-Wertes behandelt?

14. Warum unterscheiden sich die Anforderungen an den Mindestwärmeschutz z.B. für Außenwände zwischen $R = 1{,}2$ (m²·K)/W für Bauteile mit $m' \geq 100$ kg/m² und $R = 1{,}75$ (m²·K)/W für Bauteile mit $m' < 100$ kg/m²?

15. Warum sollten bei Innendämmungen stets auch die einbindenden Bauteile bis zu einem gewissen Maß mitgedämmt werden?

16. Wie kann beim Nachweis nach EnEV der zusätzliche Wärmedurchlasswiderstand eines unbeheizten Raumes berücksichtigt werden?

17. Was versteht man unter einer Wärmebrücke?

18. Wie werden die zusätzlichen Wärmeverluste im Bereich von Wärmebrücken beim Nachweis nach EnEV berücksichtigt?

19. Welche Temperaturkorrekturfaktoren F_x sind beim Nachweis nach EnEV für erdberührte Bauteile anzusetzen, wenn deren U-Wert nach DIN EN ISO 13370 berechnet wurde?

20. Was besagt der längenbezogene Wärmedurchgangskoeffizient?

21. Was beschreiben die Größen „Nutz-", „End-" und „Primärenergiebedarf"?

22. Von welchen Faktoren hängt der Sonneneintragskennwert S beim sommerlichen Wärmeschutz ab?

23. Welchen Einfluss beschreibt der Faktor F_c beim Nachweis des sommerlichen Wärmeschutzes?

24. Erklären Sie die Wärmeübertragungsvorgänge in einem porösen Medium mit Hilfe einer Skizze.

25. Was besagt die Anlagenaufwandszahl e_p?

26. Erläutern Sie den Aufbau und die Wirkungsweise von Wärmeschutzverglasungen.

27. Dargestellt ist eine Außenwand in Skelettbauweise sowie drei Berechnungsmodelle a) bis c). Welche Modelle können für eine U-Wert Berechnung nach DIN EN ISO 6946 verwendet werden, welche für eine numerische Ermittlung mit Hilfe einer FE-Software (Finite Elemente)?

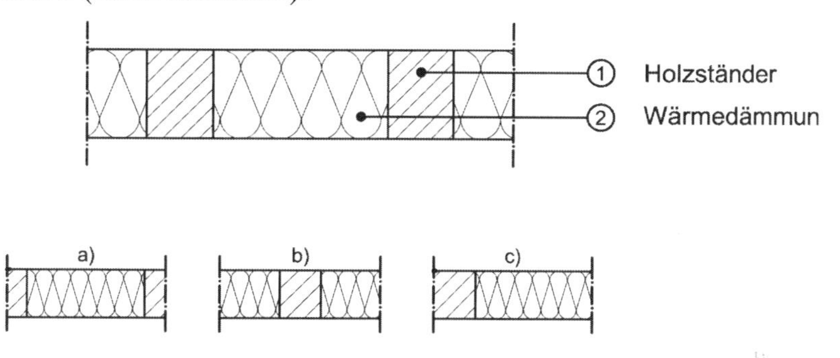

28. Welche Temperatur θ_x ergibt sich an der Stelle x für den unten dargestellten Querschnitt?

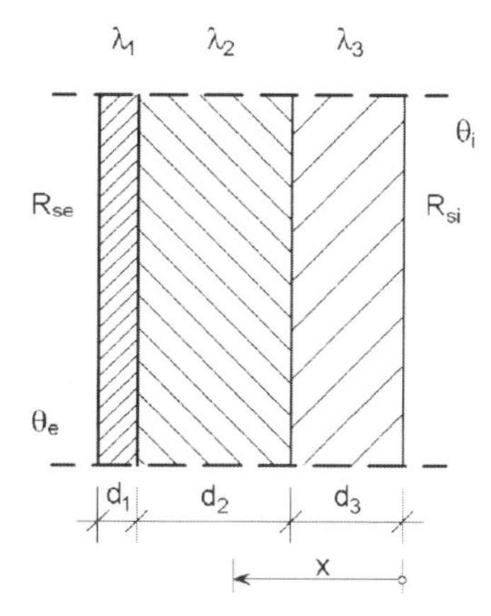

29. Wie kann beim Nachweis nach EnEV der Transmissionswärmeverlust H_T positiv beeinflusst werden, wie der Jahres-Primärenergiebedarf Q_P?

30. Wovon ist der sommerliche Wärmeschutz, d.h. die Raumlufttemperatur im Sommer abhängig?

31. Stellen Sie die prinzipielle Bilanzgleichung mit Energieverlusten und -gewinnen für die Berechnung des Jahres-Heizwärmebedarfs eines Gebäudes auf und erläutern Sie die einzelnen Bilanzanteile.

32. Ordnen Sie die Primärenergiefaktoren (nicht erneuerbarer Anteil) dem jeweiligen Energieträger zu.

Erdgas	0,2
Holz	1,8
Strommix	1,1

33. Die Energieeinsparverordnung kennt bei der Ermittlung des Jahres-Heizwärmebedarfs eines Gebäudes Energieverluste und –gewinne. Nennen und erklären Sie diese.

34. Erläutern Sie den Begriff „Referenzgebäude" im Zusammenhang mit der EnEV.

35. Gegeben sind zwei Außenwandkonstruktionen (AW 1 und AW 2), die sich nur in der Reihenfolge der Bauteilschichten unterscheiden. Jeweils die äußeren und inneren Lufttemperaturen seinen bei beiden Konstruktionen gleich und stationär.

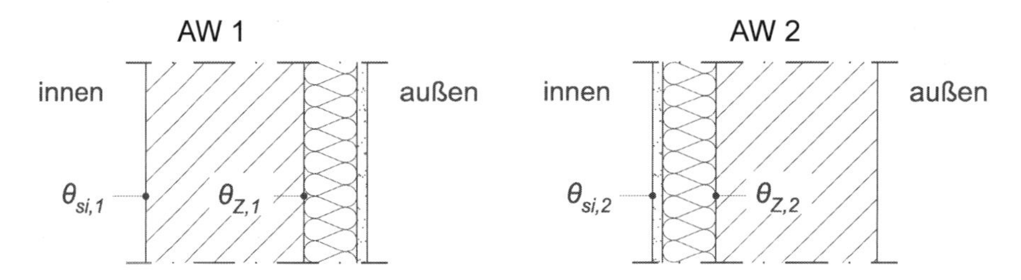

Welche Zusammenhänge sind richtig?

a) ☐ $\theta_{si,1} < \theta_{si,2}$ ☐ $\theta_{si,1} = \theta_{si,2}$ ☐ $\theta_{si,1} > \theta_{si,2}$

b) ☐ $\theta_{si,1} < \theta_{si,2}$ ☐ $\theta_{si,1} = \theta_{si,2}$ ☐ $\theta_{si,1} > \theta_{si,2}$

c) ☐ $U_1 < U_2$ ☐ $U_1 = U_2$ ☐ $U_1 > U_2$

d) ☐ $C_{wirk,1} < C_{wirk,2}$ ☐ $C_{wirk,1} = C_{wirk,2}$ ☐ $C_{wirk,1} > C_{wirk,2}$

e) Es sei $p_{s,z}$ der Sättigungsdampfdruck zwischen Dämmung und Mauerwerk:
☐ $p_{s,z,1} < p_{s,z,2}$ ☐ $p_{s,z,1} = p_{s,z,2}$ ☐ $p_{s,z,1} > p_{s,z,2}$

36. Wann tritt der sogenannte „Treibhauseffekt" bei Räumen auf? Wenn
    a) der Raum durch eine Fußbodenheizung überheizt wird,
    b) die relative Raumluftfeuchte 70 % übersteigt,
    c) die Verglasung der Fenster langwellige Strahlung nicht durchläßt,
    d) die Verglasung der Fenster kurzwellige Strahlung nicht durchläßt.

37. Skizzieren Sie den Verlauf der Isothermen in den dargestellten Aufbauten unter der Annahme folgender anliegender Temperaturen:

Innentemperatur θ_i = 20 °C; Außentemperatur θ_e = -5 °C

a) Außenwandecke

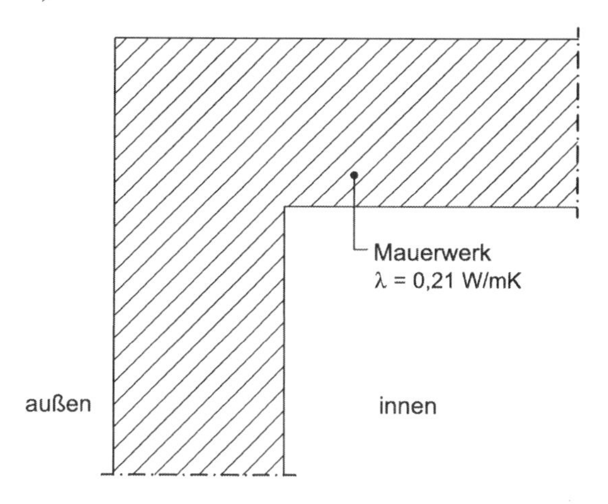

b) Außenwand mit wärmegedämmter Stütze

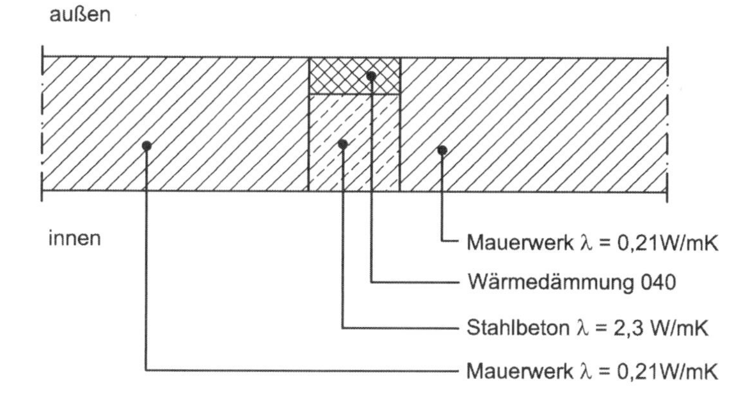

38. Nennen Sie die Planungsgrundsätze einer luftdichten Gebäudehülle.

1.1.2 Aufgaben zum Wärmeschutz

Aufgabe 1

Welche Wärmemenge Q wird in einem Vollziegel (ρ =1600 kg/m^3) mit den Abmessungen 24 cm x 11,5 cm x 7,1 cm bei einer Erwärmung des Ziegels von 15 °C auf 45 °C gespeichert?

Aufgabe 2

Welche Wärmemenge Q geht an einem Tag durch ein Fenster mit dem Wärmedurchgangskoeffizienten von U=1,2 W/(m^{2}K) und der Fläche von 2 m^2 verloren, wenn die mittlere Außentemperatur 0 °C beträgt und die Heizung im Innenraum von 7.00 - 22.00 Uhr auf 22 °C und in der verbleibenden Zeit auf 15 °C eingestellt wird?

Aufgabe 3

a) Berechnen Sie den U-Wert der folgenden Außenwand:

Detail - Darstellung	Baustoffe	ρ kg/m^3	λ W/(m·K)
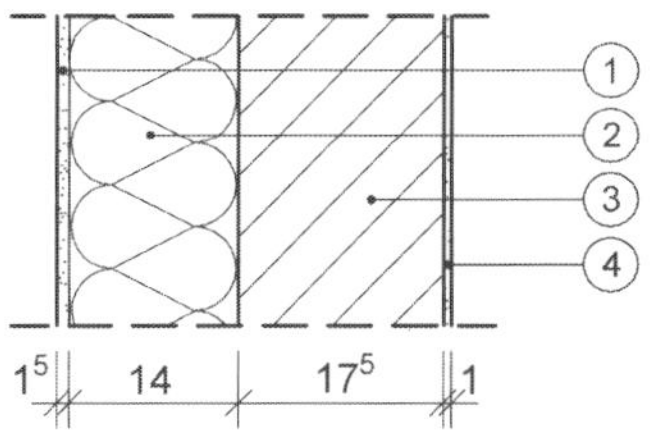	① Kalkzementputz	-	1,00
	② Wärmedämmung	-	0,04
	③ Kalksandsteinmauerwerk	1600	0,79
	④ Gipsputz ohne Zuschlag	-	0,51
1^5 14 17^5 1 Maße in cm			

b) Wie verändert sich der U-Wert für den Teil der Außenwand (30 m^2), der an eine unbeheizte Garage grenzt?
(Außenbauteilfläche der Garage: 87 m^2; Volumen der Garage: 105 m^3)

Aufgabe 4

Welcher Wärmedurchgangskoffizient U ergibt sich für das folgende Umkehrdach?

Detail - Darstellung	Baustoffe	ρ kg/m^3	λ W/(m·K)
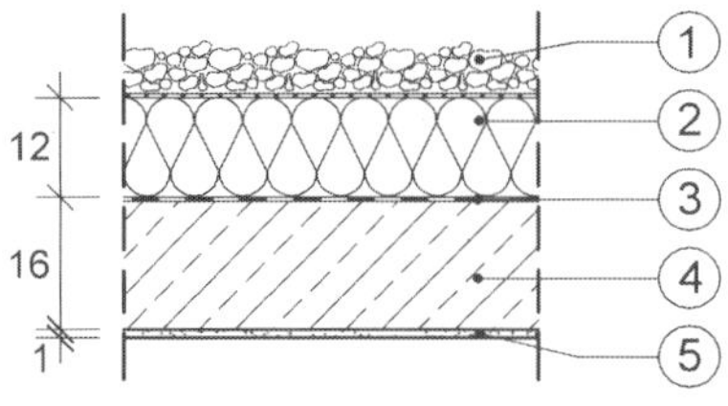	① Kiesschüttung auf Filtervlies	-	-
12	② Wärmedämmung, extrud. Polystyrolschaum	-	0,04
	③ Abdichtung	-	-
16	④ Stahlbeton im Gefälle	2300	2,30
1 Maße in cm	⑤ Gipsputz ohne Zuschlag	-	0,51

Aufgabe 5

Welche Dicke $d_{Dä}$ muss die Wärmedämmung der Außenwand gemäß u.a. Detail-Darstellung mindestens aufweisen, damit

a) der Mindestwärmeschutz und

b) die Anforderungen der Energieeinsparverordnung bei der baulichen Veränderung bestehender Bausubstanz erfüllt werden?

Detail - Darstellung	Baustoffe	ρ kg/m³	λ W/(m·K)
	① Kalkzementputz	-	1,00
	② Wärmedämmung, EPS	-	0,04
	③ Vollziegel (vorh. MW)	2200	1,20
	④ Gipsputz ohne Zuschlag	-	0,51
1⁵ | $d_{Dä}$ | 24 | 1 — Maße in cm			

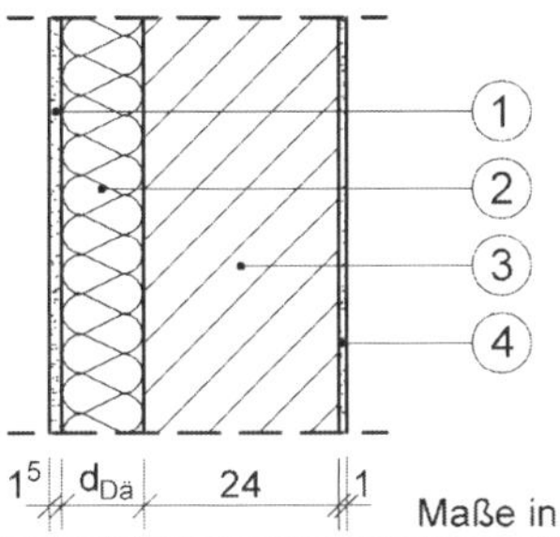

Aufgabe 6

Eine Fassade soll einen mittleren Wärmedurchgangskoeffizienten U_{W+AW}=0,45 W/(m²K) aufweisen. Die vorgesehenen Fenster besitzen einen Wärmedurchgangskoeffizienten von U_w=1,4 W/(m²K). Wie groß ist der maximal mögliche Fensterflächenanteil (in Prozent), wenn die Außenwandkonstruktion gemäß folgender Detail-Darstellung ausgeführt wird?

Detail - Darstellung	Baustoffe	ρ kg/m³	λ W/(m·K)
	① Kalkzementputz	-	1,00
	② Vollziegel (vorh. MW)	2200	1,20
	③ stehende Luftschicht	-	-
	④ Wärmedämmung, MW	-	0,04
	⑤ Hochlochziegel	1000	0,45
	⑥ Gipsputz ohne Zuschlag	-	0,51
1⁵ | 11⁵ | 4 | 8 | 24 | 1 — Maße in cm			

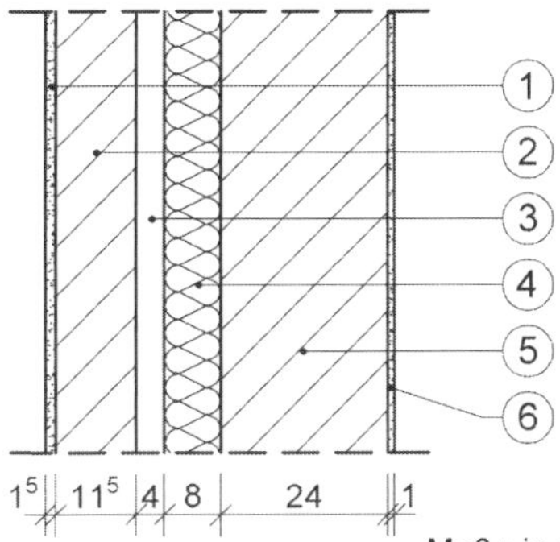

Aufgabe 7

Welche Dämmschichtdicke $d_{Dä}$ auf der Unterseite ist bei der dargestellten Deckenkonstruktion gegen Außenluft erforderlich, so dass der tägliche Wärmeverlust über dieses Bauteil einen Wert von 500.000 J pro m² nicht übersteigt? Geben Sie außerdem den Wärmedurchgangskoeffizienten an. (Innentemperatur = 20 °C; Außentemperatur = -5 °C)

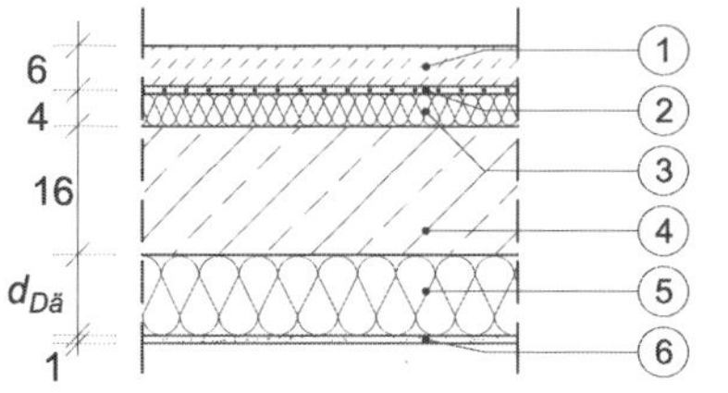

Detail - Darstellung	Baustoffe	ρ kg/m³	λ W/(m·K)
6 / 4 / 16 / $d_{Dä}$ / 1; Maße in cm	① Zementestrich	-	1,40
	② Trennschicht	-	-
	③ Wärme- u. Trittschalldämmung	-	0,035
	④ Stahlbeton	2300	2,30
	⑤ Wärmedämmung, EPS	-	0,035
	⑥ Kalkzementputz	-	1,00

Aufgabe 8

Die Wärmedurchgangskoeffizienten folgender Wandkonstruktionen sind zu berechnen. Formblätter finden Sie im Anhang.

Detail - Darstellung	Baustoffe	ρ kg/m³	λ W/(m·K)
a) Außenwand, erdberührt			
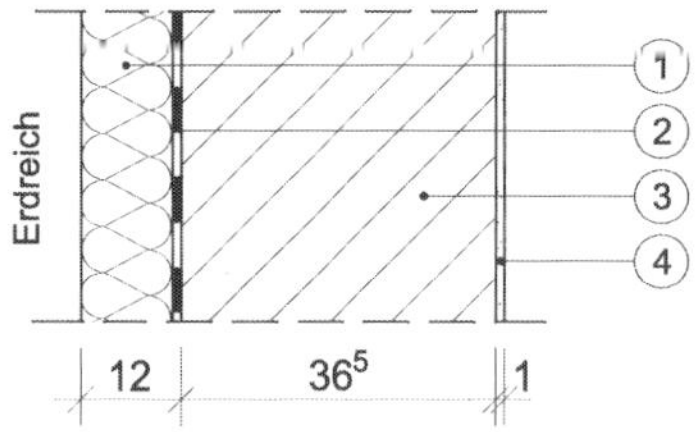 Erdreich; 12 / 36⁵ / 1	① Perimeter-Wärmedämmung	-	0,05
	② Abdichtung	-	-
	③ Kalksandstein	1600	0,79
	④ Gipsputz ohne Zuschlag	-	0,51
b) Innenwand zum unbeheizten Treppenhaus			
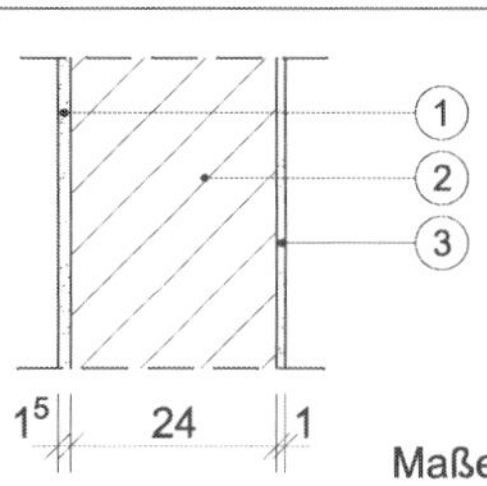 1⁵ / 24 / 1; Maße in cm	① Kalkgipsputz	-	1,00
	② Hochlochziegel	800	0,34
	③ Gipsputz ohne Zuschlag	-	0,51

Aufgabe 9

Gegeben ist folgender Dachquerschnitt.

Dachaufbau

Detail - Darstellung	Baustoffe	ρ kg/m³	λ W/(m·K)
2,5 %; Δd = 5; d_0 = 12; 16; 1; Maße in cm	(1) Kiesschüttung	-	-
	(2) Abdichtung	-	-
	(3) Wärmedämmung, XPS als Gefälledämmung	-	0,04
	(4) Dampfsperre	-	-
	(5) Stahlbeton	2300	2,30
	(6) Gipsputz ohne Zuschlag	-	0,51

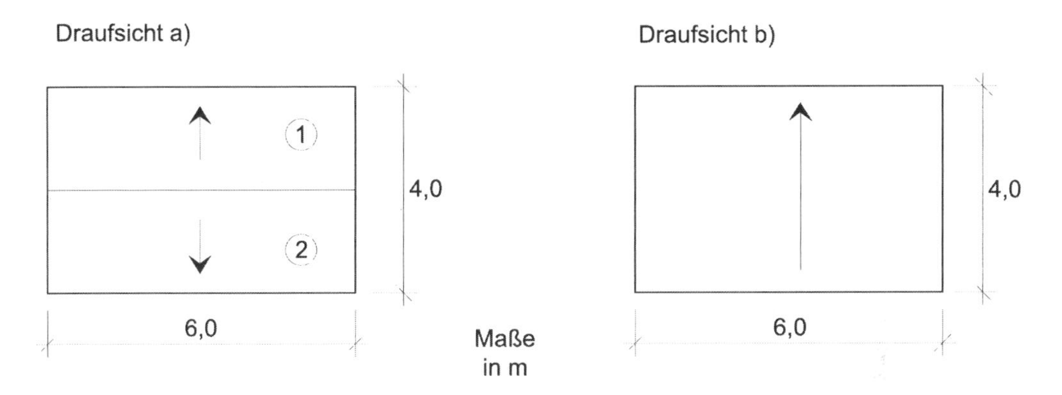

a) Wie groß ist der Wärmedurchgangskoeffizient U der Dachfläche bei einer zweiseitigen Entwässerung gemäß Draufsicht a)?

b) Welche Mindestdicke d_0 wäre bei einer einseitigen Entwässerung gemäß Draufsicht b) mit einer Mindestneigung von 2 % erforderlich, um den gleichen U-Wert wie in Aufgabenteil a) zu erhalten?

Aufgabe 10

Welche Wärmedurchgangskoeffizienten ergeben sich für die folgenden Konstruktionen?

Detail - Darstellung	Baustoffe	ρ kg/m³	λ W/(m·K)
a) Bodenplatte			
Maße: 6 / 10 / 20 / 10	① Zementestrich	-	1,40
	② Wärme- u. Trittschalldämmung	-	0,035
	③ Abdichtung	-	-
	④ Stahlbeton	2300	2,30
	⑤ Kiesschicht	-	-
b) Kellerdecke zum unbeheizten Keller			
Maße: 6 / 10 / 16 / 1,5	① Zementestrich	-	1,40
	② Trennschicht	-	-
	③ Wärme- u. Trittschalldämmung	-	0,035
	④ Stahlbeton	2300	2,30
	⑤ Kalkzementputz	-	1,00
c) Schrägdach mit 55° DN; (f_{Rippe} = 0,11 ; f_{Gefach} = 0,89)			
Maße: 4 / 16 / 1,5	① Unterspannbahn	-	-
	② Hinterlüftung	-	-
	③ Holzsparren	-	0,13
	④ Wärmedämmung, MW	-	0,04
	⑤ Dampfsperre (PE-Folie)	-	-
	⑥ Stehende Luftschicht	R = 0,16 m²K/W	
	⑦ Gipskartonplatte	-	0,25
d) Kehlbalkendecke (f_{Rippe} = 0,11 ; f_{Gefach} = 0,89)			
Dachraum; Maße: 2 / 20 / 1,5	① Spanplatten	-	0,14
	② Kehlbalken	-	0,13
	③ Wärmedämmung, MW	-	0,04
	④ Dampfsperre (PE-Folie)	-	-
	⑤ Stehende Luftschicht	R = 0,16 m²K/W	
Maße in cm	⑥ Gipskartonplatte	-	0,25

Aufgabe 11

Bei der Sanierung eines Verwaltungsgebäudes wird außenseitig ein Wärmedämm-Verbundsystem aufgebracht. Da die Fassadenebene außen aufgrund der Betonstützen verspringt, werden die Mauerwerks-Bereiche mit Dämmstoff aufgefüllt.

Wie groß ist der Wärmedurchgangskoeffizient der gesamten Außenwandkonstruktion?

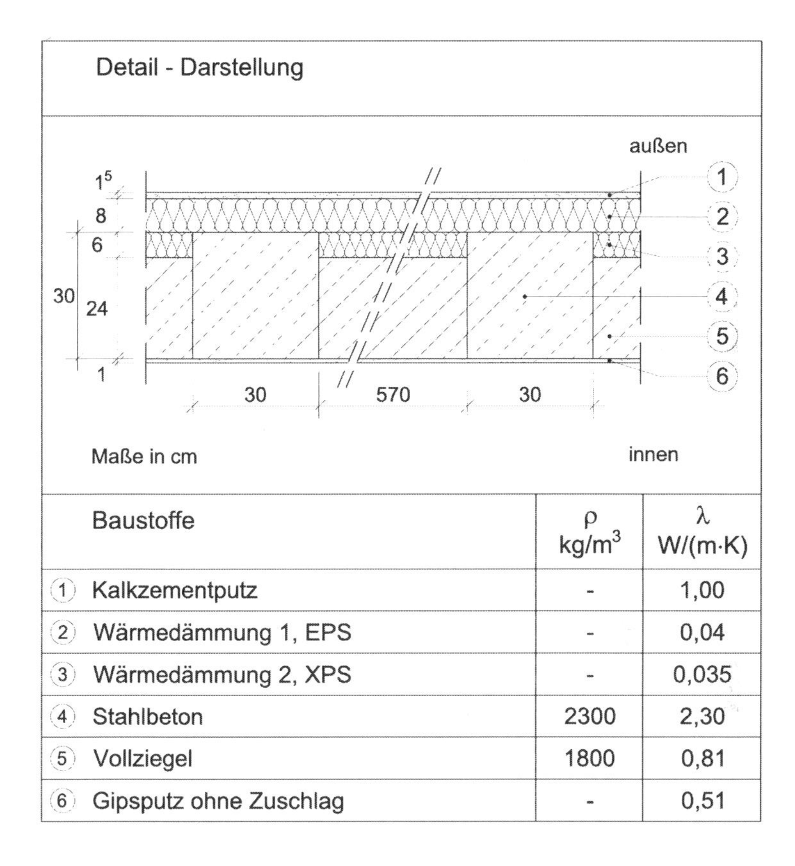

	Baustoffe	ρ kg/m³	λ W/(m·K)
1	Kalkzementputz	-	1,00
2	Wärmedämmung 1, EPS	-	0,04
3	Wärmedämmung 2, XPS	-	0,035
4	Stahlbeton	2300	2,30
5	Vollziegel	1800	0,81
6	Gipsputz ohne Zuschlag	-	0,51

Aufgabe 12

Welcher Wärmedurchgangskoeffizient ergibt sich, wenn bei der Außenwandkonstruktion mit Wärmedämmverbundsystem aus Aufgabe 3 die Befestigungsdübel für die Dämmschicht mit berücksichtigt werden?

U-Wert$_{\text{ohne Dübel}}$	0,25 W/m²·K
Anzahl der Befestigungselemente	2,78 Stück pro m²
Durchmesser der Befestigungsdübel	$d_f = 6{,}3$ mm
Wärmeleitfähigkeit der Dübel	$\lambda_f = 50$ W/m·K

Aufgabe 13

Welcher Wärmedurchgangskoeffizient U errechnet sich für die dargestellte Dachkonstruktion? Die untere Lattungsebene kann zur Vereinfachung als durchgehende stehende Luftschicht angenommen werden. Die Dachneigung beträgt 50°.
(Achtung: zwei Dämmschichten mit Holzkonstruktion dazwischen!)

Detail - Darstellung

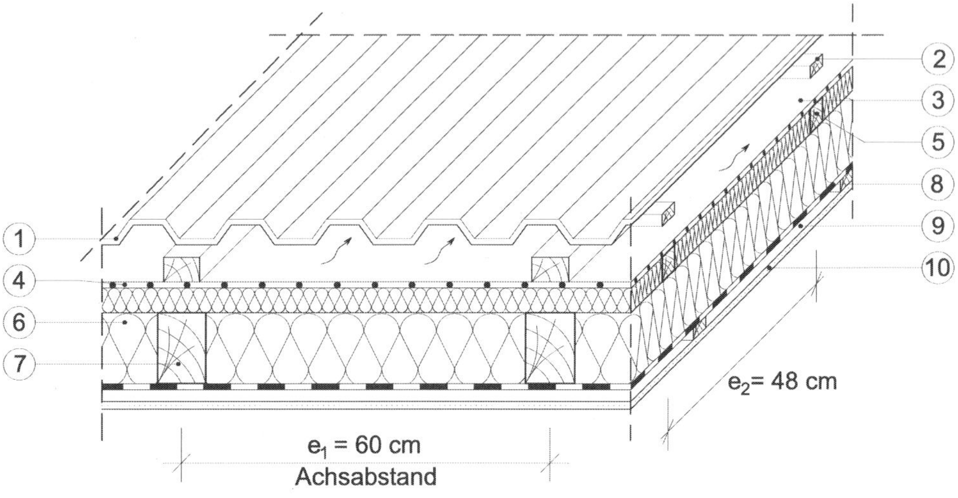

e_2= 48 cm

e_1 = 60 cm
Achsabstand

	Baustoffe	R_g (m²K)/W	λ W/(m·K)
1	Dachdeckung (Trapezblech)	-	-
2	Dachlattung	-	-
3	Konterlattung, Belüftungsebene	-	-
4	diffusionsoffene Unterspannbahn	-	-
5	Aufsparrendämmung mit Lattung (b/h = 4/4 cm)	-	0,035
6	Zwischensparrendämmung aus Mineralwolle	-	0,04
7	Sparren (b/h = 8/12 cm)	-	0,13
8	Dampfbremse	-	-
9	Stehende Luftschicht	0,16	-
10	Gipskartonplatte, d = 1,25 cm	-	0,25

Aufgabe 14

Welcher Temperaturverlauf stellt sich unter stationären Randbedingungen für den dargestellten Bodenplattenquerschnitt ein?

Detail - Darstellung	Baustoffe	ρ kg/m³	λ W/(m·K)
20°C	① Zementestrich	-	1,40
4⁵	② Trittschalldämmung	-	0,04
4	③ Stahlbeton	2300	2,30
16	④ Wärmedämmung, XPS	-	0,04
10	⑤ Magerbeton	-	-
10°C	⑥ Erdreich	-	-
Maße in cm			

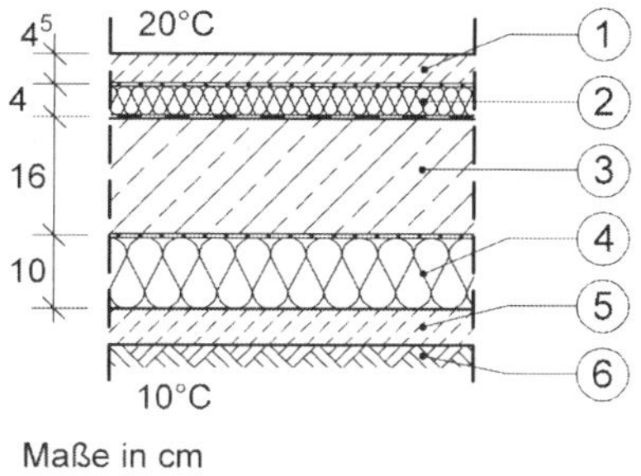

a) Rechnerisches Verfahren

b) Zeichnerisches Verfahren
(Formblätter finden Sie im Anhang)

Aufgabe 15

Gegeben ist die dargestellte zweischalige Außenwand mit Kerndämmung.

a) Wie groß ist die maximal mögliche Wärmeleitfähigkeit der Dämmschicht, wenn eine Wärmestromdichte von maximal 12 W/m² gefordert ist?

b) Wie groß ist der Temperaturunterschied $\Delta\theta_{2\text{-}3}$ in der Dämmschicht, wenn eine Wärmestromdichte von 5 W/m² gefordert ist? Die Dicke der Dämmschicht ist nicht bekannt.

Detail - Darstellung	Baustoffe	ρ kg/m³	λ W/(m·K)
θ_i = 20°C	① Vollziegel (vorh. MW)	2200	1,20
θ_e = -10°C	② Wärmedämmung	-	?
11⁵, 8, 24, 1	③ Vollziegel	1800	0,81
Maße in cm	④ Gipsputz ohne Zuschlag	-	0,51

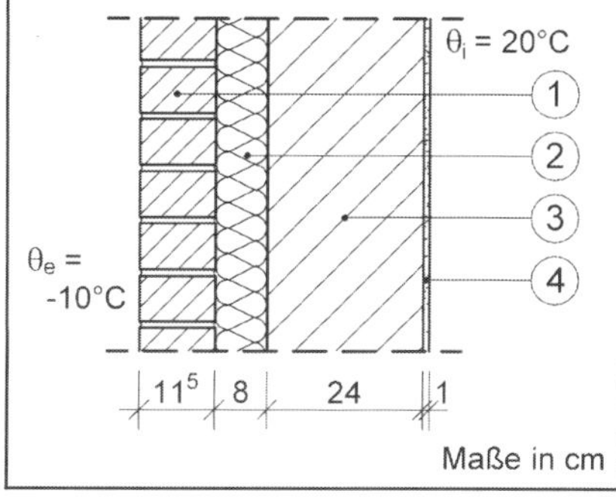

Aufgabe 16

Für den unten dargestellten Wandquerschnitt ist

a) der Wärmedurchgangskoeffizient (U-Wert) nach DIN EN ISO 6946 und

b) der Temperaturverlauf im Gefachbereich (θ_i = 20 °C; θ_e = -10 °C)

zu bestimmen.

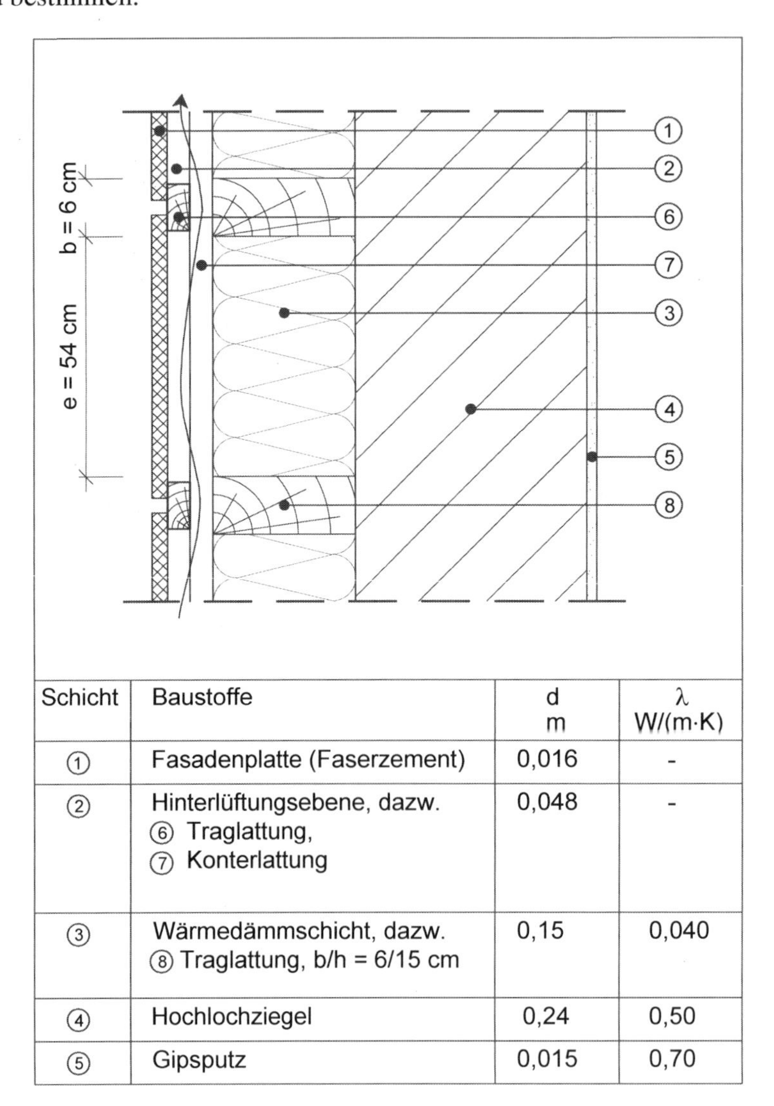

Schicht	Baustoffe	d m	λ W/(m·K)
①	Fasadenplatte (Faserzement)	0,016	-
②	Hinterlüftungsebene, dazw. ⑥ Traglattung, ⑦ Konterlattung	0,048	-
③	Wärmedämmschicht, dazw. ⑧ Traglattung, b/h = 6/15 cm	0,15	0,040
④	Hochlochziegel	0,24	0,50
⑤	Gipsputz	0,015	0,70

Aufgabe 17

Wie dick muss die Wärmedämmschicht der dargestellten Außenwandkonstruktion sein, wenn eine Innenoberflächentemperatur von 18 °C nicht unterschritten werden darf?

Detail - Darstellung	Baustoffe	ρ kg/m³	λ W/(m·K)
θ_i = 20°C; θ_e = -5°C; 1^5 | $d_{Dä}$ | 24 | 1; Maße in cm	① Kalkzementputz	-	1,00
	② Wärmedämmung, EPS	-	0,04
	③ Vollziegel	2200	1,20
	④ Gipsputz ohne Zuschlag	-	0,51

Aufgabe 18

Eine alte Windmühle wird von einem Liebhaber zu Wohnzwecken umgebaut und saniert. Neben dem umlaufenden Fensterband sind noch 10 kleinere Fenster angeordnet.

a) Wie hoch ist der zulässige spezifische Transmissionswärmeverlust gemäß EnEV 2014 für das Gebäude ?

b) Unter der Voraussetzung, dass folgende U-Werte für die anderen Bauteile erreicht werden, welchen U-Wert darf die Außenwand maximal aufweisen?

Fenster und Tür:
$U_W = 1{,}4$ W/(m²·K)
Dach:
$U_D = 0{,}27$ W/(m²·K)
Decke zum unbeheizten Keller:
$U_G = 0{,}30$ W/(m²·K)
Wärmebrücken
nach DIN 4108 Bbl. 2

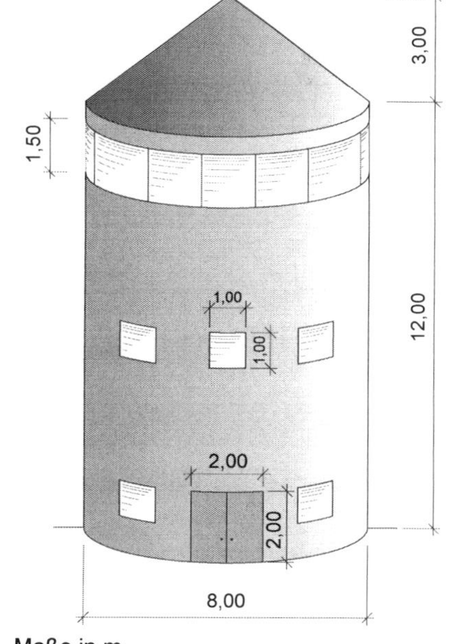

Maße in m

Aufgabe 19

Wie verlaufen jeweils die wärmeübertragenden Umfassungsflächen?

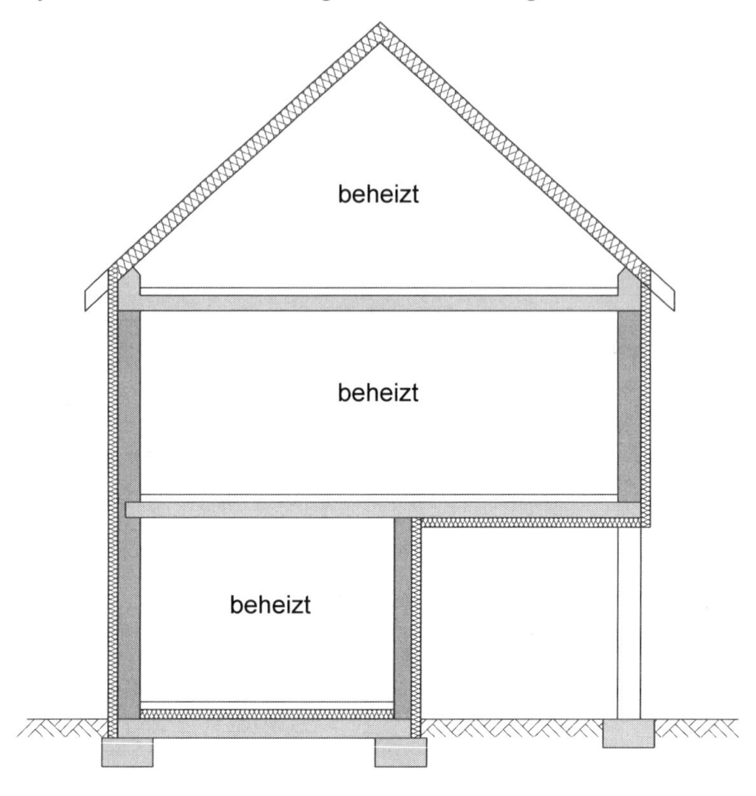

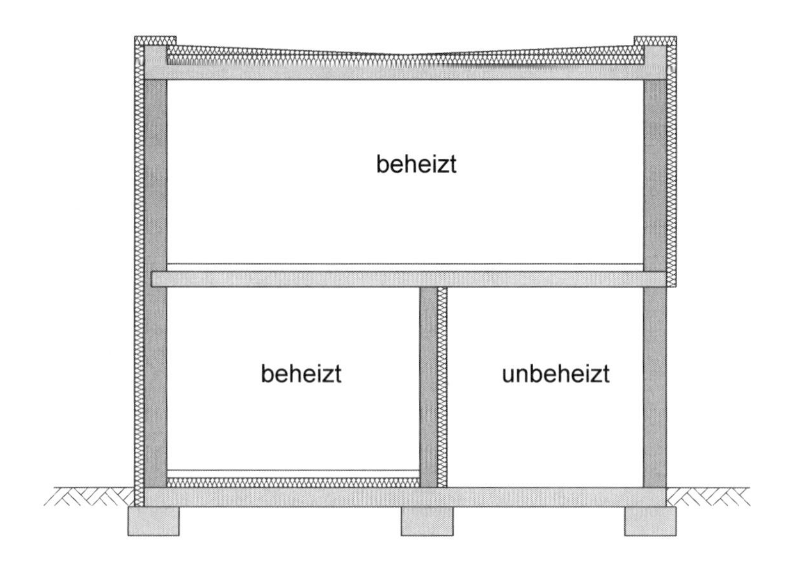

Aufgabe 20

Gegeben ist ein neu zu errichtendes nichtunterkellertes Wohnhaus mit den unten beschriebenen Außenbauteilen.

a) Welcher Transmissionswärmeverlust ergibt sich? Erfüllt das Gebäude die Anforderungen der EnEV 2014 an H_T'?
Der Wärmebrückenzuschlag ist mit $H_{WB}=0{,}10 \cdot A$ anzusetzen.

b) Eine Möglichkeit, den rechnerischen Transmissionswärmeverlust zu senken, ist eine wärmebrückenarme Ausführung der Anschlussdetails. Wie groß darf der Zuschlag ΔU_{WB} sein, damit der Nachweis von H_T' gelingt? Auf welche Art sind die Anschlussdetails nachzuweisen?

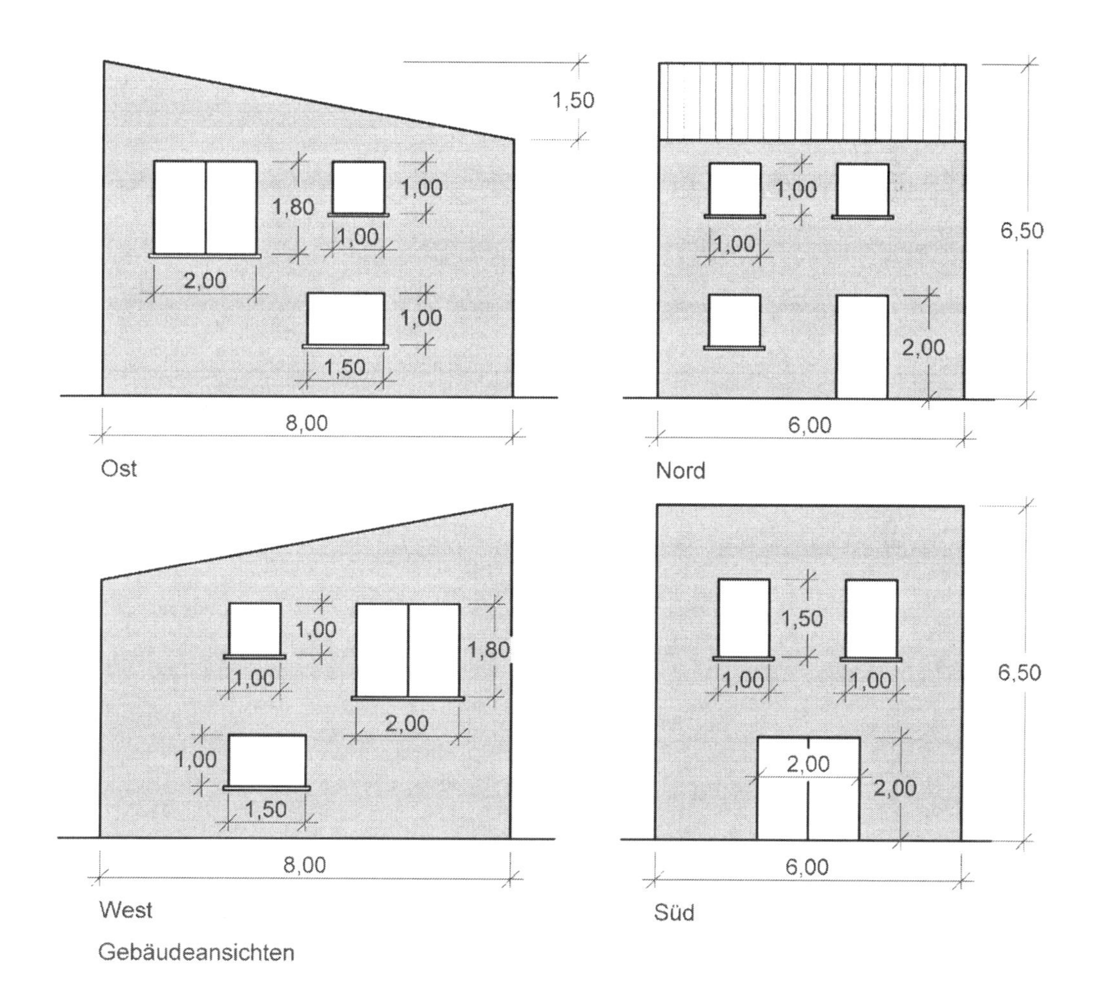

Gebäudeansichten

Die Flächen sind mit den angegebenen Maßen (Angaben in m) zu berechnen.

Folgende wärmetauschenden Außenbauteile sind vorhanden:

Dachaufbau $U_D = 0{,}20$ W/(m²K)

Fenster, Tür $U_W = 1{,}40$ W/(m²K)

Außenwand

Nr.	Baustoffe	ρ kg/m³	λ W/(m·K)
1	Vollziegel	2200	1,20
2	Wärmedämmung, MW	-	0,035
3	Vollziegel	1800	0,81
4	Gipsputz ohne Zuschlag	-	0,51

Bodenplatte

Nr.	Baustoffe	ρ kg/m³	λ W/(m·K)
1	Zementestrich auf Trennlage	-	1,40
2	Trittschalldämmung	-	0,04
3	Abdichtung	-	-
4	Stahlbeton	2300	2,30
5	Wärmedämmung, XPS	-	0,035
6	Magerbeton	-	-
7	Erdreich	-	-

Aufgabe 21

Für ein Fassadenmodul mit der Gesamtgröße (b x h) 1,7 m x 3,4 m soll der Bemessungswert des Wärmedurchgangskoeffizienten bestimmt werden. Das Element ist in drei gleich große Teilelemente geteilt, wobei das untere aus einem Vakuum-Dämmelement mit $U_p = 0{,}4$ W/(m²·K) und die zwei oberen aus Verglasungen mit $U_g = 1{,}3$ W/(m²·K) bestehen. Gehalten werden die Einzelelement aus 10 cm breiten thermisch getrennten Metallrahmenprofilen mit $U_f = 1{,}8$ W/(m²·K).

Aufgabe 22

Es wird ein neuer Luxusbungalow mit einem 5-eckigen Grundriss und einem Flachdach geplant. Alle Bauteile sind nachstehend in Detail-Darstellungen beschrieben.

a) Welchen mittleren Wärmedurchgangskoeffizienten weist die Dachfläche bei einer Mindestdicke von 12 cm auf? Das Mindestgefälle beträgt 2 %. Die Dämmschichtdicke im Randbereich ist überall gleich hoch.

b) Wie groß darf der Fensteranteil des geplanten Gebäudes maximal werden, wenn die Anforderungen der EnEV 2014 an den spezifischen Transmissionswärmeverlust eingehalten werden sollen und U_W = 1,4 W/(m²·K) beträgt?
Annahme:
Der zusätzliche Transmissionswärmeverlust durch Wärmebrücken kann vereinfacht mit ΔU_{WB}=0,05 W/(m²·K) angenommen werden.

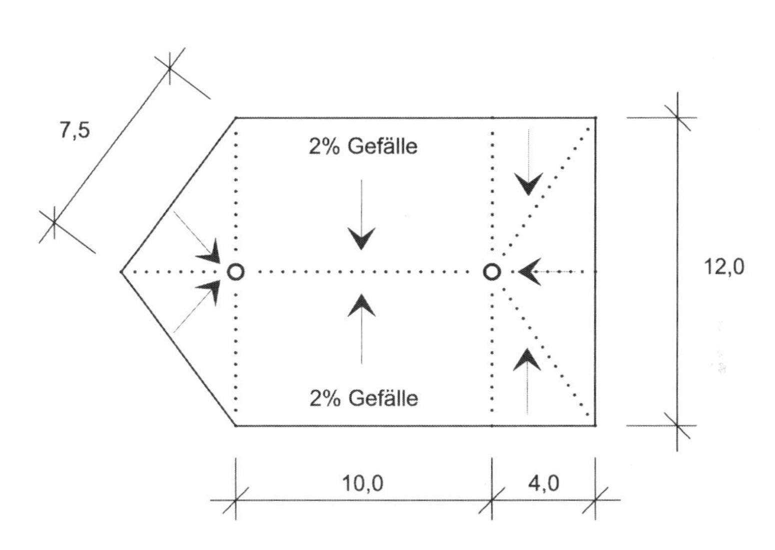

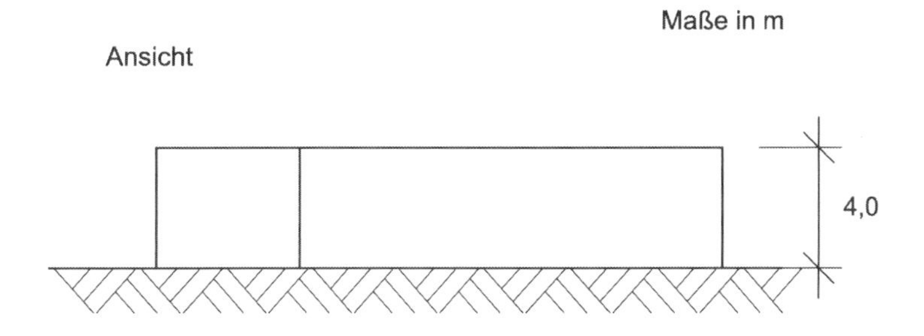

Folgende wärmetauschenden Außenbauteile sind vorhanden:

Dachaufbau

Detail - Darstellung	Baustoffe	ρ kg/m³	λ W/(m·K)
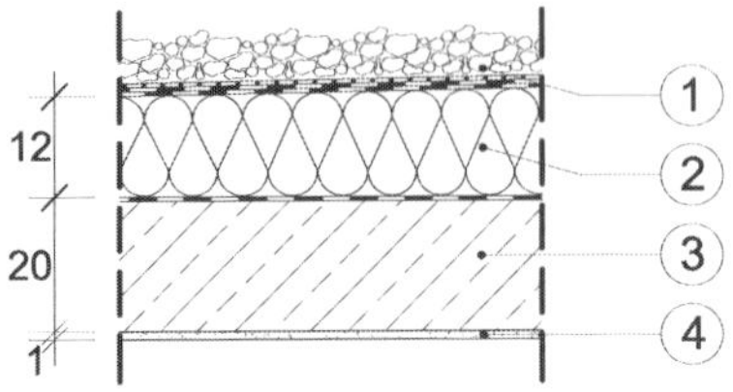 12 / 20 / 1	① Kiesschüttung	-	1,40
	② Wärmedämmung, EPS	-	0,04
	③ Stahlbeton	2300	2,30
	④ Gipsputz	-	0,51

Außenwand

Detail - Darstellung	Baustoffe	ρ kg/m³	λ W/(m·K)
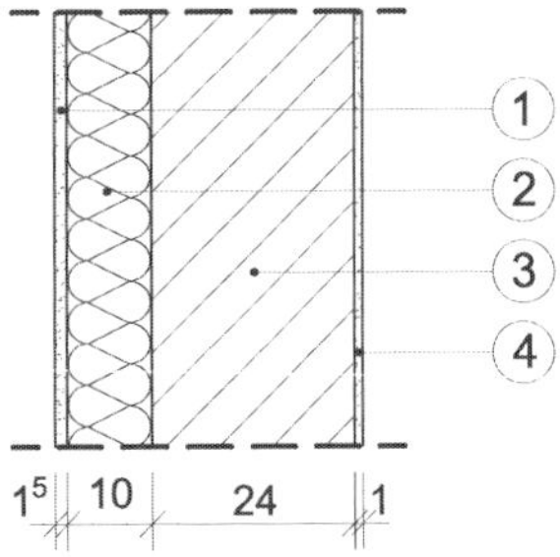 1⁵ / 10 / 24 / 1	① Kalkzementputz	-	1,00
	② Wärmedämmung, MW	-	0,04
	③ Vollziegel	2200	1,20
	④ Gipsputz ohne Zuschlag	-	0,51

Bodenplatte

Detail - Darstellung	Baustoffe	ρ kg/m³	λ W/(m·K)
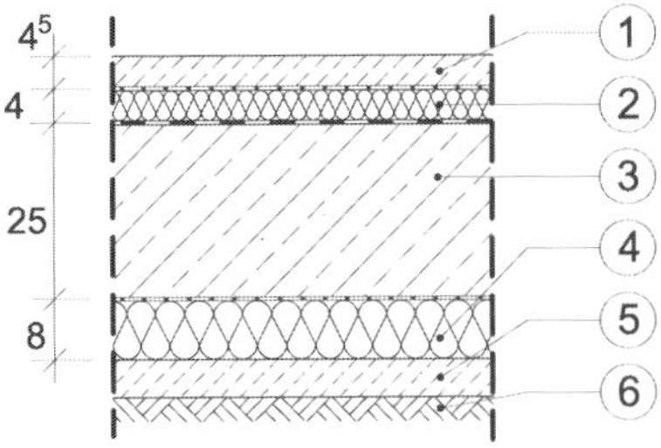 4⁵ / 4 / 25 / 8	① Zementestrich	-	1,40
	② Trittschalldämmung	-	0,04
	③ Stahlbeton	2300	2,30
	④ Wärmedämmung, XPS	-	0,04
	⑤ Magerbeton	-	-
	⑥ Erdreich	-	-

Maße in m

Aufgabe 23

Ein Altbau soll mit Hilfe eines Wärmedämmverbundsystems (WDVS) auf der Außenwand wärmetechnisch verbessert werden. Wählen sie die Dicke der Wärmedämmung so, dass die Anforderung an den spezifischen Transmissionswärmeverlust gemäß EnEV 2014 eingehalten wird.

Annahme:
Der zusätzliche Transmissionswärmeverlust durch Wärmebrücken kann vereinfacht mit ΔU_{WB}=0,10 W/(m²·K) angenommen werden.

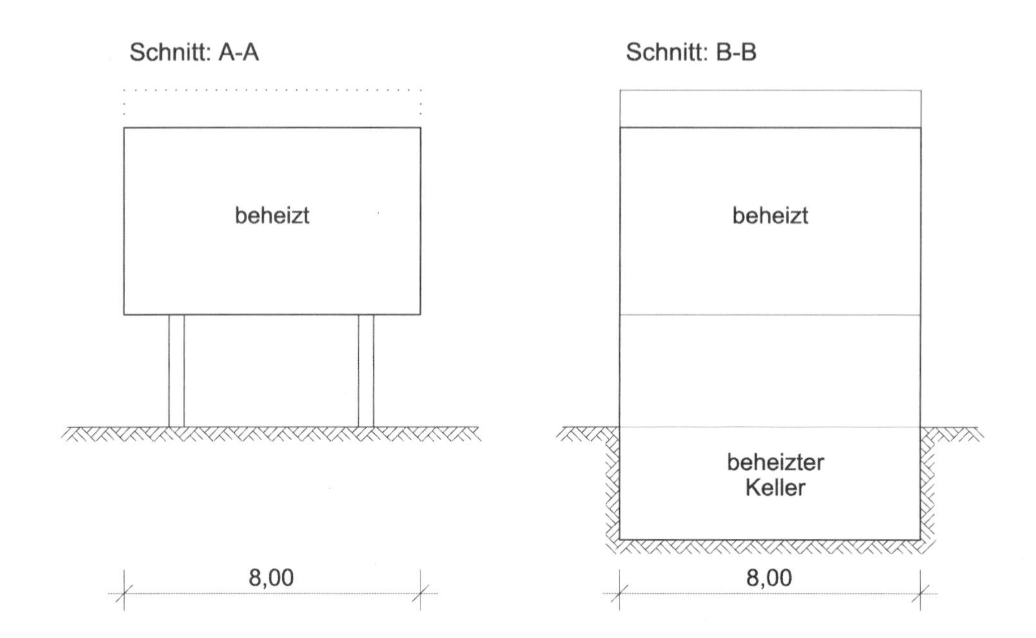
Schnitt: A-A
beheizt
8,00
Schnitt: B-B
beheizt
beheizter
Keller
8,00

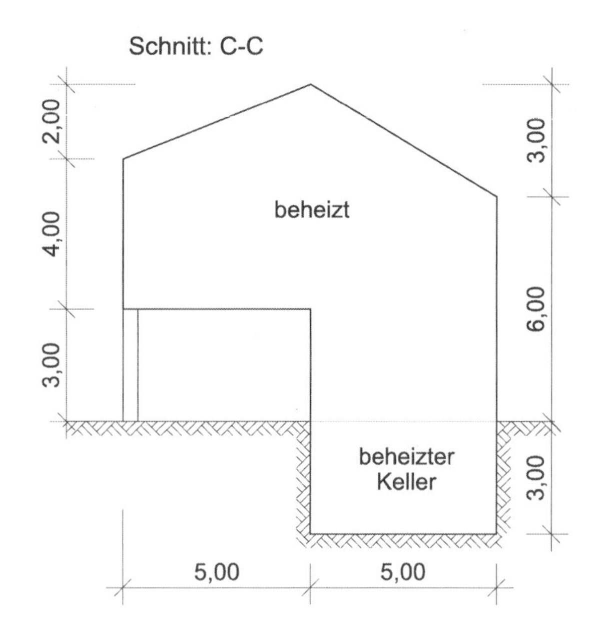
Schnitt: C-C
2,00
4,00
3,00
beheizt
3,00
6,00
3,00
beheizter
Keller
5,00
5,00

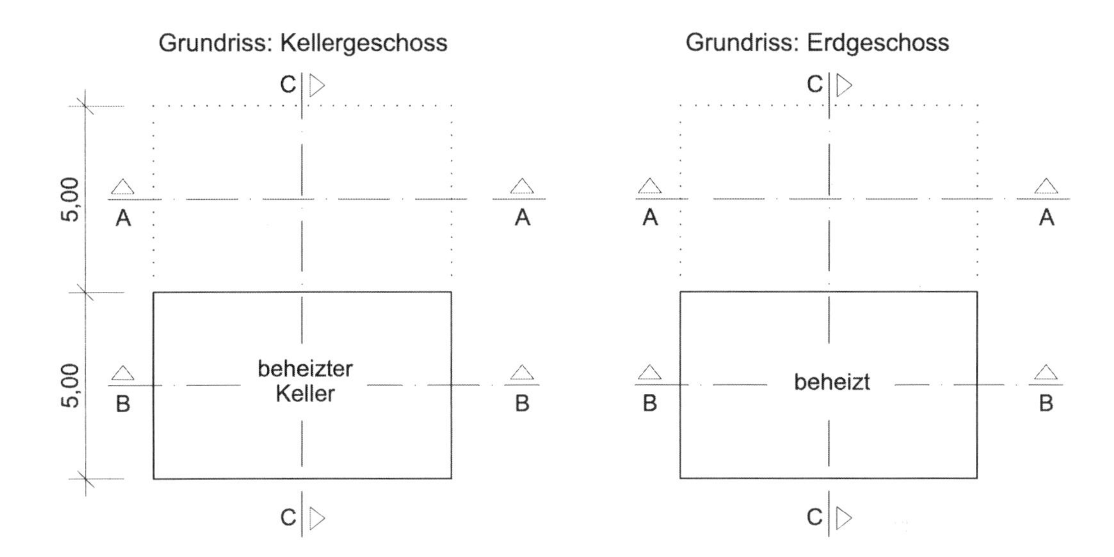
Grundriss: Kellergeschoss
Grundriss: Erdgeschoss
5,00
5,00
A
A
B
B
C
C
beheizter Keller
beheizt

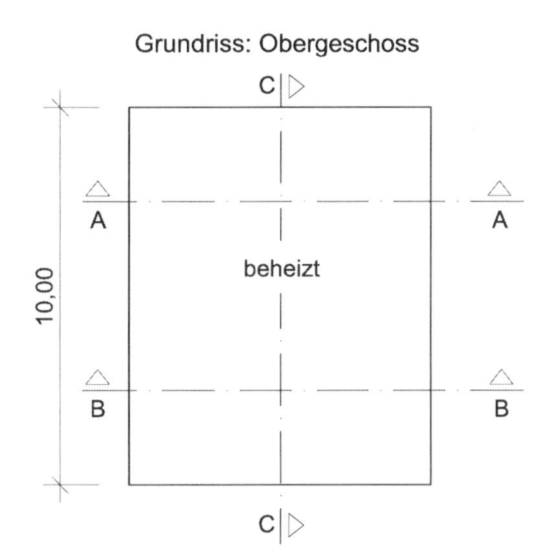
Grundriss: Obergeschoss
10,00
A
A
B
B
C
C
beheizt

Folgende wärmetauschenden Außenbauteile sind geplant:

Dach	U_{D1} = 0,35 W/(m²·K)
Fenster	U_w = 1,40 W/(m²·K)
	gesamter Fensterflächenanteil: f = 30 %
Fußboden gegen Erdreich	U_{G1} = 0,45 W/(m²·K)
Außenwand gegen Erdreich	U_{G2} = 0,43 W/(m²·K)
Decke gegen Außenluft	U_{D2} = 0,40 W/(m²·K)

Außenwand:

Detail - Darstellung	Baustoffe	ρ kg/m³	λ W/(m·K)
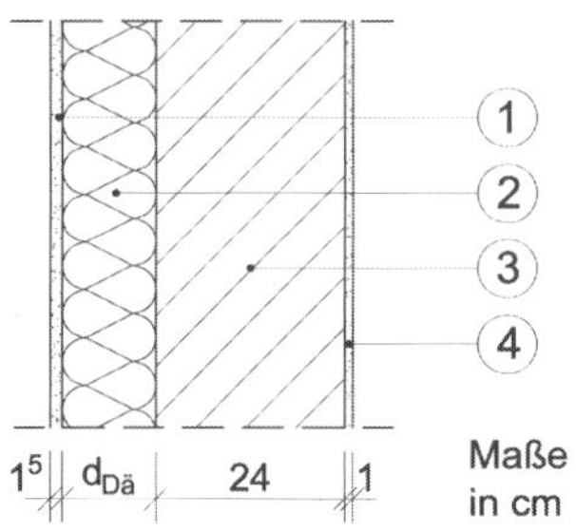 (1) (2) (3) (4) 1^5 $d_{Dä}$ 24 1 Maße in cm	(1) Kalkzementputz	-	1,00
	(2) Wärmedämmung, EPS	-	0,04
	(3) Vollziegel	2200	1,20
	(4) Gipsputz ohne Zuschlag	-	0,51

Aufgabe 21

Berechnen Sie den Wärmedurchgangskoeffizienten (U_w) eines Fensters mit den folgenden Angaben:

- Außenabmessungen des Gesamtfensters: H x B: 1,6 m * 0,8 m
- Rahmenbreite 10 cm
- eine horizontale Fenstersprosse im Scheibenzwischenraum
- U_g = 1,2 W/m²K (Zweischeiben-Isolierverglasung mit einer infrarot-reflektierenden Beschichtungen)
- U_f = 1,5 W/m²K (Holzrahmen)
- Ψ_G längenbezogener Wärmedurchgangskoeffizient mit typischem Abstandshalter

Aufgabe 25

Wird der zulässige hüllflächenbezogene Transmissionswärmeverlust H_T' gemäß EnEV 2014 für das nachfolgend dargestellte Wohnhaus eingehalten? Führen Sie den Nachweis mit dem vereinfachten Verfahren für normal beheizte Wohngebäude. Das Treppenhaus ist unbeheizt.

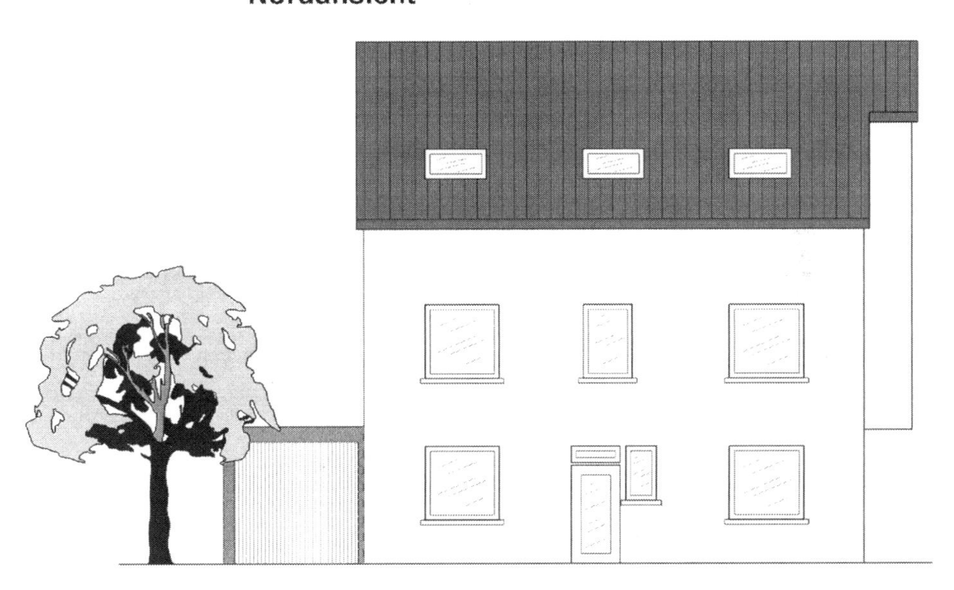

Gegeben:

- U-Wert der Fenster: $U_{W1} = 1{,}20$ W/(m² K)
- U-Wert der Dachfenster: $U_{W2} = 1{,}40$ W/(m² K)
- $g_{\perp}$-Wert der Fenster: $g_{\perp} = 0{,}60$
- $g_{\perp}$-Wert der Dachfenster: $g_{\perp} = 0{,}64$
- Wärmebrücken: $\Delta U_{WB} = 0{,}05$ W/(m² K)

Grundriss Kellergeschoss

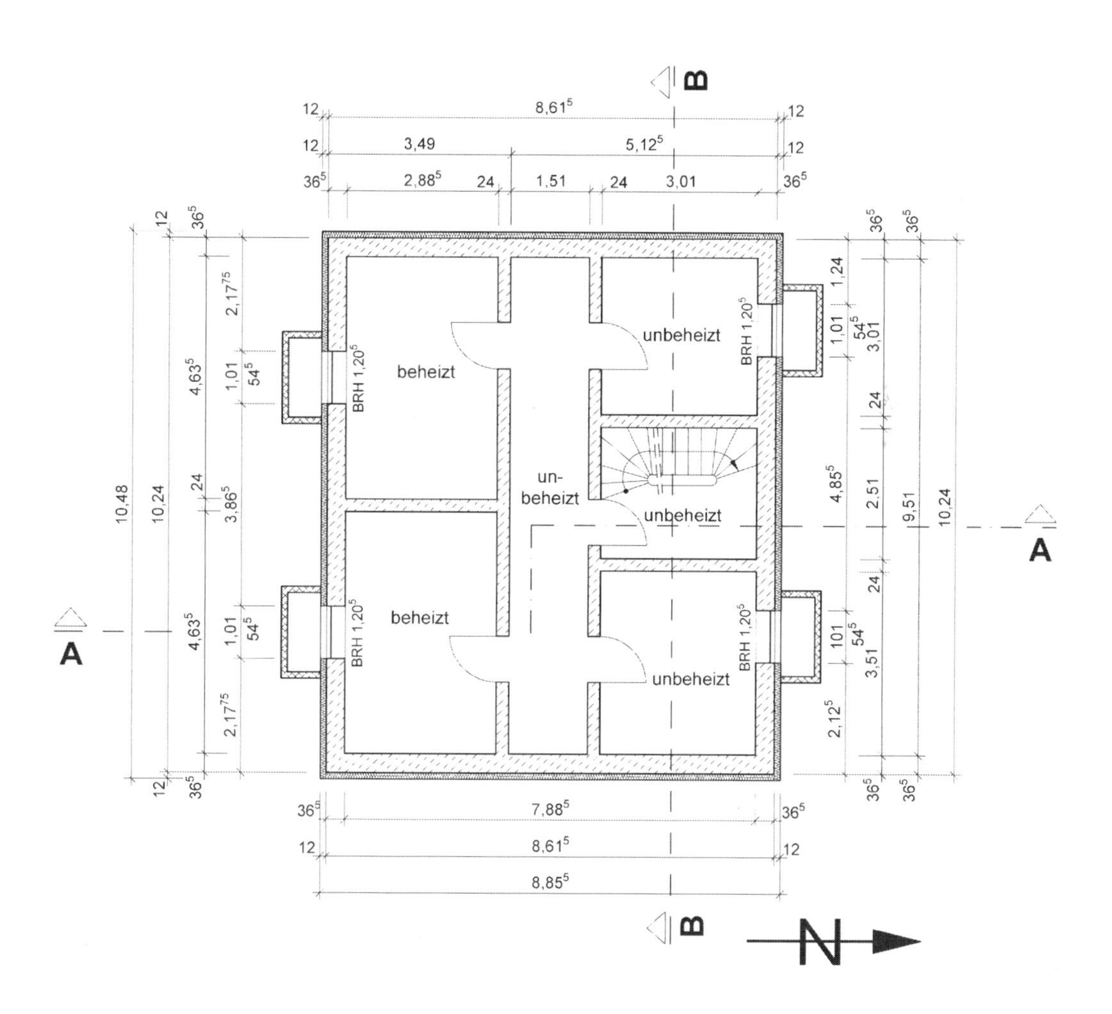

Gegeben: Temperaturfaktoren:

Außenwand zur Garage $F_x = 1{,}0$
Treppenhauswand $F_x = 0{,}50$
Decke zum nicht ausgebauten Dachraum $F_x = 0{,}80$
Kellerdecke $F_x = 0{,}55$
Kellerwand zum Erdreich $F_x = 0{,}40$
Kellerinnenwand $F_x = 0{,}60$
Fußboden beheizter Keller $F_x = 0{,}45$

Grundriss Erdgeschoss

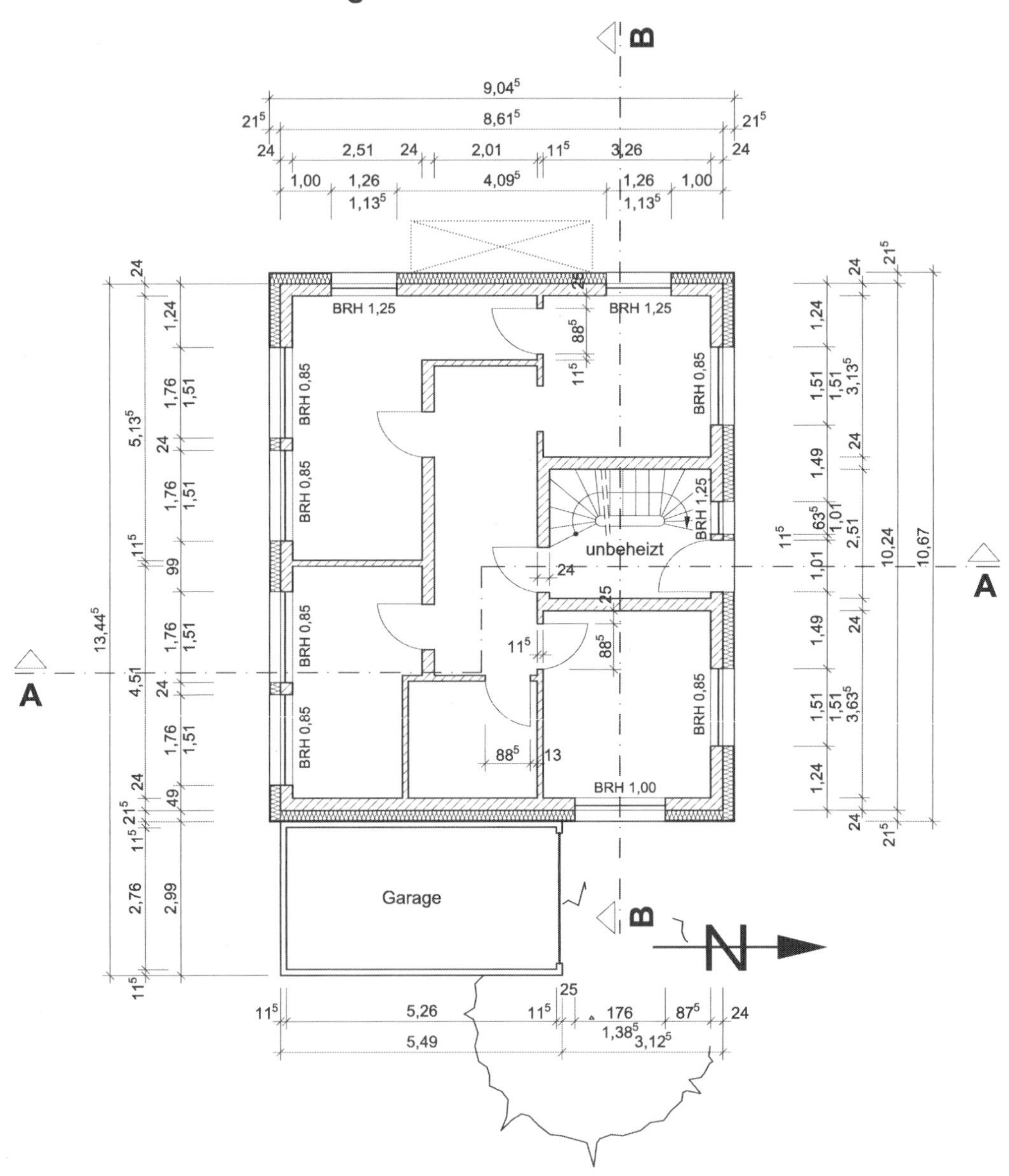

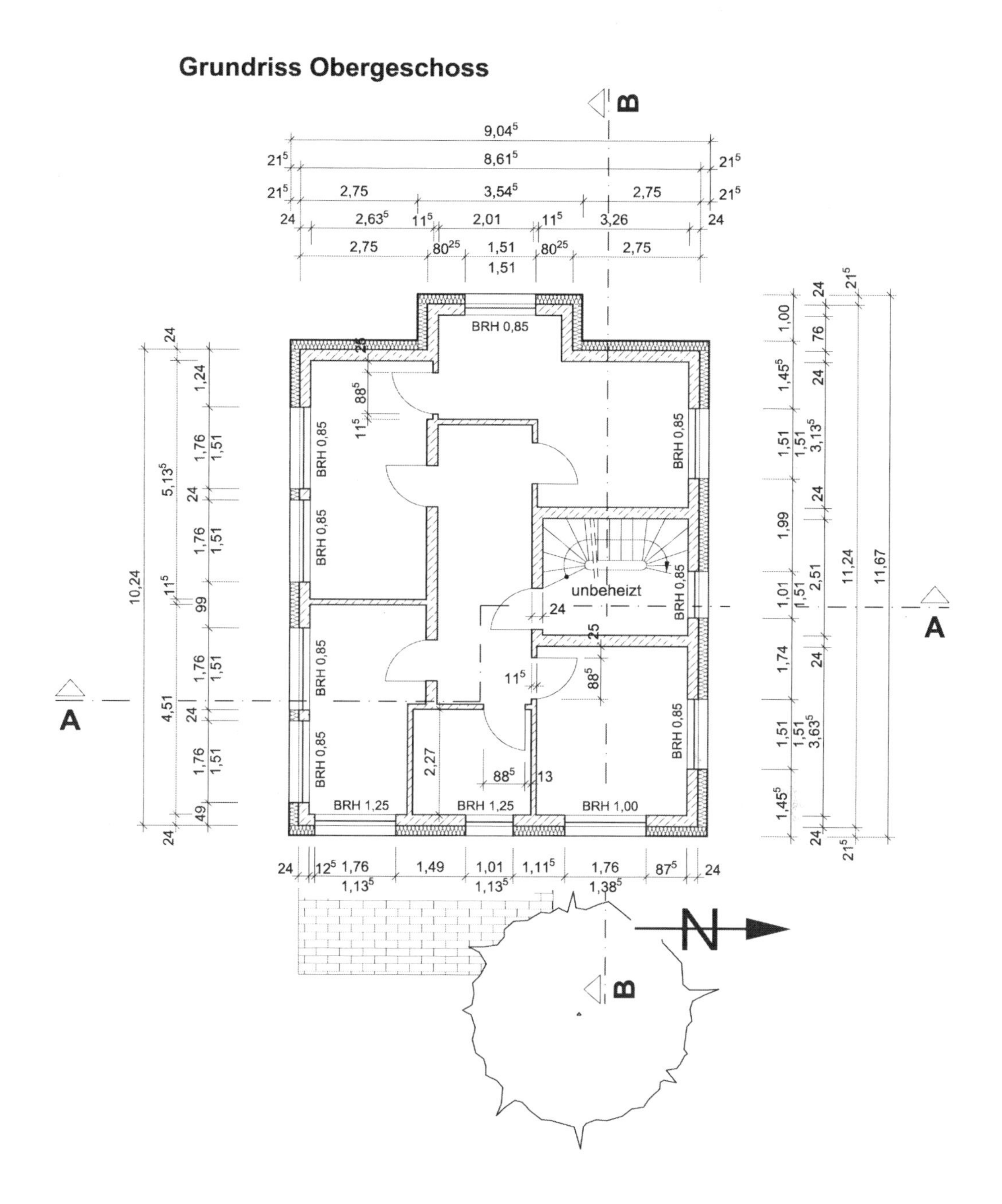

Grundriss Obergeschoss
BRH 0,85
BRH 1,25
BRH 1,00
unbeheizt
A
B
N

Grundriss Dachgeschoss

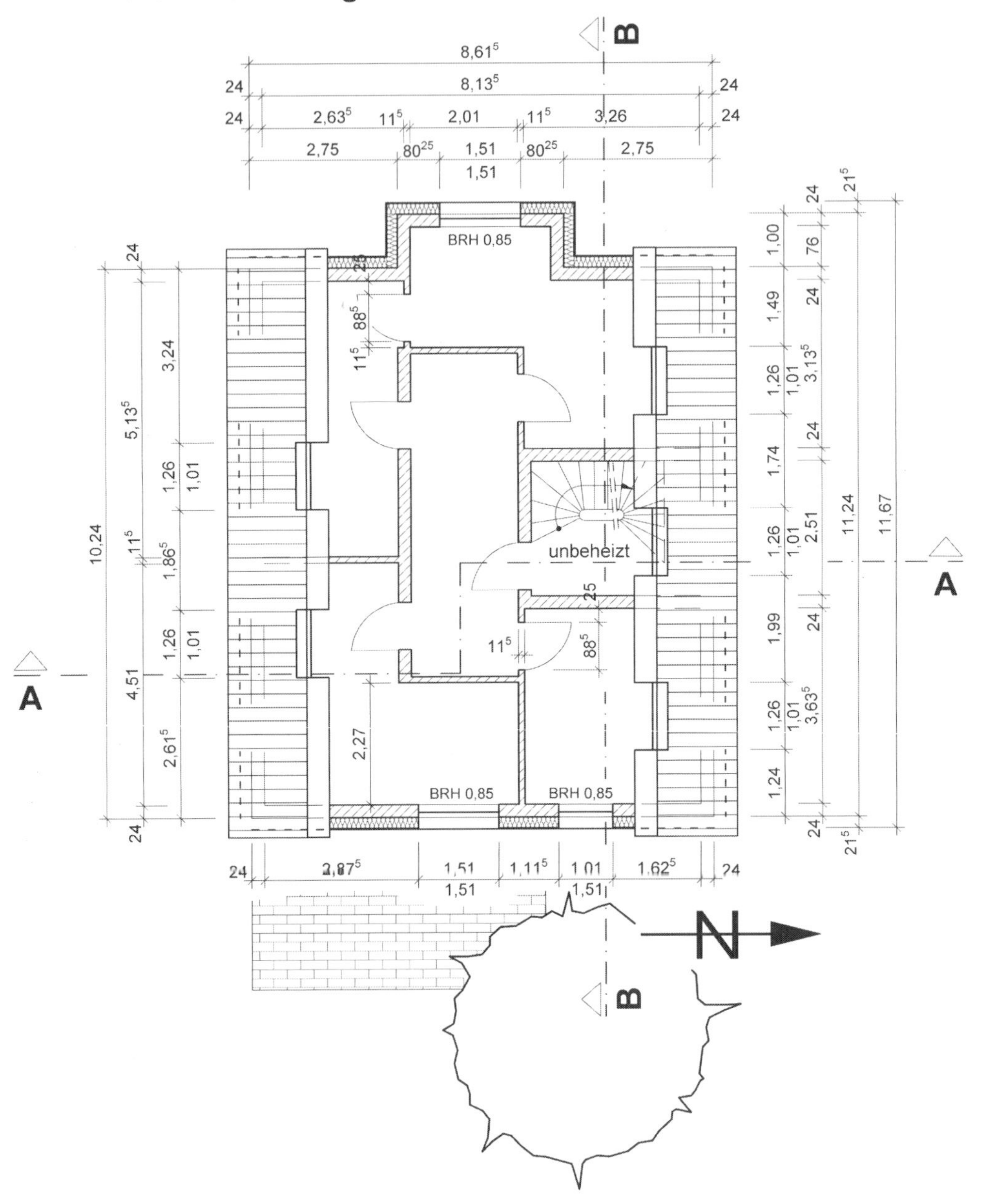

Schnitt A-A

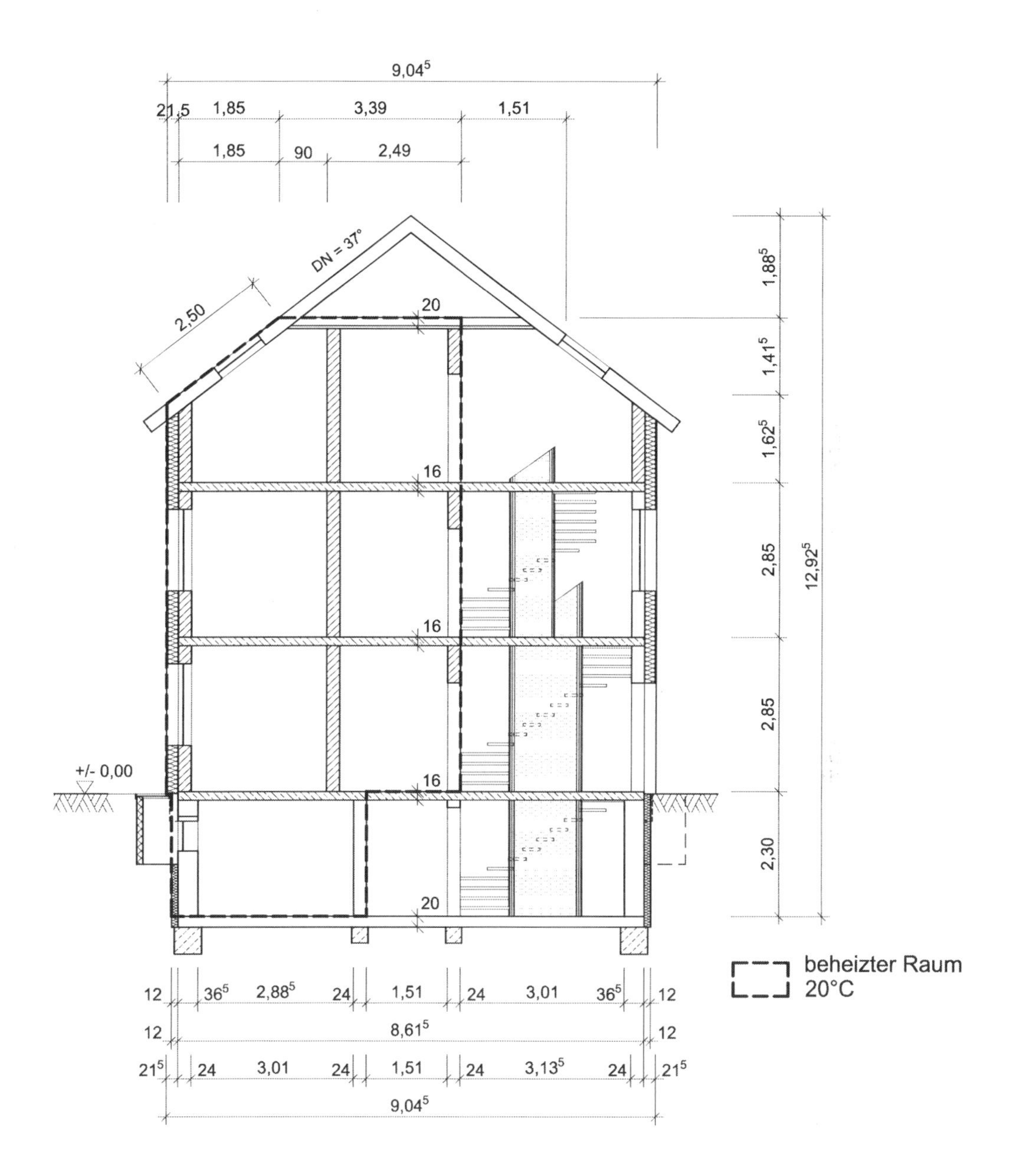
9,04⁵
21,5
1,85
3,39
1,51
1,85
90
2,49
DN = 37°
2,50
20
16
16
16
20
+/- 0,00
1,88⁵
1,41⁵
1,62⁵
2,85
2,85
2,30
12,92⁵
12
36⁵
2,88⁵
24
1,51
24
3,01
36⁵
12
12
8,61⁵
12
21⁵
24
3,01
24
1,51
24
3,13⁵
24
21⁵
9,04⁵
beheizter Raum
20°C

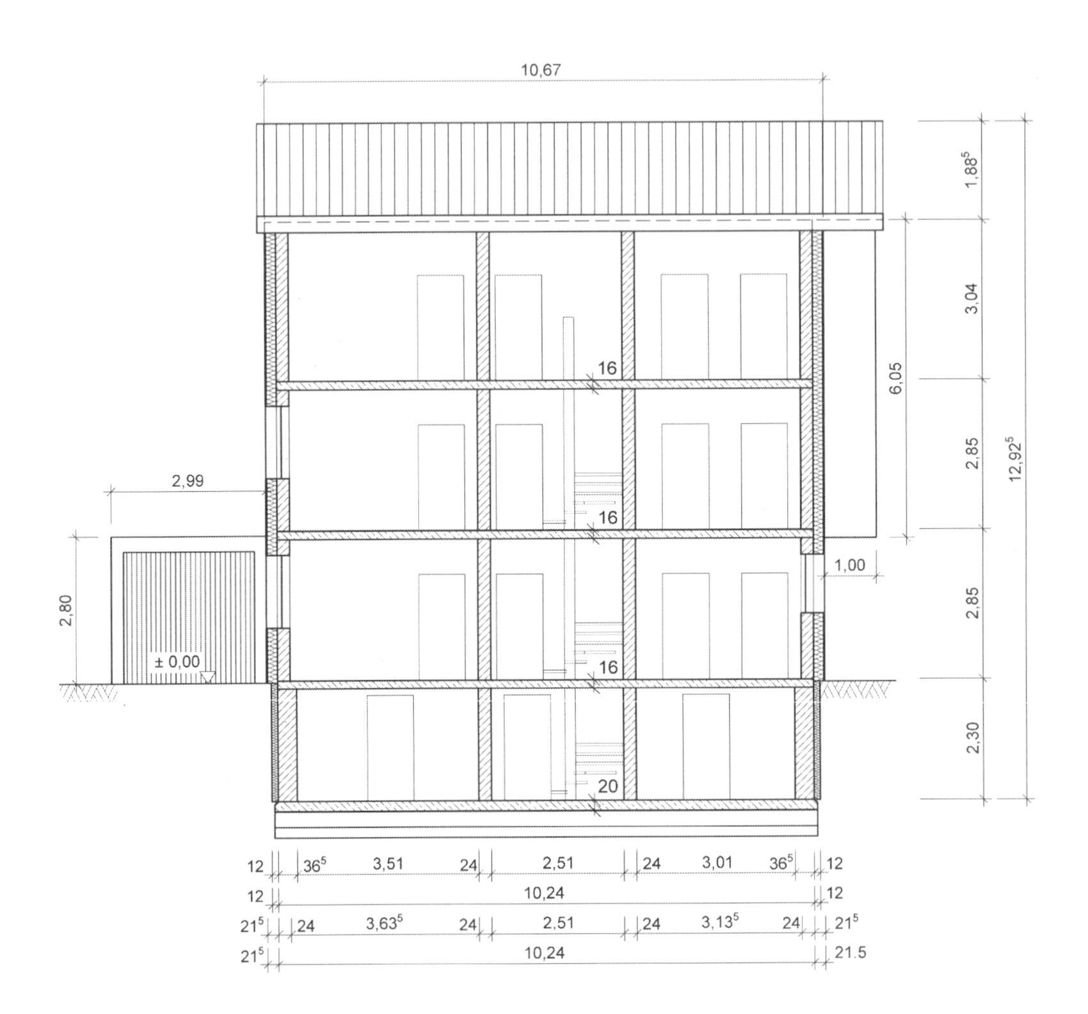

Folgende Außenbauteile sind geplant:

Detail - Darstellung	Baustoffe	ρ kg/m³	λ W/(m·K)
Außenwand (AW 1)			
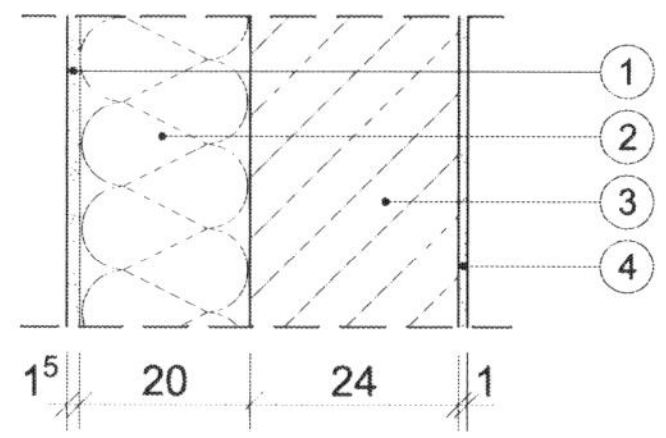 1 2 3 4 1^5 20 24 1	(1) Kalkzementputz	-	1,00
	(2) Wärmedämmung, EPS	-	0,035
	(3) Kalksandstein	1600	0,79
	(4) Gipsputz ohne Zuschlag	-	0,51
Außenwand zur Garage: Siehe Außenwand (AW 2)			
Kelleraußenwand, erdberührt (G 1)			
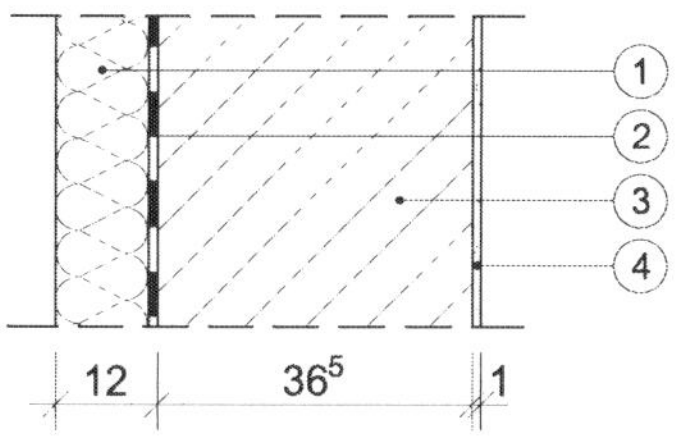 1 2 3 4 12 36^5 1	(1) Perimeter-Wärmedämmung	-	0,05
	(2) Abdichtung	-	-
	(3) Kalksandstein	1600	0,79
	(4) Gipsputz ohne Zuschlag	-	0,51
Innenwand zum unbeheizten Treppenhaus (U 1)			
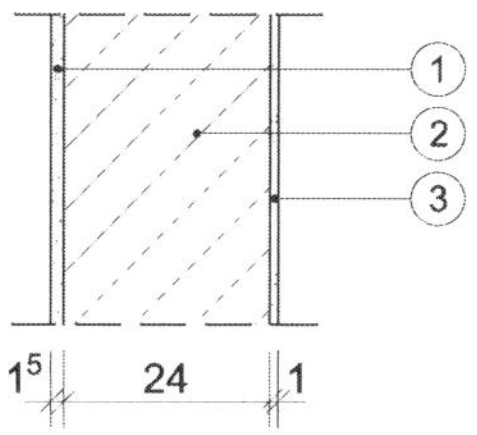 1 2 3 1^5 24 1	(1) Kalkgipsputz	-	1,00
	(2) Hochlochziegel	800	0,34
	(3) Gipsputz ohne Zuschlag	-	0,51
Innenwand zum unbeheizten Keller (siehe Treppenhauswand) (U 2)			
Kellerdecke zum unbeheizten Keller (G 2)			
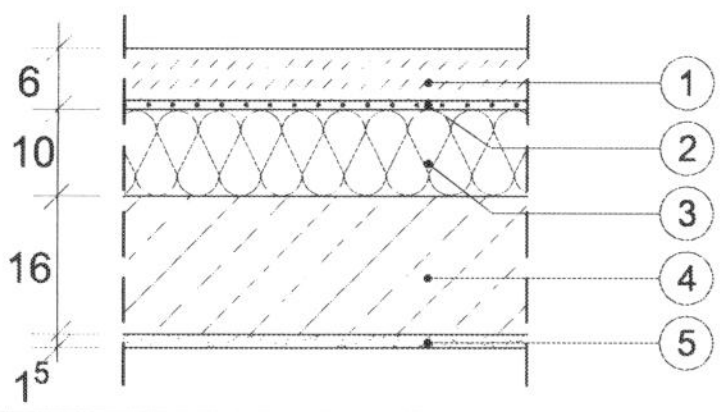 6 10 16 1^5 1 2 3 4 5	(1) Zementestrich	-	1,40
	(2) Trennschicht	-	-
	(3) Wärme- u. Trittschalldämmung	-	0,035
	(4) Stahlbeton	2300	2,30
	(5) Kalkzementputz	-	1,00

Maße in m

Detail - Darstellung	Baustoffe	ρ kg/m³	λ W/(m·K)
Bodenplatte beheizter Keller (G 3)			
	① Zementestrich	-	1,40
	② Trennschicht	-	-
	③ Wärme- u. Trittschalldämmung	-	0,035
	④ Stahlbeton	2300	2,30
	⑤ Kiesschicht	-	-
Fußboden über Außenluft (Erker) (FB 1)			
	① Zementestrich	-	1,40
	② Trennschicht	-	-
	③ Wärme- u. Trittschalldämmung	-	0,035
	④ Stahlbeton	2300	2,30
	⑤ Wärmedämmung, EPS	-	0,035
	⑥ Kalkzementputz	-	1,00
Schrägdach (f_{Rippe} = 0,11 ; f_{Gefach} = 0,89) (D 1)			
	① Unterspannbahn	-	-
	② Hinterlüftung	-	-
	③ Holzsparren	-	0,13
	④ Wärmedämmung, MW	-	0,04
	⑤ Dampfsperre (PE-Folie)	-	-
	⑥ Stehende Luftschicht	R = 0,16 m²K/W	
	⑦ Gipskartonplatte	-	0,25
Kehlbalkendecke (f_{Rippe} = 0,11 ; f_{Gefach} = 0,89) (D 2)			
	① Spanplatten	-	0,14
	② Kehlbalken	-	0,13
	③ Wärmedämmung, MW	-	0,04
	④ Dampfsperre (PE-Folie)	-	-
	⑤ Stehende Luftschicht	R = 0,16 m²K/W	
	⑥ Gipskartonplatte	-	0,25

Maße in m

Aufgabe 26

Der Aufgabe liegt das nachfolgend beschriebene Einfamilien-Reihenmittelhaus mit symmetrischem Satteldach zugrunde. Die Dachneigung beträgt 25°.

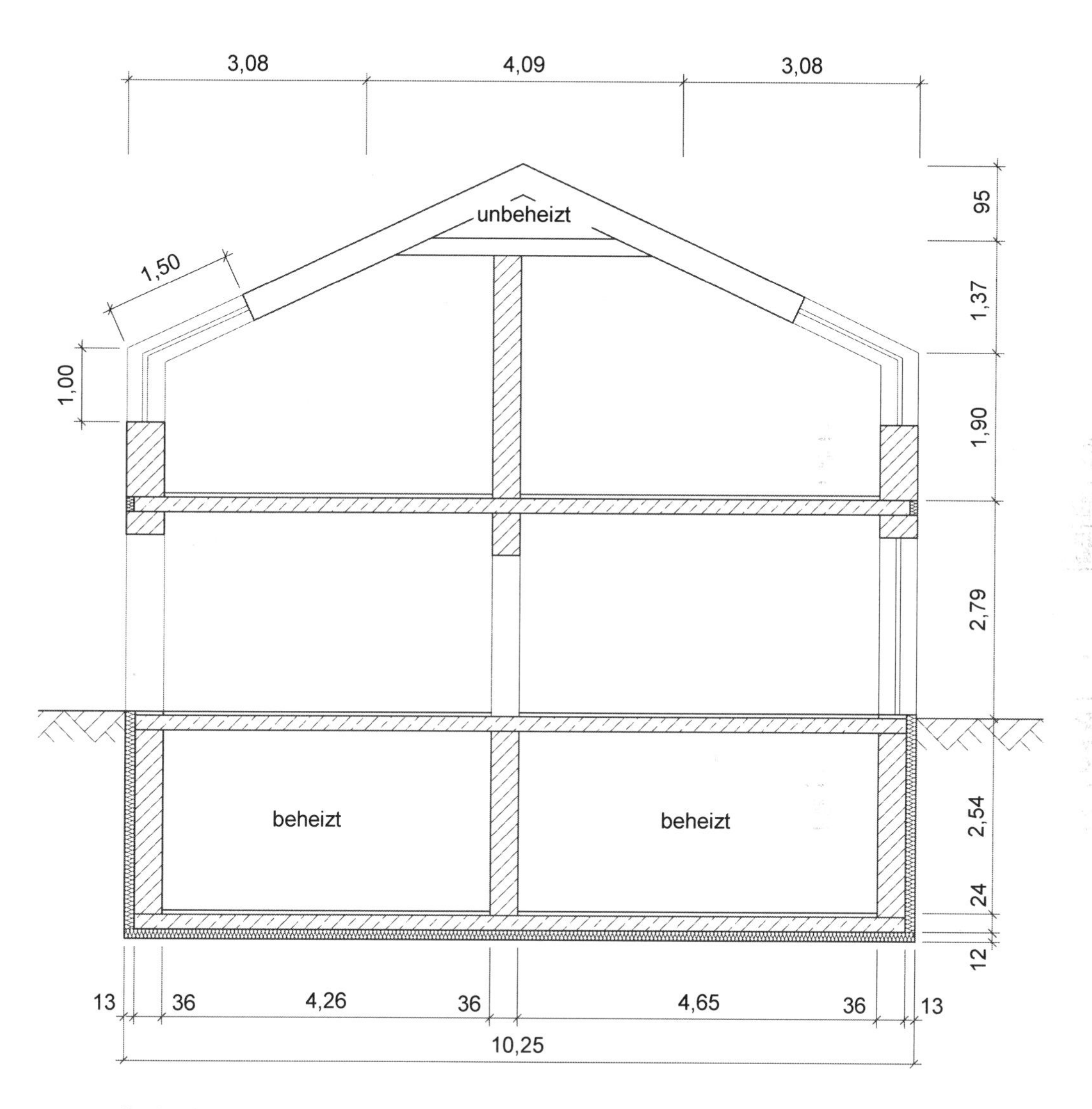

Schnitt A-A

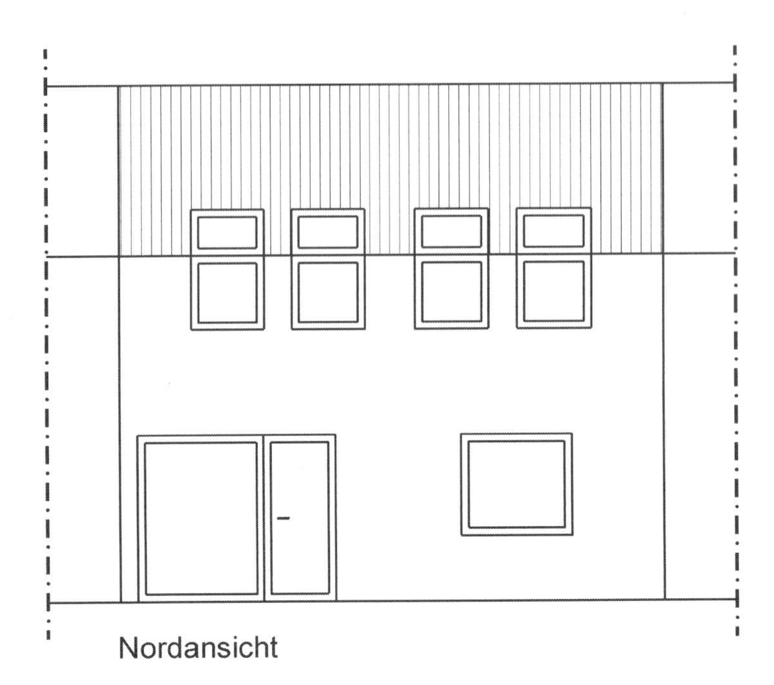
Nordansicht

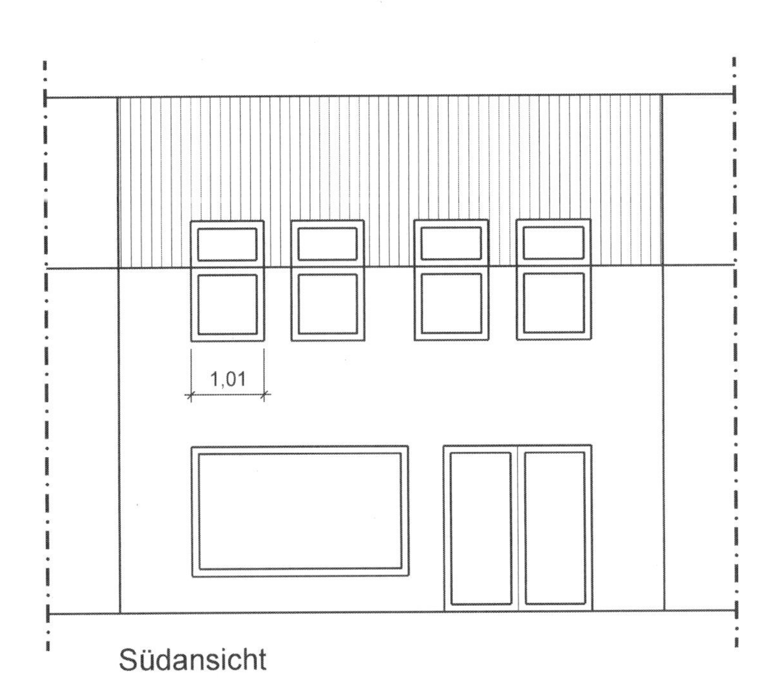
1,01
Südansicht

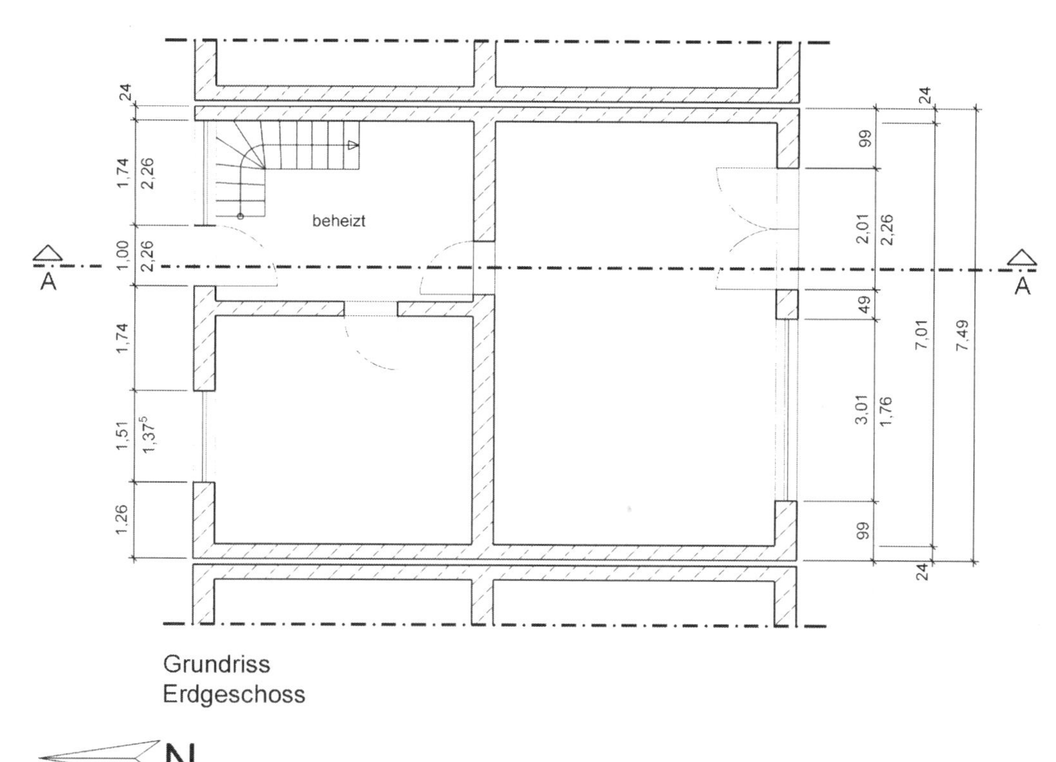

a) Zeichnen Sie in den Schnitt A-A die Lage der wärmeübertragenden Umfassungsfläche ein!

b) Berechnen Sie den flächenbezogenen spezifischen Transmissionswärmeverlust des Gebäudes! Verwenden Sie die nachfolgenden U-Werte für die einzelnen Bauteile.

Außenwand:	$U_{AW} = 0{,}60$ W/m²K
Dach:	$U_{D1} = 0{,}32$ W/m²K
Decke unter Spitzboden:	$U_{D2} = 0{,}30$ W/m²K
Bodenplatte UG:	$U_{G1} = 0{,}35$ W/m²K
Kellerwand:	$U_{G2} = 0{,}31$ W/m²K
Fenster / Türen:	$U_W = 1{,}20$ W/m²K ; $g_{\perp} = 0{,}60$
Wärmebrücken:	$\Delta U_{WB} = 0{,}05$ W/m²K

Aufgabe 27

Erfüllt der dargestellte Wohnraum in Bochum die Anforderungen an den sommerlichen Wärmeschutz?

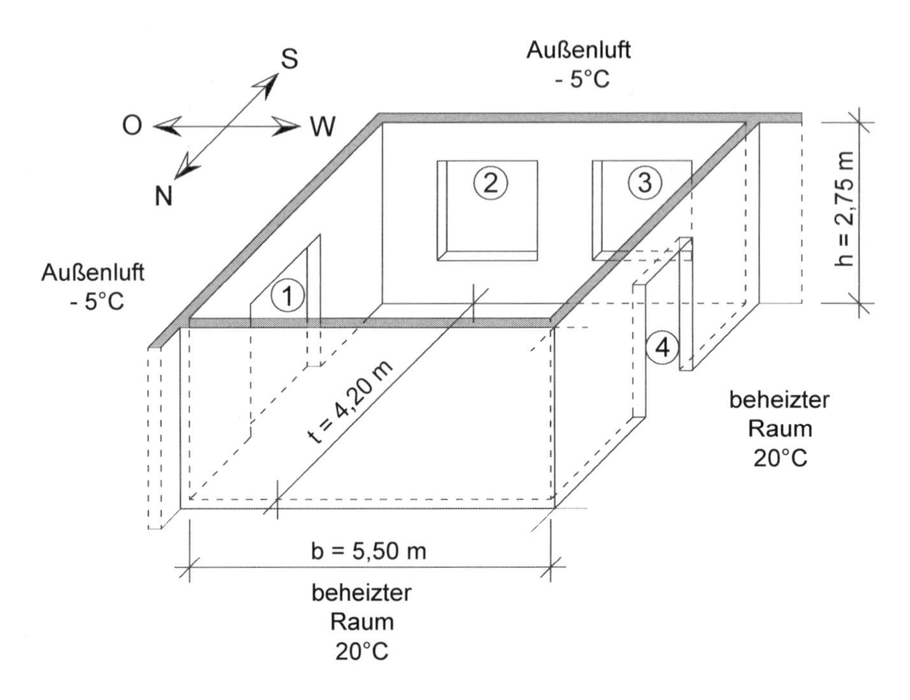

Fenster/ Tür	Maße b x h	Verglasung/ Material	Sonnenschutz
①	2,01 m / 2,01 m	Zweifach-Verglasung $g_\perp = 0,65$	Markise, parallel zur Verglasung
②	1,51 m / 1,51 m	Zweifach-Verglasung $g_\perp = 0,55$	Jalousie, außen liegend, drehabare Lamellen, 45° Lamellenstellung
③	1,51 m / 1,51 m	Zweifach-Verglasung $g_\perp = 0,55$	Jalousie, außen liegend, drehabare Lamellen, 45° Lamellenstellung
④	1,01 m / 2,01 m	Vollholz $\rho = 500\ kg/m^3$ d = 4 cm	

Kellerdecke

Detail - Darstellung

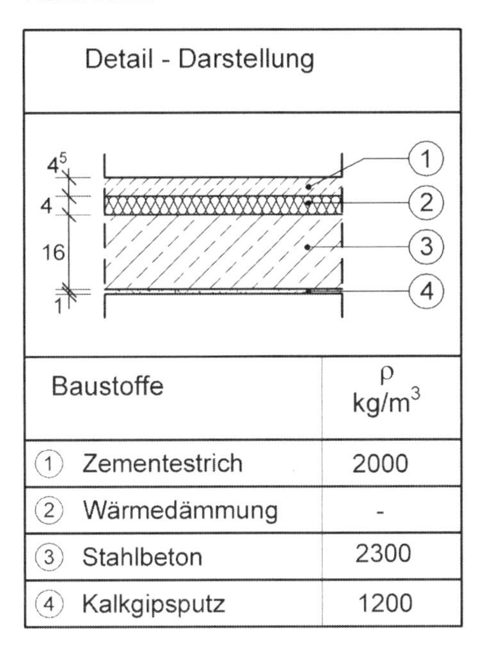

Baustoffe	ρ kg/m³
① Zementestrich	2000
② Wärmedämmung	-
③ Stahlbeton	2300
④ Kalkgipsputz	1200

Dachaufbau

Detail - Darstellung

12
20
1

Baustoffe	ρ kg/m³
① Kiesschüttung	2000
② Wärmedämmung	-
③ Stahlbeton	2300
④ Gipsputz	1200

Außenwand

Detail - Darstellung

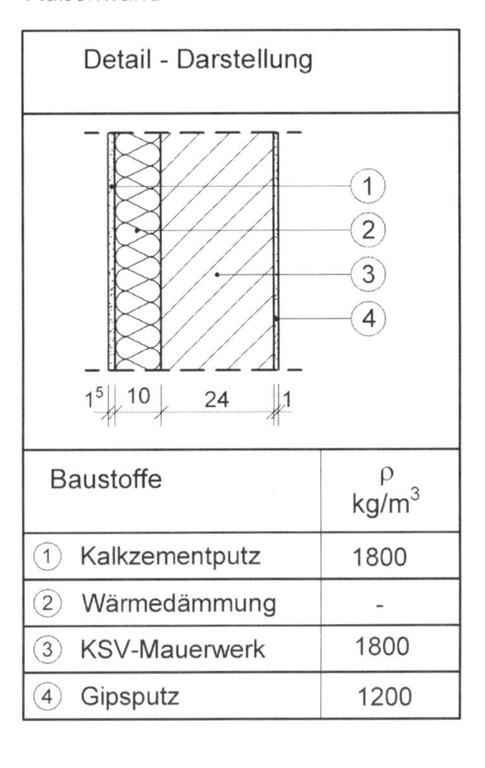

Baustoffe	ρ kg/m³
① Kalkzementputz	1800
② Wärmedämmung	-
③ KSV-Mauerwerk	1800
④ Gipsputz	1200

Innenwand

Detail - Darstellung

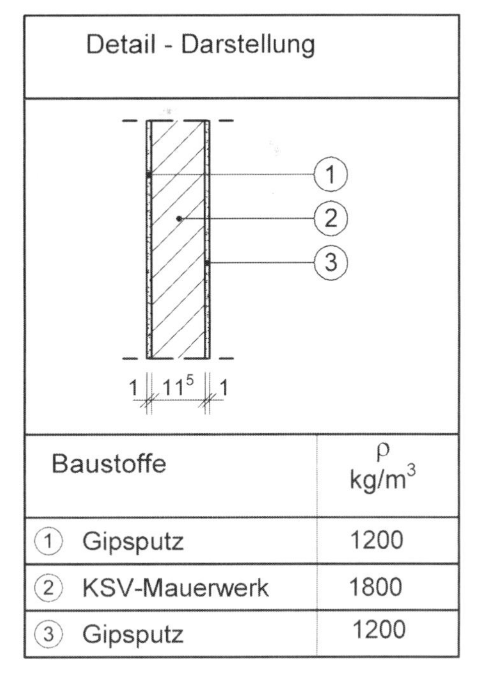

Baustoffe	ρ kg/m³
① Gipsputz	1200
② KSV-Mauerwerk	1800
③ Gipsputz	1200

Maße in cm

Aufgabe 28

Für ein 5-geschossiges Bürohaus in Dresden soll der Sonnenschutz nachgewiesen werden. Vom Architekten geplant ist ein Sonnenschutzsystem mit außenliegenden drehbaren Lamellen. Das Gebäude ist als leichte Bauart einzuordnen. Das ungünstigste Büro liegt im 1. OG mit einer raumhohen und -breiten Glasfassade ($g = 0{,}75$) nach Süd-Westen orientiert. Die Möglichkeit einer erhöhten Nachtlüftung ist gegeben.

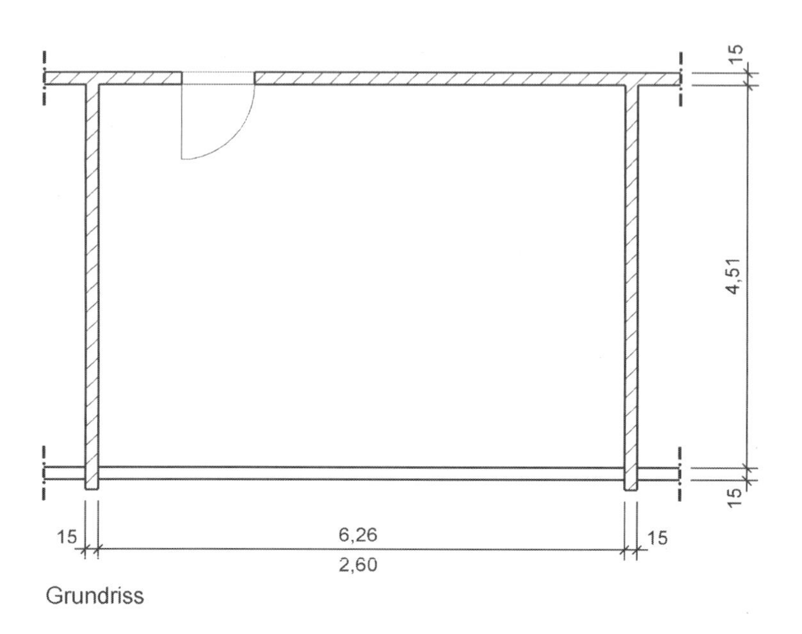

Grundriss

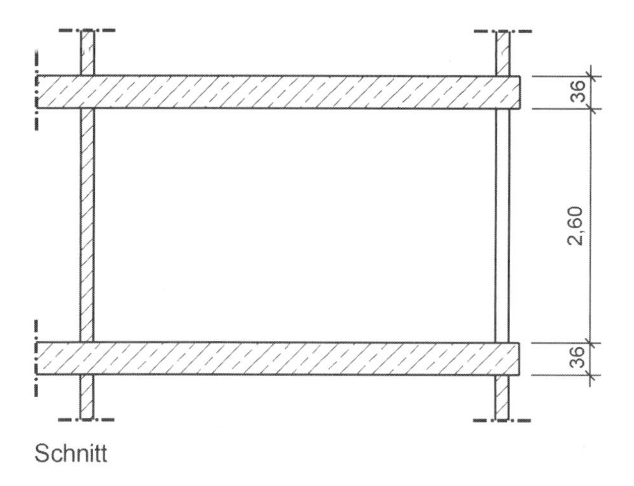

Schnitt

Aufgabe 29

Der Wohnraum in einem nicht unterkellerten Bungalow in Lübeck hat nach Süden drei Fenster. Es handelt sich um eine mittelschwere Bauart; der Gesamtdurchlassgrad der Zweifach-Verglasungen beträgt $g = 0{,}85$. Bemessen Sie den Sonnenschutz!

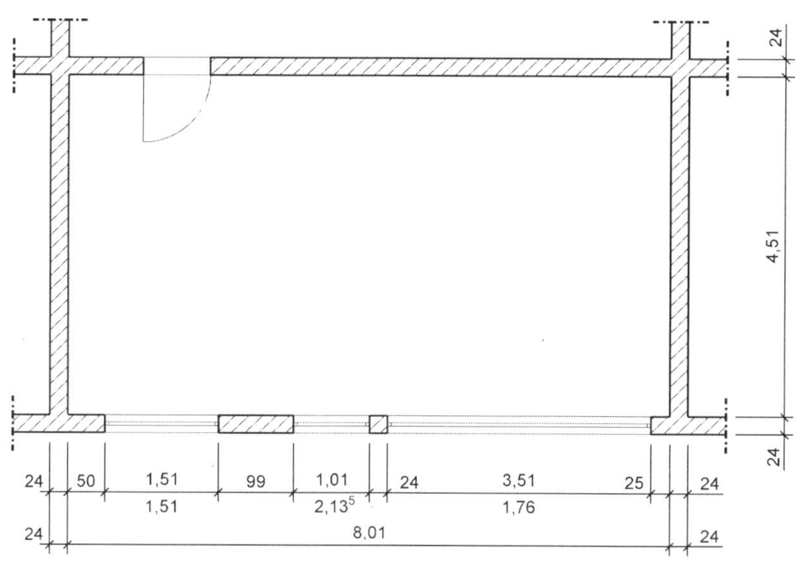

Grundriss

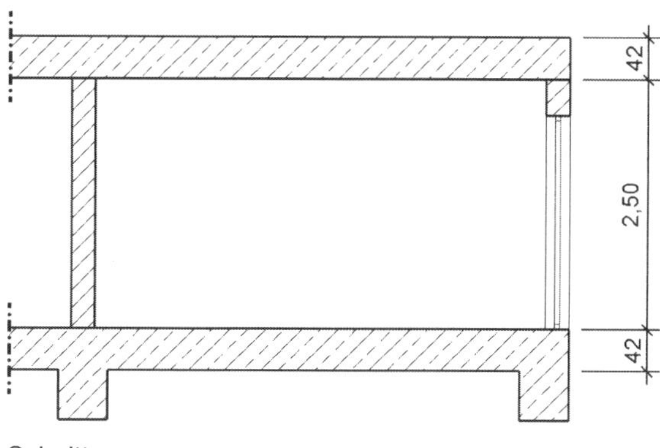

Schnitt

Aufgabe 30

Im Keller eines Wohnhauses wird ein Raum als Büro genutzt. Wie groß ist der längenbezogene Wärmedurchgangskoeffient ψ der dargestellten Wärmebrücke des Bodenplatte-Außenwandanschlusses? Aus einer FE-Berechnung (Finite Elemente) liegt für den Anschluss ein Gesamtwärmeverlust Φ=26,175 W/m vor. Folgende Temperaturrandbedingungen liegen zugunde:

Raumlufttemperatur innen θ_i = + 20 °C
Außenlufttemperatur θ_e = – 5 °C
Erdreichtemperatur θ_{nb} = + 5 °C

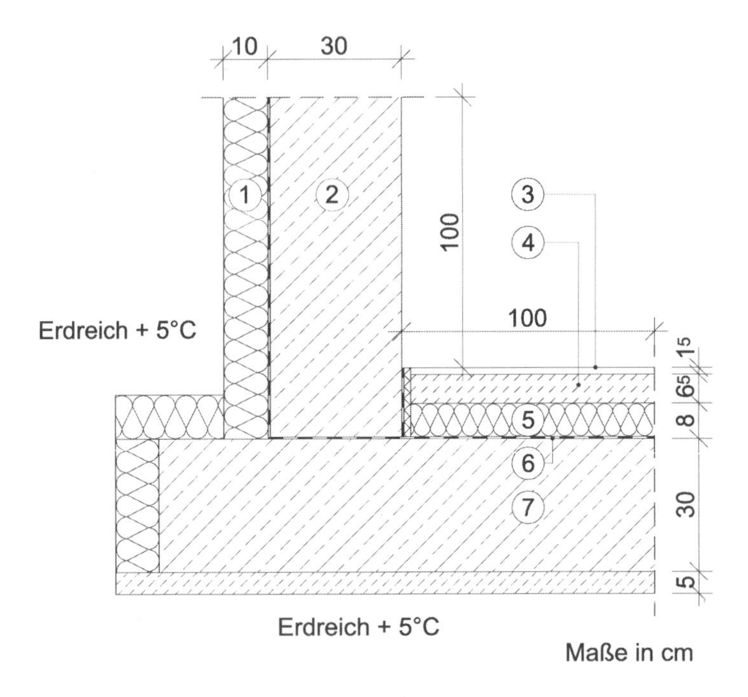

Schicht	Baustoffe	d m	λ W/(m·K)
1	Dämmung	0,10	0,04
2	Stahlbeton	0,30	2,30
3	Bodenbelag	0,015	-
4	Zementestrich	0,065	1,40
5	Dämmung	0,08	0,04
6	Absichtung	-	-
7	Stahlbeton	0,05	2,30

Aufgabe 31

Bestimmen Sie den resultierenden Wärmebrückenfaktor ΔU_{WB} des dargestellten, nicht unterkellerten Gebäudes. Vergleichen die das Ergebnis mit den möglichen pauschalen Zuschlägen nach EnEV.

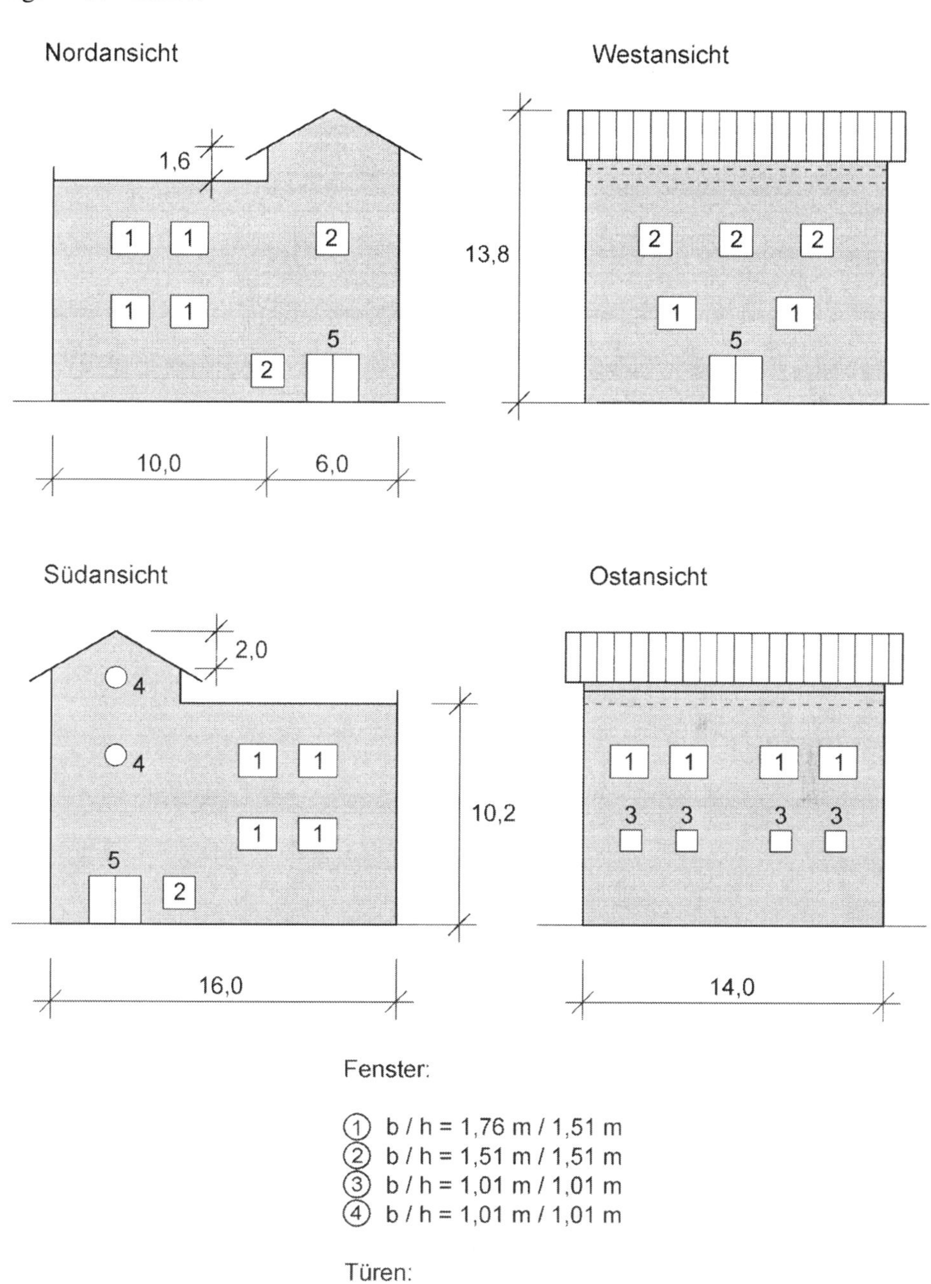

Türen:

⑤ b / h = 2,01 m / 2,01 m

Liste der Wärmebrücken:

Wärmebrücke	Länge ℓ in m	ψ-Wert in W/(m·K)	$\psi * \ell$ in W/K
Außenwand-Bodenpatten-Anschluss		0,042	
Geschossdeckenanschluss		0,016	
Außenecke		- 0,004	
Traufanschluss		0,044	
Ortgang		0,031	
Attikaanschluss		0,092	
Firstanschluss		- 0,012	
Fensterlaibung		0,065	
Fensterbrüstung		0,068	
Fenstersturz		0,068	
Türlaibung		0,071	
Türbrüstung		0,074	
Türsturz		0,074	
Zusätzlicher Transmissionsverlust über Wärmebrücken H_{WD}		in W/K	
Gesamtfläche der Transmissionswärmeverlust A		in m^2	
Resultierender Wärmebrückenfaktor $\Delta U_{WB} = H_{WB} / A$		in $W/(m^2K)$	

Aufgabe 32

Wie groß ist der U-Wert der dargestellten Bodenplatte auf Erdreich? Welche monatlichen thermischen Leitwerte $L_{s,m}$ ergeben sich unter Annahme des Gebäudestandortes „Essen“? Die Bemessung soll gemäß DIN EN ISO 13370 erfolgen.
Formblätter finden Sie im Anhang.

Randbedingungen:

- Gebäude ist nicht unterkellert
- Bodenplatte ist vollständig gedämmt
- konstante Innentemperatur: $\theta_i = 20$ °C
- Außentemperaturen z.B. gemäß DIN 4710 (*Tabelle 3.5.1-2*)
- Erdreich: $\rho = 1600$ kg/m³, $c = 800$ J/(kg·K)

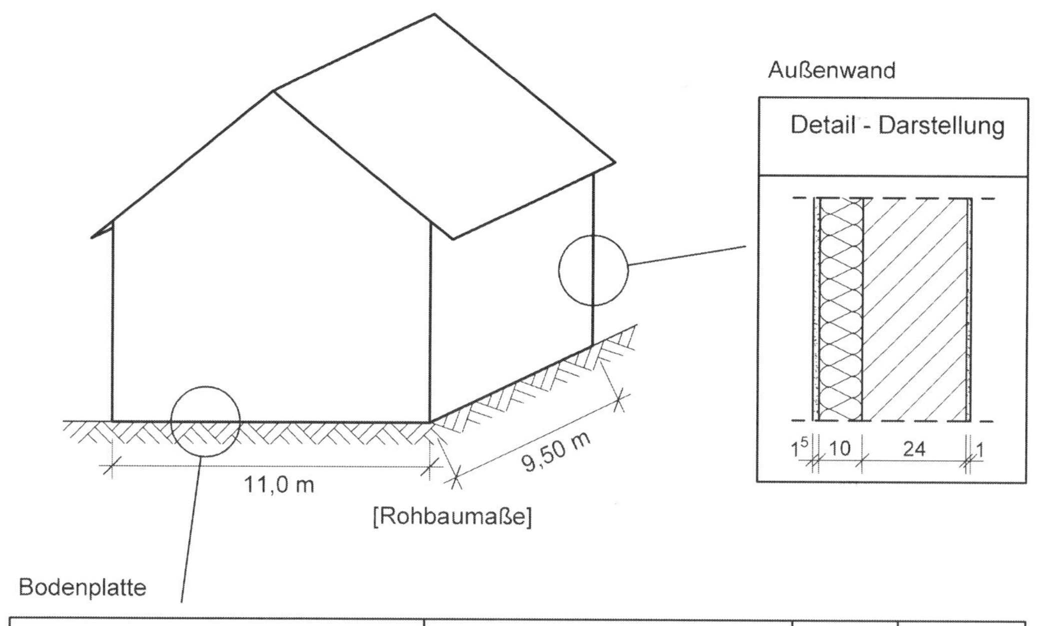

Detail - Darstellung	Baustoffe	ρ kg/m³	λ W/(m·K)
4⁵	① Zementestrich	-	1,40
4	② Trittschalldämmung	-	0,04
16	③ Stahlbeton	2300	2,30
8	④ Wärmedämmung	-	0,045
	⑤ Magerbeton	-	-
	⑥ Erdreich	-	-

Aufgabe 33

Wie groß ist der U-Wert der dargestellten Bodenplatte auf Erdreich? Welche monatlichen thermischen Leitwerte $L_{s,m}$ ergeben sich unter Annahme des Gebäudestandortes „Essen"? Die Bemessung soll gemäß DIN EN ISO 13370 erfolgen.
Formblätter finden Sie im Anhang.

Randbedingungen:

- Gebäude mit beheiztem Keller
- konstante Innentemperatur: $\theta_i = 20$ °C
- Außentemperaturen z.B. gemäß DIN 4710 (*Tabelle 3.5.1-2*)
- Erdreich: $\rho = 1600$ kg/m³, $c = 800$ J/(kg·K)

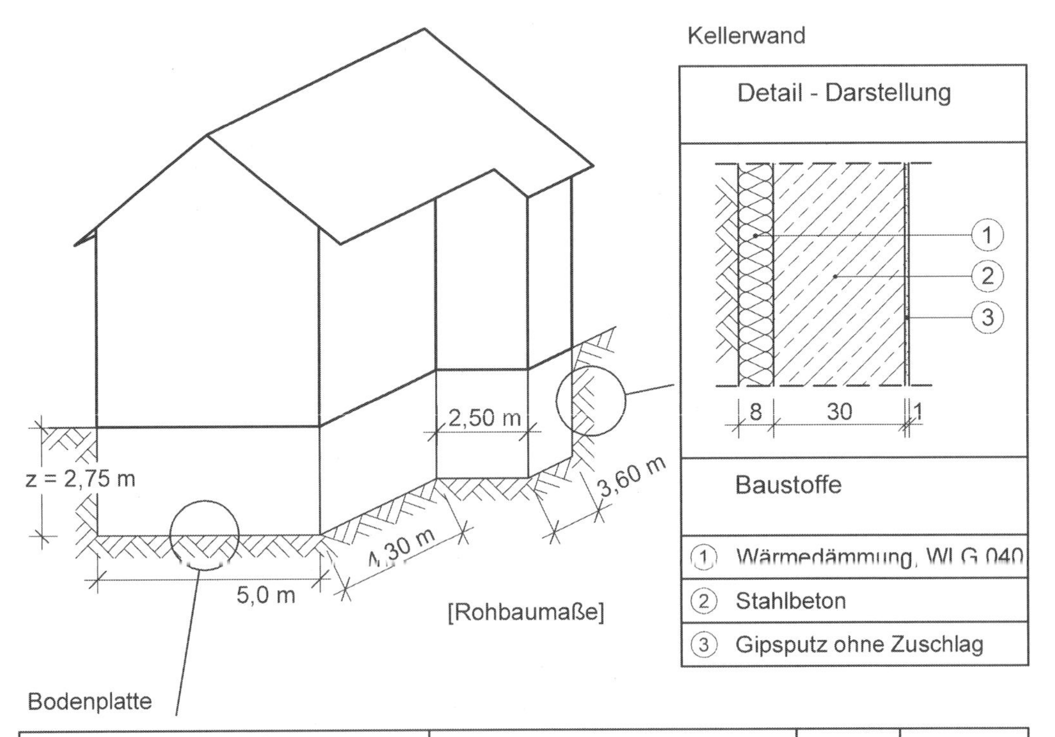

Detail - Darstellung	Baustoffe	ρ kg/m³	λ W/(m·K)
4^5	① Zementestrich	-	1,40
10	② Trittschalldämmung	-	0,04
20	③ Stahlbeton	2300	2,30
	④ Magerbeton	-	-
	⑤ Erdreich	-	-

Aufgabe 34

Wie groß ist der U-Wert der dargestellten Bodenplatte auf Erdreich? Welche monatlichen thermischen Leitwerte $L_{s,m}$ ergeben sich unter Annahme des Gebäudestandortes „Essen“? Die Bemessung soll gemäß DIN EN ISO 13370 erfolgen.
Formblätter finden Sie im Anhang.

Randbedingungen:

- Gebäude mit unbeheiztem Keller
- Konstante Innentemperatur: $\theta_i = 10°C$ (Unbeheizter Keller)
- Außentemperaturen z.B. gemäß DIN 4710 (*Tabelle 3.5.1-2*)
- Erdreich: $\rho = 1600$ kg/m^3, $c = 800$ J/(kg·K)

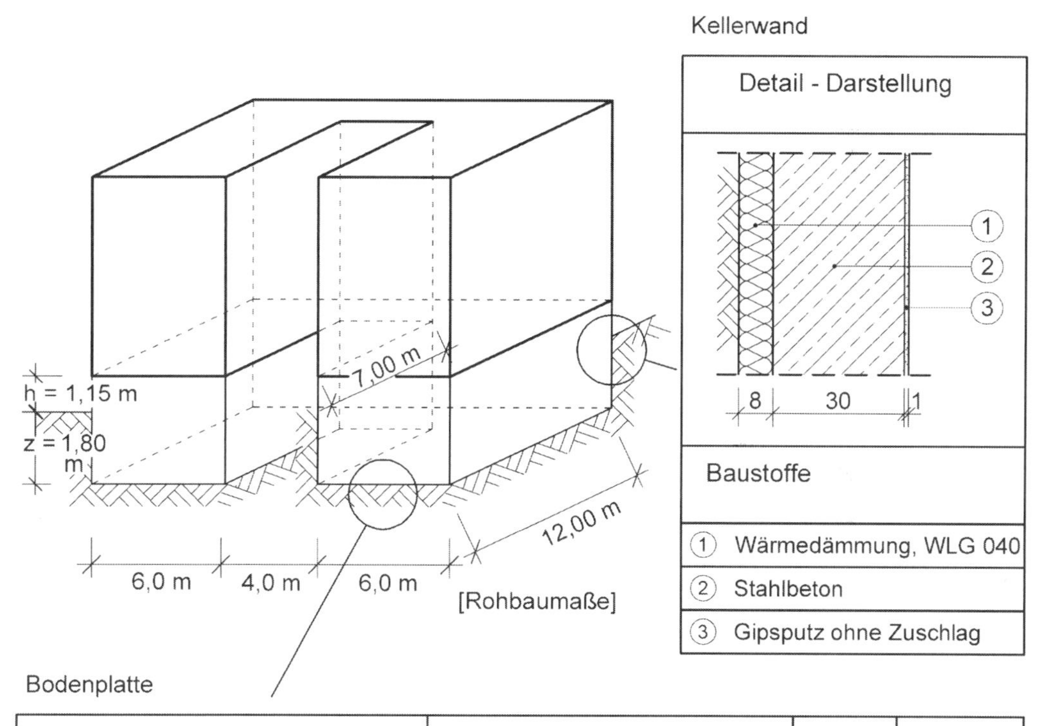

Detail - Darstellung	Baustoffe	ρ kg/m³	λ W/(m·K)
4⁵	① Zementestrich	-	1,40
12	② Wärmedämmung	-	0,04
	③ Abdichtung	-	-
20	④ Stahlbeton	2300	2,30
	⑤ Magerbeton	-	-
	⑥ Erdreich	-	-

Kellerdecke

Detail - Darstellung	Baustoffe	ρ kg/m³	λ W/(m·K)
4⁵ / 8 / 16 / 1	① Zementestrich	-	1,40
	② Wärmedämmung, PUR	-	0,04
	③ Stahlbeton	2300	2,30
	④ Kalkgipsputz	-	0,70

Aufgabe 35

An einer Traufe berühren sich Dach- und Außenwandkonstruktion. Mit einer numerischen Berechnung wurde der Wärmeverlust im Wärmebrückenbereich mit $L_{2D} = 0{,}453$ W/mK ermittelt. Berechnen Sie den längenbezogenen Wärmedurchgangskoeffizienten, den Ψ-Wert für die Traufe.

Nehmen Sie folgende Werte an:

- $\ell_{Wand} = 1{,}235$ m
- $\ell_{Dach} = 1{,}325$ m
- $U_{Wand} = 0{,}22$ W/m²K
- $U_{Dach} = 0{,}18$ W/m²K

Aufgabe 36

Welchen maximalen %-Anteil darf der Rahmen eines Fensters unter den folgenden Rand bedingungen haben, damit das gesamte Fenster einen Wärmedurchgangskoeffizienten $U_w = 1{,}1$ W/m²K erzielen kann?

- Außenabmessungen des Gesamtfensters: 1,25 m x 1,6 m;
- $U_g = 0{,}9$ W/m²K
- $U_f = 1{,}4$ W/m²K
- $\Psi_g = 0{,}05$ W/mK
- $\ell_g = 4{,}1$ m

1.2 Feuchteschutz

1.2.1 Verständnisfragen

1. Welches sind die vier Hauptaufgaben des Feuchteschutzes?

2. Wie lässt sich das Prinzip des Tauwasserausfalls anhand des Carrier-Diagramms erläutern? (Diagramm siehe Anhang)

3. Was versteht man unter dem Taupunkt bzw. der Taupunkttemperatur?

4. Welche Feuchtetransportmechanismen gibt es in porösen Baustoffen?

5. Was sind die Anforderungen zur Vermeidung von Tauwasserbildung im Inneren von Bauteilen gemäß DIN 4108, Teil 3?

6. Welche Wärmeübergangswiderstände sind bei der Berechnung zur Vermeidung von Tauwasserausfall im Bauteilinnern für eine Bodenplatte zwischen einem beheizten Raum gegen Erdreich anzusetzen?

7. Was gibt die Wasserdampf-Diffusionswiderstandszahl μ an?

8. Wie wird die Wasserdampf-Diffusionswiderstandszahl μ ermittelt?

9. In der DIN 4108-4 sind u.a. die feuchtetechnischen Bemessungswerte festgelegt. Bei dem Richtwert der Wasserdampf-Diffusionswiderstandzahl sind häufig zwei Werte angegeben. Welcher Wert ist für Berechnungen nach dem Glaser-Verfahren anzusetzen?

10. Was ist die wasserdampfdiffusionsäquivalente Luftschichtdicke s_d?

11. Womit ist zu rechnen, wenn Sie im Winter mit einer Brille aus der Kälte in einen warmen Raum kommen? Wie kommt es zu dieser Reaktion?

12. Häufig wird die Tür zum nicht beheizten Schlafzimmer geöffnet, damit dieses durch warme Luft aus dem Wohnbereich „mitgeheizt“ wird. Ist dies sinnvoll? (Begründung)

13. Wodurch wird der Schlagregenschutz einer Wand realisiert und wonach richten sich die Maßnahmen?

14. Welche Folgen haben Fehlstellen in der Luftdichtigkeitsschicht?

15. Warum sollen Schränke nicht zu dicht an Außenwänden positioniert werden?

16. Vergleichen Sie unter feuchteschutztechnischen Gesichtspunkten innen- und außengedämmte Außenwandkonstruktionen. Welche sind zu bevorzugen?

17. Zeichnen Sie die Wärme- und Dampfströme zwischen den beiden unten dargestellten Räumen ein!

13° C 80 % rel. F. p_s = 1498 Pa p = 1198 Pa	18° C 60 % rel. F. p_s = 2065 Pa p = 1239 Pa

18. Zeichnen Sie die Wärme- und Dampfströme zwischen den beiden unten dargestellten Räumen ein!

24° C 50 % rel. F. p_s = 2985 Pa p = 1493 Pa	18° C 80 % rel. F. p_s = 2065 Pa p = 1652 Pa

19. Ordnen Sie folgende Stoffe den genannten μ-Werten (Wasserdampf-Diffusionswiderstandszahlen) zu:

Luft	∞
Glas	5/10
Porenbeton	50/200
Kunstharzputz	1
Mineralwolle-Dämmung	110000/80000
Bitumendachbahnen	1

20. Was versteht man unter einer Perimeterdämmung?

21. Wie verfährt man bei der Nachweisführung im Glaser-Verfahren für ein monolithisches Mauerwerk, z.B. einer Außenwand aus Porenbeton?

22. Zur Beurteilung der Schimmelpilzbildung nach DIN 4108-2 wird ein Vergleichswert aufgeführt, der unter stationären Randbedingungen einzuhalten ist. Wie lauten der Wert und die Randbedingungen?

23. Welcher innere Wärmeübergangswiderstand an vertikalen Bauteilen wird bei der rechnerischen Überprüfung der raumseitigen Oberflächentemperatur zur Vermeidung von Schimmelpilzbildung nach DIN EN ISO 13788 angesetzt?

24. Führen Sie für die beiden unten dargestellten Querschnitte einen qualitativen Glaser-Nachweis!

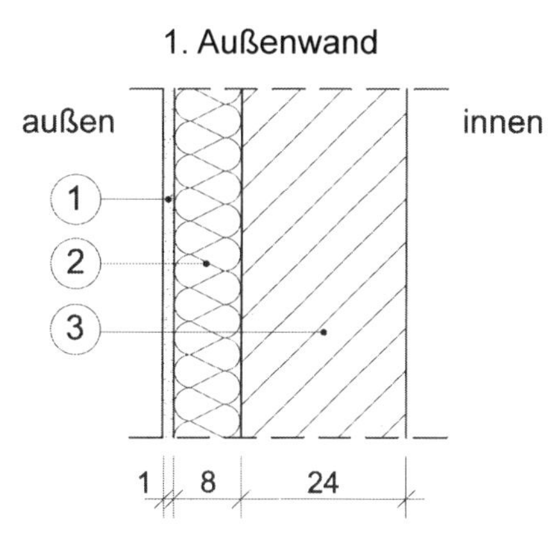

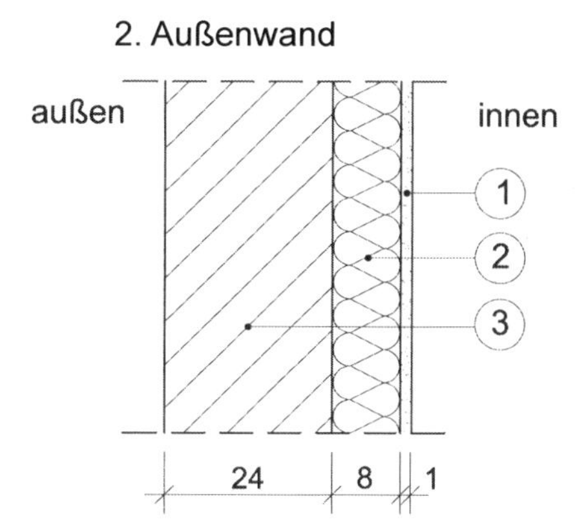

① Mauerwerk
② Mineralwolle
③ Kalkzementputz
④ Gipskartonplatte

25. Bewerten Sie die folgenden bauphysikalischen Konstruktionsgrundsätze:

richtig	falsch	Konstruktionsgrundsatz
		Die Wärmedurchlasswiderstände sollten von außen nach innen zunehmen.
		Die Diffusionswiderstände sollten von innen nach außen abnehmen.
		Eine Dampfbremse ist auf der kalten Bauteilseite anzuordnen.

26. Zu welcher Jahreszeit sollte ein unbeheizter Kellerraum gelüftet werden, um ihn zu trocknen? Begründen Sie Ihre Antwort!

27. Nennen Sie Einflussgrößen für die Schlagregenbeanspruchung von Fassaden.

28. Nennen Sie Zielsetzungen/Maßnahmen eines effektiven Schlagregenschutzes.

29. Wie ist Schlagregen definiert?

30. Nennen Sie 2 mögliche Folgen von Schlagregen!

1.2.2 Aufgaben zum Feuchteschutz

Aufgabe 1

Die Lufttemperatur in einem Wohnraum beträgt 22,0 °C.

a) Die Taupunkttemperatur beträgt 13,9 °C. Wie hoch ist die relative Luftfeuchtigkeit?

b) Wie viel Feuchtigkeit in g/m³ fällt aus, wenn die Luft mit den Randbedingungen aus Aufgabenteil a) auf 5 °C abgekühlt wird?

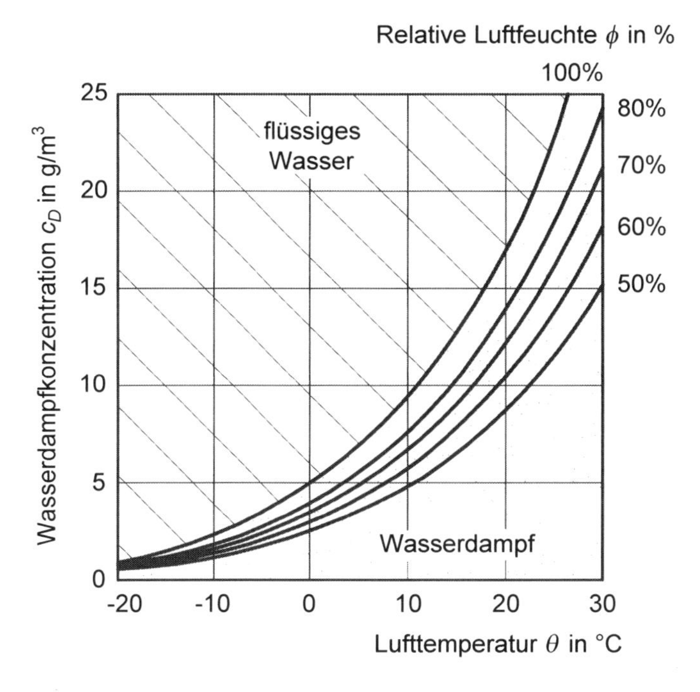

c) Welche relative Luftfeuchtigkeit stellt sich ein, wenn die Raumlufttemperatur von den ursprünglich 22,0 °C auf 24,0 °C erhöht wird?

d) Welche Wassermenge muss kondensieren, damit sich die relative Luftfeuchtigkeit bei gleich bleibender Temperatur von 22 °C von 60 % auf 50 % verringert?
Der Raum hat die Abmessungen $\ell / b / h$ = 8,0 m / 5,0 m / 2,75 m.

Aufgabe 2

Die Fenster eines Bades mit Innenraumkonditionen von 24 °C und 65 % relativer Luftfeuchte werden nach dem Duschen zum Lüften geöffnet. Draußen ist es mit - 5 °C und 90 % relativer Feuchte kalt und regnerisch. Wird durch die Lüftung Feuchte aus dem Raum hinein oder hinaus transportiert und wieviel?

Aufgabe 3

In einem hermetisch abgeschlossenen Raum wird eine relative Feuchte von 55 % und eine Temperatur von 21,5 °C gemessen.

a) Wie groß ist die relative Feuchte, wenn der Raum auf 25,8 °C erwärmt wird?

b) Bestimmen Sie die Taupunkttemperatur für diesen Zustand.

c) Bei welcher Oberflächentemperatur ist Schimmelpilzbildung möglich?

Aufgabe 4

Um in Büroräumen elektrostatische Aufladungen zu vermeiden, werden mehr als 45 % rel. Luftfeuchte bei Raumtemperaturen von 20 °C angestrebt.

a) Wo liegt die Taupunkttemperatur bei den genannten Bedingungen?

b) Im Winter liegen extreme Außenbedingungen vor: Außenlufttemperatur von -9,0 °C und eine rel. Feuchte von 70 %. Wie groß ist die absolute Feuchte der Außenluft?

c) Mechanisch gelüftete Räume erfordern eine Frischluftmenge von 30 m^3/h Außenluft pro Person. Die Feuchteabgabe pro Person und Stunde liegt bei 50 *g* Wasserdampf.Ist die Feuchteabgabe der Personen ausreichend, um die gewünschten 45 % Raumluftfeuchte am o.g. Wintertag zu erhalten, oder muss die Raumluft zusätzlich befeuchtet werden?

Aufgabe 5

Welchen Wärmedurchlasswiderstand muss die Außenwand eines Bades (mit einer Innenraumtemperatur von 22 °C und relativen Feuchte von 65 %) mindestens aufweisen, damit

a) nach DIN 4108-3 Tauwasserbildung auf der Innenoberfläche vermieden wird?
b) Schimmelpilzfreiheit auf der Innenoberfläche gewährleistet wird?

Aufgabe 6

Bestimmen Sie für einen Wohnraum mit den unten angegebenen klimatischen Randbedingungen die relative Feuchte, bei der sich Tauwasser raumseitig an dem vorhandenen Fenster mit $U_{Fenster}$ = 2,2 W/m²·K niederschlagen wird.

Klimatische Randbedingungen: Außentemperatur = - 5 °C
Innentemperatur = 22 °C

Aufgabe 7

Gegeben ist eine ungedämmte Außenwandkonstruktion aus Stahlbeton gemäß Detail-Darstellung. Die relative Luftfeuchtigkeit im Innenraum beträgt 65 %.

a) Fällt bei den angegebenen Randbedingungen Tauwasser an der Innenoberfläche der Wand aus?

b) Sollte dies der Fall sein, bestimmen Sie die erforderliche Dicke einer Außendämmung mit $\lambda = 0{,}045$ W/(m·K) so, dass im Bereich der ebenen Wandoberfläche kein Tauwasser ausfällt.

Detail - Darstellung	Baustoffe	ρ kg/m³	λ W/(m·K)
θ_e = -10°C; θ_i = 20°C; 1, 2, 3; 1⁵ | 20 | 1; Maße in cm	① Kalkzementputz	-	1,00
	② Stahlbeton	2300	2,30
	③ Gipsputz ohne Zuschlag	-	0,51

Aufgabe 8

Ein Raum mit einer Innenlufttemperatur von 20 °C weist eine relative Luftfeuchtigkeit von 50 % auf, die Außenlufttemperatur beträgt -15 °C. Berechnen Sie die erforderliche Dicke der Wärmedämmung für den folgenden Außenwandquerschnitt so, dass die Innenoberflächentemperatur auf der ebenen Wandoberfläche mindestens 2 K über der Schimmelpilzgrenze liegt.

Detail - Darstellung	Baustoffe	ρ kg/m³	λ W/(m·K)
θ_e = -15°C; θ_i = 20°C; 1, 2, 3, 4; 1⁵ | $d_{Dä}$ | 24 | 1; Maße in cm	① Kalkzementputz	-	1,00
	② Wärmedämmung aus EPS (expandiertes Polystyrol)	-	0,04
	③ Mauerwerk aus Vollziegel	2200	1,20
	④ Gipsputz ohne Zuschlag	-	0,51

Aufgabe 9

In einem vorhandenen Gebäude wird ein Teil des Erdgeschosses für Schwimmbadnutzung umgerüstet. Dabei ergibt sich die Frage:

a) Ist die vorhandene Dämmschichtdicke von 8 cm der Außenwandkonstruktion ausreichend, um bei den angegebenen Randbedingungen (s. Detail-Darstellung) eine Schimmelpilzfreiheit zu garantieren?

b) Sollte sie nicht ausreichen, berechnen Sie die erforderliche Dicke und den daraus resultierenden U-Wert.

Detail - Darstellung	Baustoffe	ρ kg/m³	λ W/(m·K)
θ_e = -10°C; θ_i = 28°C; ϕ = 75 %; 1⁵ | 8 | 36⁵ | 1; Maße in cm	① Kalkzementputz	-	1,00
	② Wärmedämmung aus Mineralwolle	-	0,04
	③ Mauerwerk aus Vollziegel	2400	1,40
	④ Gipsputz ohne Zuschlag	-	0,51

Aufgabe 10

Vor einer Außenwand steht ein Einbauschrank. Wie groß ist die theoretisch erforderliche Dämmschichtdicke der Außenwand zur Vermeidung von Schimmelpilzbildung? Berücksichtigen Sie eine Sicherheit von 2 K bei der Beurteilung der Schimmelpilzschwelle und einen erhöhten Wärmeübergangswiderstand an der Wandinnenoberfläche von R_{si} = 1,0 m²K/W.

Detail - Darstellung	Baustoffe	ρ kg/m³	λ W/(m·K)
θ_e = -5°C; θ_i = 20°C; ϕ_i=50 %; 1⁵ | $d_{Dä}$ | 24 | 1; Maße in cm	① Kalkzementputz	-	1,00
	② Wärmedämmung aus Mineralwolle	-	0,04
	③ Mauerwerk aus Vollziegel	2400	1,40
	④ Gipsputz ohne Zuschlag	-	0,51

Aufgabe 11

Erfüllt die unten dargestellte Außenwand-Querschnitt den Tauwassernachweis nach DIN 4108, Teil 3 (nach Glaser)?
Formblätter finden Sie im Anhang.

Detail - Darstellung	Baustoffe	ρ kg/m³	λ W/(m·K)
θ_e = -5°C, ϕ_e = 80 %; θ_i = 20°C, ϕ_i = 50 %; Maße in cm: 11⁵ | 12 | 24 | 1	(1) Vollklinker	1800	0,81
	(2) Wärmedämmung aus Mineralwolle	-	0,04
	(3) Mauerwerk aus Kalksandsteinen nach DIN106	2200	1,3
	(4) Gipsputz ohne Zuschlag	-	0,51

Aufgabe 12

Fällt in dem unten dargestellten Trennwand-Querschnitt zwischen einem Feuchtraum und einem Kühlraum Tauwasser an? Überprüfen Sie dies mit dem Glaser-Verfahren und geben Sie die Tauwassermenge an. Ermitteln Sie den notwendigen s_d-Wert für eine Dampfbremse. Formblätter finden Sie im Anhang.

Detail - Darstellung	Baustoffe	ρ kg/m³	λ W/(m·K)
θ_e = 8°C, ϕ_e = 60 %; θ_i = 20°C, ϕ_i = 75 %; Maße in cm: 24 | 10 | 1²⁵	(1) Kalksandstein	1600	0.79
	(2) Wärmedämmung aus Mineralwolle	-	0,04
	(3) Gipskartonplatte	-	0,25

Aufgabe 13

Erfüllt die unten dargestellte Außenwand den Tauwassernachweis nach Glaser? Formblätter finden Sie im Anhang.

Detail - Darstellung	Baustoffe	ρ kg/m³	λ W/(m·K)
θ_i = 20°C, ϕ_i = 50 %; θ_e = -5°C, ϕ_e = 80 %; Maße in cm: 1, 8, 24, 6, 0,5	① Gipsputz ohne Zuschlag	-	0,51
	② Wärmedämmung aus Mineralwolle	-	0,04
	③ Mauerwerk aus Kalksandsteinen	1400	0,70
	④ Wärmedämmung aus Mineralwolle	-	0,04
	⑤ Kunstharzputz	-	0,70

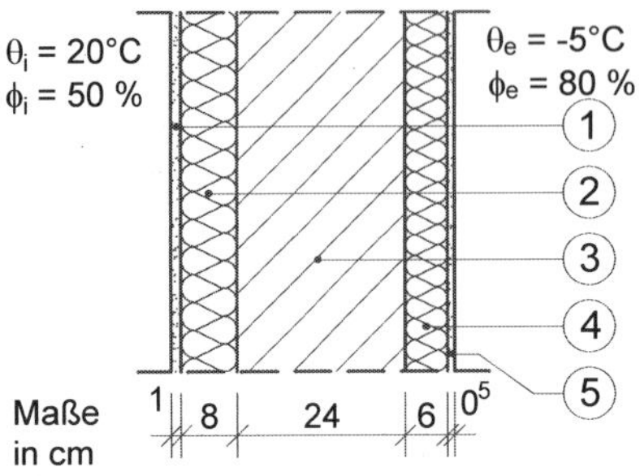

Aufgabe 14

Gegeben ist eine Außenwand mit einem monolithischen Mauerwerk aus Porenbeton-Planbauplatten (Pppl).

a) Fällt bei den unten angegebenen Randbedingungen nach dem Glaser-Verfahren Tauwasser im Bauteil aus?

b) Wie hoch dürfte die relative Luftfeuchte innen ϕ_i maximal sein, so dass erst gar kein Tauwasser ausfällt?

Formblätter finden Sie im Anhang.

Detail - Darstellung	Baustoffe	ρ kg/m³	λ W/(m·K)
θ_e = -5°C, ϕ_e = 80 %; θ_i = 20°C, ϕ_i = 50 %; Maße in cm: 1,5, 30, 1	① Kalkzementputz	-	1,00
	② Porenbeton	650	0,21
	③ Gipsputz ohne Zuschlag	-	0,51

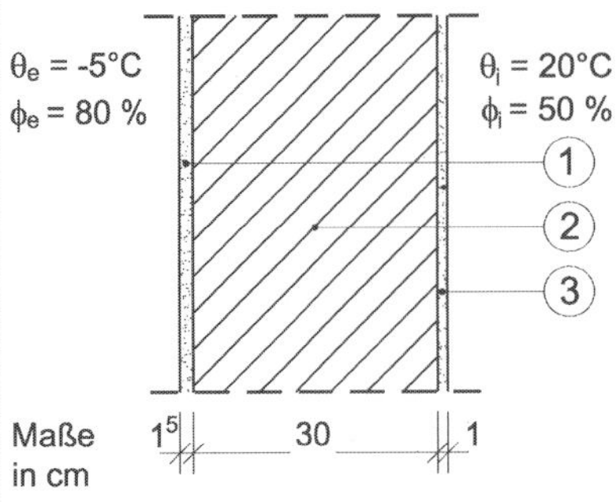

Aufgabe 15

Führen Sie den Glaser-Nachweis für die dargestellte Deckenkonstruktion über einer Hofeinfahrt.

Formblätter finden Sie im Anhang.

Detail - Darstellung	Baustoffe	ρ kg/m³	λ W/(m·K)
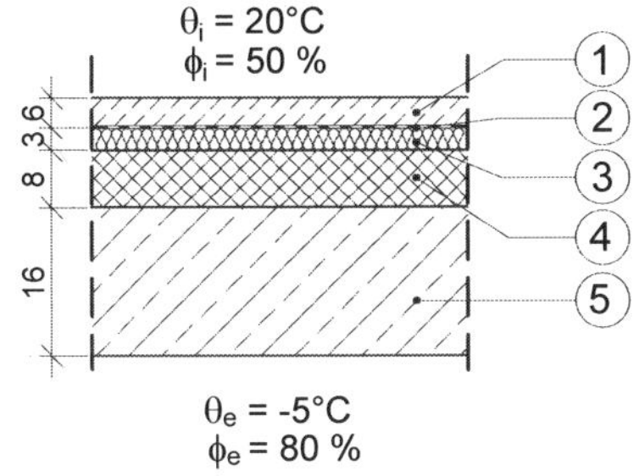 θ_i = 20°C, ϕ_i = 50 %	(1) Zementestrich	-	1,40
	(2) Trennlage, s_d = 7 m	-	-
	(3) Trittschalldämmung EPS (elastifiziertes Polystyrol)	-	0,04
3,6 / 8 / 16	(4) Wärmedämmung aus EPS (expandiertes Polystyrol)	-	0,04
θ_e = -5°C, ϕ_e = 80 %	(5) Stahlbetondecke	2300	2,30
Maße in cm			

Aufgabe 16

Wird der Tauwassernachweis nach Glaser unter klimatischen Randbedingungen nach DIN 4108-3 bei dem dargestellten Flachdach erfüllt?

Formblätter finden Sie im Anhang.

Detail - Darstellung	Baustoffe	ρ kg/m³	λ W/(m·K)
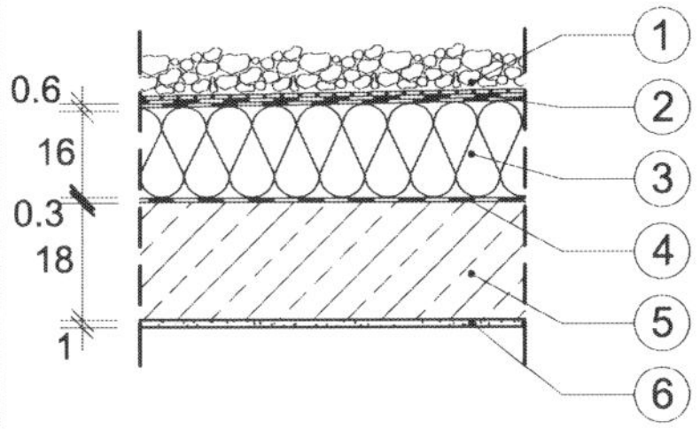 0.6	(1) Kiesschüttung	-	-
16	(2) Bitumendachbahn nach DIN EN 13707 als Dachabdichtung	-	-
0.3	(3) Wärmedämmung aus EPS (expandiertes Polystyrol)	-	0,03
18	(4) Bitumendachbahn als Dampfsperre	-	-
1	(5) Stahlbeton	2300	2,30
Maße in cm	(6) Gipsputz ohne Zuschlag	-	0,51

Aufgabe 17

Berechnen Sie für den Wandbaustoff des nachfolgenden Wandquerschnittes gemäß DIN 4108-3 den notwendigen μ-Wert, so dass nicht mehr als 0,1 kg/m² Tauwasser ausfallen. Wandaufbau:

Detail - Darstellung	Baustoffe	μ	λ [W/(m·K)]
θ_i θ_e (1) (2) (3) (4) 1²⁵ 8 24 Maße in cm	① Gipskarton-Bauplatte	4 / 10	0,25
	② 1 mm dicke diffusionshemmende Folie	6000	-
	③ Wärmedämmung	2 / 4	0,04
	④ Mauerwerk	?	1,40

Aufgabe 18

Gegeben ist die thermische zweidimensionale Berechnung einer Außenwandkante eines einschaligen Mauerwerks.

a) Wie groß ist die maximal zulässige relative Luftfeuchte der Raumluft, so dass nach dem 80 %-Kriterium in der Wandkante keine Schimmelpilzbildung auftritt?

- $\theta_i = 20\ °C$
- $\theta_e = -5\ °C$

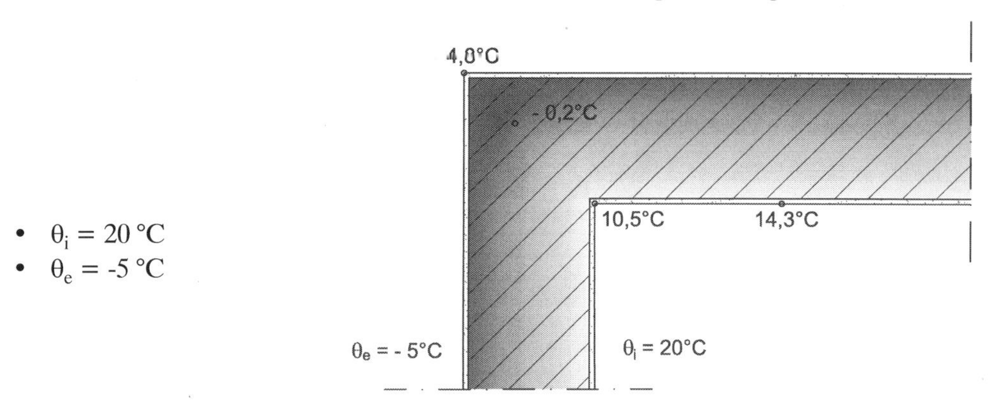

b) Wie groß müsste der U-Wert einer Außenwand sein, wenn bei einer Raumluftfeuchte von $\phi_i = 55\ \%$ Schimmelpilzbildung an der Innenoberfläche vermieden werden soll?

Aufgabe 19

Betrachtet wird ein nicht klimatisiertes Gebäude (θ_i = 20 °C, schwere Bauweise, Luftfeuchteklasse 3) mit gegebenen monatlichen Klimadaten.
Wird der Nachweis zur Vermeidung von Schimmelpilzbildung an der raumseitigen Bauteiloberfläche nach DIN EN ISO 13788 für den gegebenen Außenwandquerschnitt erfüllt?

Monat	Jan	Feb	Mar	Apr	Mai	Jun	Jul	Aug	Sep	Okt	Nov	Dez
θ_e in °C	2,8	2,8	4,5	6,7	9,8	12,6	14,0	13,7	11,5	9,0	5,0	3,5
ϕ_e	0,92	0,88	0,85	0,80	0,78	0,80	0,82	0,84	0,87	0,89	0,91	0,92

Detail - Darstellung	Baustoffe	ρ kg/m³	λ W/(m·K)
θ_e θ_i = 20°C ① ② ③ ④ 1^5 8 24 1 Maße in cm	① Kalkzementputz	-	1,00
	② Wärmedämmung aus Mineralwolle	-	0,04
	③ Kalksandstein	1600	0,79
	④ Gipsputz ohne Zuschlag	-	0,51

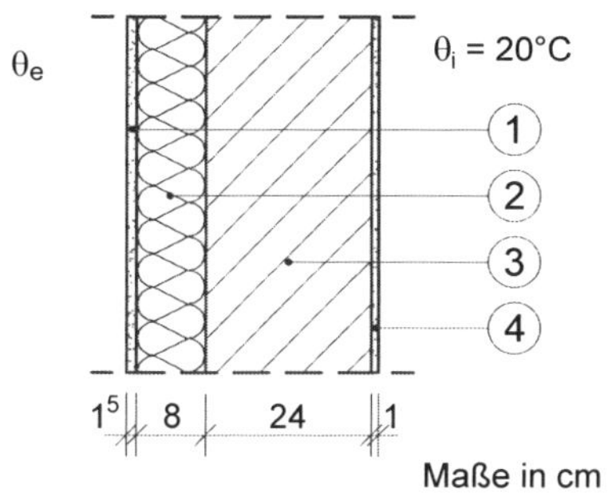

1.3 Schallschutz

1.3.1 Verständnisfragen

1. Stellen Sie den Schalldruck eines reinen Tons als Funktion der Zeit und der Frequenz grafisch dar.

2. Warum gibt es im Weltall keine Geräusche?

3. Um wieviel dB erhöht sich der Gesamtschalldruckpegel in einem Raum, wenn eine zweite Schallquelle mit gleichem Schalldruckpegel angeschaltet wird?

4. Das Lautstärkeempfinden des Menschen ist subjektiv geprägt. Töne welcher Frequenzen werden bei konstantem Schalldruckpegel lauter empfunden?

5. Nennen Sie mindestens 5 verschiedene Geräuschemissionen, vor deren schädlichen Umwelteinwirkungen Menschen in ihren Wohnungen geschützt werden sollen.

6. Welche Schalldruckpegeldifferenz nimmt man subjektiv als doppelte bzw. halbierte Lautstärke wahr?

7. Wie ist der „bauakustisch relevante Frequenzbereich" definiert?

8. Bei welchen Bauelementen tritt bei Luftschallanregung ein Spuranpassungseffekt auf?

9. Das Lautstärkeempfinden des Menschen ist subjektiv geprägt. Töne tiefer Frequenzen werden bei konstantem Schalldruckpegel leiser empfunden als höhere. Wie wird diese subjektive Beurteilung bei messtechnisch ermittelten Schalldruckpegeln berücksichtigt?

10. Erläutern Sie den Unterschied zwischen Lautstärke L_N (Einheit: phon) und Schalldruckpegel L_P (Einheit: dB).

11. Erläutern Sie die Begriffe: Emissionsort und Immissionsort und nennen Sie Einflussparameter bei der Schallausbreitung im Freien.

12. Skizzieren Sie den charakteristischen frequenzabhängigen Verlauf des Luftschalldämm-Maßes *R(f)* eines zweischaligen Bauteils mit konstanter flächenbezogener Masse und benennen Sie die wichtigsten Kennwerte!

13. Wie ändert sich das Schalldämmverhalten einer einschaligen Außenwand durch Applikation eines Wärmedämmverbundsystems (WDVS)?

14. Warum werden gemessene Schalldruckpegel in der Regel anschließend „bewertet" (z.B. nach der A-Bewertung)?

15. Was versteht man im Schallschutz unter Spuranpassung? Erklären Sie mit Hilfe einer Skizze!

16. Wie verändert sich das bewertete Luftschalldämm-Maß eines massiven Bauteils in Abhängigkeit von flächenbezogener Masse und Frequenz?

17. Wie lautet das BERGERsche Gesetz und was besagt es?

18. Erläutern Sie den Vorteil einer zweischaligen Wandkonstruktion gegenüber einer einschaligen hinsichtlich des Schallschutzes.

19. Was bedeuten in der Bauakustik die Begriffe ausreichend „biegeweich“ und ausreichend „biegesteif“?

20. Erläutern Sie den Unterschied zwischen $R(f)$ und $R'(f)$!

21. Welches der nachfolgend beschriebenen Wärmedämmverbundsysteme ist schalltechnisch günstiger zu bewerten? (Mit Begründung)
    - organisches Dünnputzsystem auf 16 cm Polystyrol-Hartschaumplatten (EPS)
    - mineralisches Dickputzsystem auf 16 cm Mineralwolle-Platten (MW)

22. Was versteht man unter einer Resonanzfrequenz?

23. Bei der Bewertung des Norm-Trittschallpegels wird der frequenzabhängige Trittschallpegel in eine Einzahlangabe umgerechnet. Dies geschieht durch Verschieben der Bezugskurve. In welche Richtung (nach oben oder unten) wird die Bezugskurve verschoben, wenn die gemessene Deckenkonstruktion besser ist als das Referenzbauteil?

24. Skizzieren Sie den charakteristischen frequenzabhängigen Verlauf des Luftschalldämm- Maßes $R(f)$ eines einschaligen Bauteils!

25. Wie lässt sich das bewertete Schalldämm-Maß einer einschaligen massiven Wand mit definierter Rohdichte konstruktiv verbessern?

26. Aus welchen Komponenten setzt sich der Rechenwert des bewerteten Normtrittschallpegels einer Massivdecke von übereinander liegenden Räumen zusammen und wovon hängen diese ab?

27. Wie groß ist der Unterschied beim bewerteten Norm-Trittschallpegel, wenn in einem Massivbau der Empfangsraum zum einen direkt neben und zum anderen schräg/diagonal über dem Senderaum angeordnet ist?

28. Warum ist die Definition des frequenzabhängigen Luftschalldämm-Maßes mit $R(f) = L_i(f) - L_e(f)$ nicht vollständig?

29. Das gemessene Schalldämm-Maß einer Trennwand hat den frequenzabhängigen Verlauf gemäß unten stehendem Diagramm. Wie groß ist das bewertete Schalldämm-Maß der Konstruktion?

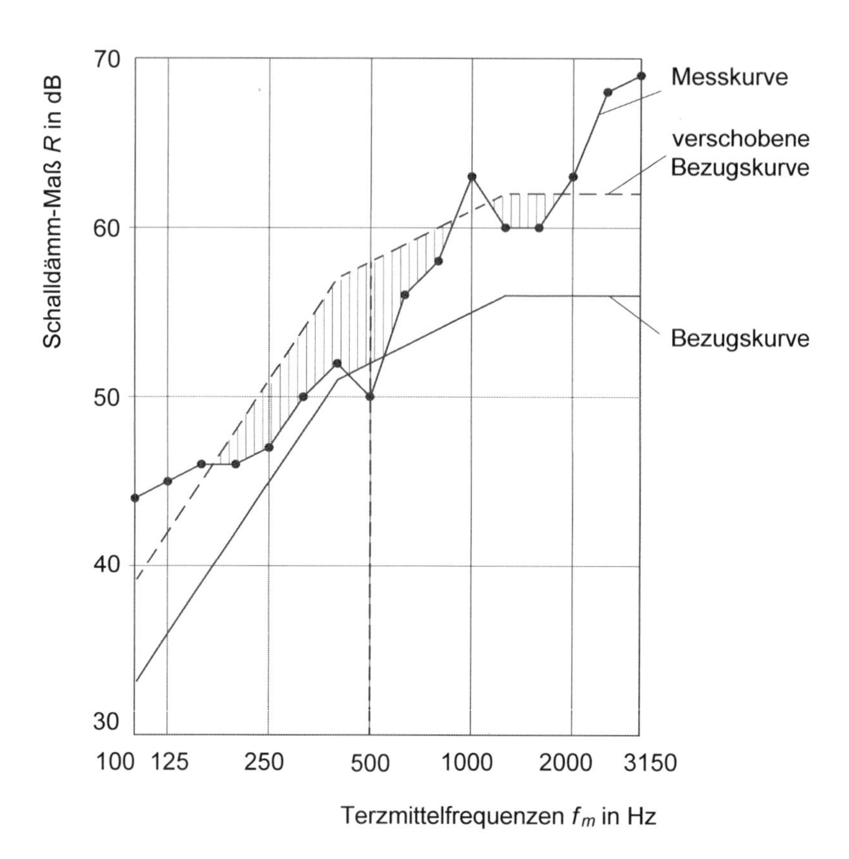

30. Welche der beiden nachfolgend dargestellten Konstruktionen ist schallschutztechnisch günstiger? (Begründung)

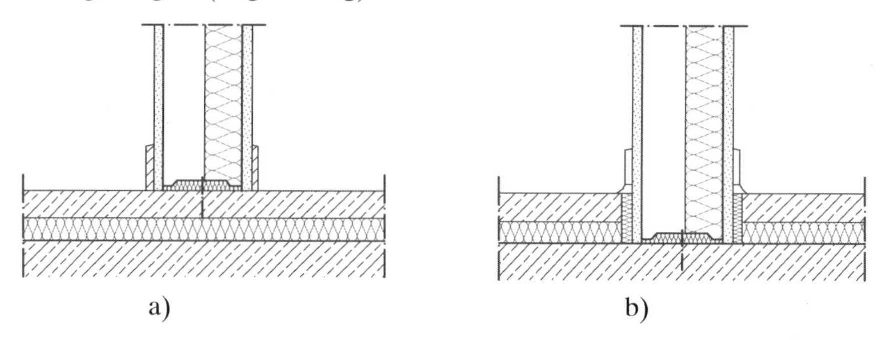

31. Was ist bei der schallschutztechnischen Bemessung zu beachten, wenn auf dem Bauschild Aussagen folgender Art getroffen werden: Luxus-Stadtvillen, 8.000 €/qm.

31. Eine vorhandene Holzbalkendecke, deren Trittschallpegel zwar im hochfrequenten Bereich gut ist, genügt insgesamt nicht den Anforderungen an den Normtrittschallpegel. Ist es zur Verbesserung des Trittschallschutzes sinnvoll, einen schwimmenden Estrich einzubauen?

32. Was versteht man unter dem Begriff „Nachhallzeit“?

33. Was versteht man in der Akustik unter „Energiedissipation“?

34. Was bedeutet eine Verdopplung der äquivalenten Schallabsorptionsfläche für die Nachhallzeit und den Schallpegel in einem Raum?

35. 55 % der auf eine Bauteiloberfläche auffallende Schallenergie wird reflektiert, 3 % werden transmittiert. Wie groß ist der Absorptionsgrad der Bauteiloberfläche?

36. Wie ist der „raumakustisch relevante Frequenzbereich“ definiert?

37. Was versteht man in der Raumakustik unter „Hörsamkeit“ und wodurch wird sie vorwiegend beeinflusst?

38. Wie entsteht ein Echo in einem Raum und wie kann man es vermeiden?

39. Nennen und erläutern Sie die Funktionsweise von mindestens 3 verschiedenen technischen Absorbern.

40. Erläutern Sie den Zusammenhang zwischen der Verständlichkeit in einem Raum und der Laufzeitdifferenz.

41. Wie hört man bei gleichem Schalldruckpegel einen Ton mit 125 Hz im Vergleich zu einem Ton mit 1250 Hz? Erklären Sie.
    a) leiser
    b) gleich laut
    c) lauter

42. Das Luftschalldämm-Maß der Wand Y ist um 3 dB größer, als das der Wand X. Welche Beziehung ist dann zwischen den Transmissionsgraden beider Wände richtig?
    a) $\tau_X = 3 \cdot \tau_Y$
    b) $\tau_X = 2 \cdot \tau_Y$
    c) $\tau_X = 0{,}5 \cdot \tau_Y$
    d) $2 \cdot \tau_X = \tau_Y$

44. Erklären Sie den Aufbau eines Mikroperforierten Absorbers und sein Funktionsprinzip auch anhand einer Skizze!

1.3.2 Aufgaben zum Schallschutz

Aufgabe 1

a) Berechnen Sie den resultierenden Schalldruckpegel aus den nachfolgenden Schallquellen mit den Einzelpegeln:

$L_1 = 54$ dB
$L_2 = 58$ dB
$L_3 = 50$ dB
$L_4 = 49$ dB

b) Welchen mittleren Schalldruckpegel L_i^* müssten vier gleichlaute Schallquellen jeweils aufweisen, wenn sie den oben berechneten resultierenden Schalldruckpegel erreichen sollen?

Aufgabe 2

Berechnen Sie den Gesamtschalldruckpegel von 7 PKWs mit einem Schalldruckpegel von jeweils 84 dB(A). Wie hoch ist der Gesamtschalldruckpegel für den Fall, dass zusätzlich noch ein Flugzeug mit einem Einzelschalldruckpegel von 100 dB(A) vorbei fliegt?

Aufgabe 3

In der Klimazentrale eines Hotels sollen vier Lüftungs- bzw. Klimageräte mit den Schalldruckpegeln L_1 = 77 dB(A), L_2 = 75 dB(A), L_3 = 79 *dB(A)*, L_4 = 76 dB(A) aufgestellt werden.

a) Berechnen Sie den zu erwartenden Gesamtschallpegel.

b) Der Gesamtschallpegel darf den Wert 84 dB(A) nicht überschreiten. Welchen Einzelschallpegel L_5 dürfte ein weiteres Lüftungsgerät aufweisen?

Aufgabe 4

Auf dem Gelände eines Holzhandels, das in einem Mischgebiet angesiedelt ist, wird im Außenbereich tagsüber eine Säge mit einem Schall-Leistungspegel von 101 dB(A) betrieben.

a) In welchem Abstand von der Grundstücksgrenze muss die Säge platziert werden, damit die Anforderungen an Immissionsschutz eingehalten werden?

b) Welchen Schall-Leistungspegel dürfte eine lärmarme Säge maximal aufweisen, wenn sie 20 m von der Grundstücksgrenze entfernt stehen sollte?

Aufgabe 5

Der Schallpegel an einer Straße beträgt in 30 m Abstand L_1 = 63 dB(A). Wie hoch ist der Pegel im Abstand von 60 m (doppelter Abstand)?

Aufgabe 6

a) Für den unten dargestellten Außenwandquerschnitt ist die luftschallschutztechnisch erforderliche Mindestdicke der Wärmedämmschicht, sowie das bewertete Direktschalldämm-Maß anzugeben, damit die Konstruktion schalltechnisch optimiert ausgeführt wird. Das Verbesserungsmaß gegenüber BERGER beträgt $\Delta R_{WDVS} = +3$ dB.

Detail - Darstellung	Baustoffe	ρ kg/m³	E_{dyn} MN/m²
1^5 d 24 1 Maße in cm	① Kalkzementputz außen	-	-
	② Wärmedämmung	-	1,2
	③ Mauerwerk mit Dünnbettmörtel	1600	-
	④ Gipsputz innen	-	-

b) Der unten dargestellte Raum sei Aufenthaltsraum eines Sanatoriums. Die Fensterfassade liegt in 20 m Entfernung von der Straßenmitte einer Gemeindestraßeverbindungsstraße und einer Verkehrsbelastung von 2000 Kfz/Tag. Ermitteln Sie schallschutztechnisch geeignete Fenster und Fenstertüren, wenn der in Augabenteil a) dargestellte Außenwandaufbau ausgeführt wird und die flankierenden Übertragungswege keine Rolle spielen.

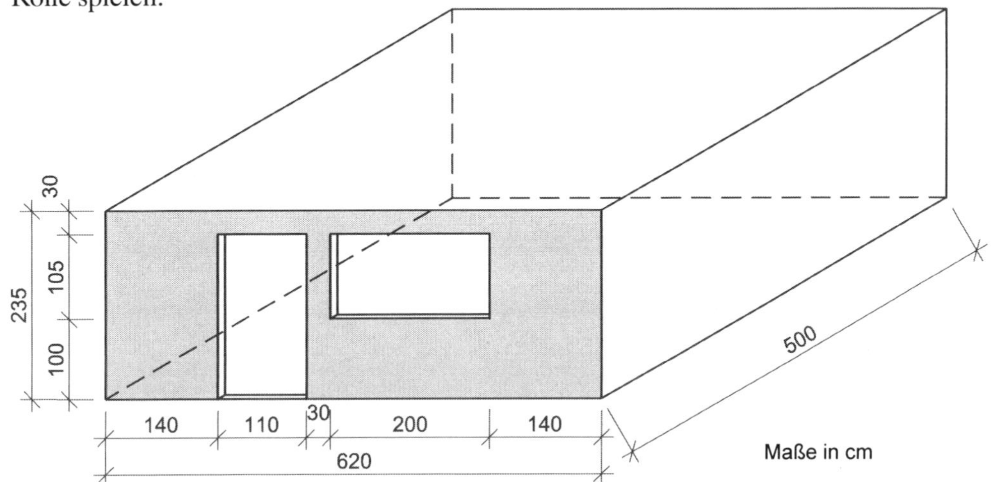

Aufgabe 7

An einer stark befahrenen Straße wird ein Bürogebäude geplant. Anhand eines exemplarischen Büroraumes sollen die Fenster dimensioniert werden. Wie groß darf das Fenster in dem Raum im Hinblick auf den Schallschutz maximal sein?

Folgende Randbedingungen sind zu berücksichtigen:

- Maßgebliche Außenlärmpegel mit L_a =74 dB(A)
- Schalldämm-Maß des Fensters $R_{W,F}$= 35 dB
- Flankierende Übertragungswege sind zu vernachlässigen.
- Raumgeometrie des exemplarischen Büroraumes entsprechend Skizze
- Außenwand mit Wärmedämmverbundsystem (Aufbau siehe unten)
  Korrekturwerte für das WDVS: ΔR_{WDVS}= −1 dB

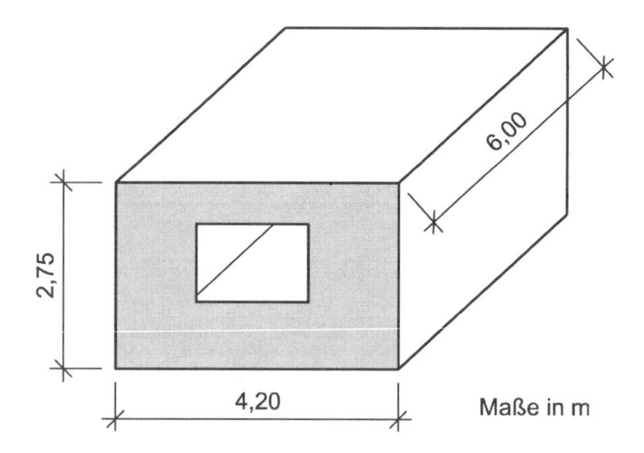

Detail - Darstellung	Baustoffe	ρ kg/m³
1 2 3 4 1⁵ 16 24 1 Maße in cm	(1) Kalkzementputz außen	-
	(2) Wärmedämmung, EPS	-
	(3) Kalksandstein mit Normalmörtel	2000
	(4) Gipsputz ohne Zuschlag	-

Aufgabe 8

Die Fenster eines Hotels an einer stark befahrenen Landesstraße werden mit neuen Schallschutzfenstern versehen.

- Die Räume sind alle gleich groß (Breite 3,2 m, Höhe 2,5 m, Tiefe 4,0 m) und haben die gleiche Ausstattung.
- Der Fensterflächenanteil beträgt 30 %.
- Die Außenwand besteht aus einer massiven Konstruktion und weist eine Schalldämmung von 50 dB auf.
- Die Verkehrsbelastung beträgt 20.000 Kfz/Tag, der Abstand der Fassade zur Straßenmitte 70 m. Im Abstand von 60 m befindet sich eine Ampel.

Bestimmen Sie die Schallschutzanforderungen an die Fenster gemäß DIN 4109.

Aufgabe 9

An einer stark befahrenen Straße parallel zu einer Bahntrasse werden folgende Schalldruckpegel gemessen:

Durchschnittswert für den normalen Straßenverkehrslärm: $L_V = 84\,dB$

Straßenverkehrslärm und zwei sich gerade kreuzende gleich laute Schnellzüge: $L_{V+Z} = 86\,dB$

a) Wie groß ist der Schalldruckpegel der zwei vorbeifahrenden Züge?

b) Wie groß wäre der Schalldruckpegel an der Straße, wenn nur ein Zug vorbei fährt?

Aufgabe 10

Bei der Teilsanierung eines Wohngebäudes an einer Straße mit einem maßgeblichen Außenlärmpegel von 70 dB(A) werden neue Fenster vorgesehen. Der betreffende Wohnraum (Maße: Breite 5,5 m; Höhe 3,0 m; Tiefe 4,2 m) enthält zwei neue Fenster mit je 2 m². Die alten Kastenfenster (mit zwei Glasebenen, 8 mm Gesamtglasdicke, einem Scheibenabstand von 100 mm und einer Falzdichtung) sollen durch Einfachfenster mit Wärmeschutzverglasung und einem Schalldämm-Maß von 34 dB ersetzt werden. Das bewertete Schalldämm-Maß der Außenwand bleibt bei 54 dB.

Berechnen Sie die Gesamtschalldämmung vor und nach der Sanierung. Genügt die Fassade nach Einbau der neuen Fenster den Anforderungen an den Außenlärm?

Aufgabe 11

Die Außenfassade eines Sanatoriums wird an einer Straße mit dem Lärmpegelbereich III geplant. Das Architektenteam hat nachfolgende Außenwandkonstruktionen vorgesehen. Beurteilen Sie die schalltechnischen Eigenschaften der Rollladenkästen nach den Anforderungen der DIN 4109.

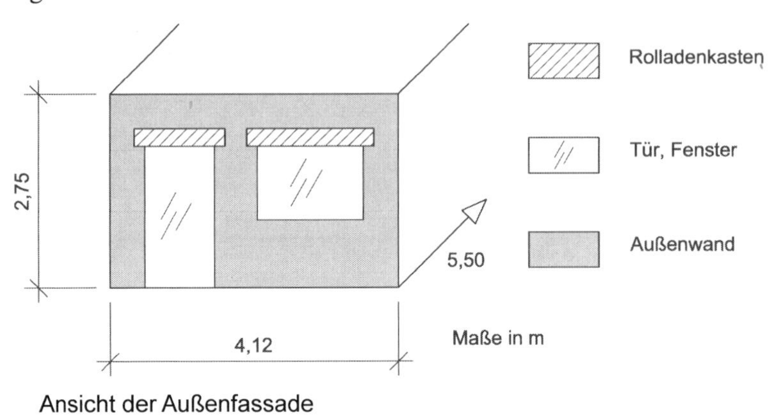

Ansicht der Außenfassade

Bauteil	Schalldämm-Maß	Fläche pro Raum
Außenwand	siehe Detail-Darstellung	
Fenster	$R_F = 32$ dB	$A_F = 1{,}97$ m²
Balkontür	$R_T = 37$ dB	$A_T = 2{,}44$ m²
Rollladenkästen	$R_R = 26$ dB	$A_R = 0{,}98$ m²

Außenwanddetail - Darstellung	Baustoffe	ρ kg/m³
1 2 3 4 — 11^5, 12, 17^5, 1^5 Maße in cm	(1) Gipsputz innen	-
	(2) Mauerwerk aus Kalksandsteinen mit Dünnbettmörtel	1600
	(3) Kerndämmung Mineralwolle	-
	(4) Vormauerschale mit Normalmörtel	2000

Aufgabe 12

Die zweischalige Haustrennwand zwischen zwei Mehrfamilienhäusern, deren Keller nur untergeordnet genutzt werden, wird – ebenso wie die Außenwände - bis zum Fundament getrennt. Die Konstruktion (Ausführung siehe Detail-Darstellung) soll den erhöhten Schallschutz nach DIN 4109, Bbl. 2 erfüllen.

Welche Mindest-Rohdichte für das Mauerwerk der beiden Schalen ($d_1 = d_2 = 0{,}175$ m) ist erforderlich und wie ist die Trennfuge konstruktiv auszuführen?

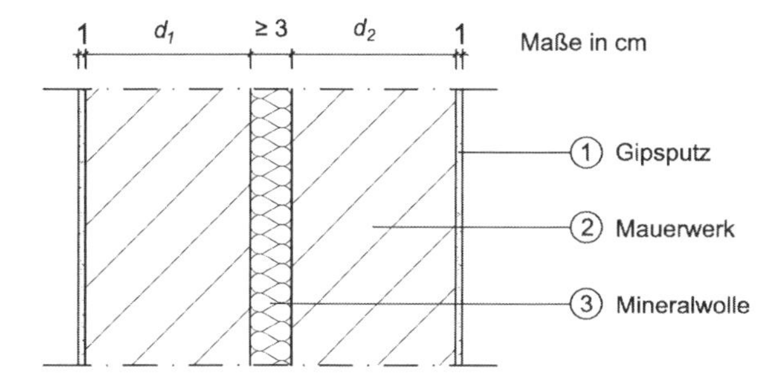

Aufgabe 13

Bei einem Einfamiliendoppelhaus werden die Keller nicht zur Wohnnutzung herangezogen. Aufgrund temporär anstehenden Grundwassers werden die beiden Kellerbereiche als eine durchlaufende weiße Wanne (Stahlbeton mit m'=600 kg/m²) konzipiert. Die innenseitig verputzte, zweischalige Haustrennwand soll planmäßig aus zwei 175 cm dicken Mauerwerkswänden mit Normalmörtel aus Kalksandstein der RDK 1,4 und einer 30 mm breiten Fuge ausgeführt werden. Als Schallschutzniveau wurde im Vorfeld Schallschutzstufe II nach VDI 4100 von 2007 vereinbart. Es stellen sich nun folgende Fragen:

a) Erfüllt die Konstruktion die Anforderungen?

b) Wie wirkt sich die optionale Verwendung von Leichtbetonsteinen mit ρ_N = 800 kg/m³ aus?

c) Welcher Schallschutz ist in beiden Fällen im Erdgeschoss zu erwarten?

Aufgabe 14

Die Haustrennwände nicht unterkellerter Reihenhäuser bestehen aus jeweils zwei Porenbetonschalen (d = 175 cm, ρ_N = 650 kg/m³, Leichtmörtel) mit einem Schalenabstand von 60 mm, wobei die Schalenfuge mit dicht gestoßenen mineralischen Dämmplatten des Anwendungstyps WTH nach DIN EN 13162 gefüllt ist. Die 115 cm dicken Außenwände aus Kalksandstein mit einer RDK von 1,2 und Normalmörtel sind getrennt, die Stahlbeton-Bodenplatte mit d = 25 cm geht durch.

Welche Schallschutzanforderungen lassen sich damit befriedigen und wie ist das Ergebnis zu bewerten?

Aufgabe 15

Die Konstruktion einer zweischaligen Haustrennwand ($d_1 = d_2 = 24$ cm) eines nicht unterkellerten Gebäudes soll den erhöhten Schallschutz nach DIN 4109, Bbl. 2 erfüllen.

Welche Mindest-Rohdichte für das Mauerwerk der beiden Schalen ist erforderlich? Wie ist die Trennfuge auszuführen?

Situation: Außenwände getrennt und Bodenplatte getrennt auf gemeinsamen Fundament. Die flächenbezogene Masse der flankierenden Bauteile beträgt 250 kg/m^2.

Aufgabe 16

Bei einer schalltechnischen Sanierung einer Wohnungstrennwand soll eine freistehende biegeweiche Vorsatzschale mit 12,5 mm dicken Gipskartonplatten (ρ_{GK} = 800 kg/m^3) und einer Hohlraumbedämpfung (Mineralfaser E_{Dyn} = 0,2 MN/m^2) vor einer vorhandenen einschaligen Massivwand mit einem Flächengewicht von 350 kg/m^2 angebracht werden.

a) Welches Schalldämm-Maß ist nach DIN 4109 erforderlich?

b) Welcher Abstand zwischen Massivwand und Vorsatzschale sollte gewählt werden, damit sich die optimale Schalldämmung ergibt, d.h. keine Resonanzen auftreten?

c) Welche Verbesserung der Direktschalldämmung nach DIN 4109-34 durch die biegeweiche Vorsatzkonstruktion ist zu erwarten?

Aufgabe 17

Ermitteln Sie den erforderlichen dynamischen Elastitzitätsmodul E_{Dyn} für die Wärmedämmschicht in der unten dargestellten Außenwandkonstruktion unter der Voraussetzung, dass ein möglichst gutes Luftschalldämm-Maß R'_w angestrebt wird.

Detail - Darstellung	Baustoffe	ρ kg/m^3
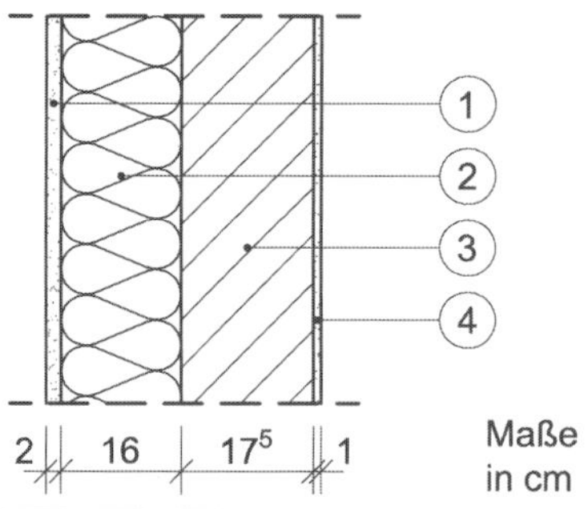1 2 3 4 2 16 17⁵ 1 Maße in cm	① Kalkzementputz	-
	② Wärmedämmung, EPS	-
	③ Kalksandsteinmauerwerk mit Normalmörtel	1800
	④ Gipsputz ohne Zuschlag	-

Aufgabe 18

Berechnen Sie für eine leichte Ständerwand aus

- je 12,5 mm dicken Gipskartonplatten und
- einem Abstand der Schalen von 40 mm und
- einer Mineralfaser-Hohlraumbedämpfung

die Resonanzfrequenz. Sind die Maße schalltechnisch richtig dimensioniert oder schlagen Sie Verbesserungen vor?

Aufgabe 19

Welchen dynamischen E-Modul muss die Trittschalldämmung einer Trenndecke mit schwimmendem Estrich aufweisen, damit diese schalltechnisch optimiert ist?
Berücksichtigen Sie nachfolgende Randbedingungen:

- Estrich: 5,5 cm Zementestrich (schwimmend verlegt)
- Trittschalldämmung: 6 cm
- Rohdecke: 22 cm Stahlbeton

Welche Direktschalldämmung und welcher Normtrittschallpegel der Trenndecke ergibt sich nach DIN 4109-34? Für die flankierenden Wände soll $m'_{f,m}$=250 kg/m² angenommen werden.

Aufgabe 20

Bemessen Sie die Dicke einer Vorsatzschale aus Gipskartonplatten vor einer vorhandenen Innenwand so, dass diese schalltechnisch optimiert ist.

Berücksichtigen Sie nachfolgende Randbedingungen:

- Mauerwerk aus Kalksandstein DIN V 106 - KS 12 - 1,6 - 3DF (240) / MG 2a
- beidseitig mit 10 mm Gipsputz verputzt
- Dämmstoff: Mineralfaser, d = 6 cm, E_{dyn} = 180 kN/m²

Aufgabe 21

Bei der messtechnischen Untersuchung einer Trenndecke ergeben sich folgende Ergebnisse:

$$S_{Trenndecke} = 24{,}85\ m^2$$
$$V_{Empfangsraum} = 62{,}3\ m^3$$

f in Hz	100	125	160	200	250	315	400	500	630	800	1000	1250	1600	2000	2500	3150
L_1 in dB	64,5	72,3	80,8	87,3	89,5	88,7	87,9	89,1	88,7	88,0	87,5	90,9	89,7	93,2	93,2	80,7
L_2 in dB	47,0	51,8	53,4	50,4	50,6	51,9	52,6	52,1	51,8	50,6	52,7	55,9	48,5	51,3	49,3	45,5
D in dB																
T in s	3,20	3,20	3,20	1,88	1,88	1,88	1,56	1,56	1,56	1,45	1,45	1,45	1,30	1,30	1,30	1,12
A in m^2																
R' in dB																

a) Berechnen Sie für die jeweiligen Frequenzen *f* die Schallpegeldifferenz *D*, die äquivalente Absorptionsfläche *A* und das Bau-Schalldämm-Maß *R'*.

b) Zeichnen Sie den Verlauf des Schalldämm-Maßes in das folgende Diagramm ein und bestimmen Sie das bewertete Schalldämm-Maß R'_w.

Diagramm zur Bestimmung des bewerteten Schalldämm-Maßes:

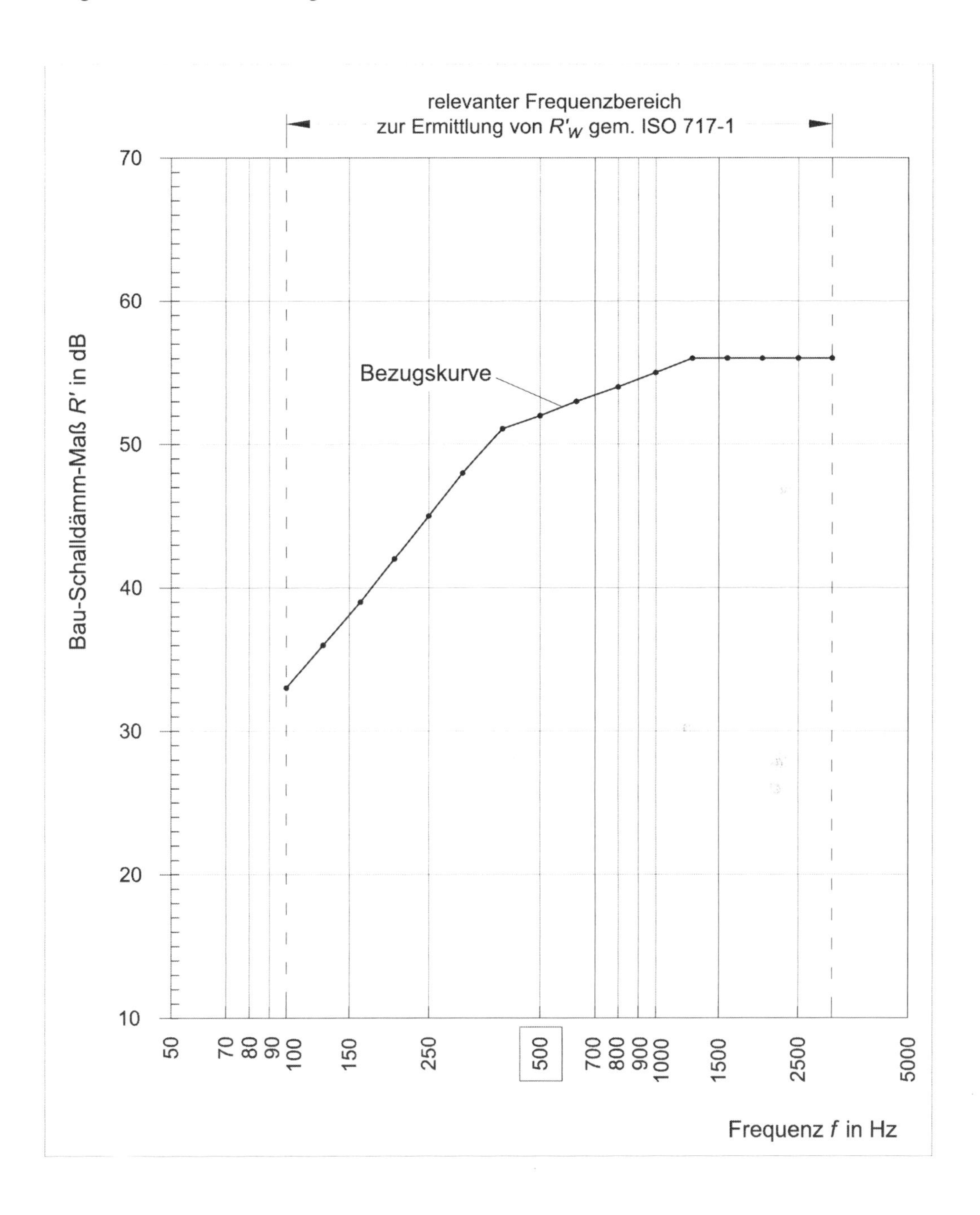

Aufgabe 22

Bei der Untersuchung einer Trenndecke wurden die folgende frequenzabhängige Trittschallpegel $L'(f)$ gemessen.
Ermitteln Sie den bewerteten Norm-Trittschallpegel $L'_{n,w}$.
Zeichnen Sie als erstes die Messwerte in das Diagramm ein, berechnen die verschobene Bezugskurve und zeichnen die endgültig verschobene Bezugskurve auch in das Diagramm ein. Benutzen Sie für die Berechnungen die Tabelle auf der folgenden Seite (Nicht alle Zeilen müssen benutzt werden).

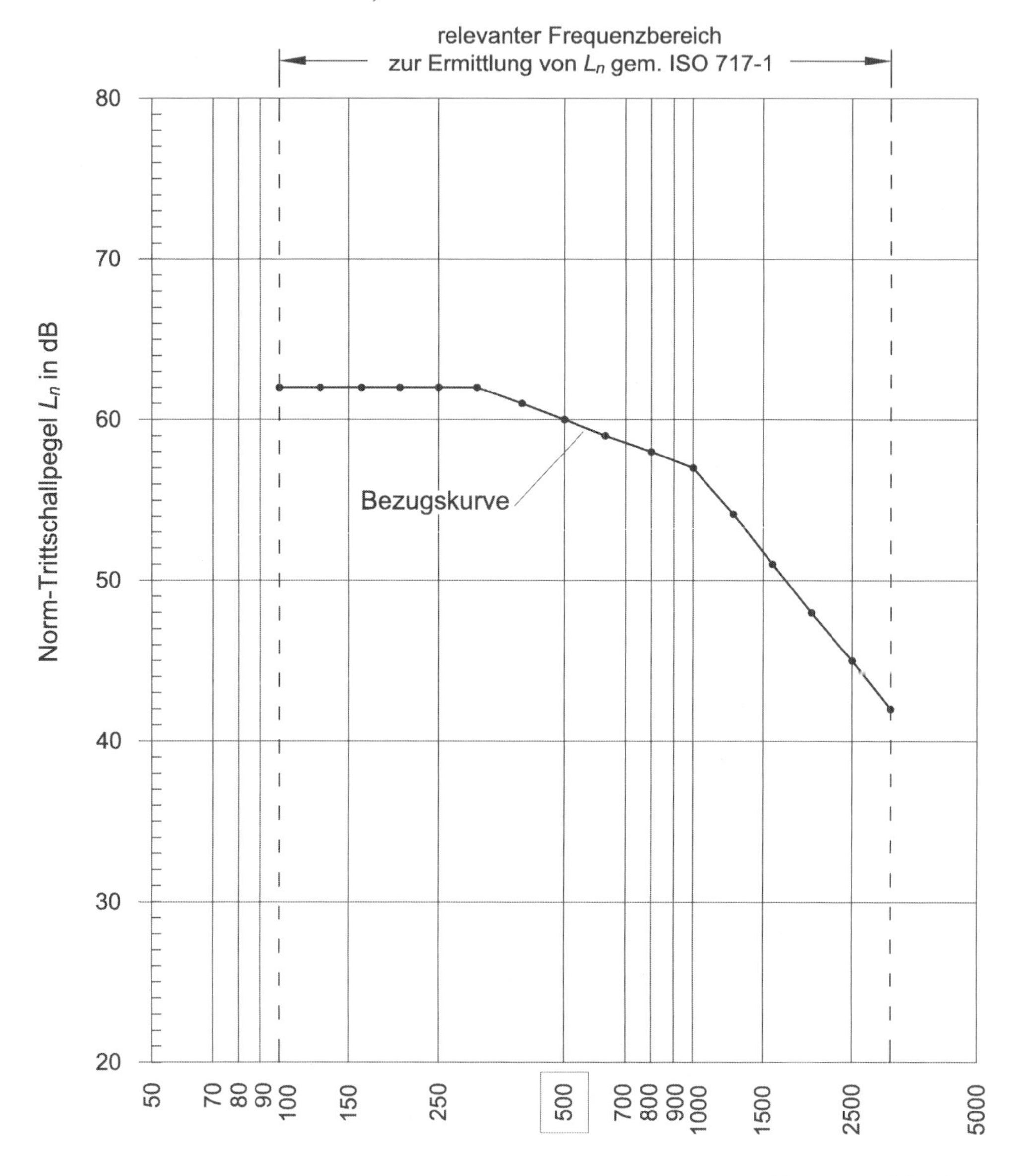

f in Hz	100	125	160	200	250	315	400	500	630	800	1000	1250	1600	2000	2500	3150	Summe
L_1 in dB	58,3	58,8	60,9	62,5	65,6	66,8	67,9	67,3	67,8	66,3	65,9	62,3	57,6	52,5	47,4	46,2	
Bezugskurve	62	62	62	62	62	62	61	60	59	58	57	54	51	48	45	42	
verschobene Bezugskurve																	
Überschreitungen																	
verschobene Bezugskurve																	
Überschreitungen																	

Aufgabe 23

Bestimmen Sie aus schalltechnischer Sicht den erforderlichen dynamischen E-Modul der Trittschalldämmung (TSD) des vorgesehenen Deckenaufbaus einer Wohnungstrenndecke in einem Mehrfamilienhaus. Bemessungsgrundlage sind die bauordnungsrechtlichen Anforderungen an die Wohnungstrenndecke. Benennen Sie auf Grundlage Ihres Ergebnisses ein geeignetes Material für die TSD.

Aufbau der Trenndecke (von oben nach unten):

50 mm Zementestrich, schwimmend verlegt
30 mm Trittschalldämmschicht
40 mm Ausgleichsschicht für Rohrleitungen
180 mm Stahlbetondecke
10 mm Gipsputz

Für die Flankenschallübertragung sind folgende Bauteile zu berücksichtigen:

Außenwand: $m' = 380$ kg/m²
Innenwand 01: $m' = 426$ kg/m²
Innenwände 02+03: $m' = 175{,}5$ kg/m²

Aufgabe 24

Bstimmen Sie den bewerteten Norm-Trittschallpegel einer Rohdecke mit einer Dicke von d = 25 cm für:

a) Normalbeton
b) Leichtbeton mit ρ = 1600 kg/m³
c) Normalbeton mit Hohlräumen

Aufgabe 25

Ermitteln Sie die bewertete Trittschallminderung für folgenden Aufbau:

Detail - Darstellung	Baustoffe
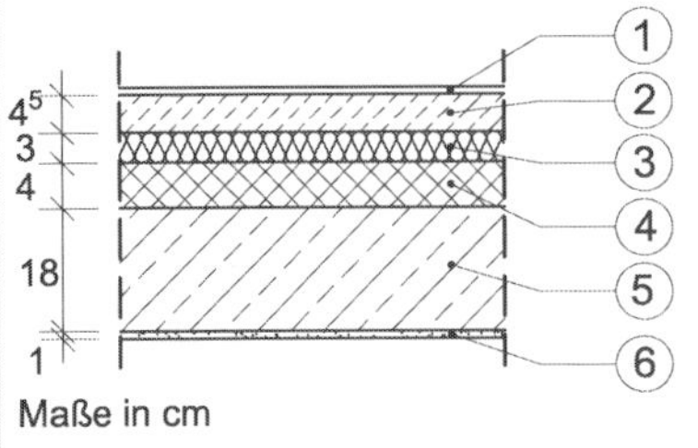 4^5 / 3 / 4 / 18 / 1 — Maße in cm	① Belag
	② Zementestrich auf Trennlage
	③ Trittschalldämmung mit s' = 15 MN/m³
	④ Ausgleichsschicht für Rohrleitungen
	⑤ Deckenplatte aus Normalbeton
	⑥ Gipsputz

Aufgabe 26

Wie dick muss die Trittschalldämmschicht für nachstehenden Bodenaufbau mindestens sein, damit eine bewertete Trittschallminderung von ΔL_w = 30 dB erreicht wird?

Detail - Darstellung	Baustoffo	E_{dyn} MN/m²
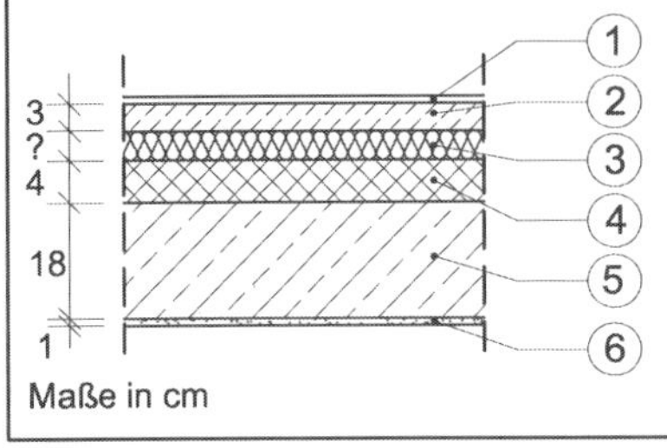 3 / ? / 4 / 18 / 1 — Maße in cm	① Belag	-
	② Gussasphaltestrich auf Trennlage	-
	③ Trittschalldämmung	0,6
	④ Ausgleichsschicht für Rohrleitungen	-
	⑤ Deckenplatte aus Normalbeton	-
	⑥ Gipsputz	-

Aufgabe 27

Bestimmen Sie den Korrekturwert für die Flankenschallübertragung bei nachstehendem Deckenaufbau

a) ohne Abhangdecke

b) mit biegeweicher Unterdecke (ΔR_w = 12 dB)

Detail - Darstellung	Baustoffe
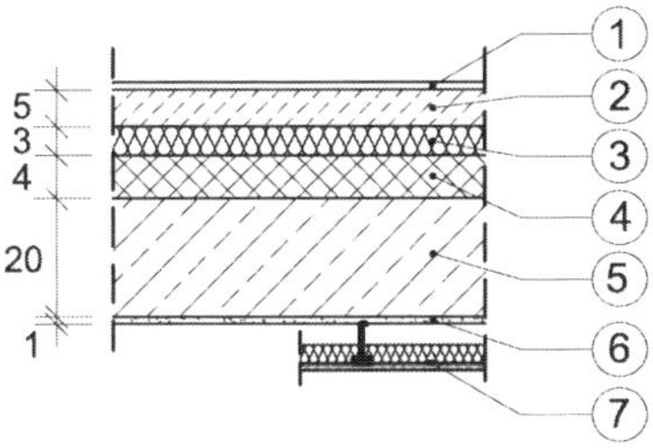 5 / 3 / 4 / 20 / 1 — Maße in cm	① Belag
	② Zementestrich auf Trennlage
	③ Trittschalldämmung mit s' = 15 MN/m³
	④ Ausgleichsschicht für Rohrleitungen
	⑤ Deckenplatte aus Normalbeton
	⑥ Gipsputz
	⑦ biegeweiche Unterdecke im Fall b)

und folgender Flankenausbildung:

Außenwand: m' = 350 kg/m²
Innenwand 01: m' = 426 kg/m²
Innenwand 02: m' = 175,5 kg/m²
Innenwand 03: nach folgender Abbildung:

Detail - Darstellung	Baustoffe	ρ kg/m³
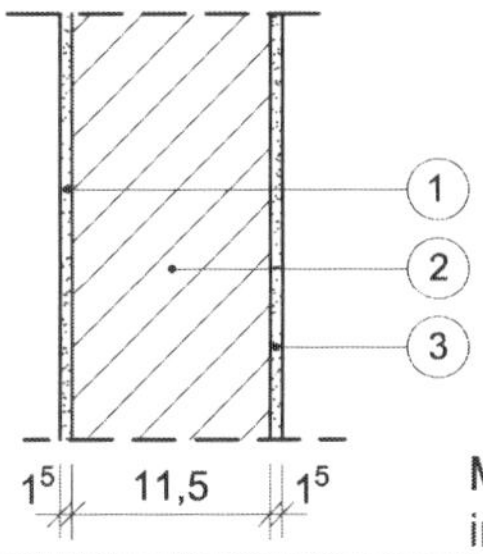 1⁵ / 11,5 / 1⁵ — Maße in cm	① Gipsputz ohne Zuschlag	1000
	② Kalksandstein mit Normalmörtel	1200
	③ Gipsputz ohne Zuschlag	1000

Aufgabe 28

Die Flurwandkonstruktion eines Klassenzimmers mit einer Fläche von 13 m² weist eine Schalldämmung von 56 dB auf. Die Wand enthält zudem eine Tür der Fläche 2,5 m² und R_T = 27 dB, sowie eine Oberlichtband mit 3,5 m² und R_{OL} = 42 dB.

Wie groß ist das resultierende Direkt-Schalldämm-Maß der Wand einschließlich Tür und Oberlichtband?

Aufgabe 29

In einem Mehrfamilienhaus ist die Luftschalldämmung einer Wohnungstrennwand anhand zwei nebeneinander liegender Wohnräume nachzuweisen. Es gilt die DIN 4109 - Mindestschallschutz. Die Raumsituation ist nachfolgendem Grundriss und Schnitt zu entnehmen.

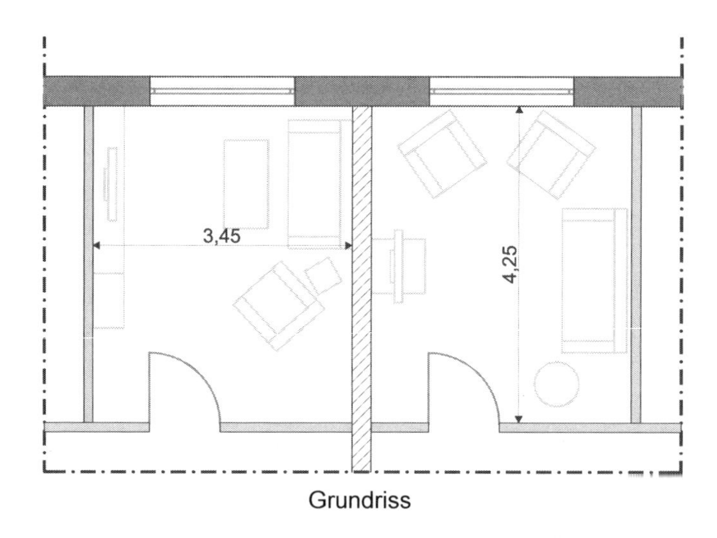

Grundriss

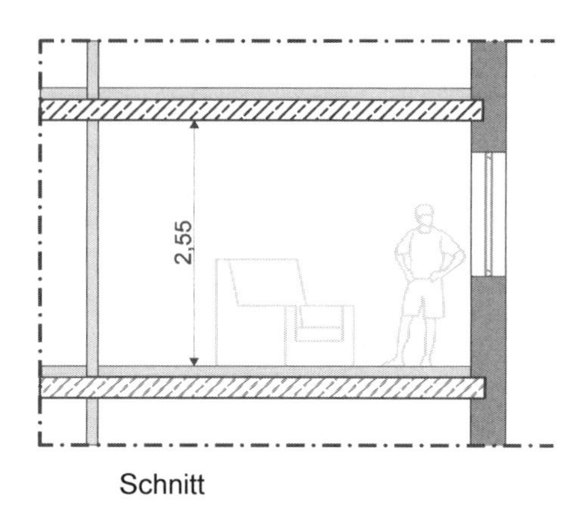

Schnitt

Folgende Bauteilaufbauten sind vorgesehen:

Detail - Darstellung	Baustoffe	ρ kg/m³	s' MN/m³
Wohnungstrennwand (1)			
1 | 24 | 1	(1) Gipsputz ohne Zuschlag	1000	
	(2) MW aus Kalksandsteinen mit Normalmörtel	1800	
	(3) Gipsputz ohne Zuschlag	1000	
Außenwand (2)			
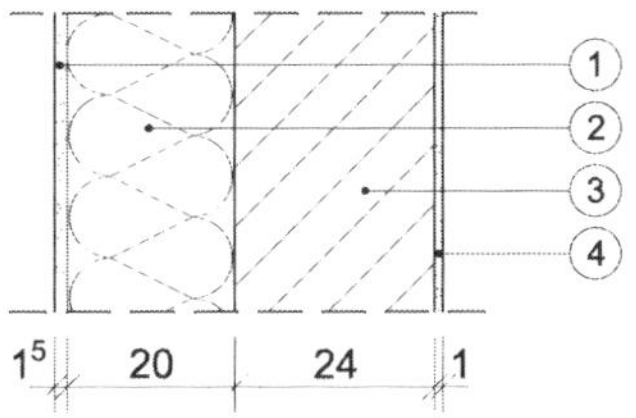 1,5 | 20 | 24 | 1	(1) Kalkzementputz	1600	
	(2) Wärmedämmung	-	
	(3) MW aus Kalksandsteinen mit Normalmörtel	1400	
	(4) Gipsputz ohne Zuschlag	1000	
Innenwand (3)			
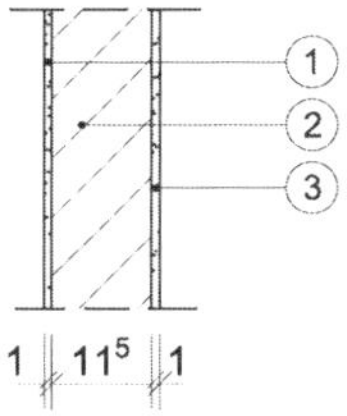 1 | 11,5 | 1	(1) Gipsputz ohne Zuschlag	1000	
	(2) MW aus Kalksandsteinen mit Dünnbettmörtel	1200	
	(3) Gipsputz ohne Zuschlag	1000	
Wohnungstrenndecke (4 und 5)			
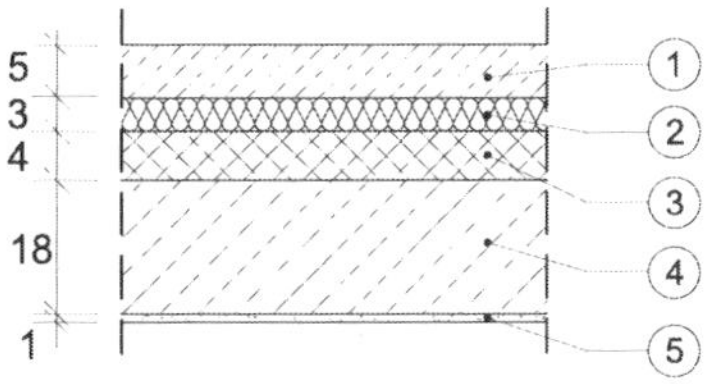 5 / 3 / 4 / 18 / 1	(1) Zementestrich auf Trennlage	2000	
	(2) Trittschalldämmung	-	15
	(3) Ausgleichsdämmung	-	-
	(4) Stahlbetondecke	2400	
	(5) Gipsputz	1000	

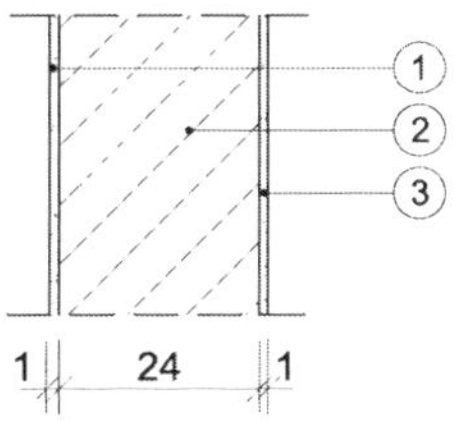

Aufgabe 30

Bestimmen Sie für folgende Wohnungstrenndecke in einem Mehrfamilienhaus in Holzbauweise den Norm-Trittschallpegel.

Detail - Darstellung	Baustoffe
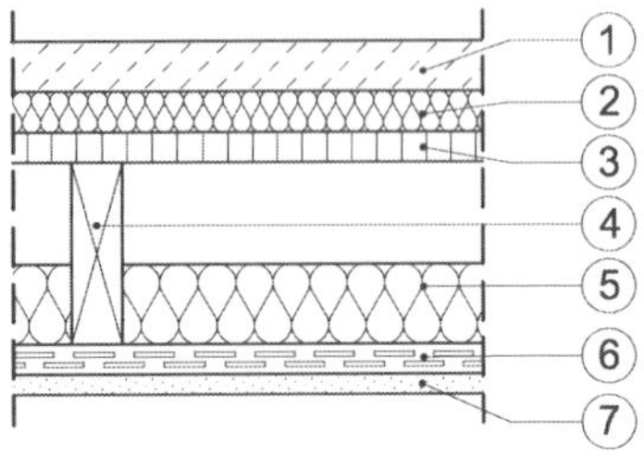	① 60 mm Zementestrich auf Trennlage
	② 40 mm Trittschalldämmung mit $s' = 6$ MN/m^3
	③ 22 mm OSB-Platte
	④ 220 mm Holzbalken
	⑤ 120 mm Mineralwolle als Hohlraumdämpfung
	⑥ Federschiene
	⑦ 12,5 mm Gipskartonplatte

Die Raumbegrenzungswände weisen folgende Konstruktion auf (vereinfacht):

Detail - Darstellung	Baustoffe
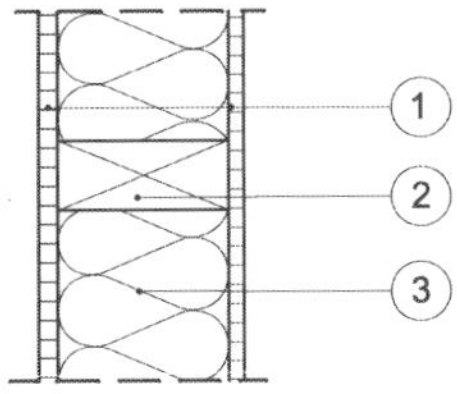	① 18 mm OSB-Platten
	② 160 mm Holzständer
	③ 160 mm Mineralwolle

Wird die bauordnungsrechtliche Trittschall-Anforderung an Wohnungstrenndecken eingehalten?

Aufgabe 31

Ein ehemaliges Bürogebäude soll zu einem Wohnhaus umgenutzt werden. Zur schalltechnischen Ertüchtigung soll auf den vorhandenen Verbundestrich ein schwimmender Estrich aufgebracht werden. Wie hoch muss das Verbesserungsmaß für den schwimmenden Estrich ausfallen, damit die Gesamtkonstruktion die Anforderungen der SST III der VDI 4100: 2012 erfüllt? Beachten Sie dabei die nachfolgend beschriebenen Randbedingungen.

- Aufbau der vorhandenen Decke: 45 mm Zementestrich als Verbundestrich
  180 mm Stahlbetondecke
  10 mm Kalkzementputz
- Raumdimensionen: $L \times B \times H$ = 6,0 m x 4,5 m x 2,8 m
- Die mittlere flächenbezogene Masse der Flanken beträgt m'_{fm} = 264 kg/m^2.

Aufgabe 32

Bestimmen Sie für folgende Ausführungen das Stoßstellendämm-Maß nach DIN 4109-32 für alle Übertragungswege.
Der Mindestwert $K_{ij,min}$ bleibt unberücksichtigt.

a)

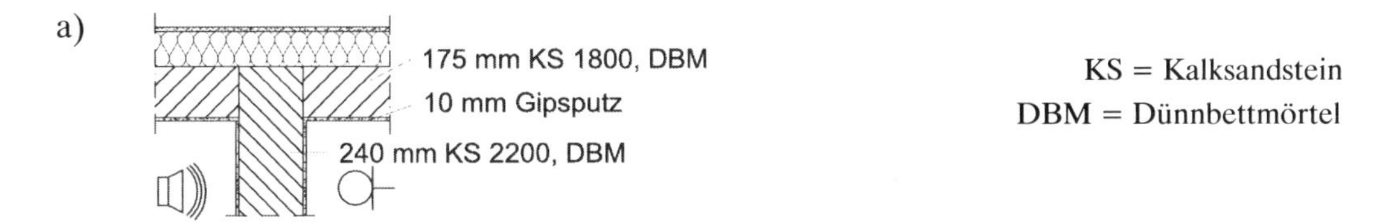

b)

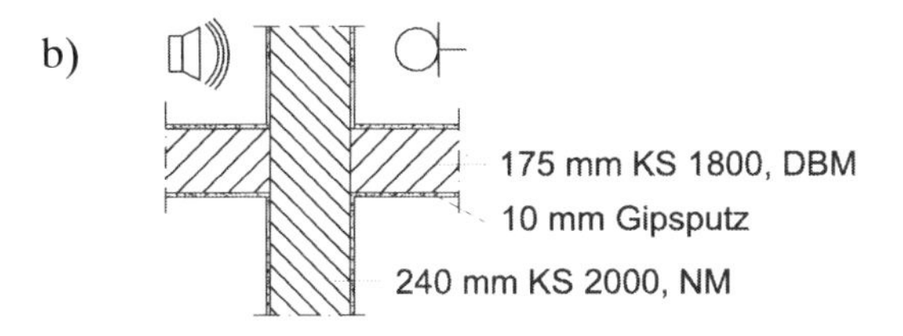

NM = Normalmörtel

c)

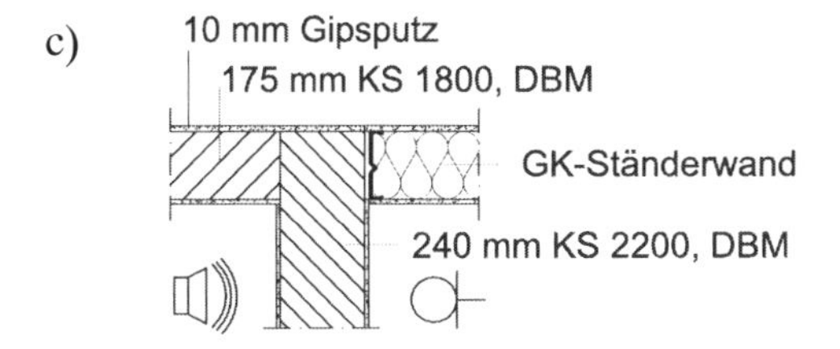

Aufgabe 33

In einem Seitentrakt eines Hotels ist im Erdgeschoss ein Gastraum geplant, der auch nach 22.00 Uhr mit einem maximalen Schalldruckpegel $L_{AF} \leq 85$ dB(A) betrieben werden soll. Im Untergeschoss sind Lagerräume vorgesehen, daher müssen nur die darüberliegenden Hotelzimmer schalltechnisch geschützt werden. Ist folgender Fußbodenaufbau im Erdgeschoss (Gastraum) ausreichend bzgl. des Trittschalls?

Aufbau (von oben nach unten):
70 mm Zementestrich
30 mm Trittschalldämmung mit $s' = 25$ MN/m³
40 mm Ausgleichsdämmung für Rohre
200 mm Stahlbetondecke

Die flankierenden Bauteile sind massiv und haben im Mittel eine flächenbezogene Masse von $m'_{L,\,mittel} \geq 300$ kg/m².

Aufgabe 34

In einem Bürogebäude soll das bewertete Luftschalldämm-Maß der Trenndecke bestimmt werden. Außenwand und Decken sind aus Stahlbeton geplant, die Trenn- und Flurwände in Ständerbauweise. Beachten Sie folgende Randbedingungen:

Grundriss-Situation:

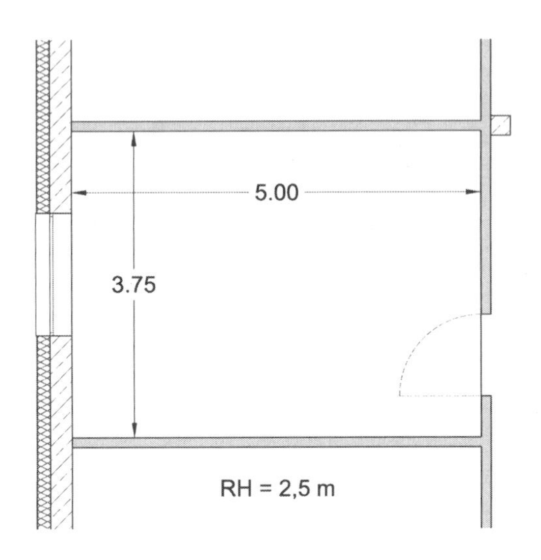

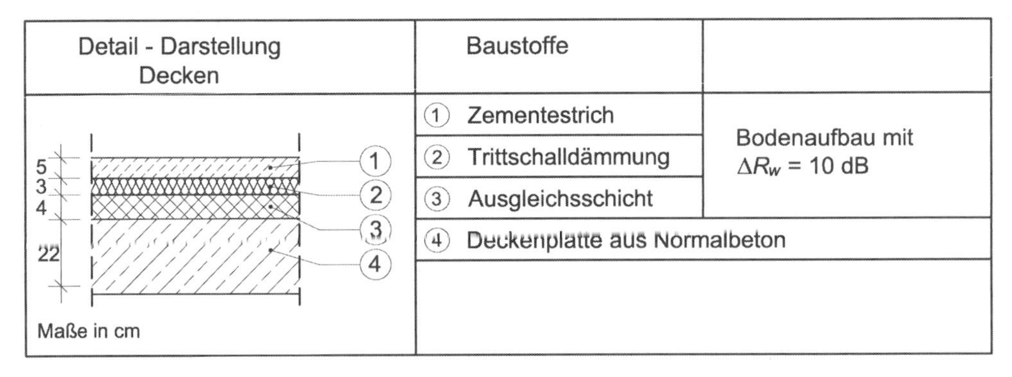

Detail - Darstellung Decken	Baustoffe	
	① Zementestrich	Bodenaufbau mit ΔR_w = 10 dB
	② Trittschalldämmung	
	③ Ausgleichsschicht	
	④ Deckenplatte aus Normalbeton	
Maße in cm		

Detail - Darstellung Ständerwände	Baustoffe	
	① Gipskartonplatten	Die Ständerwände werden direkt auf die Rohdecke gestellt.
	② Metallständerwerk	
	③ Mineralwolle	

Aufgabe 35

Es wird ein Neubau für ein Mehrfamilienhaus geplant. Die Wohnungsgrundrisse sind nicht spiegelbildlich rechts und links der Wohnungstrennwand angeordnet, sondern es ergibt sich ein Versatz der flankierenden Wände. Der Architekt bittet Sie die Flankenschalldämm-Maße für folgende 2 Varianten zu prüfen:

a) x = 0,35 m
b) x = 0,70 m

Grundriss-Situation:

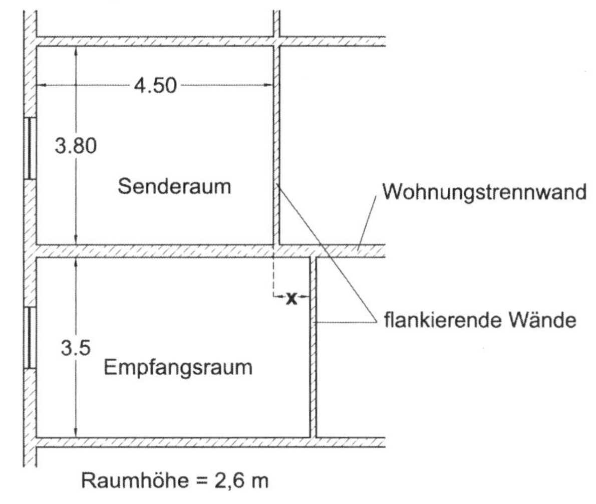

Alle Wände sind massiv und beidseitig mit einem 1 cm dicken Gipsputz versehen:

- Wohnungstrennwand: Mauerwerk aus KS 12 - **2,0** - 16 DF (**240**) / MG 2a; DBM
- flankierende Wände: Mauerwerk aus KS 12 - **1,4** - 8 DF (**115**) / MG 2a; DBM

Aufgabe 36

Bei einer Trennwand zwischen Kinderschlafzimmer und Wohnzimmer steht die Überlegung an, ob die massive Außenwand und die massive Innenwand zum Flur im Bereich der Trennwand elastisch entkoppelt werden sollen. Die Trennwand endet jeweils im Bereich der flankierenden Wände. Die beiden anderen Flanken (Decke und Fußboden) sind als Stahlbetondecken mit schwimmendem Estrich geplant, mit deren Rohdecke die Trennwand starr verbunden ist. Bestimmen Sie die Direktschalldämm-Maße mit und ohne Entkopplung.

Detail - Darstellung	Baustoffe	ρ kg/m³
1 / 11,5 / 1 — Maße in cm	① Gipsputz ohne Zuschlag	1000
	② Kalksandstein mit Dünnbettmörtel	1600
	③ Gipsputz ohne Zuschlag	1000

Aufgabe 37

Die Klassenräume in einer Schule müssen raumakustisch dimensioniert werden.

- Maßgebende Frequenz = 500 Hz
- Raumgeometrie $B/T/H$ = 7,5 m / 10 m / 3,5 m

a) Welcher Wert für die Nachhallzeit sollte erreicht werden?

b) Wieviel % der abgehängten Deckenfläche ist schallabsorbierend (mit gelochten Gipskartonplatten) auszuführen?

Folgende raumbegrenzenden Flächen sind gegeben:

- Wandoberflächen mit Glattputz
- Grundflächenaufteilung:
  - 24 Schüler sitzend an Tischen (Sekundarstufe): 80 %
  - Parkett, geklebt: 20 %
- Fensterflächenanteil: 20 %
- Holztüranteil: 2 %
- abgehängte Decke mit
  - a. Gipskarton-Lochplatten: $\alpha_s = 0{,}71$
  - b. ungelochte Gipskarton-Platten: $\alpha_s = 0{,}09$
- Luftabsorption kann vernachlässigt werden

c) Reicht die Deckenfläche für schallabsorbierende Flächen aus, um genau die geforderte Nachhallzeit zu erreichen? Wenn nicht, welche weiteren Maßnahmen schlagen Sie vor?

Aufgabe 38

Zwei nebeneinander liegende, gleich große Klassenräume (siehe unten) sollen hinsichtlich der Nutzung eines Raumes als Musikraum untersucht werden.

Die Nachhallzeit in beiden Räumen beträgt t = 1,2 sec. Die Schall-Längsleitung der flankierenden Wände ist zu vernachlässigen. Beim Üben des Schulorchesters entsteht ein maximaler Schalldruckpegel bei 500 Hz von 75 dB.

a) Wieviel äquvalente Schallabsorptionsfläche befindet sich in den Räumen?

b) Welcher Schallpegel wird im Klassenraum aufgrund des Schulorchesters im Musikraum erzeugt, wenn die Schalldämmung der Trennwand 47 dB beträgt?

c) Wieviel m² zusätzliche Schallabsorptionsfläche muss in dem Klassenraum angebracht werden, um die Nachhallzeit auf 0,75 sec zu reduzieren und welche Pegelsenkung ist dadurch erreichbar?

d) Beurteilen Sie die Gesamtsituation (Raumakusik und Luftschallschutz) und machen Sie ggf. Verbesserungsvorschläge.

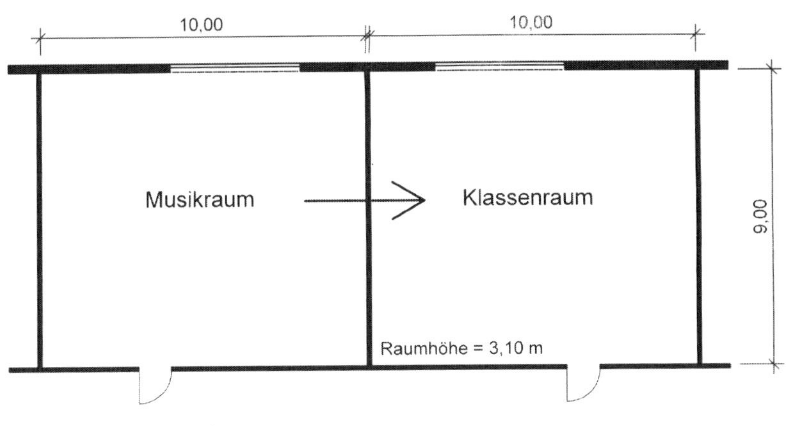

Grundrissausschnitt

Aufgabe 39

Die raumakustische Situation in dem unten als Skizze dargestellten Hörsaal ist zu beurteilen. Bitte geben Sie - sofern erforderlich - entsprechende Verbesserungsmaßnahmen an.

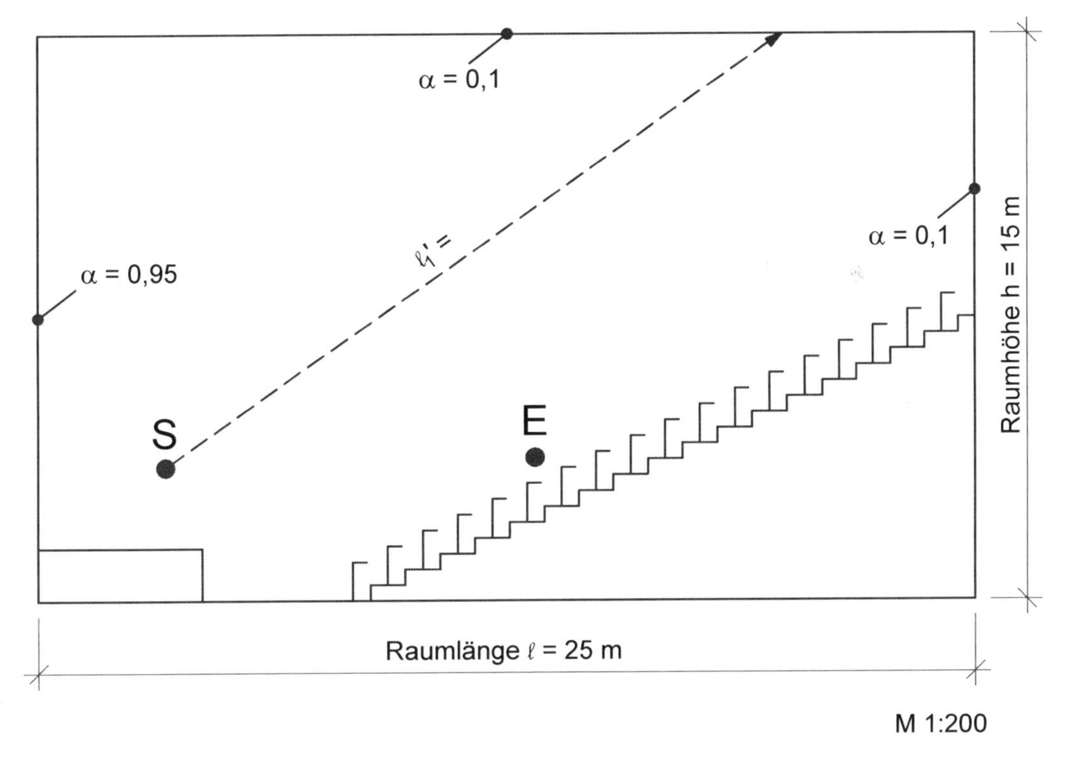

Längsschnitt durch einen Hörsaal mit ansteigendem Gestühl.
(S = Sendeposition, E = Empfängerposition)

Aufgabe 40

Ein Festsaal soll raumakustisch dimensioniert werden.

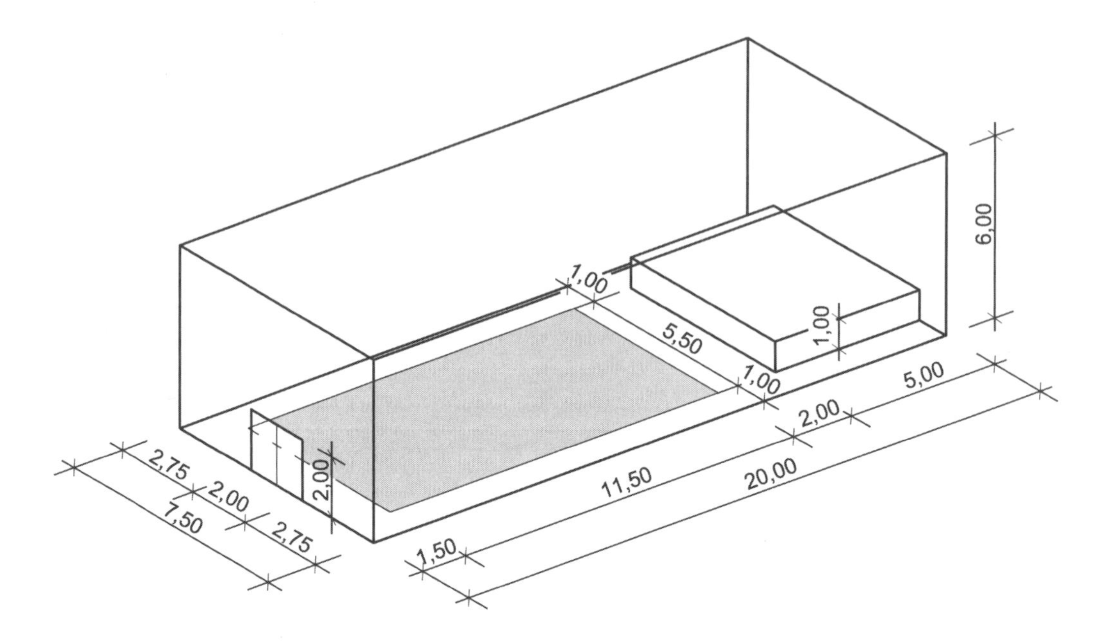

Darstellung der Raumgeometrie eines Festsaals

Folgende Randbedingungen sind gegeben:

- die Musiker nehmen das ganze Podest ein (2,3 m^2 / Musiker)
- das Publikum (graue Fläche) sitzt auf Polstergestühl (α_s = 0,60 je m^2)
- die Wänden werden innenseitig mit einem Glattputz versehen
- als Decke ist eine geschlossene Gipskartondecke (Schalenabstand 40 cm, Mineralfaserhinterlegung 30 mm) geplant, wobei 2 % Lüftungsgitter eingebaut werden
- der Fußboden ist Parkettboden auf einem Blindboden
- die Podestseiten sind mit Parkett beklebt
- maßgebende Frequenz 500 Hz
- Lufttemperatur: 20 °C; rel. Luftfeuchte: 50 % - 70 %

a) Welche Nachhallzeit sollte für eine Musikdarbietung nach DIN 18041 im besetzten Zustand angestrebt werden?

b) Wird diese Nachhallzeit mit den angegebenen raumumschließenden Flächen erreicht?

c) Wieviel m^2 der Wandfläche müssen mit einer schallschluckenden Verkleidung (z.B. gelochte Holzverkleidung mit $\alpha_{s = 0,70)}$ versehen werden, um den genauen Wert für die angestrebten Nachhallzeit zu gewährleisten?

d) An welchen Wänden sind die zusätzlichen Verkleidungen vorzusehen? (kurze Begründung)

Aufgabe 41

Ein vorhandenes Gebäude mit drei gleichen Stockwerken wurde für Seminarzwecke umgebaut. Der nachfolgende Grundriss-Ausschnitt zeigt einen Bereich mit zwei Seminarräumen (Raumhöhe = 3,2 m) für je 20 Studierende an Tischen.

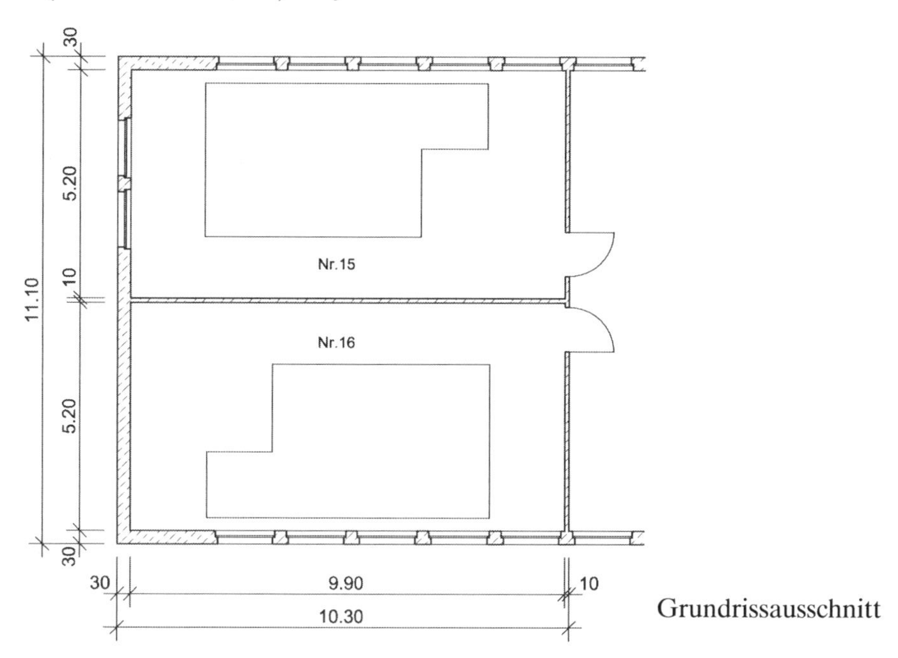

Grundrissausschnitt

Eine Messung im unbesetzen Raum Nr. 16 ergibt bei 500 Hz eine mittlere Nachhallzeit von 0,9 sec. Sind zusätzliche Raumakustikmaßnahmen notwendig? Für den besetzten Zustand ist pro Person ist Absorption von $\Delta A = 0{,}43\ \text{m}^2$ zu berücksichtigen.

Aufgabe 42

Zwei ehemalige Büroräume sollen zu einem Schulungsraum umgebaut werden, in dem 20 Personen an Tischen (wie Schüler in Unterrichtsräumen) Platz haben sollen. Die Größe beträgt dann L x B x H = 12 m x 6,5 m x 3,7 m.

An einer Raumseite sind mehrere Fenster (zusammen 14 m^2) angeordnet, daneben 3 m^2 gefaltete Vorhänge (α_s = 0,90). Die Wände und die Decke sind bis auf die 2,5 m^2 große Holztüre tapeziert, der Fußboden mit Teppich (α_s = 0,20) ausgelegt.

a) Berechnen Sie Nachhallzeit des besetzten Raumes bei 1 kHz. Die Luftabsorption bleibt unberücksichtigt.

b) Wieviel zusätzliche äquivalente Absorptionsfläche im Raum ist notwendig, um die erforderliche Nachhallzeit bei 1 kHz für Unterrichtsnutzung zu erreichen? Machen Sie einen Verbesserungsvorschlag.

c) Welche Schallpegelsenkung stellt sich durch diese Maßnahme ein?

Aufgabe 43

In einem Chemielabor befinden sich vier Geräte. Werden diese Geräte einzeln betrieben, führen sie in diesem Raum zu Schallpegeln von jeweils

74 dB (Gerät 1)
78 dB (Gerät 2
84 dB (Gerät 3)
88 dB (Gerät 4)

Gelegentlich werden alle vier Geräte gleichzeitig benutzt.

Die Trennwand zwischen Labor und Auswerteraum hat ein Schalldämm-Maß von 53 *dB* und eine Fläche von 20 m^2.
Der Auswerteraum hat die Abmessungen 5,0 m x 6,0 m x 4,0 m.

Wie groß muss der mittlere Schallabsorptionsgrad der Begrenzungsflächen des benachbarten Auswerteraumes sein, wenn der Schallpegel dort 35 dB nicht überschreiten darf?

Aufgabe 44

Skizzieren Sie in den nachstehenden Vertikalschnitt von Treppenlauf und -podest eine schalltechnisch günstige Ausführung einer elastischen Auflagerung eines vom Treppenhaus getrennten Treppenlaufs auf einem Podest mit schwimmendem Estrich. Auf dem Treppenlauf und dem Podest ist ein Plattenbelag im Mörtelbett vorzusehen.

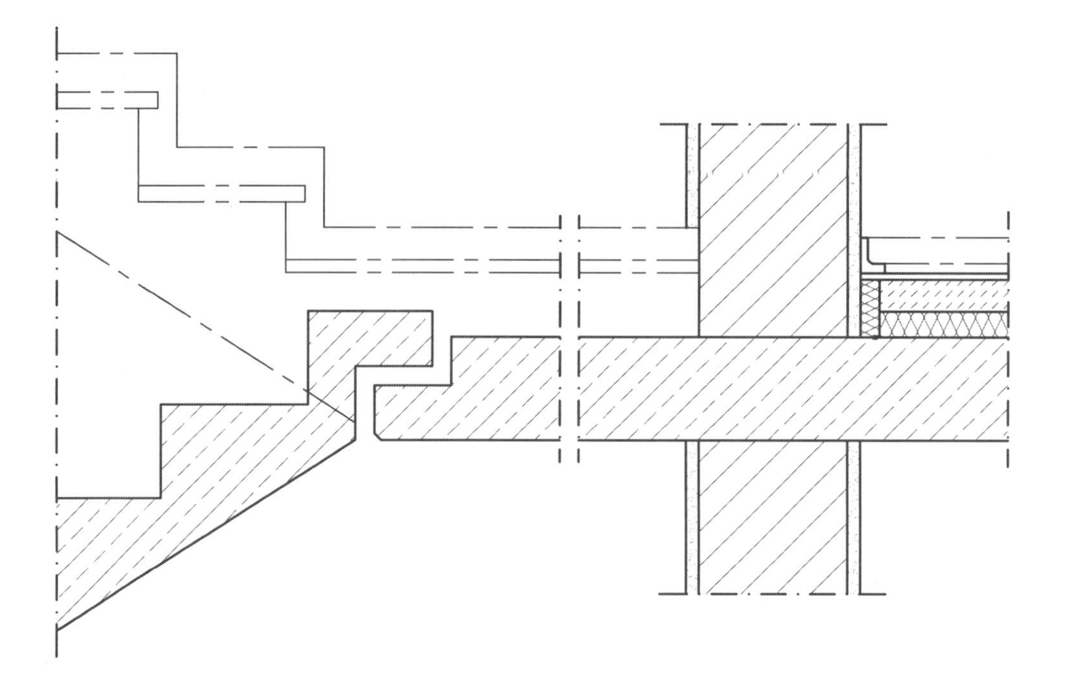

1.4 Brandschutz

1.4.1 Verständnisfragen

1. Was bedeuten nach DIN 4102-1 die folgenden Baustoffklassen?

   - A - B1
   - B2 - B3

2. Welche primären Brandschutzmaßnahmen gibt es?

3. Wie muss ein Bauwerk aus brandschutztechnischer Sicht entworfen und ausgeführt sein?

4. Wodurch wird der Verlauf eines Brandes im Wesentlichen bestimmt?

5. Aus welchen Vorschriften ergeben sich die baulichen Brandschutzanforderungen?

6. Welche Voraussetzungen müssen gegeben sein, damit es zu einem Brand kommt?

7. Was versteht man unter einem „flash-over“?

8. Wofür wird die Einheitstemperaturzeitkurve (ETK) verwendet? Skizzieren Sie den Verlauf der ETK.

9. Was geben die Feuerwiderstandsklassen an?

10. Was wird nach DIN 4102 mit der Bezeichnung F90-A von einem Bauteil gefordert?

11. Was wird nach DIN 4102 von einem Bauteil mit der Bezeichnung F60-AB gefordert?

12. Was versteht man im Brandschutz (Klassifizierung nach DIN EN 13501) unter den Abkürzungen ETK, R, s, d?

13. Wie sieht der Ablauf eines Brandes aus?

14. Was für ein Bauteil wird mit der Bezeichnung T30-RS bezeichnet und welche Eigenschaften muss es haben?

15. Was ist der Unterschied zwischen einer G- und einer F-Verglasung?

16. Was versteht man unter dem sog. „SBI-Test“ und wozu dient er?

17. Beurteilen Sie das Brandverhalten einer Konstruktion aus Stahl im Vergleich zu dem einer Holzkonstruktion.

18. Wie viele Rettungswege muss jede Nutzungseinheit eines Gebäudes mindestens aufweisen? Wie müssen oder können diese realisiert werden?

19. Stellen Sie die Gebäudetypisierung der Landesbauordnung NRW in einer Tabelle dar, geben Sie insbesondere die Höhen an.

20. Nennen Sie verschiedene Löschmittel.

1.4.2 Aufgaben zum Brandschutz

Aufgabe 1

Ein sichtbarer Deckenbalken aus Nadelholz mit oberseitigem Fußbodenaufbau soll zur brandschutztechnischen Ertüchtigung mit Sperrholz verkleidet werden. Der derzeitige Querschnitt von 10/16 cm ist statisch voll ausgenutzt. Welche Abmessungen muss der Balken nach der Maßnahme haben, damit er der Brandschutzklasse F 60 entspricht?

Holzart	Form	Abbrandgeschwindigkeit in mm/min
Nadelholz, einschl. Buche	Vollholz	0,8
Laubholz, außer Buche	Vollholz	0,6
Sperrholz	Platten	1,0
Spanplatten	Platten	0,9

Aufgabe 2

Bemessen Sie einen Deckenbalken aus Nadelholz (β_n = 0,8) für eine Feuerwiderstandsklasse F30. Der statische Querschnitt beträgt 10/14 cm. Verdeutlichen Sie ihr Ergebnis in einer Skizze mit Bemaßung. Zeichnen Sie die Grenze des verbleibenden und des ideellen Restquerschnitts ein.

Aufgabe 3

Bemessen Sie eine Holzstütze aus Buchenholz (β_n = 0,8) für eine Feuerwiderstandsklasse F60. Der statische Querschnitt beträgt 10/10 cm.

Aufgabe 4

Bemessen Sie eine runde Stahlbetonstütze für eine Feuerwiderstandsdauer von 180 Minuten bezüglich Mindestdicke und zugehörigem Mindestachsabstand. Nehmen Sie einen Ausnutzungsgrad von 0,5 an.

Aufgabe 5

Bemessen Sie eine Stahlbeton-Flachdecke für eine Feuerwiderstandsdauer von 120 Minuten bezüglich Mindestdicke und zugehörigem Mindestachsabstand.

Aufgabe 6
Für die Stütze eines Bürogebäudes in Skelettbauweise wird die Feuerwiderstandsklasse F 120 gefordert; nach Statik wird diese Stütze als HEB 400 mit einem Ausnutzungsgrad von $\mu_0 = 52\ \%$ ausgeführt. Aus Brandschutzgründen wird sie mit einem allseits umfassenden Kasten aus Gipskartonfeuerschutzplatten (Plattendicke $d = 12{,}5$ mm, $\lambda_P = 0{,}25$ W/(mK)) in doppelter Beplankung verkleidet.

Überprüfen Sie nach dem vereinfachten Rechenverfahren auf Temperaturebene die Tauglichkeit dieser Konstruktion!

Aufgabe 7
Der Unterzug einer Decke im 2. Obergeschoss eines Gebäudes der Gebäudeklasse 5 (nach Musterbauordnung – MBO) wird als IPE 360 ausgeführt; dabei soll das Stahlprofil zur Befriedigung der brandschutztechnischen Anforderungen mit einem Vermiculite-Spritzputz versehen werden.

Ermitteln Sie die sich nach dem vereinfachten Rechenverfahren auf Temperaturebene ergebende Mindestdicke des Putzsystems!

Aufgabe 8
Für ein Bauvorhaben ist eine freistehende, quadratische Stütze für eine Feuerwiderstandsdauer von 90 Minuten zu dimensionieren. Der Bauherr hat die Wahl zwischen einer Stahlbetonstütze und einer Stahlstütze. Er beauftragt Sie damit, die erforderlichen Abmessungen beider Konstruktionen zu ermitteln, damit er sich die schlankere Variante aussuchen kann. Wie lauten Ihre Ergebnisse und wofür entscheidet sich der Bauherr demnach? Folgende Informationen sind Ihnen bekannt:

- Stahlbetonstütze: $\mu_{fi} = 0{,}7$
- Stahlstütze: HEA 180 mit Abkastung aus feuerwiderstandsfähigen Gipskartonplatten, vereinfachter Nachweis

2 Antworten und Lösungen

2.1 Wärmeschutz und Energieeinsparung

2.1.1 Antworten zu Verständnisfragen

Lösung zu Frage 1

Die Wärmeleitung in einem Baustoff resultiert aus der Wärmeleitung über den Feststoffanteil sowie aus Wärmeleitung, Konvektion und Strahlungsaustausch im Porenraum. Die primäre Einflussgröße ist somit die Rohdichte bzw. der Porenanteil. Folglich dämmen Baustoffe mit geringer Rohdichte besser als Baustoffe mit hoher Rohdichte. Weiterhin sollte bei Dämmstoffen der Porenraum möglichst fein sein, so dass Konvektion auszuschließen ist. Die Wärmeleitung im Porenraum kann durch den Austausch von Luft gegen ein weniger leitfähiges Gas oder durch Evakuieren reduziert werden. Dem Strahlungsanteil wird durch den Einsatz von Trübungsmitteln entgegengewirkt.

Weist ein Baustoff einen erhöhten Feuchtegehalt auf, so erhöht sich seine Wärmeleitfähigkeit, da ein Teil des Porenraumes mit dem besser leitfähigen Wasser gefüllt ist. Auch bei Temperaturerhöhungen steigt die Wärmeleitfähigkeit eines Baustoffes an. Zweiteres ist beispielsweise beim Einsatz von Dämmstoffen in direkt besonnten Fassadenelementen sowie bei der Konstruktion von Solarkollektoren und Warmwasserspeichern zu beachten.

Lösung zu Frage 2

Wärmeströme treten auf, wenn auf beiden Seiten des Bauteils unterschiedliche Temperaturen (unterschiedlich große Wärmepotentiale) anliegen. Die Wärmeströme sind dabei vom höheren Potential (höhere Temperatur) zum niedrigeren Potential (niedrigere Temperatur) gerichtet.

Lösung zu Frage 3

- Leitung: Erfolgt in allen Medien, indem Schwingungen auf die Nachbaratome übertragen werden.
- Strahlung: Erfolgt durch den Transport von Wärmeenergie durch elektromagnetische Strahlung, auch im Vakuum.
- Konvektion: Erfolgt in flüssigen und gasförmigen Medien.
  Z.B. wird kaltes Medium an einer Energiequelle erwärmt und steigt auf, das erwärmte Medium kühlt wieder ab und sinkt nach unten. Dadurch entsteht ein Kreislauf, durch den die Wärmeenergie transportiert wird.

W. M. Willems et al., *Praxisbeispiele Bauphysik*,
https://doi.org/10.1007/978-3-658-25170-3_2

Lösung zu Frage 4

Beide Begriffe beschreiben den Widerstand gegen das Abfließen von Wärmeenergie. Der Wärmedurchlasswiderstand bezieht sich dabei auf eine einzelne Bauteilschicht, der Wärmedurchgangswiderstand auf das gesamte Bauteil einschließlich der Wärmeübergangswiderstände.

Lösung zu Frage 5

Durch die thermische Trägheit des Erdreiches wird einerseits die Amplitude gedämpft und es kommt andererseits zu einer Phasenverschiebung der Extremwerte.

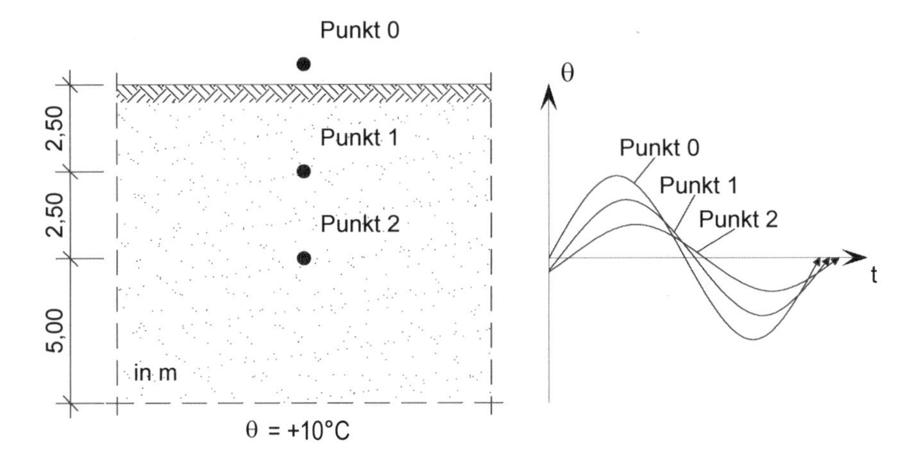

Lösung zu Frage 6

Mit der spezifischen Wärmekapazität *c* wird diejenige Wärmemenge *Q* beschrieben, die benötigt wird, um 1 kg eines Stoffes um 1 K zu erwärmen. Sie wird in J/(kg·K) angegeben.

Lösung zu Frage 7

Die Wärmeübertragung durch Konvektion resultiert aus der Strömung eines Gases oder einer Flüssigkeit z.B. durch Temperatur- oder Dichteunterschiede. Wärme wird hierbei durch Wärmeleitung an das sich bewegende Fluid abgegeben und in Strömungsrichtung mitgeführt. Durch Konvektion kann es in geschlossenen Raumen zu einer Zirkulation der Raumluft kommen. Hierbei wird Luft z.B. durch einen Heizkörper erwärmt und steigt aufgrund ihrer nun geringeren Dichte nach oben. Kühlere Luft aus dem unteren Teil des Raumes strömt nach und wird ebenso erwärmt. In der Regel stellt sich somit eine Luftwalze ein, auch freie Konvektion genannt.

Lösung zu Frage 8

Der Wärmeübergang an einer Bauteiloberfläche ist im Wesentlichen von den Konvektions- und Strahlungsrandbedingungen abhängig. An Außenoberflächen ist der konvektive Anteil aufgrund der höheren Windgeschwindigkeit deutlich kleiner. Der Strahlungsanteil ist aufgrund des höheren Temperaturniveaus im Innenraum geringfügig größer. Insgesamt tritt somit an Außenoberflächen ein deutlich niedrigerer Wärmeübergangswiderstand auf als an Innenoberflächen.

Lösung zu Frage 9

Abdichtungen dienen dazu, Feuchte vom Bauwerk fernzuhalten. Somit muss davon ausgegangen werden, dass Baustoffschichten die außerhalb von Abdichtungen gelegen sind, einen deutlich erhöhten Feuchtegehalt und somit auch eine deutlich erhöhte Wärmeleitfähigkeit aufweisen. Bei der Berechnung des Wärmedurchgangswiderstandes werden daher nur die raumseitigen Schichten bis zur Abdichtung berücksichtigt. Von dieser Regel ausgenommen sind Wärmedämmsysteme als Umkehrdach und Perimeterdämmungen, da die hierfür eingesetzten Dämmstoffe für den Einsatz bei erhöhter Feuchtigkeit zugelassen sind.

Lösung zu Frage 10

Bei einer für Stahlbeton typischen Wärmeleitfähigkeit von λ = 2,3 W/(m·K) ergibt sich ein Wärmedurchlasswiderstand von R = 0,1 (m²·K)/W. Das entspricht einer Wärmedämmschicht von 4 mm.

$$R_{Beton} = \frac{d_{Beton}}{\lambda_{Beton}} = \frac{0,23}{2,3} = 0,1\frac{\text{m}^2\text{K}}{\text{W}}$$

$$R_{Dämmung} = R_{Beton}$$

$$d_{Dämmung} = R_{Dämmung} \cdot \lambda_{Dämmung} = 0,1 \cdot 0,04 = 0,004\,\text{m} = 4\,\text{mm}$$

Lösung zu Frage 11

Der U-Wert ergibt sich als Quotient aus Wärmestromdichte und Temperaturdifferenz. Folglich ergibt sich

$$U = \frac{q}{\Delta\theta} = \frac{1}{30}\frac{\text{W}}{\text{m}^2\text{K}}.$$

Lösung zu Frage 12

Der Wärmedurchgangskoeffizient setzt sich aus den Wärmeübergangswiderständen und den Wärmedurchlasswiderständen der Baustoffschichten zusammen.

Für den schlechtestmöglichen Fall, dass der Wärmedurchlasswiderstand des Wandmaterials gegen null geht (z.B: Außenwand aus einer Plastikfolie) verbleiben ausschließlich die Wärmeübergangswiderstände. Somit ist der U-Wert einer Wand mit

$1/(0{,}13+0{,}04) = 5{,}88$ W/(m²K) nach oben begrenzt.

Lösung zu Frage 13

Ruhende Luftschichten werden als „Baustoff"-Schicht mit einem eigenen Wärmedurchlasswiderstand behandelt. Eine Wärmeleitfähigkeit kann nicht angegeben werden, da der Wärmestransport über eine ruhende Luftschicht zum überwiegenden Teil durch Wärmestrahlung erfolgt.

Bei *schwach belüfteten* Luftschichten kann für den Wärmedurchgangswiderstand ein Näherungswert berechnet werden. Er ist abhängig von der Größe und Verteilung der Lüftungsöffnungen.

Bei *stark belüfteten* Luftschichten werden alle weiteren vorgelagerten Schichten vernachlässigt. Da durch die geringere Windgeschwindigkeit jedoch ein höherer äußerer Wärmeübergangswiderstand vorhanden ist, darf auf der Außenseite der gleiche Wärmeübergangswiderstand angesetzt werden, wie auf der Innenseite.

Lösung zu Frage 14

Bei leichten Bauteilen kann nicht in gleichem Maße wie bei schweren Bauteilen davon ausgegangen werden, dass das thermische Bauteilverhalten durch instationäre Einflüsse beeinflusst wird. Wird ein leichtes Bauteil einer Abkühlung ausgesetzt, dann wird es wesentlich schneller diese kältere Temperatur annehmen als ein schweres Bauteil.

Lösung zu Frage 15

Wählt man bei einer wärmetechnischen Sanierung die Anbringung einer Innendämmung, ist dies nur raumweise möglich. D.h., einbindende Bauteile wie Innenwände und -decken durchdringen die Dämmebene und bilden so Wärmebrücken.

Eine Innendämmung führt bei niedrigen Außentemperaturen zu einer Absenkung der Temperatur der massiven Außenwandschale. Da die Decken und Innenwände meist ohne thermische Trennung an diese Außenwand angebunden sind, ist damit im Anschlussbereich auch deren Temperatur zum Teil deutlich erniedrigt. Die Folge ist erfahrungsgemäß, dass bei Taupunktsunterschreitung Oberflächenfeuchte durch Kondensation und Schimmelpilzwachstum auftreten.

Dieses Problem kann durch eine Dämmung von Teilbereichen der Innenwand (bzw. Decke) gelöst werden (mindestens 50 cm, besser 1 m vom Anschlussbereich nach innen). Es gibt auch optisch ansprechende Lösungen, wie z.B. die Verwendung von Dämmstoffkeilen. Um Luftkonvektion und damit Kondensation hinter der Dämmschicht zu verhindern, muss der gesamte Wandaufbau luftdicht ausgeführt werden. Hohlräume zwischen Innendämmung und Außenwand sind zu vermeiden.

Lösung zu Frage 16

Es gibt zwei Alternativen:

a) Der unbeheizte Raum wird im Sinne einer zusätzlichen Bauteilschicht des trennenden Bauteils idealisiert und es wird gemäß DIN EN ISO 6946 für diese „Schicht" ein zusätzlicher Wärmedurchlasswiderstand R_u ausgerechnet. In diesem Fall wird das trennende Bauteil wie an Außenluft grenzend betrachtet (R_{se} = 0,04 (m²·K)/W, F_x = 1,0).

b) Die positive Wirkung des unbeheizten Raumes wird durch den Ansatz der Innenraumtemperatur des unbeheizten Raumes berücksichtigt ($F_x < 1{,}0$). In diesem Fall wird das trennende Bauteil als innen liegendes Bauteil mit $R_{si} = R_{se} = 0{,}13$ (m²·K)/W berechnet.

Lösung zu Frage 17

Gemäß DIN EN ISO 10211 ist eine Wärmebrücke ein Teil der Gebäudehülle, wo der ansonsten normal zum Bauteil auftretende Wärmestrom deutlich verändert (erhöht) wird durch:

a) *materialbedingte Wärmebrücken*: eine volle oder teilweise Durchdringung der Gebäudehülle durch Baustoffe mit unterschiedlicher Wärmeleitfähigkeit und/oder

b) *konstruktionsbedingte Wärmebrücken*: mit einen Wechsel in der Dicke der Bauteile und/oder

c) *geometrische Wärmebrücken*: eine unterschiedlich große Innen- und Außenoberfläche. D.h., Wärmebrücken sind wärmeschutztechnische Schwachpunkte in der Gebäudehülle. Sie können zu deutlich niedrigeren raumseitigen Oberflächentemperaturen, zu erhöhten Wärmeverlusten durch Transmission, sowie zu Tauwasserausfall und damit zu Schimmelpilzbildung führen.

Lösung zu Frage 18

Wärmebrückeneinflüsse werden beim Nachweis nach EnEV entweder durch pauschale Zuschläge auf die U-Werte der Bauteile der Gebäudehülle oder durch einen detaillierten Nachweis anhand der längenbezogenen Wärmedurchgangskoeffizienten Ψ berücksichtigt.

Lösung zu Frage 19

Gemäß DIN EN ISO 13370 wird die „Wärmeübertragung über das Erdreich“ errechnet. Die wärmetechnische Wirkung des Erdreichs wird also in der Berechnung mit angesetzt. Folglich ist das entsprechende Bauteil mit einem Wert $F_x = 1{,}0$, wie an Außenluft grenzend, zu berücksichtigen.

Lösung zu Frage 20

Im Bereich von Wärmebrücken tritt ein im Vergleich zu einem ungestörten Regelbauteil erhöhter Wärmeverlust auf. Eine Kenngröße hierfür bei linienförmigen Wärmebrücken ist der längenbezogene Wärmedurchgangskoeffizient (Ψ-Wert). Er gibt an, wie viel Wärme pro laufendem Meter Wärmebrücke verloren geht. Liegt zum Beispiel eine Wärmebrücke mit einem Wert $\Psi = 0{,}6$ W/(m·K) vor und weist die umliegende Konstruktion einen Wärmedurchgangskoeffizienten $U = 0{,}2$ W/(m²·K) auf, so bedeutet dies, dass pro Meter Wärmebrückenlänge zusätzlich so viel Wärme verloren geht, wie über 3 m² Regelbauteilfläche. (Hinweis: es gibt auch negative Ψ-Werte.)

Lösung zu Frage 21

a) Der Nutzenergiebedarf ist diejenige Energiemenge, die der Verbraucher an der Bilanzgrenze „Raumhülle“ von der Anlagentechnik anfordert, um festgelegte Nutzungsparameter wie Innentemperatur, Warmwasserbedarf oder Beleuchtung sicherzustellen.

b) Der Endenergiebedarf stellt die Energiemenge dar, die der Verbraucher für die vorgesehene Nutzung unter standardisierten Randbedingungen an der Bilanzgrenze „Gebäudehülle“ abnimmt und wird daher nach verwendeten Energieträgern angegeben. Im Endenergiebedarf sind Verluste der Anlagentechnik hinsichtlich Erzeugung, Speicherung, Verteilung und Übergabe berücksichtigt.

c) Der Primärenergiebedarf ist diejenige Energiemenge, die über den Energieinhalt des Brennstoffs hinaus auch die Energiemengen einbezieht, die durch vorgelagerte Prozessketten außerhalb der Bilanzgrenze „Gebäudehülle“ bei der Rohstoffgewinnung, Umwandlung und Verteilung der jeweils eingesetzten Brennstoffe entstehen.

Lösung zu Frage 22

Der Sonneneintragskennwert S ist abhängig von der verglasten Fläche sowie vom dazugehörigen Energiedurchlassgrad der Verglasung bzw. vom Gesamtenergiedurchlassgrad der Verglasung inklusive Sonnenschutzvorrichtung. Als Bezugsfläche wird die Grundfläche des Raumes gewählt. Kleine Räume führen daher zu höheren Sonneneintragskennwerten als größere Räume.

Lösung zu Frage 23

Der Faktor F_c ist der Abminderungsfaktor für fest installierte Sonnenschutzeinrichtungen vor Verglasungen. $F_c = 1$, wenn kein Sonnenschutz vorhanden ist. Es wird grundsätzlich zwischen innen und außen liegenden Schutzvorrichtungen unterschieden. Bei innen liegenden Sonnenschutzvorrichtungen ist zusätzlich die Abhängigkeit zwischen F_c und dem U-Wert der Verglasung sowie dem Strahlungsreflexionsgrad (Farbe des Sonnenschutzes) zu berücksichtigen.

Lösung zu Frage 24

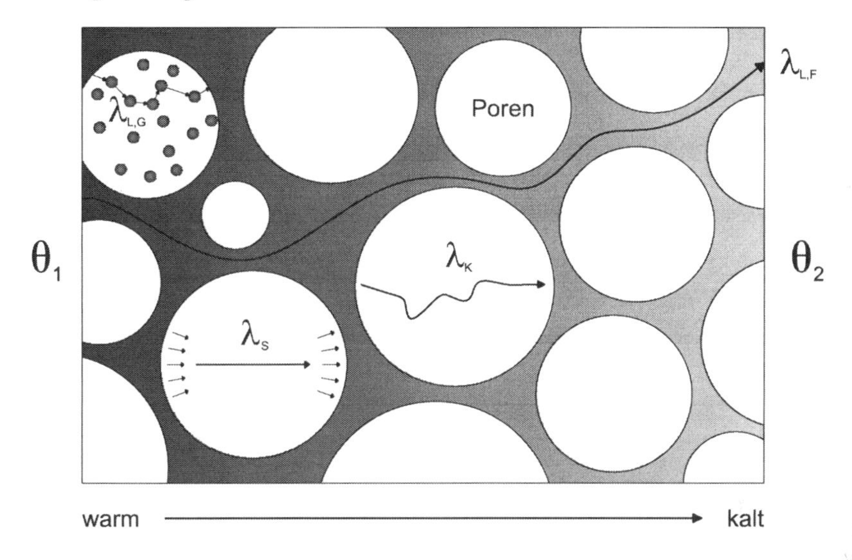

Damit es zu einem Wärmetransport kommt muss ein Potentialgefälle bestehen, dann fließt Energie von warm nach kalt.

- $\lambda_{L,G}$ Wärmeleitung durch die Gasteilchen innerhalb der einzelnen Poren
- $\lambda_{L,F}$ Wärmeleitung durch den Feststoff zwischen den Poren
- λ_S Wärmestrahlung innerhalb der einzelnen Poren
- λ_K Konvektion in den einzelnen Poren

Lösung zu Frage 25

Die Anlagenaufwandszahl e_p gibt das Verhältnis zwischen aufgewendeter Primärenergie und daraus resultierender Nutzenergie bei einem Gebäude an. Die Berechnung von e_p erfolgt gemäß DIN 4701-10. Bei der Berechnung werden der eingesetzte Brennstoff und der Einsatz regenerativer Energien gewürdigt sowie die Verluste der Anlagentechnik bei Erzeugung, Speicherung, Verteilung und Übergabe berücksichtigt.

Lösung zu Frage 26

Die Dämmwirkung einer herkömmlichen Zweischeiben-Isolierverglasung wird durch

- eine infrarot-reflektierende Metallbedampfung auf der Außenfläche der inneren Scheibe und
- einer zusätzlichen Argon- oder Kryptonfüllung

um ca. 50 % verbessert.

Die Metallbedampfung ist vor allem für die kurzwellige Sonnenstrahlung im sichtbaren Bereich (Wellenlänge 380 bis 780 Nanometer) weitgehend transparent, aber für die langwellige, nicht sichtbare Wärmestrahlung (Infrarotbereich 3000 bis 50000 Nanometer) reflektierend. Die Sonnenenergie kann also zu einem großen Teil in den Wohnraum gelangen und wird durch Absorption von den Möbeln, Wänden, der Decke, dem Fußboden usw. in langwellige Wärmestrahlung umgewandelt.

Die Beschichtung der Verglasung verhindert, dass die langwellige Wärmestrahlung durch Solareintrag oder andere Wärmequellen (Heizung) den Raum durch das Fenster verlässt, indem Sie an der Bedampfung in den Raum reflektiert wird.

Eine Dreifach-Wärmeschutzverglasung mit Glas-U-Werten um 0,4 bis 0,8 $W/(m^2 \cdot K)$ erreicht heute den besten Wärmeschutz unter allen Verglasungsarten.

Anmerkung: Ob eine eingebaute Verglasung tatsächlich eine Wärmeschutzverglasung ist und ob diese richtig herum eingesetzt ist, lässt sich auf einfache Weise mit einer kleinen Flamme (z.B. Feuerzeug, Kerze) erkennen. Die Flamme wird in geringem Abstand innen vor das Fenster gehalten und aus einem seitlichen Winkel von etwa 45° betrachtet. Die Flamme spiegelt sich an allen vier Oberflächen, wobei die von innen gezählt zweite Spiegelung sich deutlich durch eine eher bläuliche Färbung von den anderen drei Spiegelungen unterscheiden muss.

Lösung zu Frage 27

Bei der Berechnung nach DIN EN ISO 6946 wird das Bauteil in Abschnitte und Schichten unterteilt. In welcher Achse das Bauteil getrennt wird, bleibt hierbei unberücksichtigt. Es sind somit alle drei Modelle verwendbar. Bei der numerischen Berechnung ist es unerlässlich, dass ein Modell immer an Symmetrieachsen aufgetrennt wird. Dafür sind somit die Modelle a) und b) tauglich.

Lösung zu Frage 28

Die Wärmestromdichte ist an allen Stellen in einem mehrschichtigen homogenen Bauteil gleich groß:

$$\Rightarrow \quad \theta_i - \theta_x = U \cdot (\theta_i - \theta_e) \cdot (R_{si} + R_3 + R_x)$$

$$\theta_x = \theta_i - U \cdot (\theta_i - \theta_e) \cdot \left(R_{si} + \frac{d_3}{\lambda_3} + \frac{x - d_3}{\lambda_2} \right)$$

Lösung zu Frage 29

Der Transmissionswärmebedarf stellt ein Maß für die wärmedämmtechnische Qualität der Gebäudehülle dar. Dementsprechend wirken sich niedrige U-Werte der Bauteile der Gebäudehülle positiv aus. Ebenfalls wichtig für einen geringen Transmissionswärmeverlust ist eine möglichst wärmebrückenfreie Ausführung aller Anschlussdetails. Bei schlechter Ausführung können die Verluste über die Wärmebrücken leicht bis zu 1/3 der gesamten Transmissionsverluste ausmachen.

Bei der Berechnung des Jahres-Primärenergiebedarfs gehen zunächst zusätzlich zum Transmissionsverlust auch der Lüftungswärmeverlust sowie die solaren und internen Gewinne ein. Das Ziel muss also in der Minimierung der Verluste und in einer Maximierung der Gewinne liegen. Die energetische Qualität der Anlagentechnik geht über die Anlagenaufwandszahl e_p in die Berechnung des Jahres-Primärenergiebedarfs ein. Je niedriger der Wert e_p ist, desto effizienter arbeitet die Anlagentechnik. Zusätzlich geht noch die Art der Energiequelle ein (solare Energie < Erdgas < Braunkohle)

Für beide Größen maßgebend ist die Kompaktheit der Bauweise, gekennzeichnet durch das A/V-Verhältnis. Bei kompakten Gebäuden mit niedrigem A/V-Verhältnis lassen sich geringere Transmissionswärmeverluste und ein niedrigerer Jahres-Primärenergiebedarf erreichen.

Lösung zu Frage 30

Die Raumlufttemperatur im Sommer ist abhängig vom Sonneneintrag in den Raum, d.h.:

- Fenster und Verglasung
  - Fensterflächenanteil, Verglasungsanteil
  - Orientierung des Raumes und der Fenster
  - Neigung der Fenster
  - Gesamtenergiedurchlassgrad der Verglasung
- Sonnenschutz
  - Art der Verglasung
  - Lage und Wirksamkeit des Sonnenschutzes (F_c-Wert)
  - Verschattungen durch andere Bauteile oder Bepflanzungen
- Standort des Gebäudes
- Bauweise
  - Wärmespeicherfähigkeit der Innenbauteile
  - Temperaturleitfähigkeit
  - Raumgeometrie
- Lüftung
  - Art
  - Intensität

- Nutzerverhalten
  Lüftung
  interne Wärmegewinne
  mechanische Kühlung

Lösung zu Frage 31

Energiebilanzgleichung

$$Q_H = Q_T + Q_L - \eta(Q_S + Q_I)$$

mit

Q_H Heizwärmebedarf

Q_T Transmissionswärmeverluste; Wärmeverluste, die durch Transmission (Wärmeleitung) durch die einzelnen Außenbauteile entstehen

Q_L Lüftungswärmeverluste; Energie, die durch Lüftung (Fensterlüftung, Fugenundichtigkeiten, Lüftungsanlage) aus dem beheizten Gebäude nach Außen gelangt

Q_S Solare Gewinne; hauptsächlich durch die Fenster in das Gebäude eindringende Strahlungsenergie

Q_I Interne Gewinne; Geräte, Beleuchtung, Menschen geben Energie ab

η Ausnutzungsgrad; es können nicht alle internen und solaren Gewinne, die in das Gebäude gelangen, verwendet werden, vor allen Dingen in der Übergangsjahreszeit und den Sommermonaten.

Lösung zu Frage 32

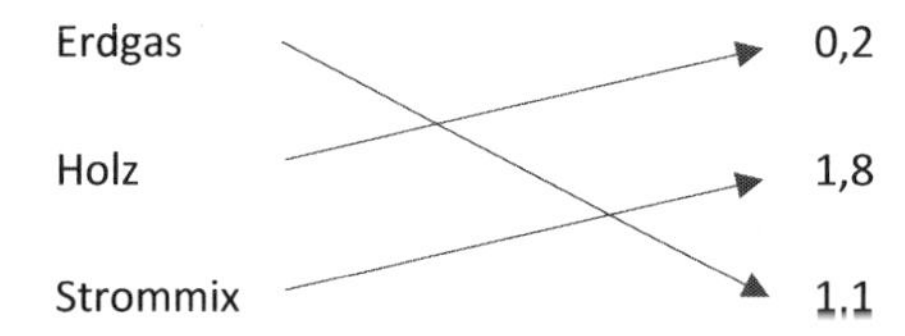

Lösung zu Frage 33

- *Transmissionsverluste*: Wärmeverluste, die durch das „Hindurchlassen" von Wärme-energie durch die einzelnen Außenbauteile und Wärmebrücken entstehen.
- *Lüftungsverluste:* Durch kontrollierte Lüftung (z.B. Fenster öffnen, Lüftungsanlage) und unkontrollierte Lüftung (z.B. Fugenundichtigkeit) wird Energie von dem Gebäude an die Außenluft abgegeben.
- *Interne Gewinne*: Energie, die an den Raum von Menschen, Tieren, Geräten und Beleuchtung abgegeben wird.
- *Solare Gewinne*: Hauptsächlich durch die Fenster in das Gebäude eindringende Strahlungsenergie.

Lösung zu Frage 34

Ein „Referenzgebäude“ ist ein fiktives Gebäude. Gemäß EnEV darf der berechnete Jahres-Primärenergiebedarf des zu errichteten Gebäudes den Jahres-Primärenergiebedarf eines entsprechenden Referenzgebäudes nicht überschreiten: Das Referenzgebäude hat die gleiche Geometrie, die gleiche Gebäudenutzfläche sowie die gleiche Ausrichtung wie das geplante (reale) Gebäude. Die Angaben für seine Ausführung, d.h. für die energetische Qualität der einzelnen Bauteile der Gebäudehülle – Außenwand, Dach, Fußboden, Decke, Fenster, usw. – sowie für die Luftdichtheit und die Anlagentechnik stellt die EnEV in einer Tabelle bereit.

Lösung zu Frage 35

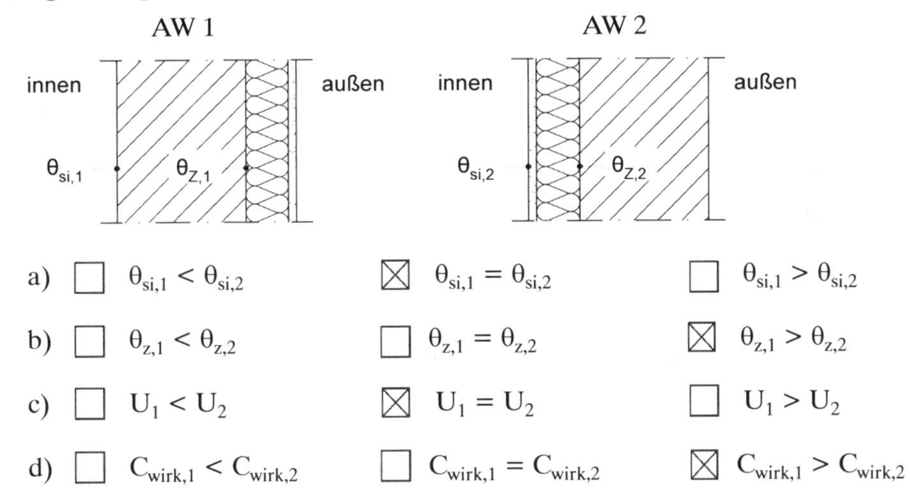

Ein wesentlicher Einfluss auf die sommerlichen Maximaltemperaturen geht von der Schwere der raumbegrenzenden Bauteile aus. Bei einer Außenwandkonstruktion mit Innendämmung (AW2) ist die Speichermasse (Mauerwerk) abgedeckt und somit weniger wirksam.

e) ☐ $p_{s,z,1} < p_{s,z,2}$ ☐ $p_{s,z,1} = p_{s,z,2}$ ☒ $p_{s,z,1} > p_{s,z,2}$

Der Wasserdampfsättigungsdampfdruck ist proportional abhängig von der Temperatur. Da der größte Temperaturabfall in einer Dämmebene auftritt, ist, wie bei b) bereits festgestellt, die Temperatur zwischen Mauerwerk und Dämmung bei der AW 1 größer und somit auch der Wasserdampfsättigungsdruck.

Lösung zu Frage 36

c) Wenn die Verglasung der Fenster langwellige Strahlung nicht durchläßt.

Die durch die Verglasung in den Raum transmittierte kurzwellige Sonneneinstrahlung wird von den Raumumschließungsflächen, Vorhängen und Möbeln absorbiert und in Wärmestrahlung umgewandelt. Diese langwellige Strahlung ist für Verglasungen zum großem Teil undurchlässig und führt somit zu einer Aufheizung des Raumes.

Lösung zu Frage 37

a) Außenwandecke

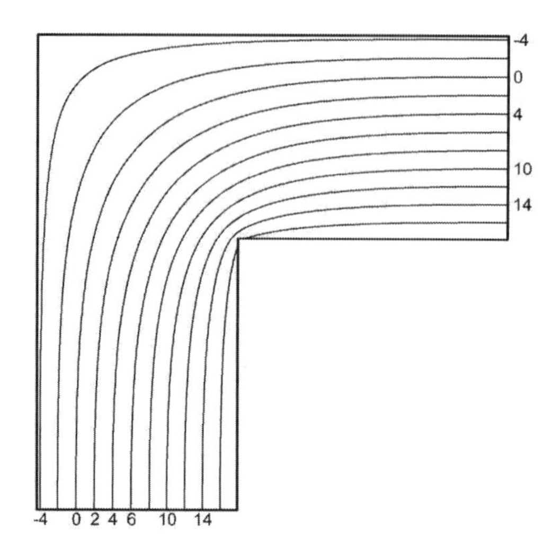

b) Außenwand mit wärmegedämmter Stütze

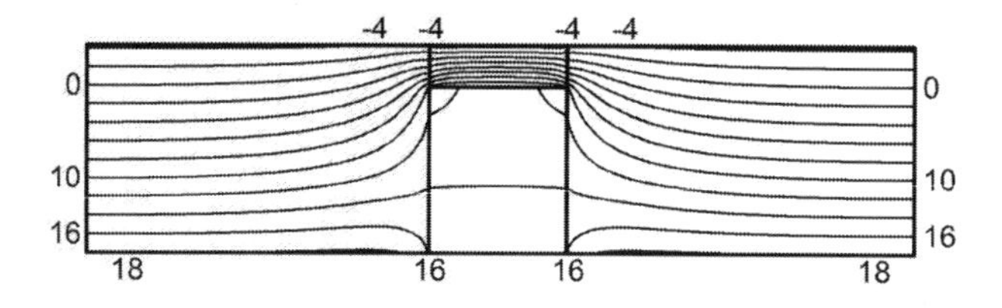

Lösung zu Frage 38

Planungsgrundsätze einer luftdichten Gebäudehülle:

- Die Luftdichtheitsebene muss umlaufend und ohne Unterbrechung vorhanden sein.
- Für jedes Bauteil / jeden Anschluss ist die Lage der Luftdichtheitsebene festzulegen.
- Ein Wechsel der Luftdichtheitsebene z.B. von innen nach außen ist zu vermeiden.
- Die Luftdichtheitsebene ist innenseitig der Dämmebene anzuordnen.
- Die Luftdichtheitsebene darf durch nachfolgende Arbeiten nicht beschädigt werden.
- Durchdringungen (→ Installationsebene) sind zu minimieren / vermeiden und müssen luftdicht hergestellt werden.
- Anschlüsse und Klebeverbindungen der Luftdichtheitsschicht sind frei von Verspannungen und Zugkräften zu halten.
- Alle Arbeiten sollten überwacht bzw. überprüft werden.

2.1.2 Lösungen zu Wärmeschutz-Aufgaben

Lösung zu Aufgabe 1

1. Volumen des Ziegels:

$$V = 0,24 \cdot 0,115 \cdot 0,071 = 1,96 \cdot 10^{-3}\ \text{m}^2$$

2. Masse des Ziegels:

$$m = V \cdot \rho = 1,96 \cdot 10^{-3} \cdot 1600 = 3,14\ \text{kg}$$ *(Formel 2.1.2-1)**)

3. Spezifische Wärmekapazität des Ziegels:

$$c = 1000\ \frac{\text{J}}{\text{kg} \cdot \text{K}}$$ *(Tabelle 2.1.5-1)**)

4. Wärmemenge:

$$Q = m \cdot c \cdot (\theta_2 - \theta_1)$$ *(Formel 2.1.3-1)**)

$$= 3,14 \cdot 1000 \cdot (45 - 15) = 94200\ \text{J}$$

$$= 94200\ \text{J} = 94200\ \text{Ws} = \frac{1}{3600} \cdot 94200\ \text{Wh}$$

$$= 26,2\ \text{Wh}$$

Bei der Erwärmung des Ziegels wird eine Wärmemenge von 26,2 Wh gespeichert.

Lösung zu Aufgabe 2

1. Wärmestromdichten:

$$q = U \cdot (\theta_i - \theta_e)$$ *(Formel 2.1.8-4)**)

$$q_1 = 1,2 \cdot (22 - 0) = 26,4\ \frac{\text{W}}{\text{m}^2}$$

$$q_2 = 1,2 \cdot (15 - 0) = 18,0\ \frac{\text{W}}{\text{m}^2}$$

2. Wärmemenge:

$$Q = \phi \cdot t = q \cdot A \cdot t$$ *(Formel 2.1.7-1 u. 2.1.8-1)**)

$$Q = Q_{1(tagsüber)} + Q_{2(nachts)}$$

$$= (q_1 \cdot t_1 + q_2 \cdot t_2) \cdot A$$

$$= (26,4 \cdot 15 + 18,0 \cdot 9) \cdot 2$$

$$= 1116\ \text{Wh} = 1,12\ \text{kWh}$$

Pro Tag geht durch das Fenster eine Wärmemenge von 1,12 kWh verloren.

*) Die Formel- und Tabellenhinweise beziehen sich auf das Buch „Formeln und Tabellen - Bauphysik -", 5. Auflage

Lösung zu Aufgabe 3

a) U-Wert Außenwand

$$U = \frac{1}{R_T} = \frac{1}{R_{se} + \sum_{i=1}^{n} \frac{d_i}{\lambda_i} + R_{si}}$$

(*Formel 2.1.13-1*)
(*Formel 2.1.12-2*)

$$U_{AW} = \left(0{,}04 + \frac{0{,}015}{1{,}00} + \frac{0{,}14}{0{,}04} + \frac{0{,}175}{0{,}79} + \frac{0{,}01}{0{,}51} + 0{,}13 \right)^{-1}$$

$$= 0{,}25 \frac{\text{W}}{\text{m}^2\text{K}}$$

b) Außenwand an eine unbeheizte Garage: (gemäß DIN EN ISO 6946)

Variante 1:
Es wird bei der Berechnung des U-Wertes ein R_u für die Garage berücksichtigt, dann ist aber beim Nachweis nach EnEV für dieses Bauteil $F_x = 1$ anzusetzen.
Zusätzlicher Wärmedurchlasswiderstand des unbeheizten Raumes:

$$R_u = \frac{A_i}{\sum_{k} (A_{e,k} \cdot U_{e,k}) + 0{,}33 \cdot n \cdot V}$$

(*Formel 2.1.11-7*)

$$= \frac{30}{87 \cdot 2{,}0 + 0{,}33 \cdot 3{,}0 \cdot 105} = 0{,}108 \frac{\text{m}^2\text{K}}{\text{W}}$$

Wärmedurchgangskoeffizient der Außenwand:

$$U = \left(R_{si} + \sum_{i=1}^{n} \frac{d_i}{\lambda_i} + R_u + R_{se} \right)^{-1}$$

(*Formeln 2.1.13-1 u. 2.1.12-2*)

$$= \left(0{,}13 + \frac{0{,}01}{0{,}51} + \frac{0{,}175}{0{,}79} + \frac{0{,}14}{0{,}04} + \frac{0{,}015}{1{,}00} + 0{,}108 + 0{,}04 \right)^{-1}$$

$$= 0{,}25 \frac{\text{W}}{\text{m}^2\text{K}}$$

Variante 2:
Hier wird bei der Berechnung des U-Wertes ein R_u für die Garage vernachlässigt, dann ist beim Nachweis nach EnEV für dieses Bauteil $F_x = 0{,}5$ anzusetzen.

$$R_{se} = R_{si} = 0{,}13 \frac{\text{m}^2\text{K}}{\text{W}}$$

$$U = \left(R_{si} + \sum_{i=1}^{n} \frac{d_i}{\lambda_i} + R_{se} \right)^{-1}$$

(*F. 2.1.13-1 u 2.1.12-2*)

$$= \left(0{,}13 + \frac{0{,}01}{0{,}51} + \frac{0{,}175}{0{,}79} + \frac{0{,}14}{0{,}04} + \frac{0{,}015}{1{,}00} + 0{,}13 \right)^{-1}$$

$$= 0{,}25 \frac{\text{W}}{\text{m}^2\text{K}}$$

Lösung zu Aufgabe 4

$U_{Umkehrdach} = U + \Delta U_r$ (*Formel 2.1.13-2*)

ΔU_r ist abhängig von $\dfrac{R_T - R_i}{R_T}$ (*Tabelle 2.1.13-2*)

1. Gesamter Wärmedurchlasswiderstand:

$$R_T = R_{si} + \sum_{i=1}^{n} \frac{d_i}{\lambda_i} + R_{se}$$ (*Formel 2.1.12-2*)

$$= 0{,}10 + \frac{0{,}01}{0{,}51} + \frac{0{,}16}{2{,}3} + \frac{0{,}12}{0{,}04} + 0{,}04 = 3{,}229\ \frac{\mathrm{m^2K}}{\mathrm{W}}$$

2. Wärmedurchlasswiderstand der Wärmedämmung:

$$R_i = \frac{d}{\lambda} = \frac{0{,}12}{0{,}04} = 3{,}0\ \frac{\mathrm{m^2K}}{\mathrm{W}}$$ (*Formel 2.1.11-1*)

3. Zuschlagswerte nach DIN 4108, Teil 2 zur Berücksichtigung des Einflusses von fließendem Wassser zwischen Dämmschicht und Dachabdichtung:

$$\frac{R_T - R_i}{R_T} = \frac{3{,}229 - 3{,}00}{3{,}229} = 0{,}07 = 7\ \%$$

$$7\ \% < 10\ \% \Rightarrow \Delta U_r = 0{,}05\ \frac{\mathrm{W}}{\mathrm{m^2K}}$$ (*Tabelle 2.1.13-2*)

4. Wärmedurchgangskoeffizient:

$$U_D = U + \Delta U_r = \frac{1}{R_T} + \Delta U_r$$

$$= \frac{1}{3{,}229} + 0{,}05$$

$$= 0{,}36\ \frac{\mathrm{W}}{\mathrm{m^2K}}$$

Es ergibt sich ein Wärmedurchgangskoeffizient für das Umkehrdach von $U_D = 0{,}36\ \mathrm{W/m^2K}$

Lösung zu Aufgabe 5

a) Mindestwärmedurchlasswiderstand gemäß DIN 4108 Teil 2:

$$R_{\min} = 1,2 \ \frac{\mathrm{m^2K}}{\mathrm{W}} \qquad \text{(Tab. 2.4.1-1, Z. 3)}$$

vorhandener Wärmedurchlasswiderstand:

$$R_{vorh} = \sum_{i=1}^{n} \frac{d_i}{\lambda_i} = \frac{0,01}{0,51} + \frac{0,24}{1,20} + \frac{d_{Dä}}{0,04} + \frac{0,015}{1,00} = 0,235 + \frac{d_{Dä}}{0,04} \qquad \text{(Formel 2.1.12-2)}$$

Vergleich $R_{vorh} \geq R_{\min}$:

$$0,235 + \frac{d_{Dä}}{0,04} \geq 1,2 \ \frac{\mathrm{m^2K}}{\mathrm{W}}$$

$$\Rightarrow \qquad d_{Dä} \geq (1,2 - 0,235) \cdot 0,04 = 0,04 \ \mathrm{m}$$

b) Anforderung gemäß Energieeinsparverordnung:

$$U_{\max} = 0,24 \ \frac{\mathrm{W}}{\mathrm{m^2K}} \qquad \text{(Tab. 2.5.3-2, Z. 2)}$$

Wärmedurchgangskoeffizient:

$$U_{vorh} = \left(R_{si} + \sum_{i=1}^{n} \frac{d_i}{\lambda_i} + R_{se} \right)^{-1} \qquad \text{(Formel 2.1.12-2)}$$

$$= \left(0,13 + \frac{0,01}{0,51} + \frac{0,24}{1,20} + \frac{d_{Dä}}{0,04} + \frac{0,015}{1,00} + 0,04 \right)^{-1}$$

$$= \frac{1}{0,405 + \frac{d_{Dä}}{0,04}}$$

Vergleich $U_{\max} \geq U_{vorh}$:

$$0,24 \ \frac{\mathrm{W}}{\mathrm{m^2K}} \geq \frac{1}{0,405 + \frac{d_{Dä}}{0,04}}$$

$$\Rightarrow \qquad d_{Dä} \geq \left[\left(\frac{1}{0,24} \right) - 0,405 \right] \cdot 0,04 = 0,15 \ \mathrm{m}$$

Es ist eine Außenwandkonstruktion mit mindestens 15 cm Wärmedämmschichtdicke erforderlich, in der Praxis wird eine Dicke von 16 cm gewählt.

Lösung zu Aufgabe 6

U-Wert der Außenwand:

Wärmedurchlasswiderstand der Luftschicht:

d = 40 mm, Wärmestromrichtung: horizontal $\Rightarrow R_g = 0{,}18 \ \frac{\text{m}^2\text{K}}{\text{W}}$ (*Tab. 2.1.11-2*)

Wärmedurchgangskoeffizient der Wand:

$$U_{AW} = \left(R_{si} + \sum_{i=1}^{n} \frac{d_i}{\lambda_i} + R_{se} \right)^{-1} \qquad \textit{(Formel 2.1.12-2)}$$

$$= \left(0{,}13 + \frac{0{,}01}{0{,}51} + \frac{0{,}24}{0{,}45} + \frac{0{,}08}{0{,}04} + 0{,}18 + \frac{0{,}115}{1{,}2} + \frac{0{,}015}{1{,}0} + 0{,}04 \right)^{-1}$$

$$= 0{,}33 \ \frac{\text{W}}{\text{m}^2\text{K}}$$

Der Wärmedurchgangskoeffizient der Außenwand beträgt U_{AW} = 0,33 W/(m²·K).

Berechnung des Fensterflächenanteils:

Mittlerer U-Wert der Fassade:

$$U_{W+AW} = U_M = \frac{U_{AW} \cdot A_{AW} + U_W \cdot A_W}{A_{ges}}$$

$$= \frac{U_{AW} \cdot \left(A_{ges} - A_W \right) + U_W \cdot A_W}{A_{ges}}$$

$$= \frac{U_{AW} \cdot A_{ges}}{A_{ges}} - \frac{U_{AW} \cdot A_W}{A_{ges}} + \frac{U_W \cdot A_W}{A_{ges}}$$

$$= U_{AW} + \frac{A_W}{A_{ges}} \cdot \left(U_W - U_{AW} \right)$$

$$U_W = 1{,}4 \ \frac{\text{W}}{\text{m}^2\text{K}}$$

$$U_{AW} = 0{,}33 \ \frac{\text{W}}{\text{m}^2\text{K}}$$

$$\frac{A_W}{A_{ges}} = \frac{U_M - U_{AW}}{U_W - U_{AW}}$$

$$= \frac{0{,}45 - 0{,}33}{1{,}4 - 0{,}33} = \frac{0{,}12}{1{,}07} = 0{,}11$$

Der maximal mögliche Fensterflächenanteil beträgt 11 %.

Lösung zu Aufgabe 7

1. Wärmemenge:

$$\frac{Q}{A} = \frac{500.000}{1}\ \frac{\text{J}}{\text{m}^2} = 500.000\ \frac{\text{Ws}}{\text{m}^2} = \frac{500.000}{3600}\ \frac{\text{Wh}}{\text{m}^2} = 138{,}9\ \frac{\text{Wh}}{\text{m}^2}$$

2. Wärmestromdichte:

$$q = \frac{\Phi}{A} = \frac{Q}{A \cdot t} = \frac{138{,}9}{24} = 5{,}79\ \frac{\text{W}}{\text{m}^2}$$ *(F. 2.1.8-1 u. 2.1.7-1)*

3. Maximaler Wärmedurchgangskoeffizient:

$$q = U \cdot (\theta_i - \theta_e)$$ *(Formel 2.1.8-4)*

$$\Delta\theta = \theta_i - \theta_e = 20 - (-5) = 25\ \text{K}$$

$$U_{\max} = \frac{q}{\Delta\theta} = \frac{5{,}79}{25} = 0{,}232\ \frac{\text{W}}{\text{m}^2\text{K}}$$

4. Vorhandener Wärmedurchgangskoeffizient:

$$R_{si} = 0{,}17\ \frac{\text{m}^2\text{K}}{\text{W}}$$ *(Tab. 2.1.10-1, Z. 6)*

$$U_{vorh} = \left(R_{si} + \sum_{i=1}^{n} \frac{d_i}{\lambda_i} + R_{se} \right)^{-1}$$ *(Formel 2.1.12-2)*

$$= \left(0{,}17 + \frac{0{,}06}{1{,}40} + \frac{0{,}04}{0{,}035} + \frac{0{,}16}{2{,}30} + \frac{d_{Dä}}{0{,}035} + \frac{0{,}01}{1{,}00} + 0{,}04 \right)^{-1}$$

$$= \frac{1}{1{,}475 + \dfrac{d_{Dä}}{0{,}035}}$$

5. Vergleich $U_{\max} \geq U_{vorh}$:

$$0{,}232\ \frac{W}{m^2 K} \geq \frac{1}{1{,}475 + \dfrac{d_{Dä}}{0{,}035}}$$

$$d_{Dä} \geq \left[\left(\frac{1}{0{,}232} \right) - 1{,}475 \right] \cdot 0{,}035 = 0{,}099\ \text{m}$$

$\rightarrow$ gewählt : $d_{Dä} = 10\ \text{cm}$

Es ist unterseitig eine Dämmschichtdicke von 10 cm erforderlich, der Wärmedurchgangskoeffizient beträgt dann $U = 0{,}23\ \text{W/(m}^2 \cdot \text{K)}$.

Lösung zu Aufgabe 8

a) U-Wert Außenwand, erdberührt

Bauteilschicht	d m	λ W/(m·K)	R_s / R_i (m²·K)/W
Wärmeübergang (außen)	-	-	0,0
Perimeter-Wärmedämmung	0,12	0,05	2,400
Abdichtung	-	-	-
Mauerwerk aus Kalksandsteinen	0,365	0,79	0,462
Gipsputz innen	0,01	0,51	0,020
Wärmeübergang (innen)	-	-	0,13
		R_T =	3,012
		U = 1/R_T =	**0,33** W/(m²K)

b) U-Wert Innenwand zum unbeheizten Treppenhaus

Bauteilschicht	d m	λ W/(m·K)	R_s / R_i (m²·K)/W
Wärmeübergang (außen)	-	-	0,13
Kalkgipsputz	0,015	1,00	0,015
Mauerwerk aus Hochlochziegeln	0,24	0,34	0,706
Gipsputz	0,01	0,51	0,020
Wärmeübergang (innen)	-	-	0,13
		R_T =	1,001
		U = 1/R_T =	**1,00** W/(m²·K)

Lösung zu Aufgabe 9

a) U-Wert der Dachfläche bei zweiseitiger Entwässerung:

1. Wärmedurchgangswiderstand ohne Keilschicht:

$$R_0 = R_{si} + \sum_{i=1}^{n} \frac{d_i}{\lambda_i} + R_{se} \qquad \textit{(Formel 2.1.12-2)}$$

$$= 0{,}10 + \frac{0{,}01}{0{,}51} + \frac{0{,}16}{2{,}3} + \frac{0{,}12}{0{,}04} + 0{,}04 \qquad (R_s\textit{: Tab. 2.1.10-1})$$

$$= 3{,}229 \ \frac{\mathrm{m^2K}}{\mathrm{W}}$$

2. Wärmedurchgangswiderstand der Keilschicht:

$$R_2 = \frac{d_2}{\lambda} = \frac{d_2}{0{,}04} = \frac{0{,}05}{0{,}04} = 1{,}25 \ \frac{\mathrm{m^2K}}{\mathrm{W}} \qquad \textit{(Bild 2.1.13-2)}$$

3. Wärmedurchgangskoeffizient einschließlich Keildämmung: (*Bild 2.1.13-2*)

$$U = \frac{1}{R_2} \cdot \ln\left(1 + \frac{R_2}{R_0}\right)$$

$$= \frac{1}{1{,}25} \cdot \ln\left(1 + \frac{1{,}25}{3{,}229}\right)$$

$$= 0{,}26 \ \frac{\text{W}}{\text{m}^2\text{K}}$$

Der U-Wert der Dachfläche mit zweiseitiger Dachentwässerung beträgt 0,26 W/m²K.

b) Einseitige Dachentwässerung:

1. Wärmedurchgangswiderstand ohne Keilschicht:

$$R_0 = R_{si} + \sum_{i=1}^{n} \frac{d_i}{\lambda_i} + R_{se}$$

$$= 0{,}10 + \frac{0{,}01}{0{,}51} + \frac{0{,}16}{2{,}3} + \frac{d_0}{0{,}04} + 0{,}04$$

$$= 0{,}229 + \frac{d_0}{0{,}04}$$

2. Wärmedurchgangswiderstand der Keilschicht:

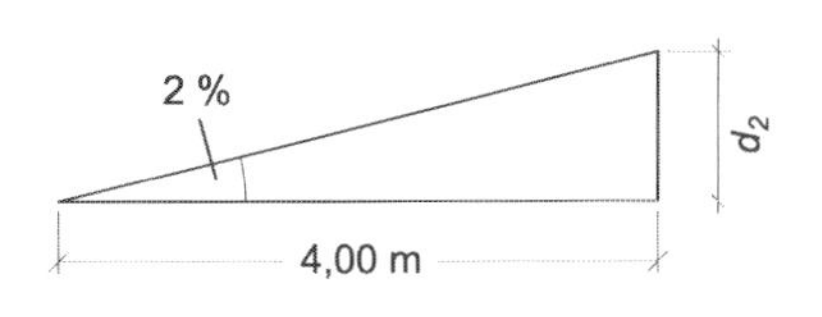

$$d_2 = \frac{2\%}{100} \cdot \ell = \frac{2\%}{100} \cdot 4{,}0 = 0{,}08\,\text{m}$$

$$R_2 = \frac{d_2}{\lambda} = \frac{0{,}08}{0{,}04} = 2{,}0 \ \frac{\text{m}^2\text{K}}{\text{W}}$$

3. Wärmedurchgangskoeffizient des Daches: (*Bild 2.1.13-2*)

$$U_2 = \frac{1}{R_2} \cdot \ln\left(1 + \frac{R_2}{R_0}\right) = \frac{1}{2{,}0} \cdot \ln\left(1 + \frac{2{,}0}{0{,}229 + \frac{d_0}{0{,}04}}\right) = 0{,}26 \frac{\text{W}}{\text{m}^2\text{K}}$$

4. Mindestdicke der Dämmschicht:

$$\Rightarrow \ e^{0{,}52} = 1 + \frac{2}{0{,}229 + \frac{d_0}{0{,}04}}$$

$$\Rightarrow \quad d_0 = \left(\frac{2}{e^{0{,}52} - 1} - 0{,}229\right) \cdot 0{,}04 = 0{,}11\,\text{m}$$

Um den gleichen U-Wert mit einer einseitigen Dachentwässerung zu erhalten, muss die Mindestdämmschichtdicke 11 cm betragen. In der Praxis wird eine Dicke von 12 cm gewählt.

Lösung zu Aufgabe 10

a) U-Wert **Bodenplatte**

Bauteilschicht	d m	λ W/(m·K)	R_s / R_i (m²·K)/W
Wärmeübergang (oben)	-	-	0,17
Zementestrich	0,06	1,40	0,043
Wärme- u. Trittschalldämmung	0,10	0,035	2,857
Abdichtung	-	-	-
Stahlbetonplatte	-	-	-
Wärmeübergang (unten)	-	-	0,0
		R_T =	3,070
		***U* = 1/*R*$_T$ =**	**0,33** W/(m²·K)

b) U-Wert **Kellerdecke zum unbeheizten Keller**

Bauteilschicht	d m	λ W/(m·K)	R_s / R_i (m²·K)/W
Wärmeübergang (oben)	-	-	0,17
Zementestrich	0,06	1,40	0,043
Wärme- u. Trittschalldämmung	0,10	0,035	2,857
Stahlbetondecke	0,16	2,30	0,070
Kalkzementputz	0,015	1,00	0,015
Wärmeübergang (unten)	-	-	0,17
		R_T =	3,325
		***U* = 1/*R*$_T$ =**	**0,30** W/(m²·K)

c) U-Wert **Schrägdach**

Der Wärmedurchgangswiderstand für mehrschichtige inhomogene Bauteile wird gemäß DIN EN ISO 6946 (*Abschnitt 2.1.12*) ermittelt:
- Rechenmodell siehe (*Bild 2.1.11-2*) -

1. Wärmedurchgangswiderstände der jeweiligen Abschnitte:

$$R_{Ta} = 0{,}10 + \frac{0{,}015}{0{,}25} + 0{,}16 + \frac{0{,}16}{0{,}13} + 0{,}10 = 1{,}651 \frac{\text{m}^2\text{K}}{\text{W}} \qquad (\textit{Abschn. Rippe})$$

$$R_{Tb} = 0{,}10 + \frac{0{,}015}{0{,}25} + 0{,}16 + \frac{0{,}16}{0{,}04} + 0{,}10 = 4{,}420 \frac{\text{m}^2\text{K}}{\text{W}} \qquad (\textit{Abschn. Gefach})$$

2. Oberer Grenzwert des Wärmedurchgangswiderstandes:

$$R_T^{'} = \left(\frac{f_a}{R_{Ta}} + \frac{f_b}{R_{Tb}} \right)^{-1} = \left(\frac{0{,}11}{1{,}651} + \frac{0{,}89}{4{,}420} \right)^{-1} = 3{,}732 \frac{\text{m}^2\text{K}}{\text{W}} \qquad (\textit{Formel 2.1.12-4})$$

3. Unterer Grenzwert des Wärmedurchgangswiderstandes:

$$R_{1\ (GK\text{-}Ebene)} = \left(\frac{0{,}11 + 0{,}89}{0{,}015 / 0{,}25} \right)^{-1} = 0{,}06\ \frac{\text{m}^2\text{K}}{\text{W}}$$

$$R_{2\ (Luftschicht)} = 0{,}16\ \frac{m^2K}{W}$$

$$R_{3\ (Dämmebene)} = \left(\frac{0{,}11}{0{,}16 / 0{,}13} + \frac{0{,}89}{0{,}16 / 0{,}04} \right)^{-1} = 3{,}206\ \frac{\text{m}^2\text{K}}{\text{W}}$$

$$R_T'' = R_{si} + \sum_{j=1}^{n} R_j + R_{se} \qquad \textit{(Formel 2.1.12-5)}$$

$$= 0{,}10 + 0{,}06 + 0{,}16 + 3{,}206 + 0{,}10 = 3{,}626\,\frac{\text{m}^2\text{K}}{\text{W}}$$

4. Wärmedurchgangswiderstand:

$$R_T = \frac{R_T' + R_T''}{2} = \frac{3{,}732 + 3{,}626}{2} = 3{,}679\,\frac{\text{m}^2\text{K}}{\text{W}} \qquad \textit{(Formel 2.1.12-3)}$$

5. Wärmedurchgangskoeffizient:

$$U = \frac{1}{R_T} = \frac{1}{3{,}679} = 0{,}27\,\frac{\text{W}}{\text{m}^2\text{K}} \qquad \textit{(Formel 2.1.13-1)}$$

d) U-Wert **Kehlbalkendecke**

$$R_{Ta} = 0{,}10 + \frac{0{,}015}{0{,}25} + 0{,}16 + \frac{0{,}20}{0{,}13} + \frac{0{,}02}{0{,}14} + 0{,}10 = 2{,}101\,\frac{\text{m}^2\text{K}}{\text{W}}$$

$$R_{Tb} = 0{,}10 + \frac{0{,}015}{0{,}25} + 0{,}16 + \frac{0{,}20}{0{,}04} + \frac{0{,}02}{0{,}14} + 0{,}10 = 5{,}563\,\frac{\text{m}^2\text{K}}{\text{W}}$$

$$R_T' = \left(\frac{f_a}{R_{Ta}} + \frac{f_b}{R_{Tb}} \right)^{-1} = \left(\frac{0{,}11}{2{,}101} + \frac{0{,}89}{5{,}563} \right)^{-1} = 4{,}709\,\frac{\text{m}^2\text{K}}{\text{W}}$$

$$R_{1\ (GK\text{-}Ebene)} = 0{,}06\ \frac{\text{m}^2\text{K}}{\text{W}}$$

$$R_{3\ (Dämmebene)} = \left(\frac{0{,}11}{0{,}20 / 0{,}13} + \frac{0{,}89}{0{,}20 / 0{,}04} \right)^{-1} = 4{,}008\ \frac{\text{m}^2\text{K}}{\text{W}}$$

$$R_{4\ (Spanplatten\text{-}Ebene)} = \left(\frac{0{,}11 + 0{,}89}{0{,}02 / 0{,}14} \right)^{-1} = 0{,}143\ \frac{\text{m}^2\text{K}}{\text{W}}$$

$$R_T'' = R_{si} + \sum_{j=1}^{n} R_j + R_{se} = 0{,}10 + 0{,}06 + 0{,}16 + 4{,}008 + 0{,}143 + 0{,}10 = 4{,}571\,\frac{\text{m}^2\text{K}}{\text{W}}$$

$$R_T = \frac{R_T' + R_T''}{2} = \frac{4{,}709 + 4{,}571}{2} = 4{,}64\,\frac{\text{m}^2\text{K}}{\text{W}}$$

$$U = \frac{1}{R_T} = \frac{1}{4{,}64} = 0{,}22\,\frac{\text{W}}{\text{m}^2\text{K}}$$

Lösung zu Aufgabe 11

Der Wärmedurchgangswiderstand für mehrschichtige inhomogene Bauteile wird gemäß DIN EN ISO 6946 (*Abschnitt 2.1.12*) ermittelt:

1. Flächenanteile:

$$f_a = \frac{30}{600} = 0{,}05 \qquad \text{(Abschnitt: Betonstütze)}$$

$$f_b = \frac{570}{600} = 0{,}95 \qquad \text{(Abschnitt: Mauerwerksbereich)}$$

2. Wärmedurchgangswiderstände der jeweiligen Abschnitte:

$$R_{Ta} = 0{,}13 + \frac{0{,}01}{0{,}51} + \frac{0{,}30}{2{,}3} + \frac{0{,}08}{0{,}04} + \frac{0{,}015}{1{,}00} + 0{,}04 = 2{,}335\ \frac{\text{m}^2\text{K}}{\text{W}}$$

$$R_{Tb} = 0{,}13 + \frac{0{,}01}{0{,}51} + \frac{0{,}24}{0{,}81} + \frac{0{,}06}{0{,}035} + \frac{0{,}08}{0{,}04} + \frac{0{,}015}{1{,}00} + 0{,}04 = 4{,}215\ \frac{\text{m}^2\text{K}}{\text{W}}$$

3. Oberer Grenzwert des Wärmedurchgangswiderstandes:

$$R_T' = \left(\frac{f_a}{R_{Ta}} + \frac{f_b}{R_{Tb}}\right)^{-1} \qquad (\textit{Formel 2.1.12-4})$$

$$= \left(\frac{0{,}05}{2{,}335} + \frac{0{,}95}{4{,}215}\right)^{-1} = 4{,}052\ \frac{\text{m}^2\text{K}}{\text{W}}$$

4. Unterer Grenzwert des Wärmedurchgangswiderstandes:

$$R_{1\ (Innenputz)} = \left(\frac{0{,}05}{0{,}01/0{,}51} + \frac{0{,}95}{0{,}01/0{,}51}\right)^{-1} = 0{,}020\ \frac{\text{m}^2\text{K}}{\text{W}}$$

$$R_{2\ (MW\text{-}Ebene)} = \left(\frac{0{,}05}{0{,}24/2{,}3} + \frac{0{,}95}{0{,}24/0{,}81}\right)^{-1} = 0{,}271\ \frac{\text{m}^2\text{K}}{\text{W}}$$

$$R_{3\ (Ebene\ Vorsprünge)} = \left(\frac{0{,}05}{0{,}06/2{,}3} + \frac{0{,}95}{0{,}06/0{,}035}\right)^{-1} = 0{,}405\ \frac{\text{m}^2\text{K}}{\text{W}}$$

$$R_{4\ (Dämmebene)} = \left(\frac{0{,}05}{0{,}08/0{,}04} + \frac{0{,}95}{0{,}08/0{,}04}\right)^{-1} = 2{,}00\ \frac{\text{m}^2\text{K}}{\text{W}}$$

$$R_{5\ (Außenputz)} = \left(\frac{0{,}05}{0{,}015/1{,}00} + \frac{0{,}95}{0{,}015/1{,}00}\right)^{-1} = 0{,}015\ \frac{\text{m}^2\text{K}}{\text{W}}$$

$$R_T'' = R_{si} + \sum_{j=1}^{n} R_j + R_{se} \qquad (\textit{Formel 2.1.12-5})$$

$$= 0{,}13 + 0{,}020 + 0{,}271 + 0{,}405 + 2{,}00 + 0{,}015 + 0{,}04 = 2{,}881\ \frac{\text{m}^2\text{K}}{\text{W}}$$

5. Bedingung nach DIN EN ISO 6946 (04-2008): $\frac{R_T^{'}}{R_T^{"}} \leq 1,5$

$$\frac{R_T^{'}}{R_T^{"}} = \frac{4,052}{2,881} = 1,41 \qquad \Rightarrow \text{Bedingung erfüllt!}$$

6. Wärmedurchgangswiderstand:

$$R_T = \frac{R_T^{'} + R_T^{"}}{2} = \frac{4,052 + 2,881}{2} = 3,467 \; \frac{\text{m}^2\text{K}}{\text{W}} \qquad (\textit{Formel 2.1.12-3})$$

7. Wärmedurchgangskoeffizient:

$$U = \frac{1}{R_T} = \frac{1}{3,467} = 0,29 \; \frac{\text{W}}{\text{m}^2\text{K}} \qquad (\textit{Formel 2.1.13-1})$$

Der berechnete U-Wert der Außenwandkonstruktion beträgt 0,29 W/m²K.

Lösung zu Aufgabe 12

$$U = U_{ohne\ Dübel} + \Delta U_f$$

$$\Delta U_f = \frac{\alpha \cdot \lambda_f \cdot n_f \cdot A_f}{d_0} \left(\frac{R_1}{R_{T,h}} \right)^2 \qquad (\textit{Formel 2.1.13-4})$$

1. Querschnittsfläche des Befestigungsdübels:

$$A_f = \pi \cdot \left(\frac{d_f}{2} \right)^2 = \pi \cdot \left(\frac{0,0063}{2} \right)^2 = 3,12 \cdot 10^{-5}\,\text{m}^2$$

2. Wärmedurchlasswiderstand der die Dübel enthaltenden Schicht:

$$R_1 = \frac{d_0}{\lambda_{WD}} = \frac{0,14}{0,04} = 3,5 \; \frac{\text{m}^2\text{K}}{\text{W}} \qquad (\textit{Formel 2.1.11-1})$$

3. Wärmedurchlasswiderstand des Bauteils ohne Dübel:

$$R_{T,h} = \frac{1}{U_{o.D.}} = \frac{1}{0,25} = 4,0 \; \frac{\text{m}^2\text{K}}{\text{W}}$$

4. Korrekturwert:

$$d_0 = 0,14 \text{ m}$$

$$\Delta U_f = \frac{0,8 \cdot 50 \cdot 2,78 \cdot 3,12 \cdot 10^{-5}}{0,14} \cdot \left(\frac{3,5}{4,0} \right)^2 = 0,02 \; \frac{\text{W}}{\text{m}^2\text{K}}$$

5. U-Wert mit Berücksichtigung der Dübel:

$$U = U_{ohne\ Dübel} + \Delta U_f = 0,25 + 0,02 = 0,27 \; \frac{\text{W}}{\text{m}^2\text{K}}$$

Der U-Wert erhöht sich auf U = 0,27 W/m²K. (Zum Ausgleich der zusätzlichen Wärmeverluste durch die Befestigung müsste die Dämmschichtdicke um etwa 1 cm erhöht werden.)

Lösung zu Aufgabe 13

Der Wärmedurchgangswiderstand für mehrschichtige inhomogene Bauteile wird gemäß DIN EN ISO 6946 (*Abschnitt 2.1.12*) ermittelt:

1. Flächenanteile:

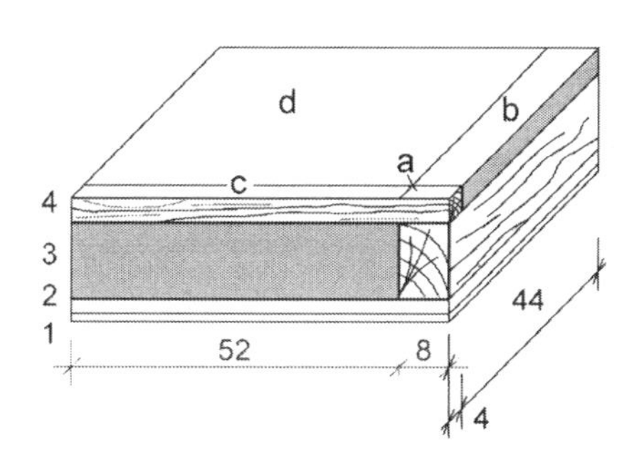

$$f_a = \frac{8 \cdot 4}{60 \cdot 48} = 0{,}0111$$

$$f_b = \frac{8 \cdot 44}{60 \cdot 48} = 0{,}1222$$

$$f_c = \frac{52 \cdot 4}{60 \cdot 48} = 0{,}0722$$

$$f_d = \frac{52 \cdot 44}{60 \cdot 48} = 0{,}7944$$

2. Wärmedurchgangswiderstände der jeweiligen Abschnitte:

$$R_{si} = R_{se} = 0{,}10 \ \frac{\text{m}^2\text{K}}{\text{W}} \quad ; \quad R_{Luftschicht} = 0{,}16 \ \frac{\text{m}^2\text{K}}{\text{W}}$$

$$R_{Ta} = 0{,}10 + \frac{0{,}0125}{0{,}25} + 0{,}16 + \frac{0{,}12}{0{,}13} + \frac{0{,}04}{0{,}13} + 0{,}10 = 1{,}641 \ \frac{\text{m}^2\text{K}}{\text{W}}$$

$$R_{Tb} = 0{,}10 + \frac{0{,}0125}{0{,}25} + 0{,}16 + \frac{0{,}12}{0{,}13} + \frac{0{,}04}{0{,}035} + 0{,}10 = 2{,}476 \ \frac{\text{m}^2\text{K}}{\text{W}}$$

$$R_{Tc} = 0{,}10 + \frac{0{,}0125}{0{,}25} + 0{,}16 + \frac{0{,}12}{0{,}04} + \frac{0{,}04}{0{,}13} + 0{,}10 = 3{,}718 \ \frac{\text{m}^2\text{K}}{\text{W}}$$

$$R_{Td} = 0{,}10 + \frac{0{,}0125}{0{,}25} + 0{,}16 + \frac{0{,}12}{0{,}04} + \frac{0{,}04}{0{,}035} + 0{,}10 = 4{,}553 \ \frac{\text{m}^2\text{K}}{\text{W}}$$

3. Oberer Grenzwert des Wärmedurchgangswiderstandes:

$$R'_T = \left(\frac{f_a}{R_{Ta}} + \frac{f_b}{R_{Tb}} + \frac{f_c}{R_{Tc}} + \frac{f_d}{R_{Td}} \right)^{-1} \qquad (\textit{Formel 2.1.12-4})$$

$$= \left(\frac{0{,}0111}{1{,}641} + \frac{0{,}1222}{2{,}476} + \frac{0{,}0722}{3{,}718} + \frac{0{,}7944}{4{,}553} \right)^{-1} = 4{,}00 \ \frac{\text{m}^2\text{K}}{\text{W}}$$

4. Wärmedurchgangswiderstände der jeweiligen Schichten:

$$R_1 = \left(\frac{0{,}0111 + 0{,}1222 + 0{,}0722 + 0{,}7944}{\frac{0{,}0125}{0{,}25}} \right)^{-1} = 0{,}05 \ \frac{\text{m}^2\text{K}}{\text{W}}$$

$$R_2 = 0{,}16 \ \frac{\text{m}^2\text{K}}{\text{W}}$$

$$R_3 = \left(\frac{0{,}0111 + 0{,}1222}{\frac{0{,}12}{0{,}13}} + \frac{0{,}0722 + 0{,}7944}{\frac{0{,}12}{0{,}04}} \right)^{-1} = 2{,}308 \frac{\mathrm{m^2K}}{\mathrm{W}}$$

$$R_4 = \left(\frac{0{,}0111 + 0{,}0722}{\frac{0{,}04}{0{,}13}} + \frac{0{,}1222 + 0{,}7944}{\frac{0{,}04}{0{,}035}} \right)^{-1} = 0{,}932 \frac{\mathrm{m^2K}}{\mathrm{W}}$$

5. Unterer Grenzwert des Wärmedurchgangswiderstandes:

$$R_T^{"} = R_{si} + \sum_{j=1}^{n} R_j + R_{se}$$ (*Formel 2.1.12-5*)

$$= 0{,}10 + 0{,}05 + 0{,}16 + 2{,}308 + 0{,}932 + 0{,}10 = 3{,}65 \frac{\mathrm{m^2K}}{\mathrm{W}}$$

$$\frac{R_T^{'}}{R_T^{"}} = \frac{4{,}0}{3{,}65} = 1{,}095 \qquad \le 1{,}5$$

6. Wärmedurchgangswiderstand und Wärmedurchgangskoeffizient:

$$R_T = \frac{R'_T + R"_T}{2} = \frac{4{,}00 + 3{,}65}{2} = 3{,}825 \frac{\mathrm{m^2K}}{\mathrm{W}}$$ (*Formel 2.1.12-3*)

$$U = \frac{1}{R_T} = \frac{1}{3{,}825} = 0{,}26 \frac{\mathrm{W}}{\mathrm{m^2K}}$$ (*Formel 2.1.13-1*)

Der berechnete U-Wert der Dachkonstruktion beträgt 0,26 W/m²K.

Lösung zu Aufgabe 14

a) rechnerisches Verfahren (*Abschnitt 2.2.1*)

1. Wärmedurchgangskoeffizient der Fußbodenkonstruktion:

$$U = \frac{1}{R_T} = \frac{1}{R_{si} + \sum_{i=1}^{n} \frac{d_i}{\lambda_i} + R_{se}} =$$ (*F. 2.1.13-1 + 2.1.12-2*)

$$= \left(0{,}17 + \frac{0{,}045}{1{,}4} + \frac{0{,}04}{0{,}04} + \frac{0{,}16}{2{,}3} + \frac{0{,}10}{0{,}04} + 0 \right)^{-1} = 0{,}265 \frac{\mathrm{W}}{\mathrm{m^2K}}$$

2. Wärmestromdichte

$$q = U \cdot (\theta_i - \theta_e) = 0{,}265 \cdot (20 - 10) = 2{,}65 \frac{\mathrm{W}}{\mathrm{m^2}}$$ (*Formel 2.1.8-4*)

3. Temperaturen (*Bild 2.2.1-1*)

$$\theta_{si} = \theta_i - q \cdot R_{si} = 20 - 2{,}65 \cdot 0{,}17 = 19{,}55\,°\mathrm{C}$$

$$\theta_1 = \theta_{si} - q \cdot R_1 = 19{,}550 - 2{,}65 \cdot \frac{0{,}045}{1{,}40} = 19{,}47\,°\mathrm{C}$$

$$\theta_2 = \theta_1 - q \cdot R_2 = 19,465 - 2,65 \cdot \frac{0,04}{0,04} = 16,82\,°C$$

$$\theta_3 = \theta_2 - q \cdot R_3 = 16,815 - 2,65 \cdot \frac{0,16}{2,3} = 16,63\,°C$$

$$\theta_{se} = \theta_3 - q \cdot R_4 = 16,631 - 2,65 \cdot \frac{0,10}{0,04} = 10,00\,°C$$

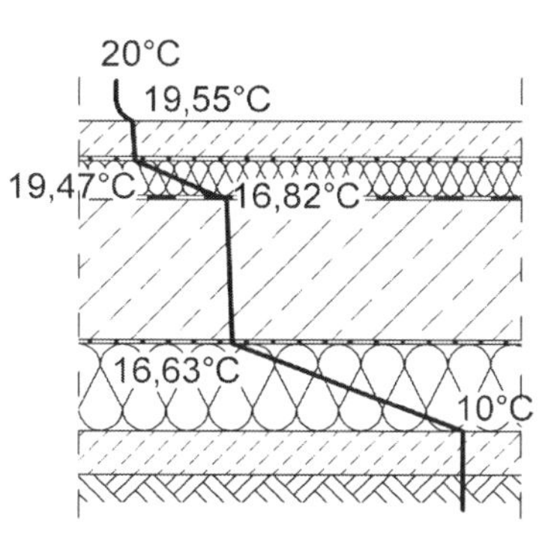

b) zeichnerisches Verfahren

1. Wärmedurchlasswiderstände:

$$R_1 = \frac{d_1}{\lambda_1} = \frac{0,045}{1,40} = 0,032\ \frac{m^2K}{W} \qquad R_2 = \frac{d_2}{\lambda_2} = \frac{0,04}{0,04} = 1,000\ \frac{m^2K}{W}$$

$$R_3 = \frac{d_3}{\lambda_3} = \frac{0,16}{2,30} = 0,070\ \frac{m^2K}{W} \qquad R_4 = \frac{d_4}{\lambda_4} = \frac{0,10}{0,04} = 2,500\ \frac{m^2K}{W}$$

2. Wärmeübergangswiderstände:

$$R_{si} = 0,17\ \frac{m^2K}{W} \qquad R_{se} = 0,00\ \frac{m^2K}{W}$$

3. Temperaturen:

$\theta_i = 20$ °C $\qquad \theta_e = 10$ °C

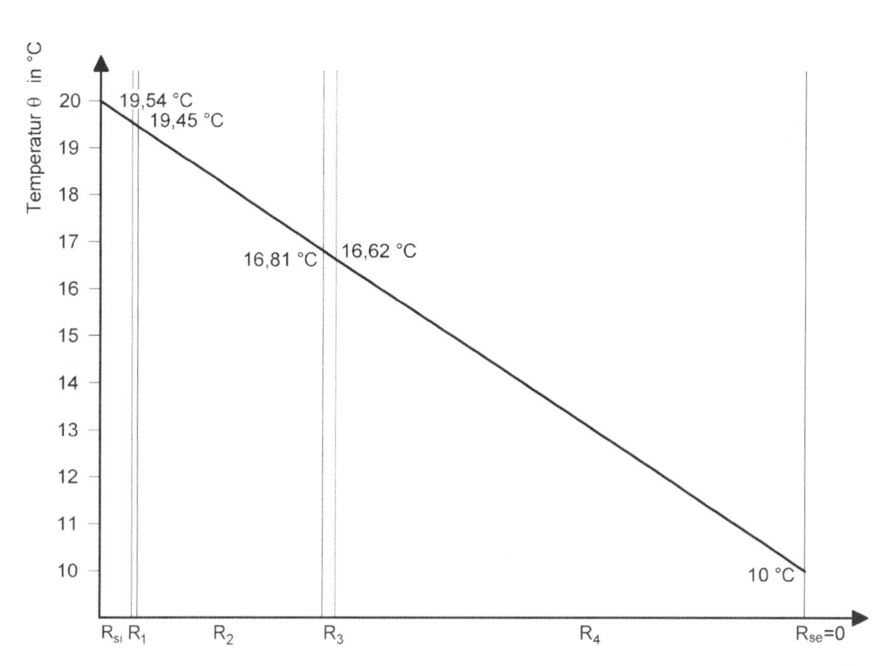

Lösung zu Aufgabe 15

a) Ermittlung der maximalen Wärmeleitfähigkeit

1. Wärmestromdichte:

$$q = U \cdot \Delta\theta = U \cdot (\theta_i - \theta_e) \leq 12 \ \frac{\text{W}}{\text{m}^2} \qquad (\textit{Formel 2.1.8-4})$$

$$U \cdot (20 - (-10)) \leq 12 \ \frac{\text{W}}{\text{m}^2}$$

$$\Rightarrow U_{soll} \leq \frac{12}{30} = 0{,}40 \ \frac{\text{W}}{\text{m}^2\text{K}}$$

2. Vorhandener U-Wert:

$$U_{vorh} = \left(R_{si} + \sum_{i=1}^{n} \frac{d_i}{\lambda_i} + R_{se} \right)^{-1} \qquad (\textit{F. 2.1.13-1 + 2.1.12-2})$$

$$= \left(0{,}13 + \frac{0{,}01}{0{,}51} + \frac{0{,}24}{0{,}81} + \frac{0{,}08}{\lambda_{\text{Dä}}} + \frac{0{,}115}{1{,}2} + 0{,}04 \right)^{-1} = \frac{1}{0{,}582 + \dfrac{0{,}08}{\lambda_{Dä}}}$$

3. Vergleich $U_{vorh} \leq U_{soll}$:

$$\frac{1}{0{,}582 + \dfrac{0{,}08}{\lambda_{Dä}}} \leq 0{,}40 \ \frac{\text{W}}{\text{m}^2\text{K}}$$

$$\Rightarrow \qquad \lambda_{Dä} \leq \left(\frac{1}{0{,}40} - 0{,}582 \right)^{-1} \cdot 0{,}08 = 0{,}042 \ \frac{\text{W}}{\text{m} \cdot \text{K}}$$

Es wird eine Wärmedämmschicht mit $\lambda_{Dä} = 0{,}04$ W/(m·K) gewählt.

b) Ermittlung des Temperaturunterschieds (*Bild 2.2.1-1*)

1. Temperaturen von innen nach außen:

$$\theta_{si} = \theta_i - q \cdot R_{si} = \theta_\text{i} - 5 \cdot 0{,}13$$
$$= 20 - 0{,}65 = 19{,}35\,°\text{C}$$

$$\theta_1 = \theta_{si} - q \cdot \frac{d_1}{\lambda_1} = 19{,}35 - 5 \cdot \frac{0{,}01}{0{,}51} = 19{,}25\,°\text{C}$$

$$\theta_2 = \theta_1 - q \cdot \frac{d_2}{\lambda_2} = 19{,}25 - 5 \cdot \frac{0{,}24}{0{,}81} = 17{,}77\,°\text{C}$$

2. Temperaturen von außen nach innen:

$$\theta_{se} = \theta_e + q \cdot R_{se} = -10 + 5 \cdot 0{,}04 = -9{,}80\ °\text{C}$$

$$\theta_3 = \theta_{se} + q \cdot R_3 = -9{,}80 + 5 \cdot \frac{0{,}115}{1{,}2} = -9{,}32\ °\text{C}$$

3. Temperaturunterschied:

$$\Delta\theta_{2-3} = \theta_2 - \theta_3 = 17{,}77 - (-9{,}32) = 27{,}09\ °\text{C}$$

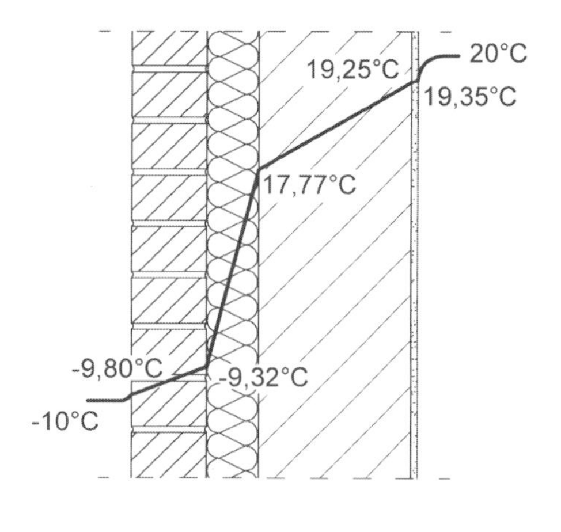

Lösung zu Aufgabe 16

a) U-Wert

1. Flächenanteile:

$$f_{Gefach} = \frac{e}{e+b} = \frac{0,54}{0,54+0,06} = 0,9 \qquad f_{Rippe} = 0,1$$

2. Bestimmung von R_T der jeweiligen Abschnitte:

$$R_T = R_{si} + \sum_{i=1}^{n} \frac{d_i}{\lambda_i} + R_{se} \qquad \text{(Formel 2.1.12-2)}$$

mit $R_{si} = R_{se}$ *(Tabelle 2.1.10-1, Z. 7))*

$$R_{T,G} = 0,13 + \frac{0,015}{0,7} + \frac{0,24}{0,50} + \frac{0,15}{0,04} + 0,13 = 4,511 \frac{\text{m}^2\text{K}}{\text{W}}$$

$$R_{T,R} = 0,13 + \frac{0,015}{0,7} + \frac{0,24}{0,50} + \frac{0,15}{0,13} + 0,13 = 1,915 \frac{\text{m}^2\text{K}}{\text{W}}$$

3. oberer Grenzwert:

$$R_T^{'} = \left(\frac{f_a}{R_{Ta}} + \frac{f_b}{R_{Tb}}\right)^{-1} = \left(\frac{0,1}{1,915} + \frac{0,9}{4,511}\right)^{-1} = 3,972 \frac{\text{m}^2\text{K}}{\text{W}} \qquad \text{(Formel 2.1.12-4)}$$

4. unterer Grenzwert:

$$R_{1\,(Innenputz)} = \left(\frac{0,1}{0,015/0,7} + \frac{0,9}{0,015/0,7}\right)^{-1} = 0,021 \frac{\text{m}^2\text{K}}{\text{W}} \qquad \text{(Formel 2.1.12-6)}$$

$$R_{2\,(MW\text{-}Ebene)} = \left(\frac{0,1}{0,24/0,5} + \frac{0,9}{0,24/0,5}\right)^{-1} = 0,480 \frac{\text{m}^2\text{K}}{\text{W}}$$

$$R_{3\,(Dämmebene)} = \left(\frac{0,1}{0,15/0,13} + \frac{0,9}{0,15/0,04}\right)^{-1} = 3,061 \frac{\text{m}^2\text{K}}{\text{W}}$$

$$R_T^{''} = R_{si} + \sum_{j=1}^{n} R_j + R_{se} \qquad \text{(Formel 2.1.12-5)}$$

$$= 0,13 + 0,021 + 0,480 + 3,061 + 0,13 = 3,822 \frac{\text{m}^2\text{K}}{\text{W}}$$

5. Bedingung nach DIN EN ISO 6946 (04-2008): $\frac{R_T^{'}}{R_T^{''}} \leq 1,5$

$$\frac{R_T^{'}}{R_T^{''}} = \frac{3,972}{3,822} = 1,04 \qquad \Rightarrow \text{Bedingung erfüllt!}$$

6. Wärmedurchgangswiderstand:

$$R_T = \frac{R_T^{'} + R_T^{''}}{2} = \frac{3,972 + 3,822}{2} = 3,897 \frac{\text{m}^2\text{K}}{\text{W}} \qquad \text{(Formel 2.1.12-3)}$$

7. Wärmedurchgangskoeffizient:

$$U = \frac{1}{R_T} = \frac{1}{3{,}897} = 0{,}26 \ \frac{\text{W}}{\text{m}^2\text{K}} \qquad (\textit{Formel 2.1.13-1})$$

Der U-Wert der Konstruktion beträgt U = 0,26 W/m²K.

b) Temperaturverlauf

$$U_{Gefach} = \frac{1}{R_{si} + \sum R_G + R_{se}}$$

$$= \frac{1}{0{,}13 + \frac{0{,}015}{0{,}70} + \frac{0{,}24}{0{,}50} + \frac{0{,}15}{0{,}04} + 0{,}13} = 0{,}22 \frac{\text{W}}{\text{m}^2\text{K}}$$

$$q = U \cdot \Delta\theta = U \cdot (20 - (-10) = 6{,}65 \ \frac{\text{W}}{\text{m}^2} \qquad (\textit{Formel 2.1.8-4})$$

$$\theta_{si} = \theta_i - q \cdot R_{si} = 20 - 6{,}65 \cdot 0{,}13 = 19{,}1 \text{ °C}$$

$$\theta_{4/5} = \theta_{si} - q \cdot R_5 = \theta_{si} - q \cdot \frac{d_5}{\lambda_5} = 19{,}14 - 6{,}65 \cdot \frac{0{,}015}{0{,}7} = 19{,}0 \text{ °C}$$

$$\theta_{3/4} = \theta_{4/5} - q \cdot R_4 = \theta_{4/5} - q \cdot \frac{d_4}{\lambda_4} = 19{,}0 - 6{,}65 \cdot \frac{0{,}24}{0{,}5} = 15{,}81 \text{ °C}$$

$$\theta_{2/3} = \theta_{3/4} - q \cdot R_3 = \theta_{3/4} - q \cdot \frac{d_3}{\lambda_3} = 15{,}81 - 6{,}65 \cdot \frac{0{,}15}{0{,}04} = -9{,}13 \text{ °C}$$

$$\theta_{se} = \theta_{2/3} - q \cdot R_{se} = \theta_{2/3} - q \cdot \frac{d_2}{\lambda_2} = -9{,}13 - 6{,}65 \cdot 0{,}13 = -10 \text{ °C}$$

zeichnerische Darstellung:

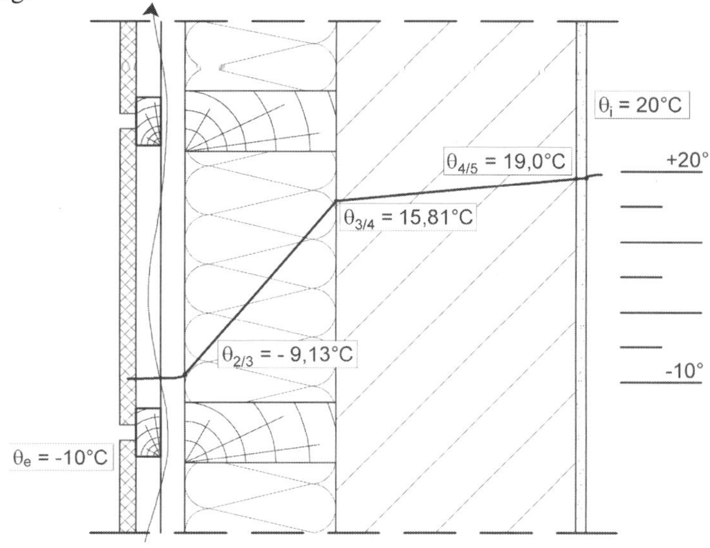

Lösung zu Aufgabe 17

1. Wärmestromdichte:

$$q = U \cdot (\theta_i - \theta_e) = U \cdot (20 - (-5)) = U \cdot 25 \qquad (\textit{Formel 2.1.8-4})$$

2. Innenoberflächentemperaur:

$$\theta_{si} = \theta_i - q \cdot R_{si} = 20 - (U \cdot 25 \cdot 0{,}13) = 20 - 3{,}25 \cdot U \qquad (\textit{Bild 2.2.1-1})$$

3. Vorhandener U-Wert:

$$U_{vorh} = \left(R_{si} + \sum_{j=1}^{n} R_j + R_{se} \right)^{-1} \qquad (\textit{Formel 2.1.13-1})$$

$$= \left(0{,}13 + \frac{0{,}01}{0{,}51} + \frac{0{,}24}{1{,}2} + \frac{d_{Dä}}{0{,}04} + \frac{0{,}015}{1{,}0} + 0{,}04 \right)^{-1} = \frac{1}{0{,}405 + \frac{d_{Dä}}{0{,}04}}$$

4. Vergleich $\theta_{si} \geq 18$ °C:

$$20 - 3{,}25 \cdot U_{vorh} \geq 18 \text{ °C}$$

$$20 - \frac{3{,}25}{0{,}405 + \frac{d_{Dä}}{0{,}04}} \geq 18 \text{ °C}$$

$$d_{Dä} \geq \left(\frac{3{,}25}{20 - 18} - 0{,}405 \right) \cdot 0{,}04 = 0{,}049 \text{ m}$$

Es wird eine Wärmedämmschichtdicke von 5 cm gewählt.

Lösung zu Aufgabe 18

a) Ermittlung des spezifischen Transmissionswärmeverlustes

1. Wärmeübertragende Umfassungsflächen: (s. Kapitel 1.1.1 - Geometrie)

$$A_{W,1} = \pi \cdot d_{Zylinder} \cdot h_W = \pi \cdot 8{,}0 \cdot 1{,}5 = 37{,}7 \text{ m}^2$$

$$A_{W,2} = 10 \cdot 1{,}0 \cdot 1{,}0 + 2{,}0 \cdot 2{,}0 = 14{,}0 \text{ m}^2$$

$$\Big\rangle \; A_W = 37{,}7 + 14{,}0 = 51{,}7 \text{ m}^2$$

$$A_{AW} = U_{Zylinder} \cdot h - A_W = \pi \cdot d_{Zylinder} \cdot h - A_W$$

$$= \pi \cdot 8{,}0 \cdot 12{,}0 - 51{,}7 = 249{,}9 \text{ m}^2$$

$$A_D = \pi \cdot \frac{d_{Zylinder}}{2} \cdot \sqrt{h^2 + \left(\frac{d_{Zylinder}}{2} \right)^2} = \pi \cdot \frac{8{,}0}{2} \cdot \sqrt{3{,}0^2 + \left(\frac{8{,}0}{2} \right)^2} = 62{,}8 \text{ m}^2$$

$$A_G = \frac{\pi \cdot d_{Zylinder}^2}{4} = \frac{\pi \cdot 8{,}0^2}{4} = 50{,}3 \text{ m}^2$$

$$A = A_W + A_{AW} + A_D + A_G = 51{,}7 + 249{,}9 + 62{,}8 + 50{,}3 = 414{,}7 \text{ m}^2$$

2. Beheiztes Gebäudevolumen:

$$V_{Zylinder} = A_{Zylinder} \cdot h = \frac{\pi \cdot d^2_{Zylinder}}{4} \cdot h = \frac{\pi \cdot 8,0^2}{4} \cdot 12,0 = 603,2\ \text{m}^3$$

(*Abschnitt 1.1.1*)

$$V_{Kegel} = \frac{\pi}{3} \cdot \left(\frac{d}{2}\right)^2 \cdot h = \frac{\pi}{3} \cdot \left(\frac{8,0}{2}\right)^2 \cdot 3,0 = 50,3\ \text{m}^3$$

$$V_e = V_{Zylinder} + V_{Kegel} = 603,2 + 50,3 = 653,5\,\text{m}^3$$

3. Zulässiger spezifischer Transmissionswärmeverlust H_T' :

$$A_N = V_e \cdot 0,32 = 653,5\,\text{m}^3 \cdot 0,32 = 209,1\,\text{m}^2$$ (*Abschnitt 2.5.5*)

mit $A_N < 350\text{m}^2 \quad \Rightarrow \quad H_T' \leq 0,40 \frac{\text{W}}{\text{m}^2\text{K}}$ (*Tabelle 2.5.2-3*)

b) Ermittlung des maximalen U-Wertes der Außenwand

1. spezifischer Transmissionswärmeverlust H_T' :

$$H_T' \leq 0,40 \frac{\text{W}}{\text{m}^2\text{K}}$$

2. Abminderungsfaktor Fußboden F_G :

$$B' = \frac{A_G}{0,5 \cdot P} = \frac{50,3}{0,5 \cdot \pi \cdot 8,0} = 4,0 \qquad (4,0 < 5)$$

$$R_f = \frac{1}{U_G} - R_{si} = \frac{1}{0,3} - 0,17 = 3,16 \qquad (3,16 > 1)$$

$\Rightarrow F_G = 0,6$ (*Tabelle 2.5.6-2, Z. 15*)

3. Transmissionswärmeverlust H_T :

$$H_T = H_T' \cdot A = 0,40 \cdot 414,7 = 165,9 \ \frac{\text{W}}{\text{K}}$$

$$H_T = \sum (A_i \cdot U_i) + H_U + L_S + H_{WB} + \Delta H_{T,FH}$$ (*Tabelle 2.5.6-1*)

$$H_U = \sum (A_i \cdot U_i \cdot F_{G,i}) = A_G \cdot U_G \cdot F_G = A_G \cdot U_G \cdot 0,6$$

$$H_{WB} = 0,05 \cdot A$$

$$\begin{aligned} H_T &= \sum (A_i \cdot U_i) + (A_G \cdot U_G \cdot 0,6) + 0,05 \cdot A \\ &= A_{AW} \cdot U_{AW} + A_W \cdot U_W + A_D \cdot U_D + A_G \cdot U_G \cdot 0,6 + 0,05 \cdot A \\ &= 249,9 \cdot U_{AW} + 51,7 \cdot 1,4 + 62,8 \cdot 0,27 + 50,3 \cdot 0,30 \cdot 0,6 + 0,05 \cdot 414,7 \end{aligned}$$

$$\Rightarrow 165,9 \geq 249,9 \cdot U_{AW} + 119,1$$

4. maximaler U-Wert der Außenwand:

$$\Rightarrow U_{AW} \leq \frac{165,9 - 119,1}{249,9} \leq 0,19 \frac{\text{W}}{\text{m}^2\text{K}}$$

Der maximale U-Wertes der Außenwand beträgt 0,19 W/(m²·K).

Lösung zu Aufgabe 19

Die Systemgrenzen der wärmeübertragenden Umfassungsflächen sind als Strichlinie eingezeichnet:

(*Bild 2.5.5-1*)

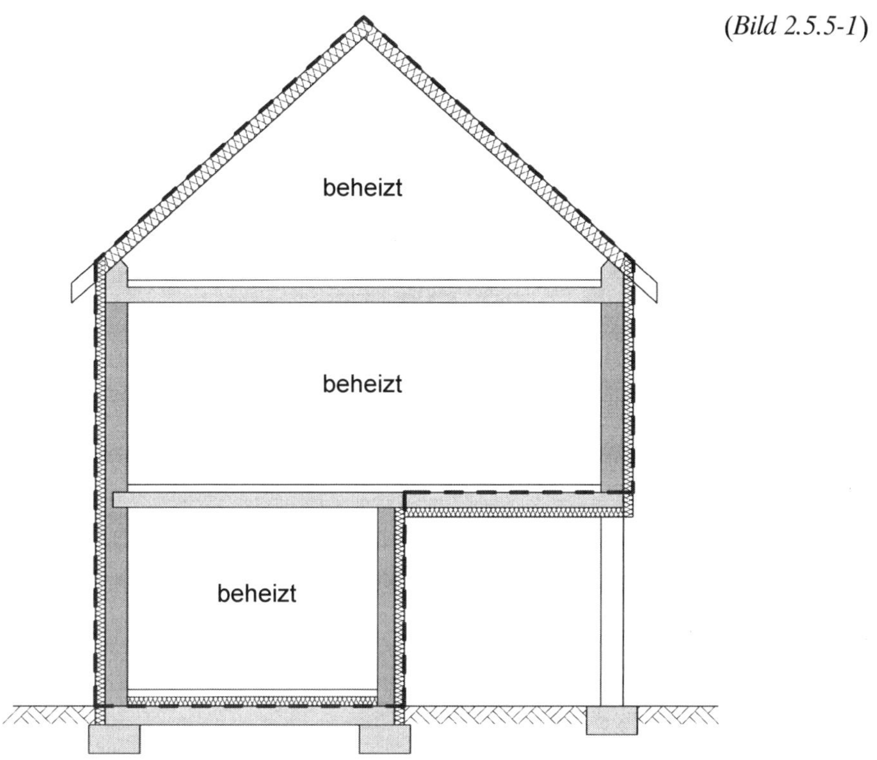

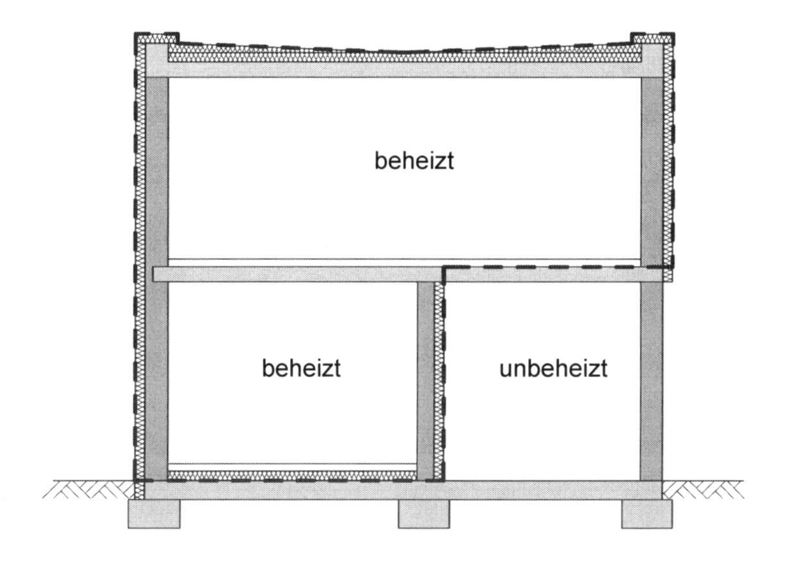

Lösung zu Aufgabe 20

a) Transmissionswärmeverlust

1. Wärmedurchgangskoeffizienten (U-Werte):

$$U_W = 1{,}40\ \frac{\text{W}}{\text{m}^2\text{K}}$$

$$U_{AW} = \left(0{,}13 + \frac{0{,}01}{0{,}51} + \frac{0{,}24}{0{,}81} + \frac{0{,}12}{0{,}035} + \frac{0{,}115}{1{,}2} + 0{,}04\right)^{-1} = 0{,}25\ \frac{\text{W}}{\text{m}^2\text{K}}$$

$$U_G = \left(0{,}17 + \frac{0{,}045}{1{,}4} + \frac{0{,}04}{0{,}04} + \frac{0{,}16}{2{,}3} + \frac{0{,}08}{0{,}035} + 0{,}00\right)^{-1} = 0{,}28\ \frac{\text{W}}{\text{m}^2\text{K}}$$

$$U_D = 0{,}20\ \frac{W}{m^2K}$$

2. Wärmeübertragende Umfassungsflächen:

$$A_W = 2\cdot(2{,}0\cdot 1{,}8) + 5\cdot(1{,}0\cdot 1{,}0) + 4\cdot(1{,}5\cdot 1{,}0) + 3\cdot(2{,}0\cdot 1{,}0)$$
$$= 7{,}2 + 5{,}0 + 6{,}0 + 6{,}0 = 24{,}2\ \text{m}^2$$

$$A_{AW} = 2\cdot\left[8{,}0\cdot\frac{1}{2}\cdot(6{,}5+5{,}0)\right] + 6{,}0\cdot(6{,}5+5{,}0) - \text{A}_\text{W}$$
$$= 161{,}0 - 24{,}2 = 136{,}8\ \text{m}^2$$

$$A_G = 8{,}0\cdot 6{,}0 = 48{,}0\ \text{m}^2$$

$$A_D = 6{,}0\cdot\sqrt{1{,}5^2 + 8{,}0^2} = 48{,}8\ \text{m}^2$$

$$A = A_{AW} + A_W + A_G + A_D = 257{,}8\ \text{m}^2$$

3. Beheiztes Gebäudevolumen:

$$V_e = 6{,}0\cdot 8{,}0\cdot(6{,}5+5{,}0)\cdot\frac{1}{2} = 276{,}0\ \text{m}^3$$

4. Temperaturkorrekturfaktoren:

$$F_{X,AW} = F_{X,W} = F_{X,D} = 1{,}0$$

$$\left.\begin{aligned} B' &= \frac{A_G}{0{,}5\cdot P} = \frac{48}{0{,}5\cdot 28} = 3{,}4 \quad &< 5 \\ R_G &= \frac{1}{U_G} = \frac{1}{0{,}33} = 3{,}03 \quad &> 1 \end{aligned}\right\} \Rightarrow F_{X,G} = 0{,}60 \qquad \textit{(Tabelle 2.5.6-2)}$$

5. Wärmebrückenzuschlag:

$$H_{WB} = 0{,}10\cdot A = 0{,}10\cdot 257{,}8 = 25{,}8\ \frac{\text{W}}{\text{K}}$$

6. Vorhandener Transmissionswärmeverlust H_T :

(*Tabelle 2.5.6-1*)

$$H_T = \sum(U_i \cdot A_i) + \sum(U_i \cdot A_i \cdot F_{x,i}) + L_S + H_{WB} + \Delta H_{T,FH}$$
$$= H_{T,Fenster} + H_{T,Außenwand} + H_{T,Dach} + H_{T,Fußboden} + H_{WB}$$
$$= 1{,}4 \cdot 24{,}2 + 0{,}25 \cdot 136{,}8 + 0{,}20 \cdot 48{,}8 + 0{,}60 \cdot 0{,}28 \cdot 48{,}0 + 25{,}8$$
$$= 111{,}7\ \frac{\text{W}}{\text{K}}$$

$$H'_{T,vorh} = \frac{H_{T,vorh}}{A} = \frac{111{,}7}{257{,}8} = 0{,}43\frac{\text{W}}{\text{m}^2\text{K}}$$

7. Zulässiger spezifischer Transmissionswärmeverlust H'_T :

$$A_N = 0{,}32 \cdot V_e = 0{,}32 \cdot 276{,}0 = 88{,}3\ \text{m}^2$$

(*Abschnitt 2.5.5*)

$$A_N < 350\ \text{m}^2 \quad \rightarrow \quad H'_{T,zul} \leq 0{,}40\ \frac{\text{W}}{\text{m}^2\text{K}}$$

(*Tabelle 2.5.2-3*)

$\Rightarrow$ Die Anforderung : "$H'_{T,vorh} \leq H'_{T,zul}$" wird nicht erfüllt! (0,43 > 0,40)

b) Ermittlung des maximalen Zuschlags für Wärmebrücken

$$H_{T,\max} = H'_{T,zul} \cdot A$$
$$= 0{,}40 \cdot 257{,}8 = 103{,}1\ \frac{\text{W}}{\text{K}}$$

$$H_{WB,\max} = H_{T,\max} - \sum_{i=1}^{n}(F_{xi} \cdot U_i \cdot A_i) = H_{T,\max} - (H_T - H_{WB})$$
$$= 103{,}1 - (111{,}7 - 25{,}8)$$
$$= 17{,}2\frac{\text{W}}{\text{K}}$$

$$\Delta U_{WB,\max} = \frac{H_{WB,\max}}{A} = \frac{17{,}2}{257{,}8} = 0{,}067\ \frac{\text{W}}{\text{m}^2\text{K}}$$

Der Zuschlag für Wärmebrücken darf max. 0,067 W/(m²K) betragen.

Die Wärmebrücken sind gemäß Details nach DIN 4108 Beiblatt 2 auszuführen, da $\Delta U_{WB,max}$ > 0,05 W/(m²K) ist. Alternativ können die Wärmebrücken auch detailliert dimensioniert und anhand $H_{WB} = \sum(\Psi \cdot \ell)$ berechnet werden.

Lösung zu Aufgabe 21

1) Datenermittlung

$A_g = 2 \cdot 1,5 \cdot 1,0 = 3,0 \text{ m}^2$

$A_p = 1 \cdot 1,5 \cdot 1,0 = 1,5 \text{ m}^2$

$A_f = (2 \cdot 3,4 + 4 \cdot 1,5) \cdot 0,1 = 1,28 \text{ m}^2$

$\ell_g = 2 \cdot (2 \cdot (1,0 + 1,5)) = 10 \text{ m}$

$\ell_p = 2 \cdot (1,0 + 1,5) = 5 \text{ m}$

$\Psi_g = 0,08 \dfrac{\text{W}}{\text{m} \cdot \text{K}}$

$\Psi_p = 0,13 \dfrac{\text{W}}{\text{m} \cdot \text{K}}$

$U_g = 1,3 \dfrac{\text{W}}{\text{m} \cdot \text{K}}$

$U_p = 0,4 \dfrac{\text{W}}{\text{m} \cdot \text{K}}$

$U_f = 1,8 \dfrac{\text{W}}{\text{m} \cdot \text{K}}$

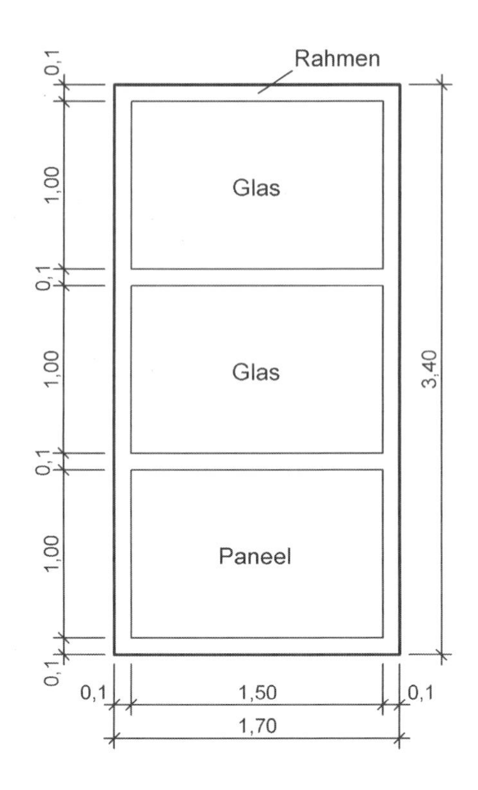

2) Bemessungswert der Wärmedurchgangskoeffizienten

$$U_W = \frac{A_g \cdot U_g + A_p \cdot U_p + A_f \cdot U_f + \ell_g \cdot \Psi_g + \ell_p \cdot \Psi_p}{A_g + A_p + A_f} \qquad \text{(Formel 2.1.14-3)}$$

$$= \frac{3,0 \cdot 1,3 + 1,5 \cdot 0,4 + 1,28 \cdot 1,8 + 10 \cdot 0,08 + 5 \cdot 0,13}{5,78}$$

$$= 1,43 \frac{\text{W}}{\text{m}^2 \cdot \text{K}}$$

Der U-Wert für das gesamte Fassadenelement beträgt $U_w = 1,43$ W/(m²K)

Lösung zu Aufgabe 22

a) U-Wert Dach
U-Wert für Bauteile mit keilförmigen Schichten (*Bild 2.1.13-2*)

1. Wärmedurchgangswiderstand Dach ohne Keilschicht:

$$R_0 = R_{si} + \sum_{i=1}^{n} \frac{d_i}{\lambda_i} + R_{se} = 0{,}10 + \frac{0{,}01}{0{,}51} + \frac{0{,}20}{2{,}3} + \frac{0{,}12}{0{,}04} + 0{,}04 = 3{,}247 \ \frac{\text{m}^2\text{K}}{\text{W}}$$

2. Keilschicht:

$$\text{Gefälle} = 2\ \% \ \rightarrow \ d_2 = \frac{2}{100} \cdot \ell = \frac{2}{100} \cdot 6\,\text{m} = 0{,}12\,\text{m}$$

$$R_{2(Randbereich)} = \frac{d_2}{\lambda} = \frac{0{,}12}{0{,}04} = 3{,}0 \ \frac{\text{m}^2\text{K}}{\text{W}}$$

3. Einzelbereiche

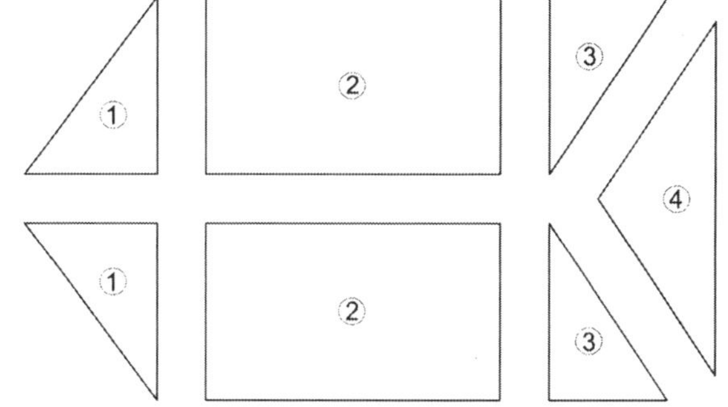

3.1 Flächen ①

$$x = \sqrt{7{,}5^2 - 6^2} = 4{,}5 \text{ m}$$

$$A_1 = 6 \cdot x \cdot \frac{1}{2} = 13{,}5 \text{ m}^2$$

$$U_1 = \frac{2}{R_1} \cdot \left[1 - \frac{R_0}{R_1} \cdot \ln\left(1 + \frac{R_1}{R_0}\right)\right] =$$

$$= \frac{2}{3{,}0} \cdot \left[1 - \frac{3{,}247}{3{,}0} \cdot \ln\left(1 + \frac{3{,}0}{3{,}247}\right)\right] = 0{,}195 \ \frac{\text{W}}{\text{m}^2\text{K}}$$

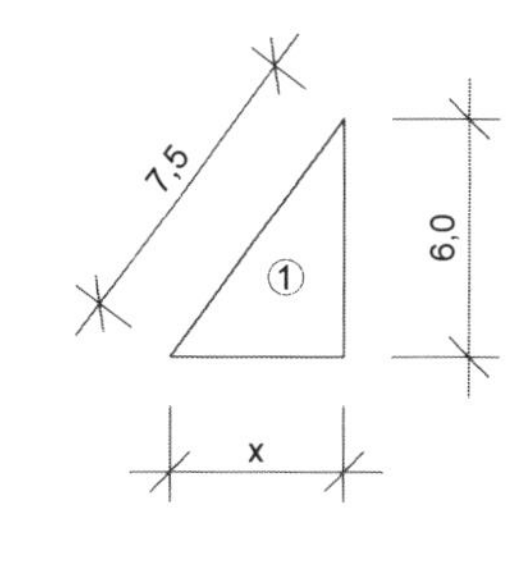

3.2 Flächen ②

$$A_2 = 10 \cdot 6 = 60 \text{ m}^2$$

$$U_2 = \frac{1}{R_1} \cdot \ln\left(1 + \frac{R_1}{R_0}\right) = \frac{1}{3{,}0} \cdot \ln\left(1 + \frac{3{,}0}{3{,}247}\right) = 0{,}218 \ \frac{\text{W}}{\text{m}^2\text{K}}$$

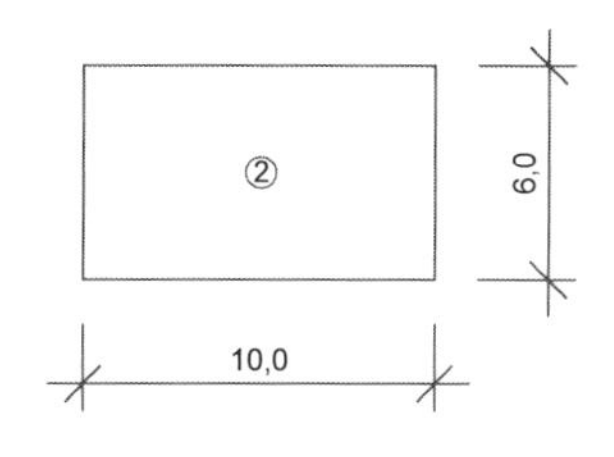

3.3 Flächen ③

$$A_3 = 4 \cdot 6 \cdot \frac{1}{2} = 12\ \text{m}^2$$

$$U_3 = U_1 = 0{,}195\ \frac{\text{W}}{\text{m}^2\text{K}}$$

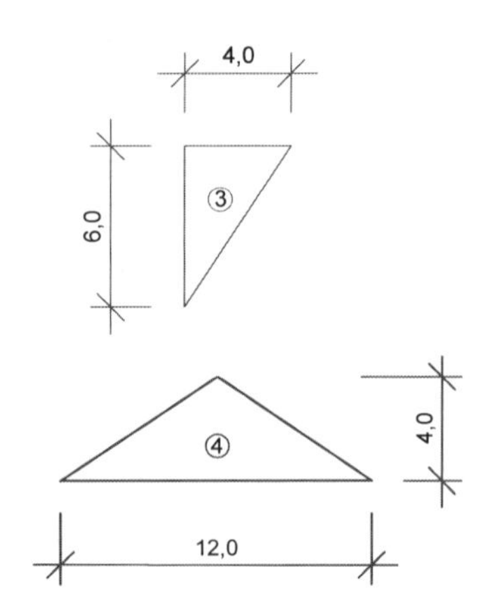

3.4 Flächen ④

$$A_4 = \frac{12}{2} \cdot 4 = 24\ \text{m}^2$$

$$U_4 = U_1 = 0{,}195\ \frac{\text{W}}{\text{m}^2\text{K}}$$

4. Gemittelter Wärmedurchgangskoeffizient:

$$U = \frac{\sum_{i=1}^{n} U_i \cdot A_i}{\sum_{i=1}^{n} A_i} = \frac{U_1 \cdot (2 \cdot A_1 + 2 \cdot A_3 + A_4) + U_2 \cdot (2 \cdot A_2)}{A_{ges}}$$ (*Bild 2.1.13-2*)

$$= \frac{0{,}195 \cdot (2 \cdot 13{,}5 + 2 \cdot 12 + 24) + 0{,}218 \cdot (2 \cdot 60)}{(2 \cdot 13{,}5 + 2 \cdot 12 + 24 + 2 \cdot 60)}$$

$$= 0{,}21\ \frac{\text{W}}{\text{m}^2\text{K}}$$

b) 1. Wärmedurchgangskoeffizienten:

$$U_D = 0{,}21\ \frac{\text{W}}{\text{m}^2\text{K}}$$

$$U_{AW} - \left(R_{si} \mid \sum_{i=1}^{n} \frac{d_i}{\lambda_i} \mid R_{se} \right)^{-1}$$ (*Formeln 2.1.12-2 u. 2.1.13-1*)

$$= \left(0{,}13 + \frac{0{,}01}{0{,}51} + \frac{0{,}24}{1{,}2} + \frac{0{,}10}{0{,}04} + \frac{0{,}015}{1{,}00} + 0{,}04 \right)^{-1}$$

$$= 0{,}34\ \frac{\text{W}}{\text{m}^2\text{K}}$$

$$U_W = 1{,}4\ \frac{\text{W}}{\text{m}^2\text{K}}$$

$$U_G = \left(R_{si} + \sum_{i=1}^{n} \frac{d_i}{\lambda_i} + R_{se} \right)^{-1}$$

$$= \left(0{,}17 + \frac{0{,}045}{1{,}4} + \frac{0{,}04}{0{,}04} + \frac{0{,}25}{2{,}3} + \frac{0{,}08}{0{,}04} + 0{,}0 \right)^{-1}$$

$$= 0{,}30\ \frac{\text{W}}{\text{m}^2\text{K}}$$

2. Flächen:

$$A_D \quad = 12 \cdot 14 + 12 \cdot 4{,}5 \cdot \frac{1}{2} = 195{,}0\,\mathrm{m}^2$$

$$A_{AW} = (2 \cdot 14 + 12 + 2 \cdot 7{,}5) \cdot 4 - A_W = 220{,}0\ \mathrm{m}^2 - A_W$$

$$A_W \quad = x\ \mathrm{m}^2$$

$$A_G \quad = A_D = 195{,}0\ \mathrm{m}^2$$

$$A \quad = A_D + A_{AW+W} + A_G = 195{,}0 + 220{,}0 + 195{,}0 = 610{,}0\ \mathrm{m}^2$$

3. Volumen:

$$V_e = 195{,}0 \cdot 4{,}0 = 780{,}0\ \mathrm{m}^3$$

4. Temperatur-Korrekturfaktoren:

$$F_{x,D} = F_{x,AW} = F_{x,W} = 1{,}0 \qquad (\textit{Tabelle 2.5.6-2})$$

$$B' = \frac{A_G}{0{,}5 \cdot P} = \frac{195{,}0}{0{,}5 \cdot (12 + 2 \cdot (7{,}5 + 14))} = \frac{195{,}0}{27{,}5} = 7{,}01 \quad (7{,}01 > 5)$$

$$R_f = \frac{1}{U_G} = \frac{1}{0{,}3} = 3{,}33 \quad (3{,}33 > 1)$$

$$\Rightarrow F_G = 0{,}5$$

5. Vorhandener Transmissionswärmeverlust:

$$H_{T,D} = U_D \cdot A_D \cdot F_D = 0{,}21 \cdot 195{,}0 \cdot 1{,}0 = 40{,}95 \frac{\mathrm{W}}{\mathrm{K}}$$

$$H_{T,G} = U_G \cdot A_G \cdot F_G = 0{,}30 \cdot 195{,}0 \cdot 0{,}5 = 29{,}25 \frac{\mathrm{W}}{\mathrm{K}}$$

$$H_{T,AW} = U_{AW} \cdot A_{AW} \cdot F_{AW} = 0{,}34 \cdot (220{,}0 - \mathrm{A_W}) \cdot 1{,}0 = 74{,}8 - 0{,}34 \cdot \mathrm{A_W}$$

$$H_{T,W} = U_W \cdot A_W \cdot F_W = 1{,}4 \cdot A_W \cdot 1{,}0 = 1{,}4 \cdot A_W$$

$$H_{T,WB} = \Delta U_{WB} \cdot \sum_{i=1}^{n} A_i = 0{,}05 \cdot A_{ges} = 0{,}05 \cdot 610{,}0 = 30{,}5 \frac{\mathrm{W}}{\mathrm{K}} \qquad (\textit{Tabelle 2.5.6-1})$$

$$H_T = \sum_{i=1}^{n} (U_i \cdot A_i \cdot F_{xi}) + \Delta U_{WB} \cdot \sum_{i=1}^{n} A_i$$

$$= 40{,}95 + 29{,}25 + 74{,}8 - 0{,}34 \cdot A_W + 1{,}4 \cdot A_W + 30{,}5$$

$$= 175{,}5 + 1{,}06 \cdot A_W$$

6. Zulässiger spezifischer Transmissionswärmeverlust H_T': (*Tabelle 2.5.2-3*)

$$A_N = 0{,}32 \cdot V_e = 0{,}32 \cdot 780{,}0 = 249{,}6\ \mathrm{m}^2 \quad (< 350\ \mathrm{m}^2)$$

$$\Rightarrow \quad H_T' \le 0{,}40 \frac{\mathrm{W}}{\mathrm{m}^2\mathrm{K}}$$

7. Vergleich $\left(H'_{T,vorh} \leq H'_{T,erf}\right)$:

$$H'_{T,vorh} = \frac{H_{T,vorh}}{A} = \frac{175,5 + 1,06 \cdot A_W}{610,0} \leq 0,40 \frac{\text{W}}{\text{m}^2\text{K}}$$

$$\Rightarrow A_W \leq \frac{(0,40 \cdot 610,0) - 175,5}{1,06} = 64,6 \text{ m}^2$$

8. Fensterflächenanteil:

$$f = \frac{A_W}{A_W + A_{AW}} = \frac{64,6}{220,0} = 0,29 \quad \hat{=} \quad 29\ \%$$

Der maximale Fensterflächenanteil beträgt 29 %.

Lösung zu Aufgabe 23

1. Wärmedurchgangskoeffizienten:

$$U_{D1} = 0,35 \frac{\text{W}}{\text{m}^2\text{K}}$$

$$U_{AW} = \left(R_{si} + \sum_{i=1}^{n} \frac{d_i}{\lambda_i} + R_{se}\right)^{-1} \qquad \textit{(Formeln 2.1.12-2)}$$

$$= \left(0,13 + \frac{0,01}{0,51} + \frac{0,24}{1,2} + \frac{d_{DÄ}}{0,04} + \frac{0,015}{1,00} + 0,04\right)^{-1}$$

$$= \left(0,405 + \frac{d_{DÄ}}{0,04}\right)^{-1} \frac{\text{W}}{\text{m}^2\text{K}}$$

$$U_W = 1,40 \frac{\text{W}}{\text{m}^2\text{K}}$$

$$U_{D2} = 0,40 \frac{\text{W}}{\text{m}^2\text{K}}$$

$$U_{G1} = 0,45 \frac{\text{W}}{\text{m}^2\text{K}}$$

$$U_{G2} = 0,43 \frac{\text{W}}{\text{m}^2\text{K}}$$

2. Flächen:

$$\text{A}_{\text{D}_1} = 8,0 \cdot \sqrt{2,0^2 + 5,0^2} + 8,0 \cdot \sqrt{3,0^2 + 5,0^2} = 89,7 \text{ m}^2$$

$$\text{A}_{\text{AW+W}} = \left(8,0 \cdot (7,0 + 6,0) + 2 \cdot \left(5,0 \cdot 6,0 + 5,0 \cdot \frac{3,0}{2} + 5,0 \cdot 4,0 + 5,0 \cdot \frac{2,0}{2}\right)\right)$$

$$= 229,0 \text{ m}^2$$

$$A_W = A_{AW+W} \cdot 0{,}30 = 229{,}0 \cdot 0{,}30 = 68{,}7\ \text{m}^2$$

$$A_{AW} = A_{AW+W} - A_W = 229{,}0 - 68{,}7 = 160{,}3\ \text{m}^2$$

$$A_{D_2} = 8{,}0 \cdot 5{,}0 = 40{,}0\ \text{m}^2$$

$$A_{G_1} = 8{,}0 \cdot 5{,}0 = 40{,}0\ \text{m}^2$$

$$A_{G_2} = 2 \cdot (5{,}0 \cdot 3{,}0) + 2 \cdot (8{,}0 \cdot 3{,}0) = 78{,}0\ \text{m}^2$$

$$\begin{aligned} A &= A_{D_1} + A_{AW} + A_W + A_{D_2} + A_{G_1} + A_{G_2} \\ &= 89{,}7 + 160{,}3 + 68{,}7 + 40{,}0 + 40{,}0 + 78{,}0 \\ &= 476{,}7\ \text{m}^2 \end{aligned}$$

3. Volumen:

$$V_e = \left(5{,}0 \cdot 9{,}0 + 3{,}0 \cdot \frac{5{,}0}{2} + 5{,}0 \cdot 4{,}0 + 2{,}0 \cdot \frac{5{,}0}{2}\right) \cdot 8{,}0 = 620{,}0\ \text{m}^3$$

4. Temperatur-Korrekturfaktoren:

$$F_{x,D_1} = F_{x,AW} = F_{x,W} = F_{x,D_2} = 1{,}0$$

$$B' = \frac{A_G}{0{,}5 \cdot P} = \frac{40}{0{,}5 \cdot 2 \cdot (8+5)} = 3{,}1 \qquad (3{,}1 < 5)$$

$$R_{f1} = \frac{1}{U_{G1}} = \frac{1}{0{,}45} = 2{,}22 \qquad (2{,}22 > 1)$$

$$\Bigr\rangle \Rightarrow F_{x,G_1} = 0{,}45$$

$$R_{f2} = \frac{1}{U_{G2}} = \frac{1}{0{,}43} = 2{,}32 \qquad (2{,}32 > 1) \quad \Bigr\rangle \Rightarrow F_{x,G2} = 0{,}60$$

(*Tabelle 2.5.6-2*)

5. Vorhandener Transmissionswärmeverlust:

$$H_T = \sum_{i=1}^{n} (U_i \cdot A_i \cdot F_{xi}) + \Delta U_{WB} \cdot \sum_{i=1}^{n} A_i$$

(*Tabelle 2.5.6-1*)

$$H_{T,D_1} = 0{,}35 \cdot 89{,}7 \cdot 1{,}0 = 31{,}4\ \frac{\text{W}}{\text{K}}$$

$$H_{T,AW} = \left(0{,}405 + \frac{d_{DÄ}}{0{,}04}\right)^{-1} \cdot 160{,}3 \cdot 1{,}0 = \frac{160{,}3}{0{,}405 + \frac{d_{DÄ}}{0{,}04}}\ \frac{\text{W}}{\text{K}}$$

$$H_{T,W} = 1{,}4 \cdot 68{,}7 \cdot 1{,}0 = 96{,}2\ \frac{\text{W}}{\text{K}}$$

$$H_{T,D_2} = 0{,}40 \cdot 40{,}0 \cdot 1{,}0 = 16{,}0\ \frac{\text{W}}{\text{K}}$$

$$H_{T,G_1} = 0{,}45 \cdot 40{,}0 \cdot 0{,}45 = 8{,}1\ \frac{\text{W}}{\text{K}}$$

$$H_{T,G_2} = 0,43 \cdot 78,0 \cdot 0,6 = 20,1 \ \frac{\text{W}}{\text{K}}$$

$$H_{WB} = 0,10 \cdot 476,7 = 47,7 \ \frac{\text{W}}{\text{K}}$$

$$H_T = \left(31,4 + \frac{160,3}{0,405 + \frac{d_{DÄ}}{0,04}} + 96,2 + 16,0 + 8,1 + 20,1 \right) + 47,7$$

$$= 219,5 + \frac{160,3}{0,405 + \frac{d_{DÄ}}{0,04}}$$

6. Zulässiger spezifischer Transmissionswärmeverlust $H_T^{'}$: (*Abschnitt 2.5.3*)

$$A_N = 0,32 \cdot V_e = 0,32 \cdot 620 = 198,4 \ \text{m}^2$$ (*Tabelle 2.5.2-3*)

$$H_{T(Altbau)}^{'} \leq 140\% \cdot H_{T(Neubau)}^{'}$$

$$\leq 1,4 \cdot 0,40 = 0,56 \ \frac{\text{W}}{\text{m}^2\text{K}}$$

7. Vergleich $\left(H_{T,vorh}^{'} \leq H_{T,erf}^{'}\right)$:

$$H_{T,vorh}^{'} = \frac{H_{T,vorh}}{A} = \frac{219,5 + \frac{160,3}{0,405 + \frac{d_{DÄ}}{0,04}}}{476,7} \leq 0,56 \frac{\text{W}}{\text{m}^2\text{K}}$$

$$\frac{160,3}{0,405 + \frac{d_{DÄ}}{0,04}} \leq (0,56 \cdot 476,7) - 219,5$$

$$d_{DÄ} \geq \left[\frac{160,3}{(0,56 \cdot 476,7) - 219,5} - 0,405 \right] \cdot 0,04 = 0,119 \ \text{m}$$

Die Dämmschichtdicke muss mindestens 12 cm betragen.

Lösung zu Aufgabe 24

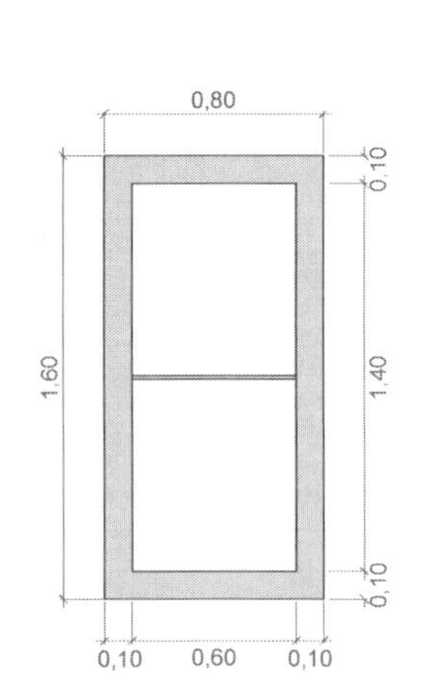

$$A_W = 1,6 \ \text{m} \cdot 0,8 \ \text{m} = 1,28 \ \text{m}^2$$

$$A_G = (1,6 - 2 \cdot 0,1) \cdot (0,8 - 2 \cdot 0,1) = 1,4 \ \text{m} \cdot 0,6 \ \text{m} = 0,84 \ \text{m}^2$$

$$A_f = (1,6 \cdot 0,8) - (1,4 \cdot 0,6) = 1,28 \ \text{m}^2 - 0,84 \ \text{m}^2 = 0,44 \ \text{m}^2$$

$$\ell_G = 2 \cdot (1,4 + 0,6) = 4,0 \ \text{m}$$

$$\Psi_G = 0,08 \frac{\text{W}}{\text{m} \cdot \text{K}}$$ (*Tabelle 2.1.14-6*)

$$\Delta U_W = 0,1 \frac{\text{W}}{\text{m}^2\text{K}}$$ (*Tabelle 2.1.14-3*)

$$U_w = \frac{A_G \cdot U_g + A_f \cdot U_f + \ell_g \cdot \Psi_G}{A_G + A_f} + \Delta U_w$$ (*Formel 2.1.14-2 u. 2.1.14-3*)

$$= \frac{0{,}84\,\text{m}^2 \cdot 1{,}2\,\text{W/m}^2\text{K} + 0{,}44\,\text{m}^2 \cdot 1{,}5\,\text{W/m}^2\text{K} + 4{,}0\,\text{m} \cdot 0{,}08\,\text{W/mK}}{1{,}28\,\text{m}^2} + 0{,}1\frac{\text{W}}{\text{m}^2\text{K}} = 1{,}65\frac{\text{W}}{\text{m}^2\text{K}}$$

Der Wärmedurchgangskoeffizient des gesamten Fensters beträgt U_W = 1,65 W/(m²K).

Lösung zu Aufgabe 25

a) U-Werte der Bauteile der Gebäudehülle

U-Wert Außenwand

Bauteilschicht	d m	λ W/(m·K)	R_s / R_i (m²·K)/W
Wärmeübergang (außen)	-	-	0,04
Kalkzementputz	0,015	1,00	0,015
Wärmedämmung	0,20	0,035	5,714
Kalksandsteinmauerwerk	0,24	0,79	0,304
Gipsputz	0,01	0,51	0,196
Wärmeübergang (innen)	-	-	0,13
		R_T =	6,399
		U = 1/R_T =	**0,16** W/(m²K)

Bauteil		U-Wert	Berechnung s. Aufgabe Nr.
AW_1	Außenwand	U = 0,16 W/(m²K)	s.o.
AW_2	Außenwand zur Garage	U = 0,16 W/(m²K)	s.o.
G_1	Außenwand, erdberührt	U = 0,33 W/(m²K)	8 a)
U_{1+2}	Innenwand	U = 1,00 W/(m²K)	8 b)
G_2	Kellerdecke	U = 0,30 W/(m²K)	10 b)
G_3	Bodenplatte Keller	U = 0,33 W/(m²K)	10 a)
FB_1	Fußboden über Außenluft	U = 0,23 W/(m²K)	7)
D_1	Schrägdach	U = 0,27 W/(m²K)	10 c)
D_2	Kehlbalkenlage	U = 0,22 W/(m²K)	10 d)

Hinweis: Für die Flächen- und Volumenberechnungen sind nach der EnEV der Fall „Außenabmessungen" gemäß DIN V 18599-1 Abschnitt 8 maßgebend. D.h., die Rohbaumaße in den Grundrisszeichnungen sind ggf. durch Konstruktionsaufbauten (z.B. Dämmschichtdicken) zu ergänzen. Ausnahme: Fußboden, hier ist die Oberkante der untersten Rohdecke die untere Begrenzung.

b) Flächenermittlung

Flächenberechnung

Projekt	***EnEV-Übungshaus***

Fenster **(W 1)**

Geschoss	Art	Breite m	Höhe m	m	Fläche m²	Volumen m³
KG	verschattet -> Nord	2,0 x (1,01)	x 1,0 x (0,545)		1,10	
					1,10	***Nord***
EG / OG	Nord	4,0 x (1,51)	x 1,0 x (1,51)		9,12	
					9,12	***Nord***
EG / OG	Süd	8,0 x (1,76)	x 1,0 x (1,51)		21,26	
					21,26	***Süd***
EG / OG	Ost	2,0 x (1,76)	x 1,0 x (1,385)		4,88	
OG	Ost	1,0 x (1,76)	x 1,0 x (1,135)		2,00	
OG	Ost	1,0 x (1,01)	x 1,0 x (1,135)		1,15	
DG	Ost	1,0 x (1,51)	x 1,0 x (1,51)		2,28	
DG	Ost	1,0 x (1,01)	x 1,0 x (1,51)		1,53	
					11,82	***Ost***
EG	West	2,0 x (1,51)	x 1,0 x (1,135)		3,43	
OG / DG	West	2,0 x (1,51)	x 1,0 x (1,51)		4,56	
					7,99	***West***
				SUMMEN =	***51,29***	

Dachfenster **(W 2)**

Geschoss	Art	Breite m	Höhe m	m	Fläche m²	Volumen m³
DG*	Nord	2,0 x (1,26)	x 1,0 x (1,01)		2,55	
DG*	Süd	2,0 x (1,26)	x 1,0 x (1,01)		2,55	
				SUMMEN =	***5,09***	

Aussenwand **(AW 1)**

Geschoss	Art	Breite m	Höhe m	m	Fläche m²	Volumen m³
EG / OG	Nord	1,0 x (10,67)	x 1,0 x (7,325)		78,16	
EG / OG	Abzug Fenster Nord	-1,0 x (9,12)	x 1,0 x (1,00)		-9,12	
EG / OG	Abzug Flur	-1,0 x (2,51)	x 1,0 x (7,325)		-18,39	
OG / DG	Erker Nord	1,0 x (1,00)	x 1,0 x (5,89)		5,89	
					56,54	***Nord***
EG / OG	Süd	1,0 x (10,67)	x 1,0 x (7,33)		78,16	
EG / OG	Abzug Fenster Süd	-1,0 x (21,26)	x 1,0 x (1,00)		-21,26	
OG / DG	Erker Süd	1,0 x (1,00)	x 1,0 x (5,89)		5,89	
					62,79	***Süd***
EG / OG	Ost	1,0 x (9,045)	x 1,0 x (7,325)		66,25	
DG	Ost (Trapezform)	1,0 x (6,97)	x 1,0 x (1,415)		9,86	
EG	Abzug Garage Ost	-1,0 x (2,80)	x 1,0 x (5,49)		-15,37	
EG / OG / DG	Abzug Fenster Ost	-1,0 x (11,82)	x 1,0 x (1,00)		-11,82	
					48,92	***Ost***
EG / OG	West	1,0 x (9,045)	x 1,0 x (7,325)		66,25	
DG	West	1,0 x (6,97)	x 1,0 x (1,415)		9,86	
EG / OG / DG	Abzug Fenster West	-1,0 x (7,99)	x 1,0 x (1,00)		-7,99	
					68,13	***West***
				SUMMEN =	***236,38***	

Schrägdach (D 1)

Geschoss	Art	Breite		Länge			Fläche	Volumen
			m		m	m	m²	m³
	Wohnung	2,0 x (	2,50)	x 1,0 x (	10,67)		53,35	
DG	Abzug Treppenhaus	-1,0 x (	2,50)	x 1,0 x (	2,51)		-6,28	
	Abzug Fenster	-1,0 x (	5,09)	x 1,0 x (	1,00)		-5,09	
						SUMMEN =	***41,98***	

Kehlbalkenlage (D 2)

Geschoss	Art	Breite		Länge			Fläche	Volumen
			m		m	m	m²	m³
		1,0 x (	4,90)	x 1,0 x (	10,67)		52,28	
DG	Erkerdach	1,0 x (	1,00)	x 1,0 x (	3,545)		3,55	
	Abzug Treppenhaus	-1,0 x (	1,51)	x 1,0 x (	2,51)		-3,79	
						SUMMEN =	***52,04***	

Außenwand zur Garage (Höhe = 2,80 m) (AW 2)

Geschoss	Art	Breite		Höhe			Fläche	Volumen
			m		m	m	m²	m³
EG	Garage (unbeh. Raum	1,0 x (	5,49)	x 1,0 x (	2,80)		15,37	
						SUMMEN =	***15,37***	

Treppenhauswand (U 1)

Geschoss	Art	Breite		Höhe			Fläche	Volumen
			m		m	m	m²	m³
EG / OG		2,0 x (	3,59)	x 1,0 x (	5,70)		40,93	
		1,0 x (	2,51)	x 1,0 x (	5,70)		14,31	
DG		2,0 x (	3,59)	x 1,0 x (	1,625)		11,67	
		1,0 x (	2,51)	x 1,0 x (	3,04)		7,63	
		2,0 x (	1,51)	x 1,0 x (	1,415)		4,27	
		2,0 x (	2,08)	x 0,5 x (	1,415)		2,94	
						SUMMEN =	***81,75***	

Innenwand zum unbeheizten Keller (U 2)

Geschoss	Art	Breite		Länge			Fläche	Volumen
			m		m	m	m²	m³
KG	Keller	1,0 x (	10,48)	x 1,0 x (	2,30)		24,10	
							0,00	
						SUMMEN =	***24,10***	

Kellerwand - erdberührt (vom beheizten Keller) (G 1)

Geschoss	Art	Breite		Länge			Fläche	Volumen
			m		m	m	m²	m³
KG	Keller	2,0 x (	3,61)	x 1,0 x (	2,30)		16,61	
		1,0 x (	10,48)	x 1,0 x (	2,30)		24,10	
KG	Abzug Fenster Keller						-1,10	
						SUMMEN =	***39,61***	

Kellerdecke zum unbeheizten Keller		**(G 2)**				
Geschoss	***Art***	***Breite*** m	***Länge*** m	m	***Fläche*** m²	***Volumen*** m³
EG	Wohnen	1,0 x (9,045)	x 1,0 x (10,67)		96,51	
	Abzug beh. Keller:	-1,0 x (37,83)	x 1,0 x (1,00)		-37,83	
	Abzug Treppenhaus:	-1,0 x (3,59)	x 1,0 x (2,51)		-9,01	
				SUMMEN =	***49,67***	

Bodenplatte vom beheizten Keller		***(G 3)***				
Geschoss	***Art***	***Breite*** m	***Länge*** m	m	***Fläche*** m²	***Volumen*** m³
OG	Wohnen	1,0 x (3,61)	x 1,0 x (10,48)		37,83	
				SUMMEN =	***37,83***	

Decke über Außenluft - Erkerboden		**(FB 1)**				
Geschoss	***Art***	***Breite*** m	***Länge*** m	m	***Fläche*** m²	***Volumen*** m³
DG	Wohnung	1,0 x (1,00)	x 1,0 x (3,545)		3,55	
				SUMMEN =	***3,55***	

Summe wärmeübertragende Gebäudehüllfläche ***638,66*** m²

Volumen						
Geschoss	***Art***	***Breite*** m	***Länge*** m	m	***Fläche*** m²	***Volumen*** m³
KG		1,0 x (3,61)	x 1,0 x (10,48)	x 1,0 x 2,30		87,02
						87,02
EG		1,0 x (9,045)	x 1,0 x (10,67)	x 1,0 x 2,85		275,05
	Abzug Treppenhaus	-1,0 x (2,51)	x 1,0 x (3,59)	x 1,0 x 2,85		-25,68
						249,37
OG		1,0 x (9,045)	x 1,0 x (10,67)	x 1,0 x 2,85		275,05
	Abzug Treppenhaus	-1,0 x (2,51)	x 1,0 x (3,59)	x 1,0 x 2,85		-25,68
	Erker	1,0 x (1,00)	x 1,0 x (3,55)	x 1,0 x 2,85		10,10
						259,48
DG		1,0 x (9,045)	x 1,0 x (10,67)	x 1,0 x 1,625		156,83
	Abzug Treppenhaus	-1,0 x (2,51)	x 1,0 x (3,59)	x 1,0 x 1,625		-14,64
		1,0 x (6,07)	x 1,0 x (10,67)	x 1,0 x 1,415		105,20
	Abzug Treppenhaus	-1,0 x (2,55)	x 1,0 x (2,51)	x 1,0 x 1,415		-9,06
	Erker	1,0 x (1,00)	x 1,0 x (3,55)	x 1,0 x 3,04		10,78
						249,14
				SUMMEN =	$\boldsymbol{V_e}$ **=**	***845,00***

beheiztes Gebäudevolumen	V_e =		845,00	m³
wärmeübertragende Umfassungsfläche	A =		638,66	m²
Gebäudenutzfläche	A_N =	$0{,}32 \times V_e$ =	270,40	m²
	A/V_e =		0,756	m^{-1}
Fensterflächenanteil	f =	$A_W/(A_W+A_{AW})$	0,17	

c) Nachweis des Transmissionwärmeverlustes:

1.Gebäudegeometrie					
beheiztes Gebäudevolumen	V_e =	845,0	m³		
wärmeübertragende Umfassungsfläche	A =	638,7	m²		

2. Spezifische Transmissionswärmeverluste H_T in W/K

Bauteil	Kurzbezeichnung	Fläche A in m²	Wärmedurchgangskoeffizient U in W/(m²·K)	Temperatur-Korrekturfaktor F_x –	$A \cdot U \cdot F_x$ in W/K
Fenster	W_1	1,10	1,20	1,0	**1,32**
		9,12	1,20	1,0	**10,94**
		21,26	1,20	1,0	**25,51**
		11,82	1,20	1,0	**14,19**
		7,99	1,20	1,0	**9,59**
	W_2	5,09	1,40	1,0	**7,13**
Außenwand	AW_1	56,54	0,16	1,0	**9,05**
		62,79	0,16	1,0	**10,05**
		48,92	0,16	1,0	**7,83**
		68,13	0,16	1,0	**10,90**
Außenwand zur Garage	AW_2	15,37	0,16	1,0	**2,46**
Dach (als Systemgrenze)	D_1	41,98	0,27	1,0	**11,34**
Decke zum nicht ausgebauten Dachgeschoss	D_2	52,04	0,22	0,8	**9,16**
Kellerdecke zu unbeheiztem Keller, Fußboden des beheizten Kellers gegen Erdreich, Kellerwand zum unbeheizten Keller	U_1	81,75	1,00	0,5	**40,87**
	U_2	24,10	1,00	0,6	**14,46**
	G_1	39,61	0,33	0,4	**5,23**
	G_2	49,67	0,30	0,55	**8,19**
	G_3	37,83	0,33	0,45	**5,62**
Fußboden gegen Außenluft (von unten)	FB_1	3,55	0,23	1,0	**0,82**
	Summe A =	**638,66**		$\Sigma(A \cdot U \cdot F_x)$ =	**204,65**
Spezifischer Wärmeverlust an Wärmebrücken Bauteilanschlüsse nach DIN 4108, Bbl. 2				$H_{WB} = \Delta U_{WB} \cdot A = 0{,}05 \cdot A$ =	**31,93**
Spezifischer Transmissionswärmeverlust:				**$H_T = \Sigma(A \cdot U \cdot F_x) + H_{WB}$ =**	**236,58**

3 Nachweis

3.1 Vorhandener Kennwert

Hüllflächenbezogener Transmissionswärmeverlust H_T' in W/(m²·K)

$H_T' = H_T / A$ = 236,58 / 638,66 = 0,37

3.2 Zulässiger Kennwert

Zulässiger hüllflächenbezogener Transmissionswärmeverlust zul H_T' in W/(m²·K)

(*Tabelle 2.5.2-3*) **0,40**

Es gilt: H_T' = 0,37 W/(m²K) ≤ max H_T' = 0,40 W/(m²K)

→ Der Nachweis ist erbracht!

Lösung zu Aufgabe 26

a) wärmetauschende Umfassungsfläche

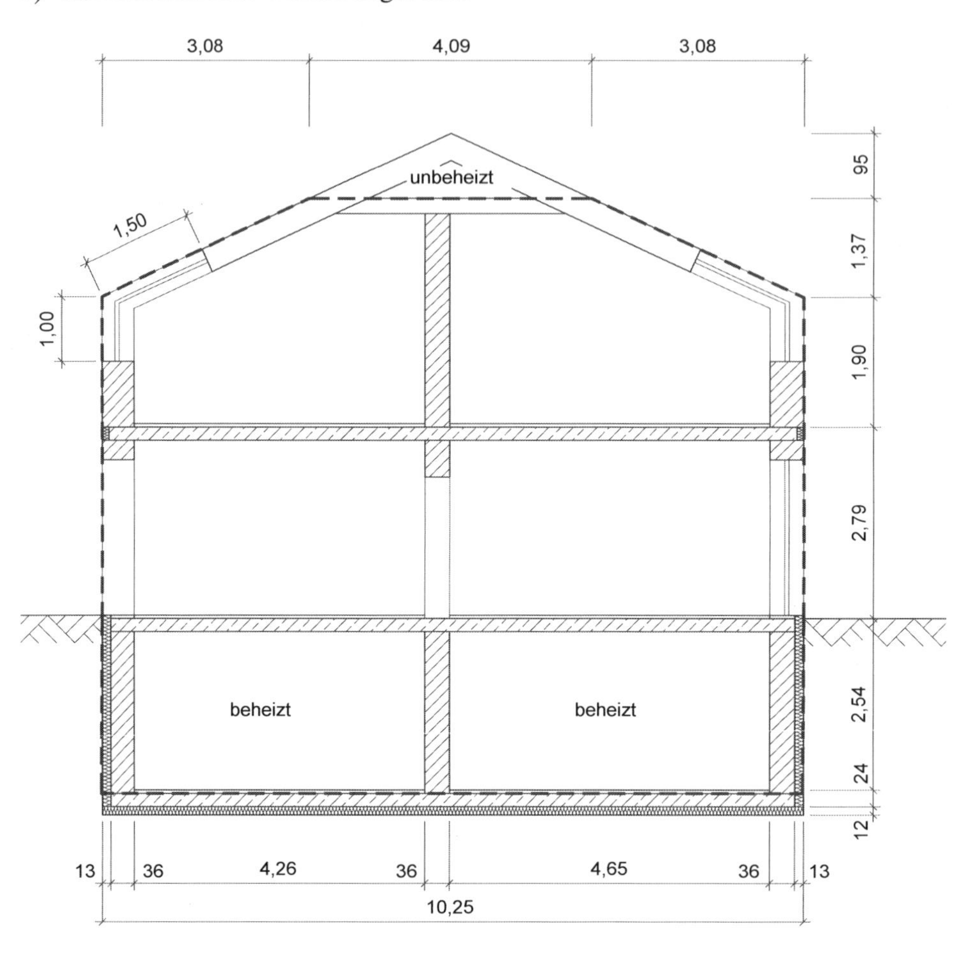

Schnitt A-A

Die gestrichelte Linie beschreibt die Lage der Systemgrenze

b) Berechnung des spezifischen flächenbezogenen Transmissionswärmeverlustes

Temperatur-Korrekturfaktoren:

(Tabelle 2.5.6-2)

$$B' = \frac{A_G}{0,5 \cdot P} = \frac{76,77}{0,5 \cdot 2 \cdot (7,49)} = 10,2 \qquad (10,2 > 10)$$

$$R_{f,Bodenplatte} = \frac{1}{U_{G1}} = \frac{1}{0,35} = 2,86 \qquad (2,86 > 1) \qquad \Big\rangle \Rightarrow F_{x,G_1} = 0,35$$

$$R_{f,Kellerwand} = \frac{1}{U_{G2}} = \frac{1}{0,31} = 3,23 \qquad (3,23 > 1) \qquad \Big\rangle \Rightarrow F_{x,G2} = 0,60$$

1. Flächenberechnung

Projekt : Reihenmittelhaus

Fenster

Geschoss	Orientierung	Breite m	Länge m	m	Fläche m²	Volumen m³
EG	Süd	1 x (3,01) x	1 x (1,76)		5,30	
	Süd	1 x (2,01) x	1 x (2,26)		4,54	
OG	Süd	4 x (1,01) x	1 x (1,00)		4,04	
					13,88	**Süd**
EG	Nord	1 x (1,51) x	1 x (1,375)		2,08	
	Nord	1 x (1,74) x	1 x (2,26)		3,93	
	Nord (Tür)	1 x (1,00) x	1 x (2,26)		2,26	
OG	Nord	4 x (1,01) x	1 x (1,00)		4,04	
					12,31	**Nord**
				SUMMEN =	**26,19**	

Dachfenster

Geschoss	Orientierung	Breite m	Länge m	m	Fläche m²	Volumen m³
OG	Nord	4 x (1,01) x	1 x (1,50)		6,06	
OG	Süd	4 x (1,01) x	1 x (1,50)		6,06	
				SUMMEN =	**12,12**	

Aussenwand

Geschoss	Orientierung	Breite m	Länge m	m	Fläche m²	Volumen m³
EG	Nord	1 x (7,49) x	1 x (2,79)		20,90	
	Süd	1 x (7,49) x	1 x (2,79)		20,90	
OG	Nord	1 x (7,49) x	1 x (1,90)		14,23	
	Süd	1 x (7,49) x	1 x (1,90)		14,23	
		-1 Fensterfläche			-26,19	
				SUMMEN =	**44,07**	

Schrägdach

Geschoss	Art	Breite m	Länge m	m	Fläche m²	Volumen m³
		$\ell = \sqrt{1{,}37^2 + 2{,}95^2} = 3{,}25$				
OG		2 x (7,49) x	1 x (3,25)		48,69	
		-1 Fensterfläche			-12,12	
				SUMMEN =	**36,57**	

Decke gegen unbeheizten Dachraum

Geschoss	Art	Breite m	Länge m	m	Fläche m²	Volumen m³
OG		1 x (4,09) x	1 x (7,49)		30,63	
				SUMMEN =	**30,63**	

Bodenplatte vom beheizten Keller

Geschoss	Art	Breite m	Länge m	m	Fläche m²	Volumen m³
		b = 2 x (0,13 + 0,36 + 4,26) + 0,36 = 10,25				
UG		1 x (10,25) x	1 x (7,49)		76,77	
				SUMMEN =	**76,77**	

Außenwand gegen Erdreich

Geschoss	Art	Breite m	Höhe m	m	Fläche m²	Volumen m³
		h = 2,30 + 0,24 = 2,54				
UG		2 x (7,49) x	1 x (2,54)		38,05	
				SUMMEN =	**38,05**	

Summe wärmeübertragende Gebäudehüllfläche	264,40	m²

2. Wärmeverluste

Spezifische Transmissionswärmeverluste H_T in W/K					
Bauteil	Kurz-bezeichnung	Fläche A in m^2	Wärme-durchgangs-koeffizient U in $W/(m^2 \cdot K)$	Temperatur-Korrektur-faktor F_x –	$A \cdot U \cdot F_x$ in W/K
Fenster	W_1	13,88	1,20	1,0	**16,66**
		12,31	1,20	1,0	**14,77**
	W_2	12,12	1,2	1,0	**14,54**
Außenwand	AW_1	44,07	0,6	1,0	**26,44**
Dach (als Systemgrenze)	D_1	36,57	0,32	1,0	**11,70**
Decke zum nicht ausgebauten Dachgeschoss	D_2	30,63	0,3	0,8	**7,35**
Bauteil zu unbeheizten Räumen $\theta_i \leq 12$ °C	U_1				
	U_2				
Bodenplatte des beheizten Kellers	G_1	76,77	0,35	0,35	**9,40**
Außenwand gegen Erdreich	G_2	38,05	0,31	0,6	**7,08**
	Summe A =	**264,40**		$\Sigma(A \cdot U \cdot F_x)$ =	**107,95**
Spezifischer Wärmeverlust an Wärmebrücken				$H_{WB} = 0{,}05 \cdot A$ =	**13,22**
Spezifischer Transmissionswärmeverlust:				$\mathbf{H_T} = \Sigma(A \cdot U \cdot F_x) + H_{WB}$ =	**121,17**
flächenbezogener spezifischer Transmissionswärmeverlust:				$\mathbf{H'_T} = H_T / A$ =	**0,46 W/m²K**

Der flächenbezogene spezifische Transmissionswärmeverlust beträgt 0,46 $W/m^2 \cdot K$.

Der Höchstwert nach EnEV 2014 beträgt $H'_{T,max} = 0{,}65\ W/m^2 \cdot K$, somit wird die Anforderung eingehalten.

Lösung zu Aufgabe 27

a) Ermittlung des Sonneneintragskennwerts:

1. Fensterflächen:

$A_{W,Ost} = 2,01 \cdot 2,01 = 4,04 \text{ m}^2$

$A_{W,Süd} = 2 \cdot (1,51 \cdot 1,514) = 4,56 \text{ m}^2$

2. Abminderungsfaktor für Sonnenschutzvorrichtungen:

$F_{C,Fenster\ 1} = 0,25$ (Markise, parallel zur Verglasung) (*Tab. 2.7.1-2, Z. 12*)

$F_{C,Fenster\ 2/3} = 0,25$ (Jalousie, außen liegend, 45° Lamellenstellung) (*Tab. 2.7.1-2, Z. 10*)

3. Grundfläche des Raumes: (*Bild 2.7.2-1*)

$3 \cdot h = 3 \cdot 2,75 = 8,75 \text{ m} > b$ und t

(Breite und Länge des Raumes sind jeweils kleiner als die 3-fache Höhe.)

$\Rightarrow A_G = b \cdot t = 5,5 \cdot 4,2 = 23,10 \text{ m}^2$

4. Sonneneintragskennwert:

$$S_{vorh} = \frac{\sum_{j=1}^{m}\left(A_{w,j} \cdot g_{\perp} \cdot F_C\right)}{A_G} \qquad \textit{(Formel 2.7.2-1)}$$

$$= \frac{(4,04 \cdot 0,65 \cdot 25 + 4,56 \cdot 0,55 \cdot 0,25)}{23,10}$$

$$= 0,0555$$

b) Ermittlung des zulässigen Sonneneintragskennwerts:

1. Wirksame Außenwandfläche:

Anmerkung: Breite: Außenmaß bis Mitte Innenwand

Höhe: Außenmaß bis Mitte Geschossdecke

$$A_{w,AW,Ost} = \left[\left(4,2 + \left(0,01 + \frac{0,115}{2}\right) + (0,01 + 0,24 + 0,1 + 0,015)\right) \cdot \left(2,75 + \left(\frac{0,045 + 0,04 + 0,16 + 0,01}{2}\right) + (0,01 + 0,20 + 0,12)\right)\right] - A_{W,Ost}$$

$$= (4,63 \cdot 3,21) - 4,04$$

$$= 10,8 \text{ m}^2$$

$$A_{w,AW,Süd} = \left[\left(5,5+\left(0,01+\frac{0,115}{2}\right)+\left(0,01+0,24+0,1+0,015\right)\right)\cdot\left(3,2075\right)\right] - A_{W,Süd}$$

$$= \left(5,93\cdot 3,21\right) - 4,56 = 14,5\,\text{m}^2$$

$$\sum A_{w,AW} = 10,8+14,5 = 25,3\,\text{m}^2$$

2. Wirksame Wärmespeicherfähigkeit der Außenwände:

$$C_{wirk,j} = \sum_j c_j \cdot \rho_j \cdot d_j \cdot A_j$$ *(Formel 2.7.4-1)*

$$c = 1000 \cdot \frac{1}{3600}\frac{\text{Wh}}{\text{kg}\cdot\text{K}}$$ (für Steine, Beton und Putze) *(Tabelle 2.1.3-1)*

$$C_{wirk,AW} = \left(\frac{1000}{3600}\cdot 1200\cdot 0,01+\frac{1000}{3600}\cdot 1800\cdot 0,09\right)\cdot 25,3$$ *(10 cm-Regel)*

$$= 1222,8\ \frac{\text{Wh}}{\text{K}}$$

3. Wirksame Fläche und Wärmespeicherfähigkeit der Innenwände:

$$A_{w,IW} = 2,75\cdot\left(5,5+4,2\right) - 1,01\cdot 2,01 = 24,6\,\text{m}^2$$

$$C_{wirk,IW} = \left(\frac{1000}{3600}\cdot 1200\cdot 0,01+\frac{1000}{3600}\cdot 1800\cdot 0,0575\right)\cdot 24,6$$ *(Innenmaße)* *(1/2 Wanddicke)*

$$= 789,3\ \frac{\text{Wh}}{\text{K}}$$

4. Wirksame Fläche und Wärmespeicherfähigkeit der Geschossdecke (unterer Raumabschluss):

$$A_{w,GD} = 5,5\cdot 4,2 = 23,1\ \text{m}^2$$

$$C_{wirk,GD} = \left(\frac{1000}{3600}\cdot 2000\cdot 0,045\right)\cdot 23,1$$

$$= 577,5\ \frac{\text{Wh}}{\text{K}}$$ *(Innenmaße)* *(nur Estrich)*

5. Wirksame Fläche und Wärmespeicherfähigkeit der Dachfläche (oberer Raumabschluss):

$$A_{w,D} = 5,93\cdot 4,63 = 27,46\ \text{m}^2$$

$$C_{wirk,D} = \left(\frac{1000}{3600}\cdot 1200\cdot 0,01+\frac{1000}{3600}\cdot 2300\cdot 0,09\right)\cdot 27,46$$ *(Außenmaße)* *(10 cm-Regel)*

$$= 1670,5\ \frac{\text{Wh}}{\text{K}}$$

6. Wirksame Fläche und Wärmespeicherfähigkeit der Tür:

$$A_{w,T} = 1,01 \cdot 2,01 = 2,03 \text{ m}^2$$

$$C_{wirk,T} = \left(\frac{1600}{3600} \cdot 500 \cdot 0,02 \right) \cdot 2,03 \qquad (1/2 \text{ Türblattdicke})$$

$$= 9,0 \frac{\text{Wh}}{\text{K}}$$

7. Summe der wirksamen Wärmespeicherfähigkeit:

$$\sum C_{wirk} = C_{wirk,Aw} + C_{wirk,IW} + C_{wirk,GD} + C_{wirk,D} + C_{wirk,T}$$

$$= 1222,8 + 789,3 + 577,5 + 1670,5 + 9,0$$

$$= 4269,1 \frac{\text{Wh}}{\text{K}}$$

8. Prüfen der Bauart:

$$\frac{\sum_j C_{wirk} \cdot A_j}{A_G} = \frac{4269,1}{23,1} = 184,8 \frac{\text{Wh}}{\text{m}^2\text{K}} > 130 \frac{\text{Wh}}{\text{m}^2\text{K}}$$

→ schwere Bauart
Klimaregion C
i.d.R. erhöhte Nachtlüftung

} Wohngebäude → $S_1 = 0,101$ (*Tab. 2.7.3-2, Z. 11*)

9. grundflächenbezogene Fensterfläche:

$$f_{WG} = \frac{A_W}{A_G} = \frac{4,04 + 4,56}{23,10} = 0,37 \qquad (\textit{Tab. 2.7.3-2, Z. 15})$$

$$\rightarrow S_2 = 0,060 - 0,231 \cdot f_{WG} = 0,060 - 0,231 \cdot 0,37 = -0,0255$$

10. Zulässiger Sonneneintragskennwert:

$$S_{zul} = \sum S_x = S_1 + S_2 + S_3 + S_4 + S_5 + S_6 \qquad (\textit{Formel 2.7.3-1})$$

$$S_3 = S_4 = S_5 = S_6 = 0$$

$$S_{zul} = S_1 + S_2 = 0,101 - 0,0255 + 0 = 0,0755$$

c) Nachweis:

Anforderung: $S_{vorh} \leq S_{zul}$ (*Formel 2.7.1-1*)

$0,0555 < 0,0755$

→ Nachweis erbracht!

Lösung zu Aufgabe 28

1. Flächenberechnung:

$$A_W = 6{,}26 \cdot 2{,}60 = 16{,}3 \text{ m}^2$$
$$A_G = 6{,}26 \cdot 4{,}51 = 28{,}2 \text{ m}^2$$
$$f_{AG} = \frac{A_W}{A_G} \cdot 100 = \frac{16{,}3}{28{,}2} \cdot 100 = 57{,}8\ \% \qquad > 10\ \% \qquad \Rightarrow \text{Nachweis erforderlich!}$$

2. Zulässiger Sonneneintragswert:

$$S_{zul} = \sum_i S_{x,i}$$ (*Formel 2.7.3-1*)

Klimaregion C (*Bild 2.7.3-1*)
Nichtwohngebäude (*Tab. 2.7.3-2, Z. 9*)
leichte Bauweise
erhöhte Nachtlüftung
$\Big\rangle\ S_1 = 0{,}048$

$$S_2 = 0{,}030 - 0{,}115 \cdot f_{WG} = 0{,}030 - 0115 \cdot 0{,}578 = -\,0{,}036$$ (*Tab. 2.7.3-2, Z. 16*)

mit: $$f_{WG} = \frac{\mathrm{A_W}}{\mathrm{A_G}} = \frac{16{,}3}{28{,}2} = 0{,}578$$

$$S_3 = S_4 = S_5 = S_6 = 0$$
$$S_{zul} = \sum_i S_{x,i} = 0{,}048 - 0{,}036 + 0 = 0{,}012$$

3. Vorhandener Sonneneintragswert:

$\mathrm{F_c} = 0{,}25$ (außen liegende Lamellen, 45° Lamellenstellung) (*Tab. 2.7.2-1, Z. 10*)

$$S_{vorh} = \frac{\sum_j A_{W,j} \cdot g_\perp \cdot F_c}{A_G} = \frac{16{,}3 \cdot 0{,}75 \cdot 0{,}25}{28{,}2} = 0{,}108$$ (*Formel 2.7.2-1*)

$$S_{vorh} = 0{,}108 \quad > \quad 0{,}012 = S_{zul}$$

Der Sonnenschutz ist für diesen Raum nicht ausreichend, die Fensterfläche und ggf. der Gesamtenergiedurchlassgrad der Scheibe sollte verringert werden.

Lösung zu Aufgabe 29

1. Flächenberechnung:

$$A_W = 1{,}51 \cdot 1{,}51 + 1{,}01 \cdot 2{,}135 + 3{,}51 \cdot 1{,}76 = 10{,}6 \text{ m}^2$$

$$A_G = 8{,}01 \cdot 4{,}51 = 36{,}1 \text{ m}^2$$

$$f_{WG} = \frac{A_W}{A_G} \cdot 100 = \frac{10{,}6}{36{,}1} \cdot 100 = 29{,}4\ \% \quad > \ 10\ \% \quad \Rightarrow \text{Nachweis erforderlich!}$$

2. Zulässiger Sonneneintragswert:

$$S_{vorh} \leq S_{zul} \qquad (\textit{Formel 2.7.1-1})$$

$$S_{zul} = \sum_i S_{x,i} \qquad (\textit{Formel 2.7.3-1})$$

(*Bild 2.7.3-1*)
(*Tab. 2.7.3-2, Z. 10*)

Klimaregion A
Wohngebäude
mittelschwere Bauweise
erhöhte Nachtlüftung
$\rightarrow S_1 = 0{,}114$

$$S_2 = 0{,}060 - 0{,}231 \cdot f_{WG} = 0{,}060 - 0{,}231 \cdot 0{,}294 = -\,0{,}008 \qquad (\textit{Tab. 2.7.3-2, Z. 16})$$

$$S_3 = S_4 = S_5 = S_6 = 0$$

$$S_{zul} = 0{,}114 - 0{,}008 + 0 = 0{,}106$$

3. Vorhandener Sonneneintragswert:

$$S = \frac{\sum_j A_{W,j} \cdot g_\perp \cdot F_c}{A_G} = \frac{10{,}6 \cdot 0{,}85 \cdot F_c}{36{,}1} \qquad (\textit{Formel 2.7.2-1})$$

$$S_{zul} \geq S$$

$$0{,}106 \geq \frac{10{,}6 \cdot 0{,}85 \cdot F_c}{36{,}1}$$

$$F_c \leq \frac{0{,}106 \cdot 36{,}1}{10{,}6 \cdot 0{,}85} = 0{,}42$$

gewählt: außen liegende Rollläden, 3/4 geschlossen (F_c = 0,3)
alternativ: Jalousien + Raffstore, drehbare Lamellen,
45° Lamellenstellung („ent-off“-Stellung), (F_c = 0,25)
oder
Markiesen, parallel zur Verglasung (F_c = 0,25)

Lösung zu Aufgabe 30

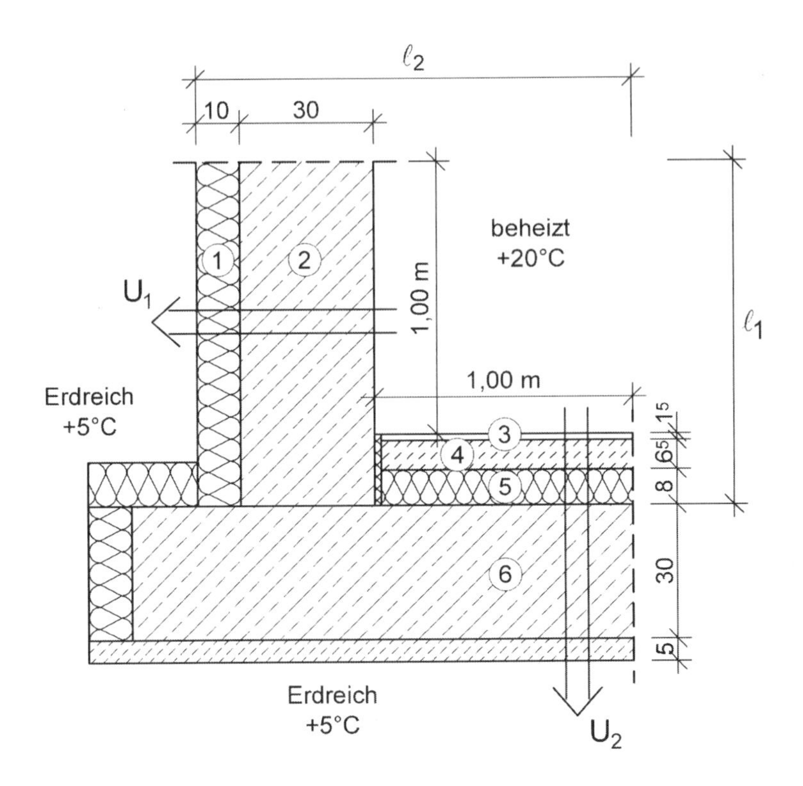

1. Wärmedurchgangskoeffizienten:

$$U = \left(R_{si} + \sum_{i=1}^{n} \frac{d_i}{\lambda_i} + R_{se} \right)^{-1}$$ *(Formel 2.1.12-2)*

$$U_1 = \left(0,13 + \frac{0,30}{2,3} + \frac{0,10}{0,04} + 0 \right)^{-1} = 0,36 \ \frac{\text{W}}{\text{m}^2\text{K}}$$

$$U_2 = \left(0,17 + \frac{0,065}{1,4} + \frac{0,08}{0,04} + 0 \right)^{-1} = 0,45 \ \frac{\text{W}}{\text{m}^2\text{K}}$$

Bei der U-Wert-Berechnung werden nur Schichten bis zur Bauwerksabdichtung berücksichtigt. Ausgenommen sind zugelassene Perimeterdämmstoffe bei erdberührten Gebäudeflächen.

2. Bezugslängen:

$\ell_1 = 1,00 + 0,015 + 0,065 + 0,08 = 1,16$ m

$\ell_2 = 1,00 + 0,30 + 0,10 = 1,40$ m

Die Bezugslängen sind korrespondierend zu den Systemgrenzen nach EnEV einzusetzen.

3. Temperaturdifferenzen:

$$\Delta\theta_1 = \theta_{i,1} - \theta_{e,1} = 20 - 5 = 15 \text{ K}$$

$$\Delta\theta_2 = \theta_{i,1} - \theta_{e,1} = 20 - 5 = 15 \text{ K}$$

$$\Delta\theta_{(i,e)} = \theta_i - \theta_e = 20 - (-5) = 25 \text{ K}$$

4. Längenbezogener Wärmebrückenkoeffizient:

Achtung: Der ψ-Wert ist immer auf die Temperaturdifferenz zwischen Innenluft und Außenluft zu beziehen!

$$\psi = L^{2D} - L^0 = \frac{\Phi}{\Delta\theta_{(i,e)}} - \sum_{i=1}^{n}\left(U_i \cdot \ell_i \cdot \frac{\Delta\theta_i}{\Delta\theta_{(i,e)}}\right) \qquad (\textit{Formel 2.3.2-1})$$

$$= \frac{\Phi}{\Delta\theta_{(i,e)}} - \sum_{i=1}^{n}\left(U_1 \cdot \ell_1 \cdot \frac{\Delta\theta_1}{\Delta\theta_{(i,e)}} + U_2 \cdot \ell_2 \cdot \frac{\Delta\theta_2}{\Delta\theta_{(i,e)}}\right)$$

$$= \frac{26{,}175}{25} - \left(0{,}36 \cdot 1{,}16 \cdot \frac{15}{25} + 0{,}45 \cdot 1{,}40 \cdot \frac{15}{25}\right)$$

$$= 0{,}42 \ \frac{\text{W}}{\text{m} \cdot \text{K}}$$

Der längenbezogene Wärmedurchgangskoeffizient beträgt $\psi = 0{,}42$ W/mK.

Lösung zu Aufgabe 31

1. Flächen

Satteldach:

$$A_{D1} = 14{,}0 \cdot 2 \cdot \sqrt{(2{,}0)^2 + (3{,}0)^2} = 101 \text{ m}^2$$

Flachdach:

$$A_{D2} = 10{,}0 \cdot 14{,}0 = 140 \text{ m}^2$$

Außenfassade:

$$A_{AW+W} = 2 \cdot (16{,}0 \cdot 10{,}2 + 14{,}0 \cdot 10{,}2 + 6{,}0 \cdot 1{,}6 + 0{,}5 \cdot 6{,}0 \cdot 2{,}0 + 14{,}0 \cdot 1{,}6)$$

$$= 688 \text{ m}^2$$

Grundfläche:

$$A_G = 14{,}0 \cdot 16{,}0 = 224 \text{ m}^2$$

gesamte wärmetauschende Gebäudehüllfläche:

$$A = A_{D1} + A_{D2} + A_{AW+W} + A_G$$

$$= 101 + 140 + 688 + 224$$

$$= 1153 \text{ m}^2$$

2. Wärmebrückenzusammenstellung:

Wärmebrücke	**Länge ℓ in m**		**ψ-Wert in W/(m·K)**	**$\psi \cdot \ell$ in W/K**
Außenwand-Bodenplatten-Anschluss	(14,0 + 16,0) · 2 =	60,0	0,042	2,52
Geschossdeckenanschluss	(14,0 + 16,0) · 2 · 2 + (14,0 + 2 · 6,0) =	146,0	0,016	2,34
Außenwandecken	(10,2 + 1,6) · 4 =	47,2	-0,004	-0,19
Traufanschluss Satteldach	14,0 · 2 =	28,0	0,044	1,23
Ortgang Satteldach	(3,61 · 2) · 2 =	14,4	0,031	0,45
First Satteldach	14,0 · 1 =	14,0	0,004	0,06
Attikaanschluss Flachdach	10,0 · 2 + 14,0 =	34,0	0,092	3,13
Flachdach an aufgehende Wand	14,0 · 1 =	14,0	-0,012	-0,17
seitliche Fensterlaibungen	1,51 · 40 + 1,01 · 4 + 1,01 · π · 2 =	70,8	0,065	4,60
Fensterbrüstungs-Anschluss	1,76 · 14 + 1,51 · 6 + 1,01 · 4 =	37,7	0,068	2,57
Fenstersturz-Anschluss	1,76 · 14 + 1,51 · 6 + 1,01 · 4 =	37,7	0,068	2,57
Türlaibung	2,01 · 6 =	12,1	0,071	0,86
Türschwelle	2,01 · 3 =	6,0	0,074	0,45
Türsturz	2,01 · 3 =	6,0	0,074	0,45
zusätzlicher Transmissionsverlust über Wärmebrücken H_{WB}			[W/K]	20,85
wärmetauschende Gebäudehüllfläche A			[m²]	1153
resultierender Wärmebrückenfaktor $\Delta U_{WB} = H_{WB} / A$			[W/(m²K)]	0,018

3. Vergleich mit möglichen pauschalen Zuschlägen nach EnEV:

Mögliche pauschale Zuschläge:

$\Delta U_{WB} = 0{,}10 \frac{W}{m^2K}$; (Bei Ausführung der wärmebrückenrelevanten Details ohne besondere Maßnahmen zur Reduzierung des Wärmebrückeneinflusses.)

$\Delta U_{WB} = 0{,}05 \frac{W}{m^2K}$; (Bei Ausführung aller wärmebrückenrelevanten Details gemäß DIN 4108 Beiblatt 2, bzw. beim Nachweis der Gleichwertigkeit der ausgeführten Details.)

Vorhandener Wärmebrückenfaktor: $\Delta U_{WB} = 0{,}018 \frac{W}{m^2K}$

Anmerkung: Der vorhandene Wärmebrückenfaktor unterschreitet die pauschalen Zuschläge. Dies zeigt die Möglichkeiten zur wärmeschutztechnischen Verbesserung eines Gebäudes durch eine Optimierung der Anschlüsse auf.

Lösung zu Aufgabe 32 *(Gebäude nach Abschnitt 2.6.2)*

1. Wärmeleitfähigkeit von ungefrorenem Erdreich:

$$\lambda = 2,0 \frac{W}{m \cdot K}$$ *(Tab. 2.6.1-1, Z. 18)*

2. Bodenplattenfläche:

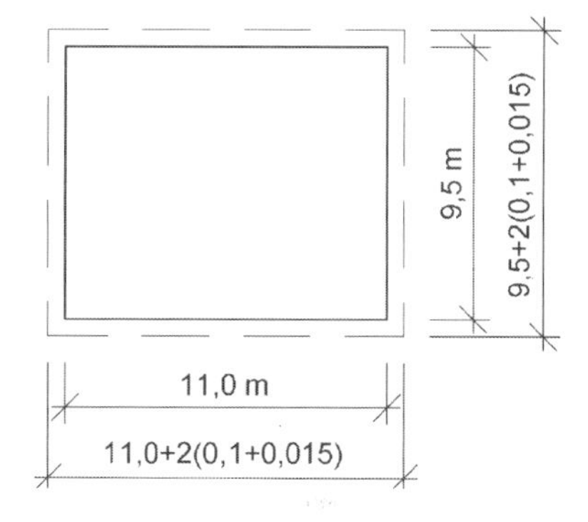

$$A_G = [9,5 + 2 \cdot (0,1 + 0,015)] \cdot [11,0 + 2 \cdot (0,1 + 0,015)]$$
$$= 9,73 \cdot 11,23 = 109,3 \text{ m}^2$$

3. Exponierter Umfang der Bodenplatte:

$$P = 2 \cdot [11,23 + 9,73] = 41,9 \text{ m}$$

4. Charakteristisches Bodenplattenmaß:

$$B' = \frac{A_G}{0,5 \cdot P} = \frac{109,3}{0,5 \cdot 41,9} = 5,22 \text{ m}$$ *(Tab. 2.6.1-1, Z. 3)*

5. Dicke der Umfassungswände:

$$d_w = 1 + 24 + 10 + 1,5 = 36,5 \text{cm} = 0,365 \text{ m}$$

6. Wärmedurchlasswiderstand der Bodenplatte:

$$R_f = \frac{0,045}{1,4} + \frac{0,04}{0,04} + \frac{0,16}{2,3} + \frac{0,08}{0,045} = 2,879 \frac{m^2K}{W}$$

7. Wirksame Gesamtdicke (Erdreichäquivalent) der Bodenplatte:

$$d_f = d_w + \lambda \cdot (R_{si} + R_f + R_{se})$$ *(Tab. 2.6.1-1, Z. 12)*
$$= 0,365 + 2,0 \cdot (0,17 + 2,879 + 0,04)$$
$$= 6,54 \text{ m}$$

8. Effektiver Wärmedurchgangskoeffizient der Bodenplatte:

$d_f = 6,54 \text{ m} > B' = 5,22 \text{ m}$ (gut gedämmte Bodenplatte)

$$\Rightarrow U_0 = \frac{\lambda}{0,457 \cdot B' + d_f}$$ *(Tab. 2.6.2-1, Z. 2)*

$$= \frac{2,0}{0,457 \cdot 5,22 + 6,54} = 0,22 \frac{W}{m^2K}$$

Der Wärmedurchgangskoeffizient der Bodenplatte beträgt U_0 = 0,22 W/m²K

9. Thermischer Leitwert:

$$L_s = A_G \cdot U_0 = 109,3 \cdot 0,22 = 24,05 \ \frac{\mathrm{W}}{\mathrm{K}}$$ (*Tab. 2.6.2-1, Z. 3*)

10. Periodische Eindringtiefe:

$$\delta = \sqrt{\frac{3,15 \cdot 10^7 \cdot \lambda}{\pi \cdot \rho \cdot c}}$$ (*Tab. 2.6.1-1, Z. 16*)

$$= \sqrt{\frac{3,15 \cdot 10^7 \cdot 2,0}{\pi \cdot 1600 \cdot 800}} = 3,96 \ \mathrm{m}$$

11. Harmonischer thermischer Leitwert:

$$L_{pe} = 0,37 \cdot P \cdot \lambda \cdot \ln\left(\frac{\delta}{\mathrm{d_t}} + 1\right)$$ (*Tab. 2.6.2-1, Z. 4*)

$$= 0,37 \cdot 41,92 \cdot 2,0 \cdot \ln\left(\frac{3,96}{6,543} + 1\right) = 14,68 \ \frac{\mathrm{W}}{\mathrm{K}}$$

12. Transmissionswärmeverlust im Monat m:

$\tau = 1$ (Nordhalbkugel); $\beta = 1$ (Bodenplatte auf Erdreich ohne Randdämmung)

$$\theta_{\mathrm{e,Amp}} = \frac{\theta_{\mathrm{e,m,max}} - \theta_{\mathrm{e,m,min}}}{2} = \frac{15,6 - 2,7}{2} = 6,45 \ ^\circ\mathrm{C}$$

$$\theta_{\mathrm{e,m}} = \frac{\sum \theta_{\mathrm{e,m,i}}}{12} = \frac{107,4}{12} = 8,95 \ ^\circ\mathrm{C}$$

$$\Phi_{\mathrm{x,M}} = L_s \cdot (\theta_{\mathrm{i,m}} - \theta_{\mathrm{e,m}}) + L_{pe} \cdot \theta_{\mathrm{e,Amp}} \cdot \cos\left(2 \cdot \pi \cdot \frac{m - \tau - \beta}{12}\right)$$ (*Formel 2.6.1-2*)

$$= 24,04 \cdot (20 - 8,95) + 14,68 \cdot 6,45 \cdot \cos\left(2 \cdot \pi \cdot \frac{m-2}{12}\right)$$

$$= 265,642 + 94,686 \cdot \cos\left(2 \cdot \pi \cdot \frac{m-2}{12}\right)$$

Bsp.: Monat Januar (m = 1)

$$\Phi_{\mathrm{x,J}} = 265,642 + 94,686 \cdot \cos\left(2 \cdot \pi \cdot \frac{1-2}{12}\right)$$

$$= 347,64 \ \mathrm{W}$$

13. Monatlicher Leitwert:

$$L^*_{s,M} = \frac{\Phi_{x,M}}{\theta_i - \theta_{e,m}} \qquad (Formel\ 2.6.1\text{-}1)$$

Bsp.: Monat Januar

$$L^*_{s,J} = \frac{\Phi_{x,J}}{\theta_i - \theta_{e,m}} = \frac{347,64}{20 - 8,95} = 31,46\ \frac{W}{K}$$

Zusammenstellung der monatlichen Werte:

Monat	θ_i in °C	$\theta_{e,m}$ in °C	$\Phi_{x,m}$ in W	$L^*_{s,m}$ in W/K
Januar	20	2,7	347,64	31,46
Februar	20	2,8	360,33	32,61
März	20	5,2	347,64	31,46
April	20	7,3	312,99	28,32
Mai	20	11,1	265,64	24,04
Juni	20	13,9	218,30	19,76
Juli	20	15,3	183,64	16,62
August	20	15,6	170,96	15,47
September	20	13,6	183,64	16,62
Oktober	20	10,5	218,30	19,76
November	20	5,8	265,64	24,04
Dezember	20	3,6	312,99	28,32
Jahressumme			**3187,70**	

Lösung zu Aufgabe 33 *(Gebäude nach Abschnitt 2.6.4)*

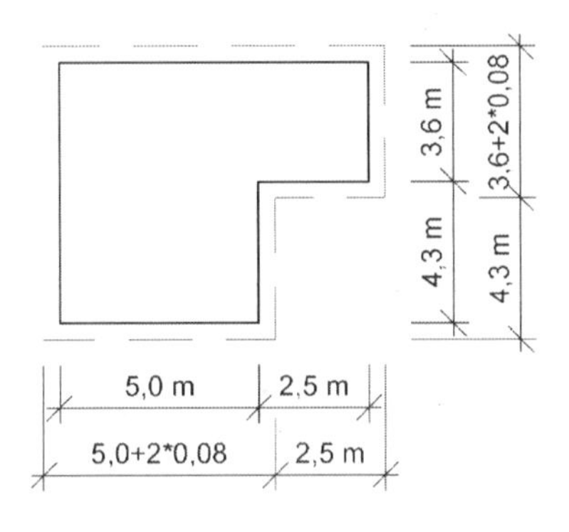

1. Wärmeleitfähigkeit von ungefrorenem Erdreich:

$$\lambda = 2{,}0 \frac{\text{W}}{\text{m} \cdot \text{K}}$$

2. Bodenplattenfläche:

$$A_G = (5{,}0 + 2 \cdot 0{,}08) \cdot (4{,}3 + 3{,}6 + 2 \cdot 0{,}08) + (3{,}6 + 2 \cdot 0{,}08) \cdot 2{,}5 = 50{,}99 \text{ m}^2$$

3. Exponierter Umfang der Bodenplatte:

$$P = 5{,}0 + 2 \cdot 0{,}08 + 4{,}3 + 2{,}5 + 3{,}6 + 2 \cdot 0{,}08 + 5{,}0 + 2{,}5 + 2 \cdot 0{,}08 + 3{,}6 + 4{,}3 + 2 \cdot 0{,}08 = 31{,}44 \text{ m}$$

4. Charakteristisches Bodenplattenmaß:

$$B' = \frac{A_G}{0{,}5 \cdot P} = \frac{50{,}99}{0{,}5 \cdot 31{,}44} = 3{,}244 \text{ m}$$

(Tab. 2.6.1-1, Z. 3)

5. Dicke der Umfassungswände:

$$d_w = 8 + 30 + 1 = 39 \text{cm} = 0{,}39 \text{ m}$$

6. Wärmedurchlasswiderstand der Bodenplatte:

$$R_f = \frac{0{,}045}{1{,}4} + \frac{0{,}10}{0{,}04} = 2{,}532 \frac{\text{m}^2\text{K}}{\text{W}}$$

7. Wirksame Gesamtdicke der Bodenplatte:

$$d_f = d_w + \lambda \cdot (R_{si} + R_f + R_{se}) = 0{,}39 + 2{,}0 \cdot (0{,}17 + 2{,}532 + 0{,}04) = 5{,}874 \text{ m}$$

(Tab. 2.6.1-1, Z. 12)

8. Effektiver Wärmedurchgangskoeffizient für den Wärmetransport über den Kellerfußboden:

$$d_f + 0{,}5 \cdot z = 5{,}874 + 0{,}5 \cdot 2{,}75 = 7{,}249\ m > B' = 3{,}244 \text{ m}$$

(Tab. 2.6.4-1, Z. 2)

$$\Rightarrow U_{bf} = \frac{\lambda}{0{,}457 \cdot B' + d_f + 0{,}5 \cdot z} = \frac{2{,}0}{0{,}457 \cdot 3{,}244 + 5{,}874 + 0{,}5 \cdot 2{,}75} = 0{,}23 \frac{\text{W}}{\text{m}^2\text{K}}$$

9. Thermischer Leitwert des Kellerfußbodens:

$$L_{s,bf} = A_G \cdot U_{bf} = 50{,}99 \cdot 0{,}23 = 11{,}73 \ \frac{\text{W}}{\text{K}}$$ *(Tab. 2.6.4-1, Z. 3)*

10. Periodische Eindringtiefe:

$$\delta = \sqrt{\frac{3{,}15 \cdot 10^7 \cdot \lambda}{\pi \cdot \rho \cdot c}} = \sqrt{\frac{3{,}15 \cdot 10^7 \cdot 2{,}0}{\pi \cdot 1600 \cdot 800}} = 3{,}96 \text{ m}$$ *(Tab. 2.6.1-1, Z. 16)*

11. Harmonischer thermischer Leitwert des Kellerfußbodens:

$$L_{pe,bf} = 0{,}37 \cdot P \cdot \lambda \cdot e^{\frac{-z}{\delta}} \cdot \ln\left(\frac{\delta}{d_f} + 1\right)$$ *(Tab. 2.6.4-1, Z. 4)*

$$= 0{,}37 \cdot 31{,}44 \cdot 2{,}0 \cdot \text{e}^{\frac{-2,75}{3,96}} \cdot \ln\left(\frac{3{,}96}{5{,}874} + 1\right) = 5{,}99 \ \frac{\text{W}}{\text{K}}$$

12. Wärmedurchlasswiderstand der Kellerwand:

$$R_w = \frac{0{,}08}{0{,}04} + \frac{0{,}30}{2{,}3} + \frac{0{,}01}{0{,}51} = 2{,}150 \ \frac{\text{m}^2\text{K}}{\text{W}}$$

13. Wirksame Gesamtdicke der Kellerwand:

$$d_{bw} = \lambda \cdot (R_{si} + R_w + R_{se}) = 2{,}0 \cdot (0{,}13 + 2{,}150 + 0{,}04) = 4{,}640 \text{ m}$$ *(Tab. 2.6.1-1, Z. 14)*

14. Effektiver Wärmedurchgangskoeffizient für den Wärmetransport über die Kellerwand:

$d_{bw} = 4{,}640 \text{ m} < d_t = 5{,}874 \text{ m}$ *(Tab. 2.6.4-1, Z. 5)*

$$\Rightarrow U_{bw} = \frac{2 \cdot \lambda}{\pi \cdot z} \cdot \left(1 + \frac{0{,}5 \cdot d_{bw}}{d_{bw} + z}\right) \cdot \ln\left(\frac{z}{d_{bw}} + 1\right)$$

$$= \frac{2 \cdot 2{,}0}{\pi \cdot 2{,}75} \cdot \left(1 + \frac{0{,}5 \cdot 4{,}640}{4{,}640 + 2{,}75}\right) \cdot \ln\left(\frac{2{,}75}{4{,}640} + 1\right) = 0{,}28 \ \frac{\text{W}}{\text{m}^2\text{K}}$$

15. Thermischer Leitwert der Kellerwand:

$$L_{s,bw} = A_{bw} \cdot U_{bw} = z \cdot P \cdot U_{bw} = 2{,}75 \cdot 31{,}44 \cdot 0{,}28 = 24{,}21 \ \frac{\text{W}}{\text{K}}$$ *(Tab. 2.6.4-1, Z. 6)*

16. Harmonischer thermischer Leitwert der Kellerwand:

$$L_{pe,bw} = 0,37 \cdot P \cdot \lambda \cdot 2 \cdot \left(1 - e^{\frac{-z}{\delta}}\right) \cdot \ln\left(\frac{\delta}{d_f} + 1\right) \qquad (Tab.\ 2.6.4\text{-}1,\ Z.\ 4)$$

$$= 0,37 \cdot 31,44 \cdot 2,0 \cdot 2 \cdot \left(1 - e^{\frac{-2,75}{3,96}}\right) \cdot \ln\left(\frac{3,96}{5,874} + 1\right) = 12,00\ \frac{W}{K}$$

17. Thermischer Gesamt-Leitwert:

$$L_s = L_{s,bf} + L_{s,bw} = 11,73 + 24,21 = 35,94\ \frac{W}{K} \qquad (Tab.\ 2.6.4\text{-}1,\ Z.\ 8)$$

18. Harmonischer thermischer Gesamt-Leitwert:

$$L_{pe} = L_{pe,bf} + L_{pe,bw} = 5,99 + 12,00 = 17,99\ \frac{W}{K} \qquad (Tab.\ 2.6.4\text{-}1,\ Z.\ 9)$$

19. Transmissionswärmeverlust im Monat m:

$\tau = 1$ (Nordhalbkugel)

$\beta = 1$ (Bodenplatte auf Erdreich ohne Randdämmung)

$$\theta_{e,Amp} = \frac{\theta_{e,m,\max} - \theta_{e,m,\min}}{2} = \frac{15,6 - 2,7}{2} = 6,45\ °C$$

$$\theta_{e,m} = \frac{\sum \theta_{e,m,i}}{12} = \frac{107,4}{12} = 8,95\ °C$$

$$\Phi_{x,M} = L_s \cdot (\theta_{i,m} - \theta_{e,m}) + L_{pe} \cdot \theta_{e,Amp} \cdot \cos\left(2 \cdot \pi \cdot \frac{m - \tau - \beta}{12}\right)\ [W] \qquad (Formel\ 2.6.1\text{-}2)$$

$$= 35,94 \cdot (20 - 8,95) + 17,99 \cdot 6,45 \cdot \cos\left(2 \cdot \pi \cdot \frac{m-2}{12}\right)$$

$$= 397,137 + 116,036 \cdot \cos\left(2 \cdot \pi \cdot \frac{m-2}{12}\right)$$

Bsp.: Monat Januar ($m = 1$)

$$\Phi_{x,J} = 397,137 + 116,036 \cdot \cos\left(2 \cdot \pi \cdot \frac{1-2}{12}\right)$$

$$= 497,63\ W$$

20. Monatlicher Leitwert:

$$L^*_{s,M} = \frac{\Phi_{x,M}}{\theta_i - \theta_{e,m}} \left[\frac{W}{K}\right]$$ *(Formel 2.6.1-1)*

Bsp.: Monat Januar

$$L^*_{s,J} = \frac{\Phi_{x,J}}{\theta_i - \theta_{e,m}} = \frac{497,63}{20-8,95} = 45,03 \ \frac{W}{K}$$

Zusammenstellung der monatlichen Werte:

Monat	θ_i in °C	$\theta_{e,m}$ in °C	$\Phi_{x,m}$ in W	$L^*_{s,m}$ in W/K
Januar	20	2,7	497,63	45,03
Februar	20	2,8	513,17	46,44
März	20	5,2	497,63	45,03
April	20	7,3	455,15	41,19
Mai	20	11,1	397,14	35,94
Juni	20	13,9	339,12	30,69
Juli	20	15,3	296,65	26,85
August	20	15,6	281,10	25,44
September	20	13,6	296,65	26,85
Oktober	20	10,5	339,12	30,69
November	20	5,8	397,14	35,94
Dezember	20	3,6	455,15	41,19
Jahressumme			**4765,64**	

Lösung zu Aufgabe 34 *(Gebäude nach Abschnitt 2.6.5)*

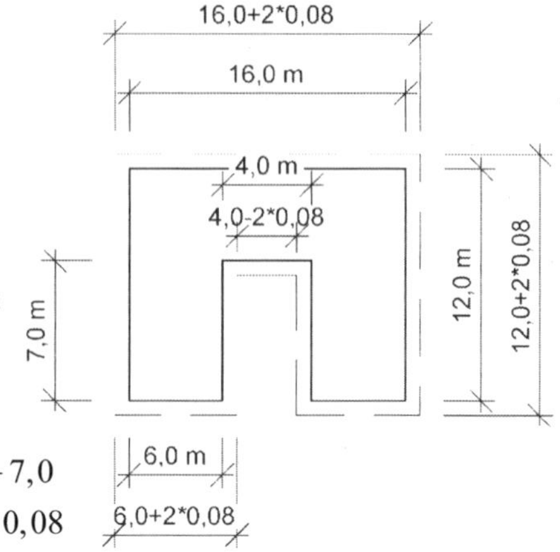

1. Wärmeleitfähigkeit von ungefrorenem Erdreich:

$$\lambda = 2{,}0 \ \frac{\text{W}}{\text{m} \cdot \text{K}}$$

2. Bodenplattenfläche:

$$A_G = (12{,}0 + 2 \cdot 0{,}08) \cdot 2 \cdot (6{,}0 + 2 \cdot 0{,}08) + (4{,}0 - 2 \cdot 0{,}08) \cdot (5{,}0 + 2 \cdot 0{,}08) = 169{,}63 \ \text{m}^2$$

3. Exponierter Umfang der Bodenplatte:

$$P = 16{,}0 + 2 \cdot 0{,}08 + 12{,}0 + 2 \cdot 0{,}08 + 6{,}0 + 2 \cdot 0{,}08 + 7{,}0 + 4{,}0 - 2 \cdot 0{,}08 + 7{,}0 + 6{,}0 + 2 \cdot 0{,}08 + 12{,}0 + 2 \cdot 0{,}08 = 70{,}64 \ \text{m}$$

4. Charakteristisches Bodenplattenmaß: *(Tab. 2.6.1-1, Z. 3)*

$$B' = \frac{A_G}{0{,}5 \cdot P} = \frac{169{,}63}{0{,}5 \cdot 70{,}64} = 4{,}803 \ \text{m}$$

5. Dicke der Umfassungswände:

$$d_w = 8 + 30 + 1 = 39 \text{cm} = 0{,}39 \ \text{m}$$

6. Wärmedurchlasswiderstand der Bodenplatte:

$$R_f = \frac{0{,}045}{1{,}4} + \frac{0{,}12}{0{,}04} = 3{,}032 \ \frac{\text{m}^2\text{K}}{\text{W}}$$

7. Wirksame Gesamtdicke der Bodenplatte: *(Tab. 2.6.1-1, Z. 12)*

$$d_f = d_w + \lambda \cdot (R_{si} + R_f + R_{se}) = 0{,}39 + 2{,}0 \cdot (0{,}17 + 3{,}032 + 0{,}04) = 6{,}874 \ \text{m}$$

8. Effektiver Wärmedurchgangskoeffizient für den Wärmetransport über den Kellerfußboden:

$$d_f + 0{,}5 \cdot z = 6{,}874 + 0{,}5 \cdot 1{,}80 = 7{,}774 \ \text{m} > B' = 4{,}803 \ \text{m}$$

(Tab. 2.6.4-1, Z. 2)

$$\Rightarrow U_{bf} = \frac{\lambda}{0{,}457 \cdot B' + d_f + 0{,}5 \cdot z} = \frac{2{,}0}{0{,}457 \cdot 4{,}803 + 6{,}874 + 0{,}5 \cdot 1{,}80} = 0{,}20 \ \frac{\text{W}}{\text{m}^2\text{K}}$$

9. Wärmedurchgangskoeffizient der Kellerdecke:

$$U_f = \left(0{,}17 + \frac{0{,}045}{1{,}4} + \frac{0{,}08}{0{,}04} + \frac{0{,}16}{2{,}3} + \frac{0{,}01}{0{,}7} + 0{,}17\right)^{-1} = 0{,}41\ \frac{\text{W}}{\text{m}^2\text{K}}$$

10. Wärmedurchlasswiderstand der Kellerwand:

$$R_w = \frac{0{,}08}{0{,}04} + \frac{0{,}30}{2{,}3} + \frac{0{,}01}{0{,}51} = 2{,}150\ \frac{\text{m}^2\text{K}}{\text{W}}$$

11. Wirksame Gesamtdicke der Kellerwand:

$$d_{bw} = \lambda \cdot (R_{si} + R_w + R_{se}) \qquad (\textit{Tab. 2.6.1-1, Z. 14})$$

$$= 2{,}0 \cdot (0{,}13 + 2{,}150 + 0{,}04) = 4{,}640\ \text{m}$$

12. Effektiver Wärmedurchgangskoeffizient
für den Wärmetransport über der Kellerwand:

$d_{bw} = 4{,}640\ \text{m} < d_t = 6{,}874\ \text{m}$

$$\Rightarrow U_{bw} = \frac{2 \cdot \lambda}{\pi \cdot z} \cdot \left(1 + \frac{0{,}5 \cdot d_{bw}}{d_{bw} + z}\right) \cdot \ln\left(\frac{z}{d_{bw}} + 1\right) \qquad (\textit{Tab. 2.6.4-1, Z. 5})$$

$$= \frac{2 \cdot 2{,}0}{\pi \cdot 1{,}80} \cdot \left(1 + \frac{0{,}5 \cdot 4{,}640}{4{,}640 + 1{,}80}\right) \cdot \ln\left(\frac{1{,}80}{4{,}640} + 1\right) = 0{,}32\ \frac{\text{W}}{\text{m}^2 K}$$

13. Wärmedurchgangskoeffizient der Kellerwand oberhalb des Erdreiches:

$$U_w = \left(0{,}13 + \frac{0{,}01}{0{,}51} + \frac{0{,}30}{2{,}3} + \frac{0{,}08}{0{,}04} + 0{,}04\right)^{-1} = 0{,}43\ \frac{\text{W}}{\text{m}^2 K}$$

14. Luftwechselrate des Kellers:

$n = 0{,}3\ \text{h}^{-1}$

15. Luftvolumen des Kellers:

$$V = \begin{bmatrix} [16{,}0 - 2 \cdot (0{,}3 + 0{,}01)] \cdot [5{,}0 - 2 \cdot (0{,}3 + 0{,}01)] \\ + 2 \cdot [6{,}0 - 2 \cdot (0{,}3 + 0{,}01)] \cdot 7{,}0 \end{bmatrix} \cdot (1{,}15 + 1{,}80)$$

$$= 420{,}9\ \text{m}^3$$

16. Effektiver Wärmedurchgangskoeffizient U für den Wärmetransport über den unbeheizten Keller:

$$\frac{1}{U}=\frac{1}{U_f}+\frac{A_G}{A_G\cdot U_{bf}+z\cdot P\cdot U_{bw}+h\cdot P\cdot U_w+0{,}33\cdot n\cdot V} \qquad (\textit{Tab. 2.6.5-1, Z. 2})$$

$$=\frac{1}{0{,}41}+\frac{169{,}63}{169{,}63\cdot 0{,}20+1{,}80\cdot 70{,}64\cdot 0{,}32+1{,}15\cdot 70{,}64\cdot 0{,}43+0{,}33\cdot 0{,}3\cdot 420{,}91}$$

$$=3{,}56\ \frac{\mathrm{m^2K}}{\mathrm{W}}$$

17. Thermischer Leitwert:

$$L_s=A_G\cdot U=169{,}63\cdot 3{,}56^{-1}=47{,}64\ \frac{\mathrm{W}}{\mathrm{K}} \qquad (\textit{Tab. 2.6.5-1, Z. 3})$$

18. Periodische Eindringtiefe:

$$\delta=\sqrt{\frac{3{,}15\cdot 10^7\cdot\lambda}{\pi\cdot\rho\cdot c}}=\sqrt{\frac{3{,}15\cdot 10^7\cdot 2{,}0}{\pi\cdot 1600\cdot 800}}=3{,}96 \qquad (\textit{Tab. 2.6.1-1, Z. 16})$$

19. Harmonischer thermischer Leitwert: (*Tab. 2.6.5-1, Z. 4*)

$$L_{pe}=A_G\cdot U_f\cdot\frac{0{,}37\cdot P\cdot\lambda\cdot\left(2-\mathrm{e}^{\frac{-z}{\delta}}\right)\cdot\ln\left(\frac{\delta}{d_t}+1\right)+h\cdot P\cdot U_w+0{,}33\cdot n\cdot V}{\left(A_G+z\cdot P\right)\cdot\frac{\lambda}{\delta}+h\cdot P\cdot U_w+0{,}33\cdot n\cdot V+A_G\cdot U_f}$$

$$=169{,}63\cdot 0{,}41\cdot\frac{0{,}37\cdot 70{,}64\cdot 2{,}0\cdot\left(2-\mathrm{e}^{\frac{-1{,}80}{3{,}96}}\right)\cdot\ln\left(\frac{3{,}96}{6{,}874}+1\right)+1{,}15\cdot 70{,}64\cdot 0{,}43+0{,}33\cdot 0{,}3\cdot 420{,}91}{\left(169{,}63+1{,}80\cdot 70{,}64\right)\cdot\frac{2{,}0}{3{,}96}+1{,}15\cdot 70{,}64\cdot 0{,}43+0{,}33\cdot 0{,}3\cdot 420{,}91+169{,}63\cdot 0{,}41}$$

$$=25{,}26\ \frac{\mathrm{W}}{\mathrm{K}}$$

20. Transmissionswärmeverlust im Monat m:

$\tau=1$ (Nordhalbkugel)

$\beta=1$ (Bodenplatte auf Erdreich ohne Randdämmung)

$$\theta_{e,Amp}=\frac{\theta_{e,m,\max}-\theta_{e,m,\min}}{2}=\frac{15{,}6-2{,}7}{2}=6{,}45\ ^\circ\mathrm{C}$$

$$\theta_{e,m}=\frac{\sum\theta_{e,m,i}}{12}=\frac{107{,}4}{12}=8{,}95\ ^\circ\mathrm{C}$$

$$\Phi_{x,M} = L_s \cdot (\theta_{i,m} - \theta_{e,m}) + L_{pe} \cdot \theta_{e,Amp} \cdot \cos\left(2 \cdot \pi \cdot \frac{m - \tau - \beta}{12}\right) \; [W] \qquad (Formel\ 2.6.1\text{-}2)$$

$$= 47{,}64 \cdot (10 - 8{,}95) + 25{,}26 \cdot 6{,}45 \cdot \cos\left(2 \cdot \pi \cdot \frac{m-2}{12}\right)$$

$$= 49{,}35 + 162{,}93 \cdot \cos\left(2 \cdot \pi \cdot \frac{m-2}{12}\right)$$

Bsp.: Monat Januar (m = 1)

$$\Phi_{x,J} = 49{,}35 + 162{,}93 \cdot \cos\left(2 \cdot \pi \cdot \frac{1-2}{12}\right)$$

$$= 212{,}27 \text{ W}$$

21. Monatlicher Leitwert:

$$L^*_{s,M} = \frac{\Phi_{x,M}}{\theta_i - \theta_{e,m}} \left[\frac{W}{K}\right] \qquad (Formel\ 2.6.1\text{-}1)$$

Bsp.: Monat Januar

$$L^*_{s,J} = \frac{\Phi_{x,J}}{\theta_i - \theta_{e,m}} = \frac{212{,}27}{10 - 8{,}95} = 202{,}16 \frac{W}{K}$$

Lösung zu Aufgabe 35

$$\Psi_{Traufe} = L_{2D} - L_o = L_{2D} - \sum (U_i \cdot A_i) \qquad (Formel\ 2.3.2\text{-}1)$$

$$= 0{,}453 \frac{W}{m \cdot K} - (0{,}22 \frac{W}{m^2K} \cdot 1{,}235 \text{ m} + 0{,}18 \frac{W}{m^2K} \cdot 1{,}325 \text{ m})$$

$$= -0{,}057 \frac{W}{m \cdot K}$$

Der längenbezogene Wärmedurchgangskoeffizient beträgt Ψ = - 0,057 W/mK.

Lösung zu Aufgabe 36

$$A_w = 1,25\ \text{m} \cdot 1,6\ \text{m} = 2,0\ \text{m}^2$$

$$A_G = A_w - A_f = 2,0 - A_f$$

$$U_w = \frac{A_G \cdot U_g + A_f \cdot U_f + \ell_g \cdot \Psi_G}{A_w} \qquad \textit{(Formel 2.1.14-2)}$$

$$1,1 = \frac{(2,0 - A_f) \cdot 0,9 + A_f \cdot 1,4 + 4,1 \cdot 0,05}{2,0}$$

$$2,2 = 2,0 \cdot 0,9 - A_f \cdot 0,9 + A_f \cdot 1,4 + 0,205$$

$$2,2 - 1,8 - 0,205 = A_f \cdot (-0,9 + 1,4)$$

$$0,195 = A_f \cdot 0,5$$

$$A_f = 0,39\ \text{m}^2$$

$$\Rightarrow \text{Anteil}: \frac{0,39}{2,0} \cdot 100\% = 19,5\%$$

Das Fenster darf höchstens einen Rahmenanteil von 19,5 % aufweisen.

2.2 Feuchteschutz

2.2.1 Antworten zu Verständnisfragen

Lösung zu Frage 1

Die Aufgaben des Feuchteschutzes liegen

- in der Vermeidung von Tauwasser in Außenbauteilen sowie auf deren Innenoberfläche,
- in der Vermeidung von Schimmelpilzbildung auf Innenoberflächen sowie in Hohlräumen im Bauteilinnern,
- im Schutz einer Konstruktion vor Schlagregen,
- in der Abdichtung erdberührter Bauteile gegen Wasser in flüssiger Form.

Durch entsprechende Maßnahmen soll die Baukonstruktion gegen Feuchtigkeit geschützt werden und sich im Gebäude ein für die Bewohner gesundes Raumklima einstellen.

Lösung zu Frage 2

Die Luft in einem Raum kann in Abhängigkeit von ihrer Temperatur nur eine begrenzte Wassermenge aufnehmen, diese wird Sättigungsfeuchte c_s genannt.Geht man beispielsweise davon aus, dass 1 m³ gesättigte Luft (ϕ = 100 %) von 20 °C ($c_{s\ 20°C}$=17,3 g/m³) bei konstant bleibender Feuchtmenge auf 10 °C ($c_{s\ 10°C}$=9,4 g/m³) abgekühlt wird, so fallen in dem betrachteten Luftvolumen 7,9 g Feuchtigkeit in flüssiger Form aus.

Das Carrier-Diagramm weist diese nicht linearen Zusammenhänge für den Temperaturbereich von -20 bis 30 °C sowie relative Feuchten von 0 bis 100 % anschaulich auf.

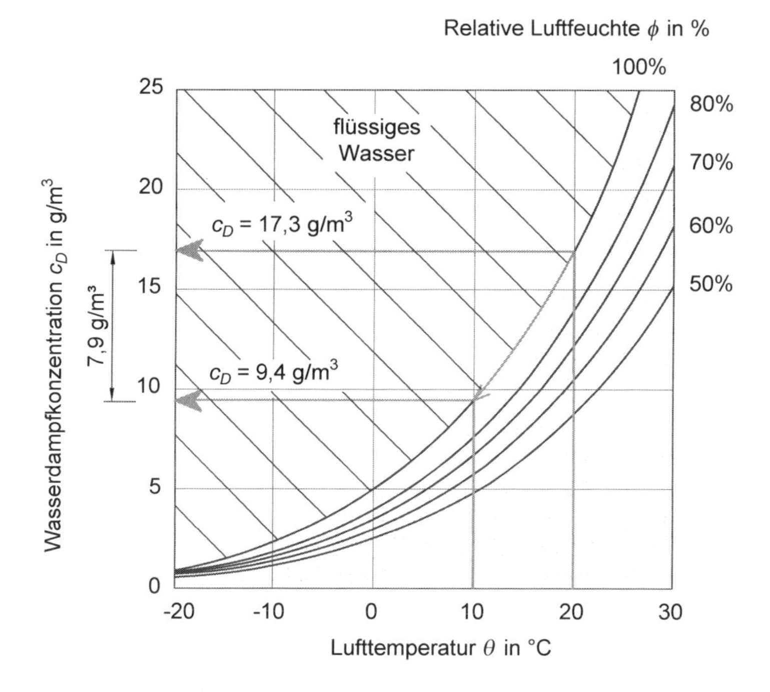

Lösung zu Frage 3

Die Taupunkttemperatur bezeichnet diejenige Temperatur, bei der die Wasserdampfsättigungskonzentration der Luft erreicht wird. Die relative Luftfeuchte beträgt in diesem Zustand 100 %. Dies geschieht z.B. durch Absenken der Lufttemperatur bei konstanter Feuchtekonzentration, es kommt zu einem Phasenwechsel und ein Teil der überschüssigen Feuchtigkeit wird in flüssiger Form als Tauwasser ausgeschieden.

Lösung zu Frage 4

Poröse Baustoffe besitzen die Fähigkeit, Feuchtigkeit in flüssiger und dampfförmiger Form in ihren inneren Poren aufzunehmen und ggf. zu transportieren. Man stellt sich dabei die Poren als kugelförmige Hohlräume vor, die durch Kapillaren miteinander verbunden sind. Die Feuchtetransportmechanismen werden unterteilt in:

1. Wasserdampfdiffusion
   Diffusion beschreibt das Bestreben kleinster Teilchen (Atome, Moleküle) sich durch thermische Eigenbeweglichkeit in Richtung eines Potentialgefälles zu bewegen. Sie findet nur bei geringem Feuchtegehalt des Baustoffes statt und kann in Abhängigkeit vom Radius der Pore in Diffusions- und Effusionsvorgänge unterschieden werden. Die Wassermoleküle werden an den trockenen Porenwandungen adsorbiert, bis sich eine Filmschicht gebildet hat.

2. Kapillarleitung
   Kapillarfeuchte entsteht in Baustoffporen durch Kondensation dampfförmiger Feuchtigkeit unterhalb des Sättigungsdampfdruckes. Man spricht auch von Kapillarkondensation. Treibende Kraft ist der Kapillardruck. In den Kapillarröhren findet dabei bei ansteigendem Feuchtegehalt der Transport von Wasser durch Kapillarleitung statt.

3. Strömungstransport
   Im letzten Stadium ist die Kugelpore wassergesättigt, so dass der Wassertransport infolge eines Druckunterschieds vollständig durch laminare Strömung erfolgt.

Lösung zu Frage 5

a) Baustoffe, die mit Tauwasser in Berührung kommen, dürfen nicht beschädigt werden, z.B. durch Korrosion oder Pilzbefall.

b) Das während der Tauperiode im Inneren des Bauteils anfallende Wasser muss während der Verdunstungsperiode wieder an die Umgebung abgeführt werden können.

c) Bei Dach- und Wandkonstruktionen darf eine flächenbezogene Tauwassermasse von insgesamt 1000 g/m² grundsätzlich nicht überschritten werden.

d) Tritt Tauwasser an Berührungsflächen mit einer kapillar nicht wasseraufnehmenden Schicht (z.B. Polystyrol oder Mineralwolle) auf, so darf eine flächenbezogene Tauwassermenge von 500 g/m^2 nicht überschritten werden.

e) Bei Holz ist eine Erhöhung des massebezogenen Feuchtegehaltes um mehr als 5 %, bei Holzwerkstoffen um mehr als 3 % unzulässig.

Lösung zu Frage 6

R_{si}=0,17 (m^2·K)/W R_{se}=0,0 (m^2·K)/W

Lösung zu Frage 7

Die Wasserdampf-Diffusionswiderstandszahl μ ist eine Baustoffkenngröße. Sie ist der Quotient aus dem Wasserdampf-Diffusionsleitkoeffizient von ruhender Luft und dem Wasserdampf-Diffusionsleitkoeffizient in einem Stoff. Der μ-Wert gibt an, um welchen Faktor der Wasserdampf-Diffusionswiderstand des betrachteten Materials größer ist als der einer gleichdicken, ruhenden Luftschicht gleicher Temperatur.

Lösung zu Frage 8

Die Ermittlung der Wasserdampfdurchlässigkeit von Baustoffen erfolgt experimentell und basiert auf Prüfungen in Prüfgefäßen unter isothermen Randbedingungen. Hierbei wird ein Prüfkörper in ein Prüfgefäß mit enthaltener Prüfsorbens eingebaut und abgedichtet, anschließend wird das Gefäß in einem Klimaraum mit konstanter Temperatur und relativer Luftfeuchte gelagert. Hier findet aufgrund der unterschiedlichen Wasserdampfpartialdrücke ein Diffusionsstrom durch den Probekörper statt. Dies führt zu einer Gewichtsänderung des Prüfgefäßes, welche durch periodisches Wiegen bestimmt wird.
Es werden zwei Messverfahren unterschieden:

1. Trockenbereichsverfahren: Durch das gewählte Prüfsorbens (hier: Trockenmittel) stellt sich im Prüfgefäß eine relative Luftfeuchte von ~0 %, im Klimaraum eine relative Luftfeuche von ~50 %. Hier herrscht der Feuchtetransport durch Dampfdiffusion vor, die Messung gibt Auskunft über das Verhalten von Stoffen bei niedriger relativer Luftfeuchte. Die Masse des Prüfgefäßes erhöht sich.

2. Feuchtbereichsverfahren: Durch das gewählte Prüfsorbens (hier: wässrige gesättigte Lösung) stellt sich im Prüfgefäß eine relative Luftfeuchte von ~93 % ein, im Klimaraum eine relative Luftfeuche von ~50 %. Hier herrscht der Flüssigwassertransport im Bauteil vor, die Messung gibt Auskunft über das Verhalten von Stoffen bei hoher relativer Luftfeuchte. Die Masse des Prüfgefäßes verringert sich.

Lösung zu Frage 9

Nach DIN 4108-3 sind bei der Berechnung nach dem Glaser-Verfahren die ungünstigeren μ-Werte anzusetzen, d.h. es werden bei der Diffusionsberechnung für Bauteilschichten von innen bis zur Tauwasserebene die kleineren μ-Werte und für Bauteilschichten von der ersten Tauwasserebene bis zur Außenoberfläche die größeren μ-Werte angesetzt. Hierdurch wird die größte rechnerische Tauwassermenge und somit der ungünstigste Fall bestimmt, sodass die Ergebnisse auf der sicheren Seite liegen.

Lösung zu Frage 10

Die wasserdampfdiffusionsäquivalente Luftschichtdicke s_d beschreibt den Widerstand des Bauteils, Wasserdampf hindurch zu lassen. Weist eine Bauteilschicht ein s_d von 1,0 m auf, so hat sie den gleichen Widerstand wie eine Luftschicht von 1,0 m. s_d ist abhängig von der Schichtdicke d und der Wasserdampf-Diffusionswiderstandszahl μ. ($s_d = \mu \cdot d$).

Es gilt:

$s_d \leq 0{,}5$ m	diffusionsoffene Schicht
$0{,}5 \text{ m} < s_d < 1500$ m	diffusionshemmende Schicht
$s_d \geq 1500$ m	diffusionsdichte Schicht

Lösung zu Frage 11

Die Brille wird beschlagen! Die Aufnahmefähigkeit von Wasserdampf durch die Luft ist abhängig von der Temperatur. Die warme Raumluft kühlt sich schlagartig auf der Brille ab und Wasserdampf kondensiert auf dem Brillenglas.

Lösung zu Frage 12

Nein, diese Maßnahme ist nicht sinnvoll. Der Schlafraum wird nicht beheizt, sodass in der Regel die Außenflächen (Wände, Fenster ..) ausgekühlt sind. Durch Öffnen der Schlafzimmertür gelangt warme Raumluft in den kalten Raum. Durch die Abkühlung im Schlafzimmer kann die Luft nicht mehr so viel Feuchte aufnehmen und es steigt die relative Feuchte. Sie kann dann an den ausgekühlten Außenwandflächen kondensieren und langfristig zu Schimmelpilzbildung führen.

Besonders gefährdet sind Wärmebrücken, Fensterlaibungen oder Heizkörpernischen.

Lösung zu Frage 13

Der Schlagregenschutz einer Wand kann durch konstruktive Maßnahmen (z.B. Dachüberstände, Außenwandbekleidung, Verblendmauerwerk, Schutzschichten im Inneren der Konstruktion) oder Putze bzw. Beschichtungen erzielt werden. Die Maßnahmen richten sich nach der Größe der Schlagregenbeanspruchung, diese ist nach DIN 4108-3 unterteilt in 3 Beanspruchungsgruppen:

I : geringe Schlagregenbeanspruchung
II : mittlere Schlagregenbeanspruchung
III : starke Schlagregenbeanspruchung

Lösung zu Frage 14

Fehlstellen in der Luftdichtigkeitsschicht sind z. B. Undichtigkeiten bei Anschlussdetails oder in der Dampfsperre einer Sparrendachkonstruktion. An diesen Stellen entweicht in kalten Jahreszeiten aufgrund des Druckgefälles die Raumluft, so dass es zum einen zu unnötigen Energieverlusten führt und es zum anderen einen Feuchteeintrag durch Konvektion gibt. Warme Raumluft gelangt in die Bauteilkonstruktionen, dort kondensiert sie in und an kalten Baustoffschichten und kann die Konstruktion nachhaltig schädigen (Schädigung durch Erhöhung der Wärmeleitfähigkeit oder Faulen von Konstruktionshölzern ...).

Lösung zu Frage 15

Durch dicht an der Wand positionierte Möbel wird der konvektive und strahlungsbedingte Wärmeübergang behindert, so dass der innere Wärmeübergangswiderstand erhöht wird. Die Folge ist eine Absenkung der Wandinnentemperatur und eine Erhöhung der relativen Feuchte vor der Wand, wodurch Tauwasserausfall bzw. Schimmelpilzbildung auftreten kann.

Lösung zu Frage 16

Außengedämmte Konstruktionen sind zu bevorzugen, da die Wärmedämmschicht als durchgehende Außenhülle die massive Wandkonstruktion umgibt. Die Massivwand bleibt warm und wirkt träge, so dass auch kleine Durchdringungen der Dämmschicht oder Wärmebrücken kaum eine Auswirkung haben. Anders ist dies bei Innenwanddämmungen gelagert. Hier wird die innenliegende Wärmedämmebene durch einbindende Innenwände und -decken unterbrochen, die massive Wärmebrücken darstellen. Niedrige Innenoberflächentemperaturen im Wärmebrückenbereich können unter der Taupunkttemperatur liegen oder zu Schimmelbildung führen.

Lösung zu Frage 17

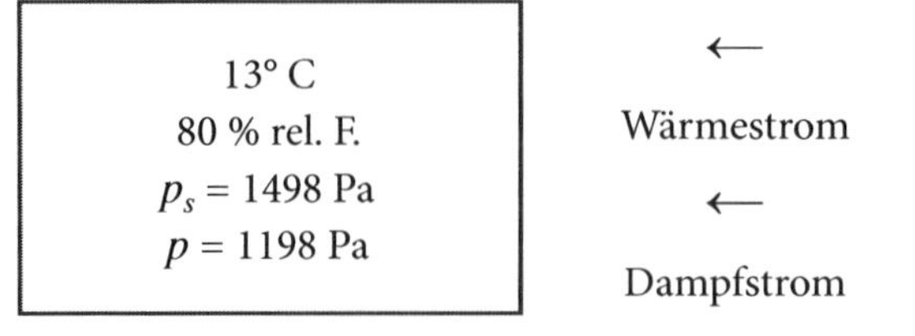

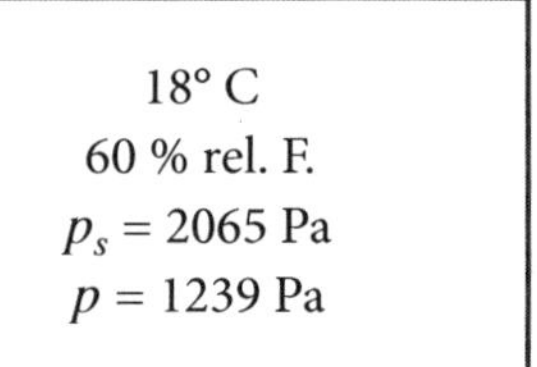

Lösung zu Frage 18

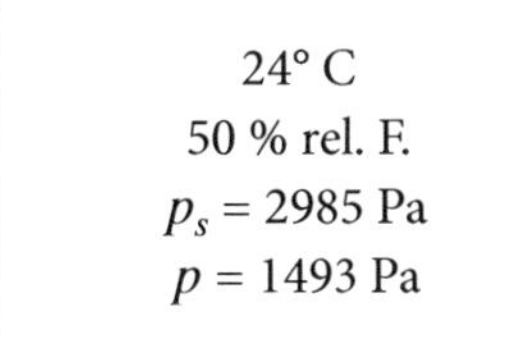

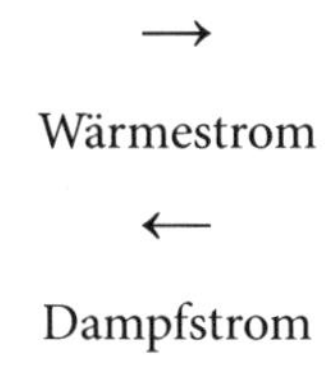

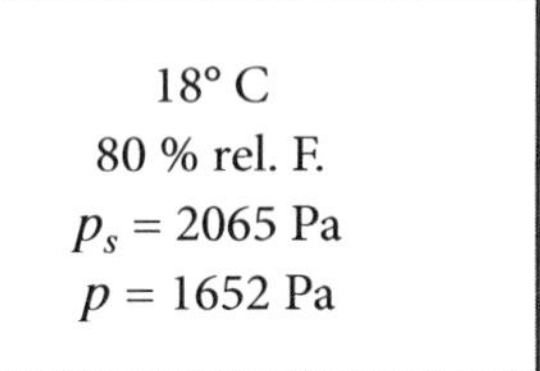

Lösung zu Frage 19

Luft	$\mu = 1$
Glas	$\mu = \infty$
Porenbeton	$\mu = 5/10$
Kunstharzputz	$\mu = 50/200$
Mineralfaser-Dämmung	$\mu = 1$
Bitumendachbahnen	$\mu = 110000/80000$

Lösung zu Frage 20

Als Perimeterdämmung wird die Wärmedämmung erdberührter Bauteile von Gebäuden und Bauwerken an ihrer Außenseite bezeichnet. Dabei kann es sich sowohl um die Dämmung unterhalb der Bodenplatte eines Gebäudes wie auch um die Wanddämmung einer im Erdreich eingebundenen Kelleraußenwand handeln.

Die Dämmung muss wasser- und druckbeständig sein, daher werden geschlossenporige Schaumstoffmaterialien, z. B. extrudierte Polystyrol-Hartschaumplatten oder Schaumglasplatten verwendet. Das Produkt muss für diese Anwendung bauaufsichlich zugelassen sein.

Lösung zu Frage 21

Das Bauteil wird in Teilschichten unterteilt, mindestens an den Baustoffgrenzen. Bauteilschichten mit großem Temperaturabfall ($\Delta\theta > 10$ °C) werden in weitere Teilschichten - üblicherweise Drittelung der Schichten - unterteilt. Der Grund ist der nicht lineare Zusammenhang zwischen Wasserdampfsättigungsdruck und Temperatur (s. Carrier-Diagramm).

Lösung zu Frage 22

Unter den stationären Randbedingungen ($\theta_i = 20$ °C; $\theta_e = -5$ °C; $\phi_i = 50$ %) ist ein Temperaturfaktor $f_{\text{Rsi}} \geq 0{,}7$ einzuhalten, was einer Schimmelpilzgrenztemperatur von 12,6 °C entspricht.

Lösung zu Frage 23

Gemäß DIN EN ISO 13788 ist
an horizontalen Verglasungen und Rahmen $R_{si} = 0{,}13$ (m²·K)/W
und an allen anderen raumseitigen Flächen $R_{si} = 0{,}25$ (m²·K)/W
anzusetzen.

Lösung zu Frage 24

Nach DIN 4108-3 sind bei der Berechnung nach dem Glaser-Verfahren die ungünstigeren μ-Werte anzuwenden. D.h. es werden für Bauteilschichten von innen bis zur Tauwasserebene die kleineren μ-Werte (Feuchtbereichsverfahren) und für Bauteilschichten von der Tauwasserebene bis zur Außenoberfläche die größeren μ-Werte (Trockenbereichsverfahren) angesetzt. Hierdurch wird die größte rechnerische Tauwassermenge und somit der ungünstigste Fall bestimmt.

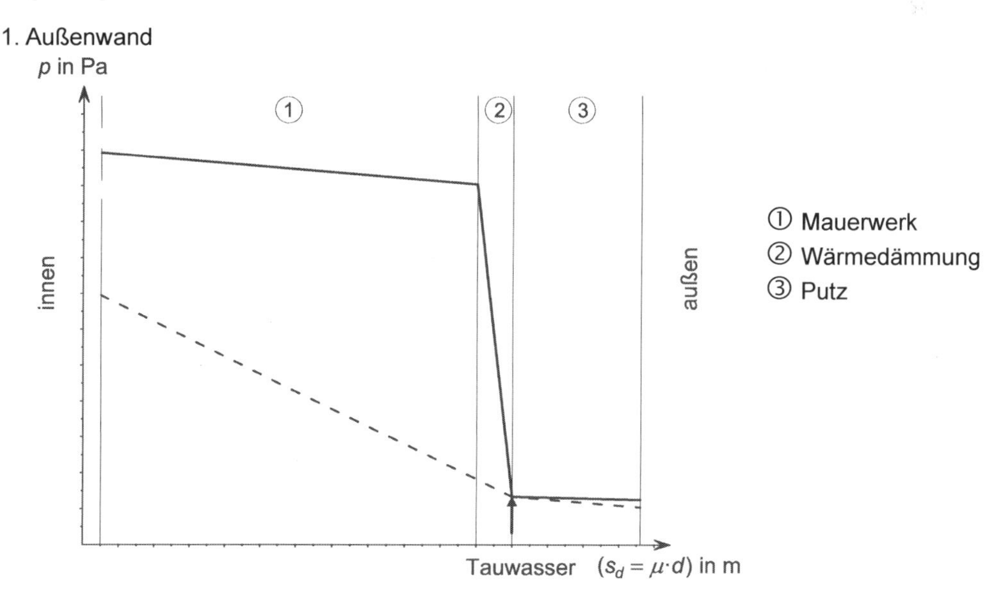

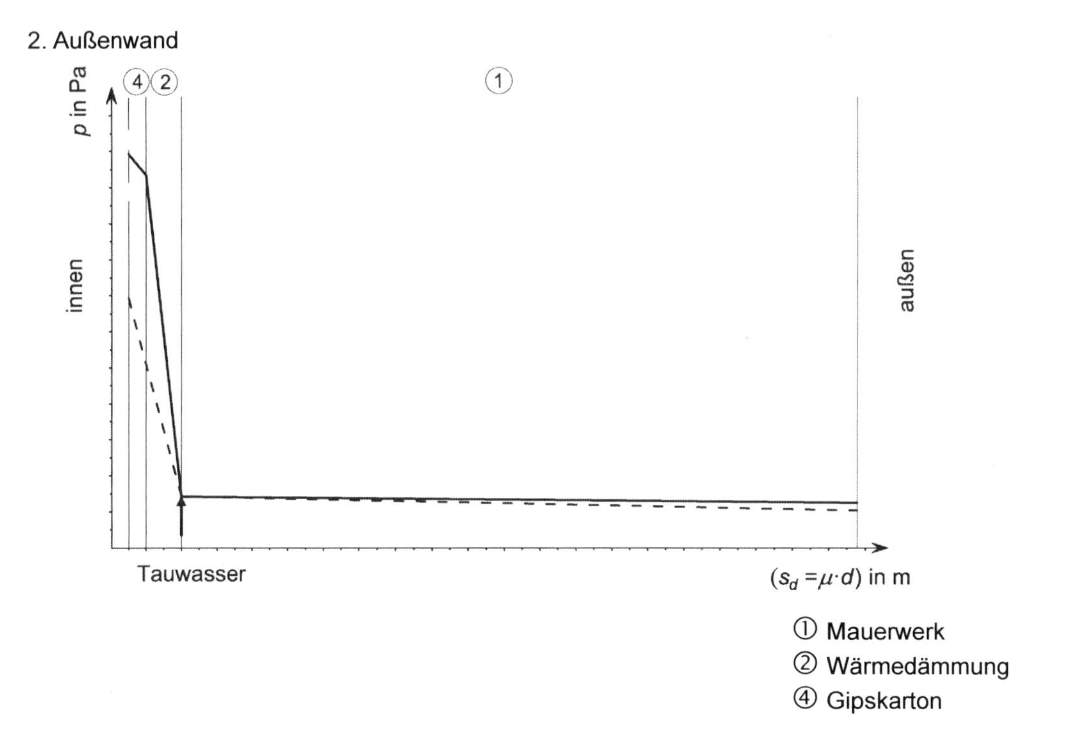

Lösung zu Frage 25

richtig	falsch	Konstruktionsgrundsatz
	X	Die Wärmedurchlasswiderstände sollten von außen nach innen zunehmen.
X		Die Diffusionswiderstände sollten von innen nach außen abnehmen.
	X	Eine Dampfbremse ist auf der kalten Bauteilseite anzuordnen.

Lösung zu Frage 26

Zum Trocken eines Kellers sollte man ihn im Winter lüften. Die Luft im Keller ist dann wärmer als die Außenluft, und somit wird die Luftfeuchtigkeit mit der Luft nach außen transportiert. Die trockenere Außenluft erwärmt sich im Keller und kann wieder Feuchtigkeit aufnehmen.

Im Sommer ist die Außenluft wärmer und hat einen höheren Feuchtigkeitsgehalt als die Kellerluft. Somit wird beim Lüften Feuchtigkeit in den Keller transportiert.

Lösung zu Frage 27

- Intensität von Wind
- Intensität von Niederschlag
- Lage (Exponiertheit) des Gebäudes
- Gebäudeart (z.B. EFH oder Hochhaus)

Lösung zu Frage 28

1. Begrenzung der kapillaren Wasseraufnahme
2. Vermeidung von Oberflächenmängeln wie Rissen oder Spalten
3. Instandhaltung von Abdichtungen in der Fläche, an Durchdringungen und an Fugen
4. Sicherstellung der schnellen Verdunstung aufgenommenen Wassers

Lösung zu Frage 29

Als Schlagregen bezeichnet man Regen, dessen Tropfen unter der Wirkung des Windes merklich aus der lotrechten Fallrichtung abgelenkt werden und dadurch auf senkrecht exponierte Flächen (z.B. Hauswände) unter einem bestimmten Einfallwinkel, der von der Tropfengröße und Windgeschwindigkeit abhängt, auftreffen.
Die Häufigkeit des Auftretens von Schlagregen in Abhängigkeit von der Windrichtung ist, z.B. bei der Konstruktion von Bauwerken (Feuchtebelastung, Verwitterung) zu berücksichtigen.

Lösung zu Frage 30

- Das auftreffende Regenwasser kann durch kapillare Saugwirkung der Oberfläche in die Wand aufgenommen werden.
- Das auftreffende Regenwasser kann infolge des Staudrucks z.B. über Risse, Spalten oder fehlerhafte Abdichtungen in die Konstruktion eindringen.

2.2.2 Lösungen zu Feuchteschutz-Aufgaben

Lösung zu Aufgabe 1

a) relative Luftfeuchte

$\phi = 60\ \%$ *(Tabelle 3.1.9-1)*[*)]

oder rechnerisch:

$$\theta_s = \left(\frac{\phi}{100}\right)^{\frac{1}{8,02}} \cdot (109,8+\theta) - 109,8$$ *(Formel 3.1.9-1)*[*)]

$$\left(\frac{\phi}{100}\right)^{\frac{1}{8,02}} = \frac{\theta_s + 109,8}{109,8+\theta}$$

$$\frac{\phi}{100} = \left(\frac{\theta_s + 109,8}{109,8+\theta}\right)^{8,02} = \left(\frac{13,9+109,8}{109,8+22,0}\right)^{8,02} = 0,60$$

$\phi = 60\ \%$

b) ausfallende Feuchtigkeit:

Wasserdampfkonzentration für 22,0 °C und $\theta = 60\ \%$

$\rightarrow c_D = 11,6\ \text{g/m}^3$ *(Bild 3.1.8-1)*[*)]

oder rechnerisch:

$p_s = 2642$ Pa *(Tabelle 3.1.3-1)*[*)]

$$c_D = \frac{\phi \cdot p_s}{R_D \cdot T} = \frac{0,60 \cdot 2642}{461,5 \cdot (22,0+273,15)} = 0,01162\,\frac{\text{kg}}{\text{m}^3} = 11,6\ \frac{\text{g}}{\text{m}^3}$$ *(Formel 3.1.7-1)*[*)]

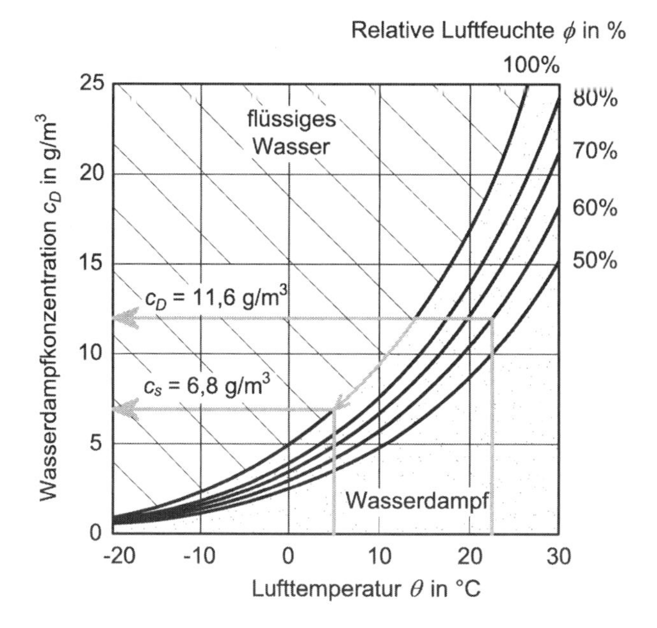

[*)] Die Formel- und Tabellenhinweise beziehen sich auf das Buch „Formeln und Tabellen - Bauphysik", 5. Auflage

Sättigungskonzentration für 5,0 °C und ϕ = 100 %

$\rightarrow c_s = 6{,}8$ g/m³ *(Bild 3.1.8-1)*

oder rechnerisch:

$p_s = 872$ Pa *(Tabelle 3.1.3-1)*

$$c_s = \frac{1{,}0 \cdot 872}{461{,}5 \cdot (5{,}0 + 273{,}15)} = 0{,}0068\ \frac{\text{kg}}{\text{m}^3} = 6{,}8\ \frac{\text{g}}{\text{m}^3}$$ *(Formel 3.1.8-1)*

Ausfallende Feuchtigkeit:

$$c_D - c_s = 11{,}6 - 6{,}8 = 4{,}8\ \frac{\text{g}}{\text{m}^3}$$

c) relative Luftfeuchtigkeit bei Temperaturanstieg auf 24 °C:

Der Partialdruck ist bei beiden Temperaturzuständen im Raum konstant.

$$p_D(\theta_i) = p_D(\theta_{i+1})$$

$$p_D = \phi \cdot p_S$$ *(Formel 3.1.5-1)*

$$\phi_i \cdot p_s(\theta_i) = \phi_{i+1} \cdot p_s(\theta_{i+1})$$

$$\Rightarrow \phi_{i+1} = \frac{\phi_i \cdot p_s(\theta_i)}{p_s(\theta_{i+1})} = \frac{\phi_i \cdot p_s(22{,}0\,°C)}{p_s(24{,}0\,°C)}$$ *(Tabelle 3.1.3-1)*

$$= \frac{0{,}60 \cdot 2642}{2982} = 0{,}532 \quad \hat{=}\ 53{,}2\ \%$$

Alternativ berechnet mit der Wasserdampfkonzentration:

$c_S(22{,}0°\text{C}) = 19{,}40$ g/m³ ; $c_S(24{,}0°\text{C}) = 21{,}75$ g/m³ *(Tabelle 3.1.8-1)*

$$\phi_{i+1} = \frac{\phi_i \cdot c_S(22{,}0°\text{C})}{c_S(24°\text{C})} = \frac{0{,}60 \cdot 19{,}40}{21{,}75} = 0{,}535\ \hat{=}\ 53{,}5\ \%$$ *(Formel 3.1.5-1)*

Es stellt sich eine relative Luftfeuchte von 53,5 % ein.

d) Berechnung der Wassermasse:

Volumen: $V = 8{,}0 \cdot 5{,}0 \cdot 2{,}75 = 110{,}0$ m³

$$c_s(22{,}0\,°\text{C}) = 19{,}40\ \frac{\text{g}}{\text{m}^3}$$ *(Tabelle 3.1.8-1)*

$$c_D = \phi \cdot c_S$$ *(Formel 3.1.5-1)*

$$\Delta c_{absolut} = (\phi_1 - \phi_2) \cdot c_s \cdot V$$

$$= (0{,}60 - 0{,}50) \cdot 19{,}40 \cdot 110{,}0 = 213{,}4\ \text{g}$$

Es muss eine Wassermasse von 213,4 g kondensieren.

Lösung zu Aufgabe 2

a. Wasserdampfkonzentrationen

$p_S(24{,}0\ °C) = 2982\ Pa$ (*Tabelle 3.1.8-1*)

$p_S(-5{,}0\ °C) = 401\ Pa$

$$c_{D,i} = \frac{\phi_i \cdot p_S}{R_D \cdot T} = \frac{0{,}65 \cdot 2982}{461{,}5 \cdot (24 + 273{,}15)} = 0{,}0141\ \frac{kg}{m^3} = 14{,}1 \frac{g}{m^3}$$ (*Formel 3.1.7-1*)

$$c_{D,e} = \frac{\phi_e \cdot p_S}{R_D \cdot T} = \frac{0{,}90 \cdot 401}{461{,}5 \cdot (-5 + 273{,}15)} = 0{,}0029\ \frac{kg}{m^3} = 2{,}9 \frac{g}{m^3}$$

$c_{D,i} > c_{D,e}$

$\Rightarrow$ Es wird Feuchtigkeit von innen nach außen transportiert.

b. Feuchtemenge

$$\Delta c = c_{D,i} - c_{D,e} = 14{,}1 - 2{,}9 = 11{,}2 \frac{g}{m^3}$$

Durch den Lüftungsvorgang werden 11,2 g/m³ Feuchtigkeit nach außen transportiert.

Lösung zu Aufgabe 3

a) Der Partialdampfdruck bleibt gleich

$$\phi_1 \cdot p_s(\theta_1) = \phi_2 \cdot p_s(\theta_2)$$ (*Formel 3.1.5-1*)

$$\Rightarrow \phi_2 = \frac{\phi_1 \cdot p_s(\theta_1)}{p_s(\theta_2)} = \frac{\phi_1 \cdot p_s(21{,}5\,°C)}{p_s(25{,}8\,°C)}$$ (*Tabelle 3.1.3-1*)

$$= \frac{0{,}55 \cdot 2563}{3320} = 0{,}425 \quad \hat{=}\ 42{,}5\ \%$$

b) Taupunkttemperatur

$$\theta_s = \left(\frac{\phi}{100}\right)^{\frac{1}{8,02}} \cdot (109{,}8 + \theta) - 109{,}8$$ (*Formel 3.1.9-1*)

$$= \left(\frac{42{,}5}{100}\right)^{\frac{1}{8,02}} \cdot (109{,}8 + 25{,}8) - 109{,}8 = 12{,}1\ °C$$

c) Schimmelpilz-Grenztemperatur:

$$\theta_{si,min} = \left(\frac{1{,}25 \cdot \phi}{100}\right)^{\frac{1}{8,02}} \cdot (109{,}8 + \theta_i) - 109{,}8$$ (*Formel 3.1.10-1*)

$$= \left(\frac{1{,}25 \cdot 42{,}5}{100}\right)^{\frac{1}{8,02}} \cdot (109{,}8 + 25{,}8) - 109{,}8 = 15{,}5\,°C$$

Schon ab Oberflächentemperaturen von 15,5 °C kann es auf diesen Oberflächen zu Schimmelpilzbildung kommen.

Lösung zu Aufgabe 4

a) Innenbedingungen

$\theta_{\mathrm{i}} = 20\ °\mathrm{C};\quad \phi_{\mathrm{i}} = 45\ \%$

$$\theta_{\mathrm{s}} = \left(\frac{\phi}{100}\right)^{\frac{1}{8,02}} \cdot (109{,}8 + \theta) - 109{,}8$$ (*Formel 3.1.9-1*)

$$= \left(\frac{45}{100}\right)^{\frac{1}{8,02}} \cdot (109{,}8 + 20) - 109{,}8 = 7{,}7\ °\mathrm{C}$$

oder: $\theta_{\mathrm{s}} = 7{,}7\ °\mathrm{C}$ (*Tabelle 3.1.9-1*)

b) Außenbedingungen

$\theta_e = -\ 9{,}0\ °\mathrm{C};\quad \phi_{\mathrm{e}} = 70\ \%$

$$c_S = 2{,}32\ \frac{\mathrm{g}}{\mathrm{m}^3}$$ (*Tabelle 3.1.8-1*)

$$c_{D,e} = \phi \cdot c_{S,e} = 0{,}7 \cdot 2{,}32 = 1{,}62\ \frac{\mathrm{g}}{\mathrm{m}^3}$$ (*Formel 3.1.5-1*)

oder:

$$p_S = 283\ \mathrm{Pa}$$ (*Tabelle 3.1.3-1*)

$$c_{D,e} = \frac{\phi_e \cdot p_S}{R_D \cdot T}$$ (*Formel 3.1.7-1*)

$$= \frac{0{,}70 \cdot 283}{461{,}5 \cdot (-\ 9{,}0 + 273{,}15)} = 0{,}00163\ \frac{\mathrm{kg}}{\mathrm{m}^3} = 1{,}63\ \frac{\mathrm{g}}{\mathrm{m}^3}$$

c) mit mechanischer Lüftung

$$c_{D,e} = 1{,}63\ \frac{\mathrm{g}}{\mathrm{m}^3}$$

$$c_{S,i} = 17{,}27\ \frac{\mathrm{g}}{\mathrm{m}^3}\ \text{(ohne Lüftung)}$$ (*Tabelle 3.1.8-1*)

$$\Rightarrow\ c_{D,i} = \phi \cdot c_{S,i} = 0{,}45 \cdot 17{,}27 = 7{,}77\ \frac{\mathrm{g}}{\mathrm{m}^3}$$ (*Formel 3.1.5-1*)

Frischluftmenge $n = 30\ \frac{\mathrm{m}^3}{\mathrm{h} \cdot \mathrm{Pers.}}$

Feuchteabgabe $m = 50\ \frac{\mathrm{g}}{\mathrm{h} \cdot \mathrm{Pers.}}$

Feuchtezugabe $x = m_{H_2O} \cdot n$

Feuchtebilanz :

$$\text{Feuchte}_{\text{Zuluft}} - \text{Feuchte}_{\text{Abluft}} + \text{Feuchteabgabe}_{\text{Person}} + \text{Befeuchtung} = 0$$

$$c_{D,e} \cdot n - c_{D,i} \cdot n + m + x = 0$$

$$x = c_{D,i} \cdot n - m - c_{D,e} \cdot n$$

$$x = 7{,}77 \ \frac{\text{g}}{\text{m}^3} \cdot 30 \ \frac{\text{m}^3}{\text{h} \cdot \text{Pers.}} - 50 \ \frac{\text{g}}{\text{h} \cdot \text{Pers.}} - 1{,}63 \ \frac{\text{g}}{\text{m}^3} \cdot 30 \ \frac{\text{m}^3}{\text{h} \cdot \text{Pers.}}$$

$$= 233{,}1 - 50 - 48{,}9 = 134{,}2 \frac{\text{g}}{\text{h} \cdot \text{Pers.}}$$

$$m_{H_2O} = \frac{x}{n} = \frac{134{,}2}{30} = 4{,}47 \frac{\text{g}}{\text{m}^3}$$

Der Raum muss zusätzlich mit mind. 4,5 g Wasser pro m^3 Frischluft befeuchtet werden.

Lösung zu Aufgabe 5

a) Randbedingung: Tauwasserfreiheit

$\theta_i = 22$ °C; $\phi_i = 65$ %; $\theta_e = -5$ °C; $R_{si} = 0{,}25 \ \frac{\text{m}^2 \cdot \text{K}}{\text{W}}$; $R_{se} = 0{,}04 \ \frac{\text{m}^2 \cdot \text{K}}{\text{W}}$

$$\theta_S(22{,}0\,°\text{C}; 65\,\%) = 15{,}1\,°\text{C}$$ (*Tabelle 3.1.9-1*)

$$R_{\min} \geq R_{si} \cdot \frac{\theta_i - \theta_e}{\theta_i - \theta_S} - (R_{si} + R_{se})$$ (*Formel 3.4.1-3*)

$$\geq 0{,}25 \cdot \frac{22{,}0 - (-5)}{22{,}0 - 15{,}1} - (0{,}25 + 0{,}04) \geq 0{,}69 \ \frac{\text{m}^2 \cdot \text{K}}{\text{W}}$$

Die Außenwand muss mindestens einen Wärmedurchlasswiderstand von 0,69 (m^2·K)/W aufweisen.

b) Randbedingung: Schimmelpilzfreiheit

Schimmelpilz-Grenztemperatur

$$\theta_{si,\,min} = \left(\frac{1{,}25 \cdot \phi}{100}\right)^{\frac{1}{8{,}02}} \cdot (109{,}8 + \theta) - 109{,}8$$ (*Formel 3.1.10-1*)

$$= \left(\frac{1{,}25 \cdot 65}{100}\right)^{\frac{1}{8{,}02}} \cdot (109{,}8 + 22) - 109{,}8 = 18{,}6 \text{ °C}$$

$$R_{\min} \geq R_{si} \cdot \frac{\theta_i - \theta_e}{\theta_i - \theta_{s,80\%}} - (R_{si} + R_{se})$$ (*Formel 3.4.1-3*)

$$\geq 0{,}25 \cdot \frac{22{,}0 - (-5)}{22{,}0 - 18{,}6} - (0{,}25 + 0{,}04) \geq 1{,}7 \ \frac{\text{m}^2 \cdot \text{K}}{\text{W}}$$

Die Außenwand muss mindestens einen Wärmedurchlasswiderstand von 1,72 (m^2·K)/W aufweisen.

Lösung zu Aufgabe 6

Hinweis zur Wahl des innenseitigen Wärmeübergangswiderstandes R_{si}:

Wird der Wärmedurchgangswiderstand R_T eines Bauteils bestimmt, so sind dabei in Abhängigkeit des Berechnungsziels verschiedene Werte für R_{si} anzunehmen (→ Tabelle 2.1.10-1):

- Soll der U-Wert des Bauteils berechnet werden, so ist R_{si} entsprechend DIN EN ISO 6946 anzusetzen (→ Tabelle 2.1.10-1, Zeile 4-7).
- Ist die Oberflächenfeuchte (Schimmelpilzbildung oder Tauwasserausfall) bei lichtundurchlässigen Bauteilen zu beurteilen, sind die Werte gemäß DIN 4108-2 maßgebend (→ Tabelle 2.1.10-1, Zeile 9).
- Ist die Oberflächenfeuchte (Schimmelpilzbildung oder Tauwasserausfall) bei Fenstern und Türen zu beurteilen, sind die Werte gemäß DIN EN ISO 13788 maßgebend (→ Tabelle 2.1.10-1, Zeilen 4-6).
- Bei Berechnungen zur Vermeidung von Tauwasserausfall im Bauteilinneren ist DIN 4108-3 zu beachten (→ Tabelle 2.1.10-1, Zeile 9).

1. Wärmestrom durch das Fenster

$$q = U_{Fenster} \cdot (\theta_i - \theta_e) \qquad \textit{(Formel 2.1.8-4)}$$
$$= 2{,}2 \cdot (22 - (-5)) = 59{,}4 \text{ W/m}^2$$

2. Innenoberflächentemperatur

$$\theta_{si} = \theta_i - R_{si} \cdot q \qquad \textit{(Bild 2.2.1-1)}$$
$$= 22 - 0{,}13 \cdot 59{,}4 = 14{,}3 \text{ °C}$$

3. Wasserdampfsättigungsdrücke

$p_s(14{,}3 \text{ °C}) = 1629$ Pa *(Tabelle 3.1.3-1)*

$p_s(22{,}0 \text{ °C}) = 2642$ Pa

4. kritische relative Feuchte

$$\phi = \frac{p_S(14{,}3\text{°C})}{p_S(22{,}0\text{°C})} = \frac{1629}{2642} = 0{,}62 \mathrel{\hat{=}} 62\ \% \qquad \textit{(Formel 3.1.5-1)}$$

Ab einer Raumluftfeuchte von 62 % wird sich Tauwasser an den Fensterscheiben niederschlagen.

Lösung zu Aufgabe 7

Hinweis zur Wahl des innenseitigen R_{si} (s. Lösung zu Aufgabe 6)

a) ungedämmte Konstruktion

Ist die Oberflächenfeuchte (Schimmelpilzbildung oder Tauwasserausfall) zu beurteilen, sind die Werte gemäß DIN 4108-2 maßgebend (Tabelle 2.1.10-1, Zeile 9).

1. Wärmedurchgangswiderstand:

$$R_T = R_{si} + \sum_{i=1}^{n} \frac{d_i}{\lambda_i} + R_{se} \qquad \textit{(Formel 2.1.12-2)}$$

$$= 0{,}25 + \frac{0{,}01}{0{,}51} + \frac{0{,}20}{2{,}3} + \frac{0{,}015}{1{,}00} + 0{,}04 = 0{,}41 \ \frac{\text{m}^2\text{K}}{\text{W}}$$

2. Wärmestromdichte:

$$q = \frac{1}{R_T} \cdot (\theta_i - \theta_e) = \frac{1}{0{,}41} \cdot \big(20 - (-10)\big) = 73{,}2 \ \frac{\text{W}}{\text{m}^2} \qquad \textit{(Formel 2.1.8-4)}$$

3. Innenoberflächentemperatur:

$$\theta_{si} = \theta_i - R_{si} \cdot q \qquad \textit{(Bild 2.2.1-1)}$$

$$= 20 - 0{,}25 \cdot 73{,}2 = 1{,}7\,°\text{C}$$

4. Bewertung:

Taupunkttemperatur $\theta_S(20\ °\text{C}, 65\%) = 13{,}2\ °\text{C}$ *(Tabelle 3.1.9-1)*

$(\theta_{si} = 1{,}7\ °\text{C}) < (\theta_S = 13{,}2\ °\text{C}) \Rightarrow$ Tauwasserausfall

b) erforderliche Wärmedämmschicht

Vergleich $(\theta_{si} \geq \theta_S)$:

$$\theta_S \leq \theta_i - R_{si} \cdot q_{neu}$$

$$q_{neu} = \frac{\theta_i - \theta_e}{R_T} = \frac{\theta_i - \theta_e}{R_{si} + \sum_{i=1}^{n} \frac{d_i}{\lambda_i} + R_{se}}$$

$$13{,}2\ °\text{C} \leq 20 - 0{,}25 \cdot \big(20 - (-10)\big) \cdot \left(0{,}25 + \frac{0{,}01}{0{,}51} + \frac{0{,}20}{2{,}3} + \frac{d_{Dä}}{0{,}045} + \frac{0{,}015}{1{,}00} + 0{,}04\right)^{-1}$$

$$= 20 - \frac{7{,}5}{0{,}41 + \frac{d_{Dä}}{0{,}045}}$$

$$\Rightarrow d_{Dä} \geq \left(\frac{7{,}5}{20 - 13{,}2} - 0{,}41\right) \cdot 0{,}045 = 0{,}031 \text{ m}$$

→ gewählt: $d_{Dä} = 4$ cm

Lösung zu Aufgabe 8

1. Mindestwärmedurchlasswiderstand:

$$R_{min} = R_{si} \cdot \frac{(\theta_i - \theta_e)}{(\theta_i - \theta_{si,min})} - (R_{si} + R_{se}) \qquad \textit{(Formel 3.4.1-3)}$$

$$\theta_{si,min} = 12,6 + 2 = 14,6\ °\text{C} \qquad \text{(Anforderung)}$$

$$R_{min} = 0,25 \cdot \frac{(20-(-5))}{(20-14,6)} - (0,25+0,04) = 1,33\frac{\text{m}^2\text{K}}{\text{W}}$$

2. Wärmedurchlasswiderstand:

$$R = \sum_{i=1}^{n} \frac{d_i}{\lambda_i} = \frac{0,01}{0,51} + \frac{0,24}{1,20} + \frac{d_{Dä}}{0,04} + \frac{0,015}{1,0} = 0,235 + \frac{d_{Dä}}{0,04} \qquad \textit{(Formel 2.1.11-1)}$$

3. Mindestdämmschichtdicke:

$$R_{min} \leq R \qquad \textit{(Formel 3.4.1-2)}$$

$$1,33 \leq 0,235 + \frac{d_{Dä}}{0,04} \qquad \Rightarrow d_{Dä} \geq 0,044\ \text{m}$$

alternative Berechnung:

1. Wärmedurchgangswiderstand:

$$R_T = R_{si} + \sum_{i=1}^{n} \frac{d_i}{\lambda_i} + R_{se} \qquad \textit{(Formel 2.1.12-2)}$$

$$= 0,25 + \frac{0,01}{0,51} + \frac{0,24}{1,20} + \frac{d_{Dä}}{0,04} + \frac{0,015}{1,00} + 0,04 = 0,525 + \frac{d_{Dä}}{0,04}\frac{\text{m}^2\text{K}}{\text{W}}$$

2. Wärmestromdichte:

$$q = \frac{1}{R_T} \cdot (\theta_i - \theta_e) = \frac{1}{0,525 + \frac{d_{Dä}}{0,04}} \cdot (20-(-15)) = \frac{35}{0,525 + \frac{d_{Dä}}{0,04}} \frac{\text{W}}{\text{m}^2} \qquad \textit{(Formel 2.2.1-1)}$$

3. Innenoberflächentemperatur:

$$\theta_{si} = \theta_i - R_{si} \cdot q$$

$$= 20 - 0,25 \cdot \frac{35}{0,525 + \frac{d_{Dä}}{0,04}} = 20 - \frac{8,75}{0,525 + \frac{d_{Dä}}{0,04}}\ °\text{C}$$

4. Anforderung ($\theta_{si} \geq \theta_{si,min}$) mit: $\theta_{si,min} = 12,6\ °\text{C} + 2\,\text{K} = 14,6\ °\text{C}$

$$20 - \frac{8,75}{0,525 + \frac{d_{Dä}}{0,04}} \geq 14,6\ °\text{C}$$

$$d_{Dä} \geq \left(\frac{8,75}{20-14,6} - 0,525\right) \cdot 0,04 = 0,044\ \text{m}$$

$\rightarrow$ gewählt: $d_{Dämmung} = 5$ cm

Lösung zu Aufgabe 9

1. Wärmedurchgangswiderstand:

$$R_T = R_{si} + \sum_{i=1}^{n} \frac{d_i}{\lambda_i} + R_{se}$$ (*Formel 2.1.12-2*)

$$= 0{,}25 + \frac{0{,}01}{0{,}51} + \frac{0{,}365}{1{,}40} + \frac{0{,}08}{0{,}04} + \frac{0{,}015}{1{,}00} + 0{,}04 = 2{,}585\ \frac{\text{m}^2\text{K}}{\text{W}}$$

2. Wärmestromdichte:

$$q = \frac{1}{R_T} \cdot (\theta_i - \theta_e)$$ (*Formel 2.1.8-4*)

$$= \frac{1}{2{,}585} \cdot \left(28 - (-10)\right) = 0{,}39 \cdot 38 = 14{,}7\ \frac{\text{W}}{\text{m}^2}$$

3. Innenoberflächentemperatur:

$$\theta_{si} = \theta_i - R_{si} \cdot q$$

$$= 28 - 0{,}25 \cdot 14{,}7 = 24{,}3\ °\text{C}$$ (*Bild 2.2.1-1*)

4. Schimmelpilz-Grenztemperatur:

$$\theta_{si,min} = \left(\frac{1{,}25 \cdot \phi}{100}\right)^{\frac{1}{8{,}02}} \cdot (109{,}8 + \theta_i) - 109{,}8$$ (*Formel 3.1.10-1*)

$$= \left(\frac{1{,}25 \cdot 75}{100}\right)^{\frac{1}{8{,}02}} \cdot (109{,}8 + 28) - 109{,}8$$

$$= 26{,}9\ °\text{C}$$

5. Vergleich ($\theta_{si} \geq \theta_{si,min}$):

$24{,}3\ °\text{C} < 26{,}9\ °\text{C}$ → Die Dämmschichtdicke reicht nicht aus!

6. Erforderliche Dämmschichtdicke:

$$R_{min} = R_{si} \cdot \frac{\theta_i - \theta_e}{\theta_i - \theta_{si,min}} - (R_{si} - R_{se})$$ (*Formel 3.4.1-3*)

$$= 0{,}25 \cdot \frac{28 - (-10)}{28 - 26{,}9} - (0{,}25 - 0{,}04) = 8{,}43\ \frac{\text{m}^2\text{K}}{\text{W}}$$

7. Erforderliche Dicke:

$$R_{min} = R_{si} + \sum_{i=1}^{n} \frac{d_{min}}{\lambda_i} + R_{se} = 0{,}25 + \frac{0{,}01}{0{,}51} + \frac{0{,}365}{1{,}40} + \frac{d_{min}}{0{,}04} + \frac{0{,}015}{1{,}00} + 0{,}04 = 8{,}43\ \frac{\text{m}^2\text{K}}{\text{W}}$$

$$d_{Dä} \geq 7{,}86 \cdot 0{,}04 = 0{,}31\ \text{m}$$

8. Vorhandener U – Wert $\left(\text{hier: } R_{si} = 0{,}13\ \frac{\text{m}^2\text{K}}{\text{W}}\right)$:

$$U = \frac{1}{R_{si} + R_{min} + R_{se}} = \frac{1}{0{,}13 + 7{,}86 + 0{,}04} = 0{,}12\ \frac{\text{W}}{\text{m}^2\text{K}}$$

Lösung zu Aufgabe 10

1. Wärmedurchgangswiderstand :

$$R_T = R_{si} + \sum_{i=1}^{n} \frac{d_i}{\lambda_i} + R_{se} \qquad (\textit{Formel 2.1.12-2})$$

$$= 1{,}00 + \frac{0{,}01}{0{,}51} + \frac{0{,}24}{1{,}40} + \frac{d_{Dä}}{0{,}04} + \frac{0{,}015}{1{,}00} + 0{,}04 = 1{,}246 + \frac{d_{Dä}}{0{,}04}$$

2. Wärmestromdichte:

$$q = \frac{1}{R_T} \cdot (\theta_i - \theta_e) = \frac{1}{1{,}246 + \frac{d_{Dä}}{0{,}04}} \cdot (20 - (-5)) = \frac{25}{1{,}246 + \frac{d_{Dä}}{0{,}04}} \qquad (\textit{Formel 2.2.1-1})$$

3. Innenoberflächentemperatur:

$$\theta_{si} = \theta_i - R_{si} \cdot q = 20 - 1{,}0 \cdot \frac{25}{1{,}246 + \frac{d_{Dä}}{0{,}04}} = 20 - \frac{25}{1{,}246 + \frac{d_{Dä}}{0{,}04}}$$

4. Bemessung ($\theta_{si} \geq \theta_{si,min}$):

$$\theta_{si,min} = 12{,}6\ °\text{C} + 2\ \text{K} = 14{,}6\ °\text{C}:$$

$$20 - \frac{25}{1{,}246 + \frac{d_{Dä}}{0{,}04}} \geq 14{,}6\ °\text{C}$$

$$d_{Dä} = \left(\frac{25}{20 - 14{,}6} - 1{,}246\right) \cdot 0{,}04 = 0{,}135\ \text{m}$$

→ gewählt: $d_{Dä} = 14$ cm

Lösung zu Aufgabe 11

a) Randbedingungen und Berechnung nach Glaser

Klimarandbedingungen

1	2	3	4	5	6	7	8	9
Periode	Raumklima				Außenklima			
	θ_i in °C	$p_{s,i}$ in Pa	ϕ_i in %	p_i in Pa	θ_e in °C	$p_{s,e}$ in Pa	ϕ_e in %	p_e in Pa
Tauperiode (t = 2160 h)	20	2337	50	1168	-5	401	80	321
Verdunstungs-periode (t = 2160 h)	-	-	-	1200	-	-	-	1200

Berechnung des p_s-Verlaufes

1	2	3	4	5	6	7	8	9	10
Schicht *n*	d_n in m	λ_n in W/(mK)	μ_n	R_n oder R_s in m²K/W	$s_{d,n}$ in m	$s_{d,n} / \Sigma s_d$	$\Delta\theta_n$ in K	θ in °C	p_s in Pa
								20 = θ_i	2337
Wärmeübergang innen				0,25			1,72		
								18,28	2100
Gipsputz ohne Zuschlag	0,01	0,51	10	0,020	0,1	0,007	0,13		
								18,15	2082
Kalksand-Lochstein	0,24	1,3	15	0,185	3,6	0,235	1,27		
								16,88	1922
Mineralwolle	0,12	0,04	1	3,000	0,12	0,008	20,63		
								-3,75	446
Vollklinker	0,115	0,81	100	0,142	11,50	0,750	0,97		
								-4,72	411
Wärmeübergang außen				0,04			0,28		
								-5,0 = θ_e	401
				R_T = 3,637	Σs_d = 15,32				
				U = 0,275					

mit:

R_{si}, R_{se} (*Tabelle 2.1.10-1*)

μ_n (*Abschnitt 1.5*)

p_s (berechnet nach *Formel 3.1.3-1* bzw. *-2* oder alternativ *Tabelle 3.1.3-1*)

b) Tauperiode

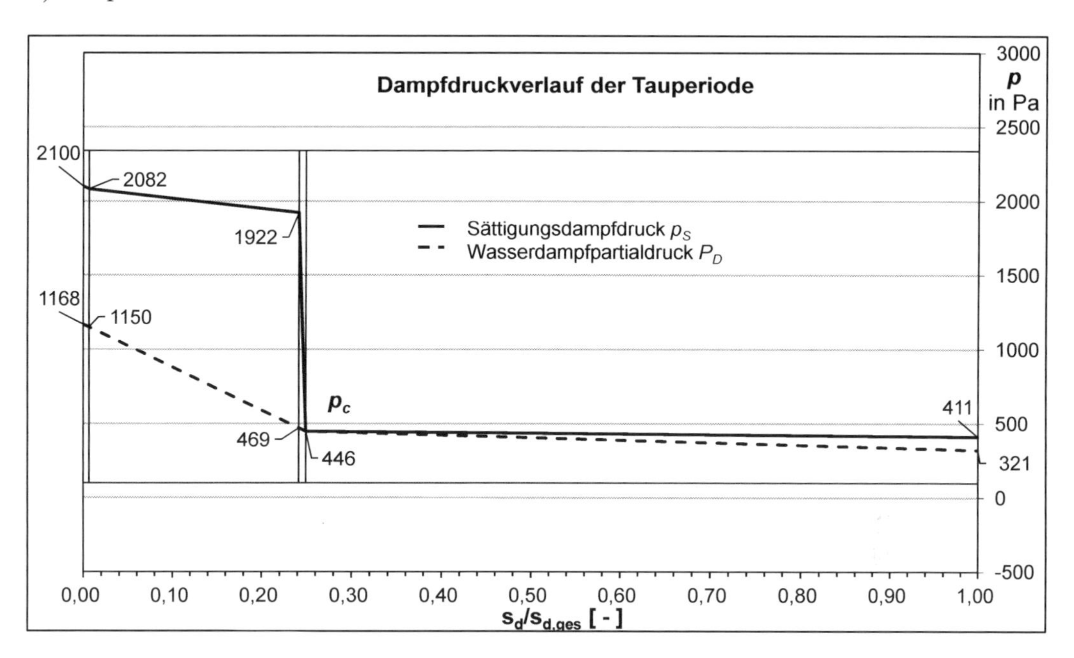

1. Tauwassermenge:

$$s_{di} = s_{d,1} + s_{d,2} + s_{d,3} = 0{,}1 + 3{,}6 + 0{,}12 = 3{,}82 \text{ m}$$

$$g_i = \delta_{DL} \cdot \frac{p_i - p_c}{s_{di}} = 0{,}00072 \cdot \frac{1168 - 444}{3{,}82} = 0{,}1365 \ \frac{\text{g}}{\text{m}^2 \cdot \text{h}} \qquad \textit{(Formel 3.4.3-2)}$$

$$g_e = \delta_{DL} \cdot \frac{p_c - p_e}{s_{de}} = 0{,}00072 \cdot \frac{444 - 321}{11{,}50} = 0{,}0077 \ \frac{\text{g}}{\text{m}^2 \cdot \text{h}} \qquad \textit{(Formel 3.4.3-3)}$$

$$M_c = t_c \cdot (g_i - g_e) \qquad \textit{(Formel 3.4.3-1)}$$

$$= 2160 \cdot (0{,}1365 - 0{,}0077) = 278{,}2 \ \frac{\text{g}}{\text{m}^2}$$

2. Nachweis:

Anforderung: $M_c \leq \text{zul. } M_{ev}$ *(Formel 3.4.3-13)*

$278{,}2 \ \frac{\text{g}}{\text{m}^2} < 500 \ \frac{\text{g}}{\text{m}^2}$ *(Tab. 3.4.3-3, Z. 3)*

$\rightarrow$ 1. Nachweis erfüllt!

c) Verdunstungsperiode

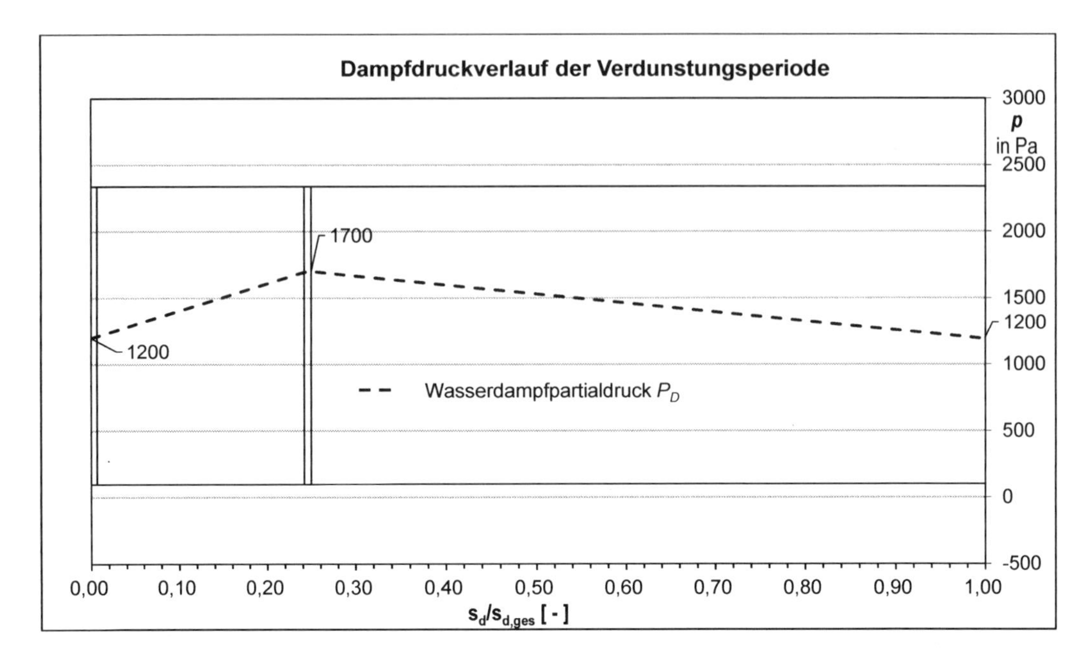

1. Verdunstungsmenge:

$$g_i = \delta_{DL} \cdot \frac{p_c - p_i}{s_{di}} = 0{,}00072 \cdot \frac{1700 - 1200}{3{,}82} = 0{,}0942 \ \frac{\text{g}}{\text{m}^2 \cdot \text{h}} \qquad \text{(Formel 3.4.3-16)}$$

$$g_e = \delta_{DL} \cdot \frac{p_c - p_e}{s_{de}} = 0{,}00072 \cdot \frac{1700 - 1200}{11{,}50} = 0{,}0313 \ \frac{\text{g}}{\text{m}^2 \cdot \text{h}} \qquad \text{(Formel 3.4.3-17)}$$

$$M_{ev} = t_{ev} \cdot (g_i + g_e) \qquad \text{(Formel 3.4.3-15)}$$

$$= 2160 \cdot (0{,}0942 + 0{,}0313) = 271 \ \frac{\text{g}}{\text{m}^2}$$

2. Nachweis

Anforderung: $M_c \leq M_{ev}$ *(Formel 3.4.3-14)*

$$278{,}2 \ \frac{\text{g}}{\text{m}^2} > 271 \ \frac{\text{g}}{\text{m}^2}$$

→ 2. Nachweis nicht erfüllt.

Mögliche Verbesserungsmaßnahmen:

- Tragschale mit höherem μ-Wert
- Vorsatzschale mit geringerem μ-Wert
- Alternative Nachweisführung mit hygrothermischer Simulation, wodurch ein günstigeres Nachweisergebnis erzielt werden kann

Lösung zu Aufgabe 12

Klimarandbedingungen

1	2	3	4	5	6	7	8	9
Periode	Raumklima				Außenklima			
	θ_i in °C	$p_{s,i}$ in Pa	ϕ_i in %	p_i in Pa	θ_e in °C	$p_{s,e}$ in Pa	ϕ_e in %	p_e in Pa
Tauperiode (t = 2160 h)	20	2337	75	1753	8	1072	60	643
Verdunstungs-periode (t = 2160 h)								

Berechnung des p_s-Verlaufes

1	2	3	4	5	6	7	8	9	10
Schicht n	d_n in m	λ_n in W/(mK)	μ_n	R_n oder R_s in m²K/W	$s_{d,n}$ in m	$s_{d,n}$ / Σs_d	$\Delta\theta_n$ in K	θ in °C	p_s in Pa
								20 = θ_i	2337
Wärmeübergang innen				0,25			0,95		
								19,05	2202
Gipskartonplatte	0,0125	0,25	4	0,05	0,05	0,008	0,20		
								18,85	2176
Mineralwolle	0,10	0,04	1	2,50	0,1	0,016	9,54		
								9,31	1172
Kalksandstein	0,24	0,79	25	0,304	6,0	0,976	1,16		
								8,15	1083
Wärmeübergang außen				0,04			0,15		
								8 = θ_e	1072
				R_T = 3,144	Σs_d = 6,15				
				U = 0,318					

mit:

R_{si}, R_{se} (*Tabelle 2.1.10-1*)

μ_n (*Abschnitt 1.5*)

p_s (berechnet nach *Formel 3.1.3-1* bzw. *-2* oder alternativ *Tabelle 3.1.3-1*)

a) Tauperiode

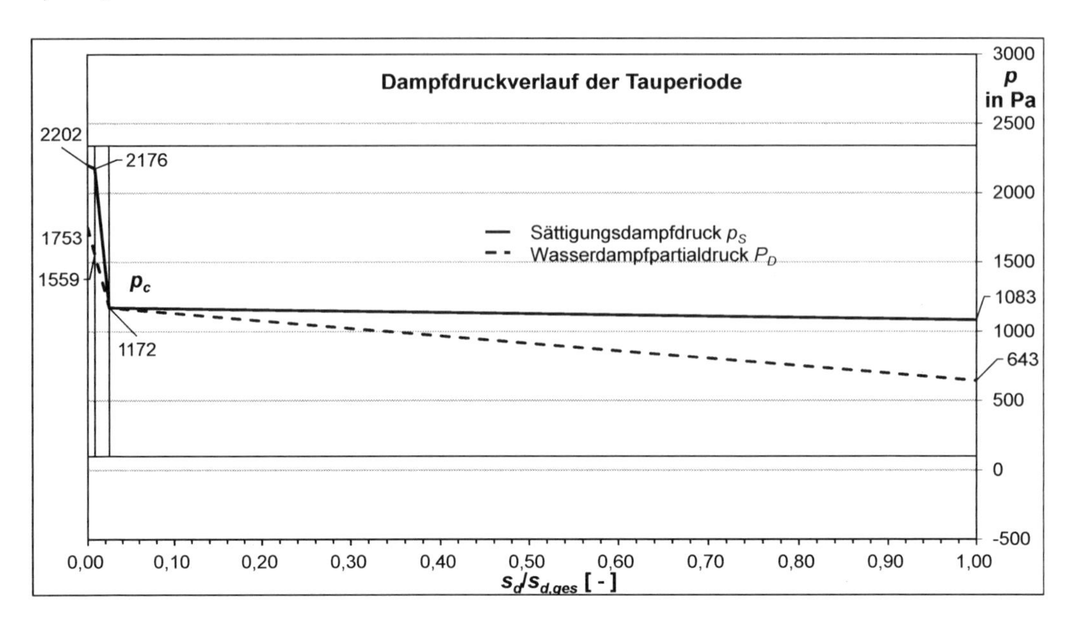

1. Tauwassermenge:

$$g_i = \delta_{DL} \cdot \frac{p_i - p_c}{s_{di}} = 0{,}00072 \cdot \frac{1753 - 1172}{0{,}15} = 2{,}79 \ \frac{\text{g}}{\text{m}^2 \cdot \text{h}} \qquad (\textit{Formel 3.4.3-2})$$

$$g_e = \delta_{DL} \cdot \frac{p_c - p_e}{s_{de}} = 0{,}00072 \cdot \frac{1172 - 643}{6{,}0} = 0{,}06 \ \frac{\text{g}}{\text{m}^2 \cdot \text{h}} \qquad (\textit{Formel 3.4.3-3})$$

$$M_c = t_c \cdot (g_i - g_e) \qquad (\textit{Formel 3.4.3-1})$$

$$= 2160 \cdot (2{,}79 - 0{,}06) = 5897 \ \frac{\text{g}}{\text{m}^2}$$

→ Tauwasser in einer Ebene (Schichtgrenze zwischen Schicht 2 und 3) → Fall b)
Von den beiden an der Tauwasserebene angrenzenden Schichten ist mindestens eine, nämlich Schicht 3 (Mineralfaser), als kapillar nicht wasseraufnahmefähig zu bezeichnen.
→ max. Tauwassermasse M_{ev} = 500 g/m² (Tabelle 3.4.3-3, Zeile 3)

2. Anforderung:
$M_c \leq$ zul. M_{ev} (*Formel 3.4.3-14*)
5897 g/m² $\nleq$ 500 g/m²
→ Es fällt unzulässig viel Tauwasser aus. Darüberhinaus kann das Tauwasser auch nicht mehr verdunsten, da aufgrund des konstanten Klimas keine Verdunstungsperiode vorliegt.
→ Dampfbremse erforderlich oder eine Wärmedämmung auf der kalten Seite!

2. Rechnerische Ermittlung von $s_{d,erf}$:

$$s_{d,erf} = s_{de} \cdot \frac{p_i - p_e}{p_c - p_e} - s_{di} - s_{de} \qquad (\textit{Formel 3.4.4-1})$$

$$= 6{,}0 \cdot \frac{1753 - 643}{1172 - 643} - 0{,}15 - 6{,}0 = 6{,}46 \text{ m}$$

3. Alternativ grafische Ermittlung von $s_{d,erf}$:

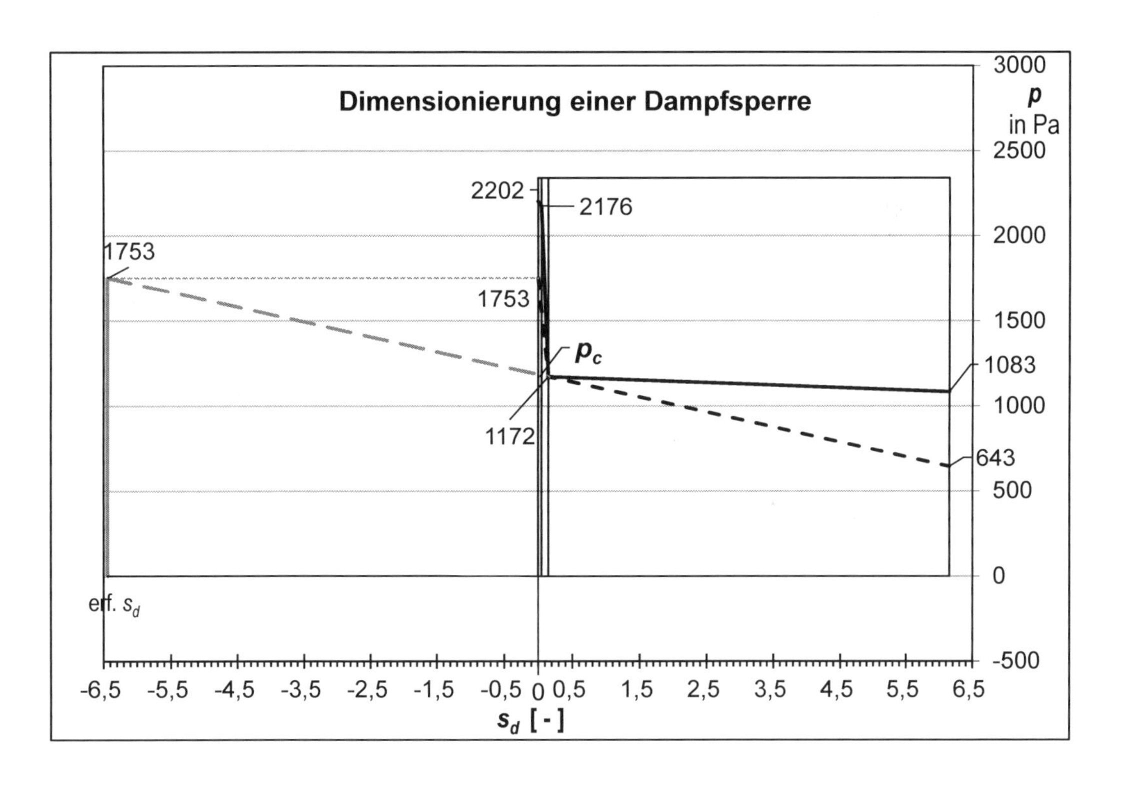

Lösung zu Aufgabe 13

a) Randbedingungen und Berechnung nach Glaser

Klimarandbedingungen

1	2	3	4	5	6	7	8	9
Periode	Raumklima				Außenklima			
	θ_i in °C	$p_{s,i}$ in Pa	ϕ_i in %	p_i in Pa	θ_e in °C	$p_{s,e}$ in Pa	ϕ_e in %	p_e in Pa
Tauperiode (t = 2160 h)	20	2337	50	1168	-5	401	80	321
Verdunstungs-periode (t = 2160 h)	---	---	---	1200	---	---	---	1200

Berechnung des p_s-Verlaufes

1	2	3	4	5	6	7	8	9	10
Schicht n	d_n in m	λ_n in W/(mK)	μ_n	R_n oder R_s in m²K/W	$s_{d,n}$ in m	$s_{d,n} / \Sigma s_d$	$\Delta\theta_n$ in K	θ in °C	p_s in Pa
								20 = θ_i	2337
Wärmeübergang innen				0,25			1,502		
								18,50	2128
Gipsputz ohne Zuschlag	0,01	0,51	10	0,020	0,1	0,027	0,120		
								18,38	2113
Mineralwolle	0,08	0,04	1	2,00	0,08	0,022	12,019		
								6,36	958
Mauerwerk aus Kalksandstein	0,24	0,70	10	0,343	2,4	0,659	2,061		
								4,30	830
Mineralwolle	0,06	0,04	1	1,50	0,06	0,016	9,014		
								-4,72	411
Kunstharzputz	0,005	0,7	200	0,007	1	0,275	0,042		
								-4,76	410
Wärmeübergang außen				0,04			0,240		
								-5 = θ_e	401
				R_T = 4,16	Σs_d=3,64				
				U = 0,240					

mit:

R_{si}, R_{se} (*Tabelle 2.1.10-1*)

μ_n (*Abschnitt 1.5*)

p_s (berechnet nach *Formel 3.1.3-1* bzw. *-2* oder alternativ *Tabelle 3.1.3-1*)

b. Tauperiode

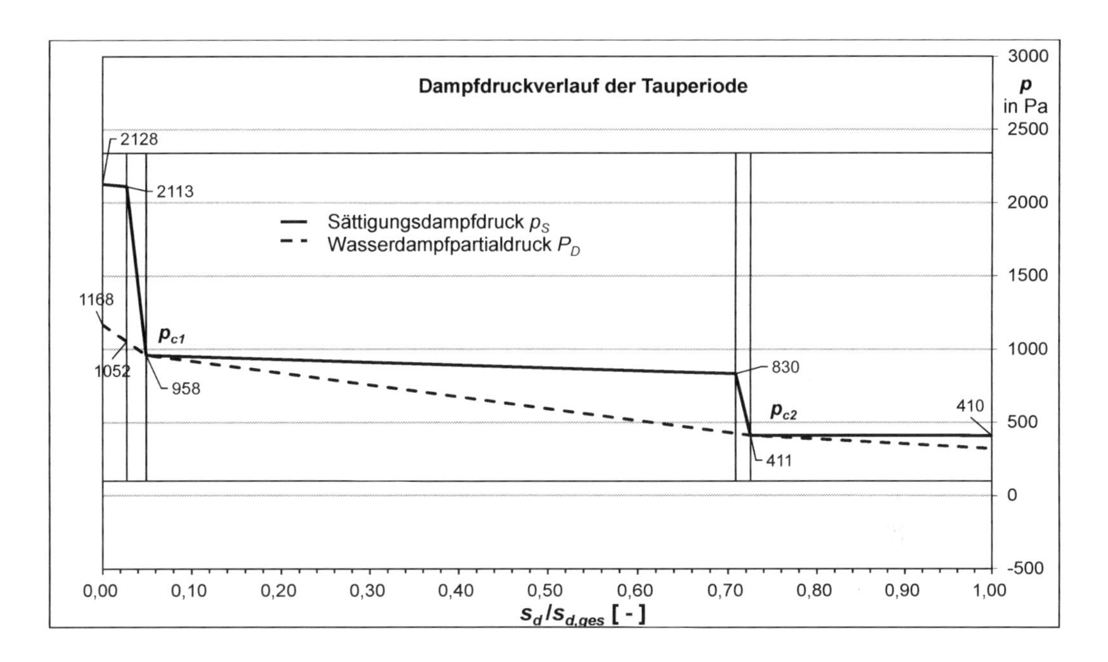

1. Tauwassermenge

$$g_i = \delta_{DL} \cdot \frac{p_i - p_{c1}}{s_{di}} = 0,00072 \cdot \frac{1168 - 958}{0,18} = 0,84 \ \frac{\text{g}}{\text{m}^2 \cdot \text{h}}$$ *(Formel 3.4.3-7)*

$$g_z = \delta_{DL} \cdot \frac{p_{c1} - p_{c2}}{s_{dz}} = 0,00072 \cdot \frac{958 - 411}{2,46} = 0,16 \ \frac{\text{g}}{\text{m}^2 \cdot \text{h}}$$ *(Formel 3.4.3-8)*

$$g_e = \delta_{DL} \cdot \frac{p_{c2} - p_e}{s_{de}} = 0,00072 \cdot \frac{411 - 321}{1,0} = 0,065 \ \frac{\text{g}}{\text{m}^2 \cdot \text{h}}$$ *(Formel 3.4.3-9)*

$$M_{c1} = t_c \cdot (g_i - g_z) = 2160 \cdot (0,84 - 0,16) = 1468,8 \ \frac{\text{g}}{\text{m}^2}$$ *(Formel 3.4.3-5)*

$$M_{c2} = t_c \cdot (g_z - g_e) = 2160 \cdot (0,16 - 0,065) = 205,2 \ \frac{\text{g}}{\text{m}^2}$$ *(Formel 3.4.3-6)*

$$M_c = M_{c1} + M_{c2} = 1468,8 + 205,2 = 1674 \ \frac{\text{g}}{\text{m}^2}$$ *(Formel 3.4.3-4)*

Von den beiden an der Tauwasserebene angrenzenden Schichten ist mindestens eine, nämlich Mineralwolle, als kapillar nicht wasseraufnahmefähig zu bezeichnen.
-> max. Tauwassermasse M_C = 500 g/m² (Tabelle 3.4.3-3, Zeile 3)

2. Nachweis:

Anforderung 1: $M_c \leq \text{zul. } M_{ev}$ (*Formel 3.4.3-13*)

$1674 \ \frac{\text{g}}{\text{m}^2} > 500 \ \frac{\text{g}}{\text{m}^2}$ (*Tabelle 3.4.3-3*)

$1468{,}8 \ \frac{\text{g}}{\text{m}^2} > 500 \ \frac{\text{g}}{\text{m}^2}$

→ 1. Nachweis nicht erfüllt!
→ Die Gesamttauwassermenge überschreitet den zulässigen Wert.
→ Die Tauwassermenge in der ersten Tauwasserebene überschreitet ebenfalls den zulässigen Wert.

Der Vollständigkeit halber wird geprüft, ob das Tauwasser in der Verdunstungsperiode wieder abgegeben werden kann.

c. Verdunstungsperiode

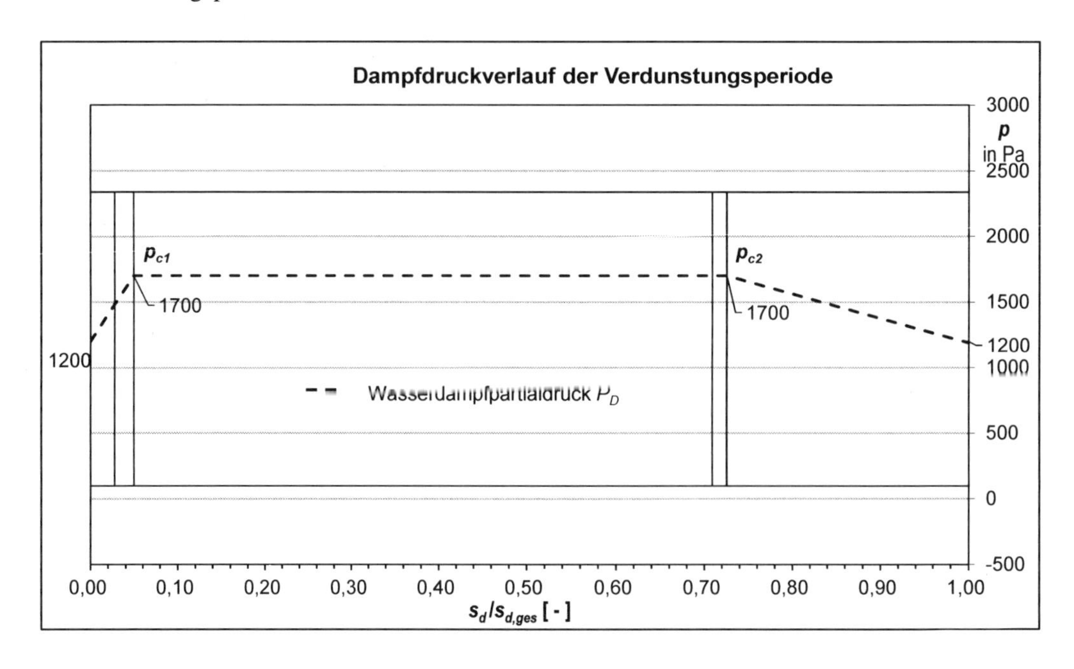

3. Verdunstungsmenge

$$g_i = \delta_{DL} \cdot \frac{p_c - p_i}{s_{di}} = 0{,}00072 \cdot \frac{1700 - 1200}{0{,}18} = 2{,}00 \ \frac{\text{g}}{\text{m}^2 \cdot \text{h}}$$ (*Formel 3.4.3-18*)

$$g_e = \delta_{DL} \cdot \frac{p_c - p_e}{s_{de}} = 0{,}00072 \cdot \frac{1700 - 1200}{1{,}0} = 0{,}36 \ \frac{\text{g}}{\text{m}^2 \cdot \text{h}}$$ (*Formel 3.4.3-19*)

$$t_{ev1} = \frac{M_{ev1}}{g_i} = \frac{1440{,}7}{2} = 720 \text{ h}$$ (*Formel 3.4.3-20*)

$$t_{ev2} = \frac{M_{ev2}}{g_e} = \frac{205{,}2}{0{,}36} = 570 \text{ h}$$ (*Formel 3.4.3-21*)

Für $t_{ev1} < t_{ev}$ bzw. $t_{ev2} < t_{ev}$ und $t_{ev1} > t_{ev2}$ gilt:

$$M_{ev} = t_{ev2} \cdot (g_i + g_e) + (t_{ev} - t_{ev2}) \cdot \left(g_i + \delta_{DL} \cdot \frac{p_{c1} - p_e}{s_{de} + s_{dz}} \right)$$ (*Formel 3.4.3-24*)

$$= 570 \cdot (2{,}0 + 0{,}36) + (2160 - 570) \cdot \left(2 + 0{,}00072 \cdot \frac{1700 - 1200}{3{,}46} \right)$$

$$= 1345{,}2 + 1590 \cdot (2 + 0{,}104) = 4691 \frac{\text{g}}{\text{m}^2}$$

4. Nachweis:

$$M_c \leq M_{ev}$$ (*Formel 3.4.3-14*)

$$1674 \frac{\text{g}}{\text{m}^2} < 4691 \frac{\text{g}}{\text{m}^2}$$

→ 2. Nachweis erfüllt, Querschnitt ist aber unzulässig, da der erste Nachweis nicht erfüllt wurde.

Lösung zu Aufgabe 14

a) Randbedingungen und Berechnung nach Glaser

Das Mauerwerk wird in drei Teilschichten unterteilt, da hier ein großer Temperaturabfall zu erwarten ist.

Klimarandbedingungen

1	2	3	4	5	6	7	8	9
Periode	Raumklima				Außenklima			
	θ_i in °C	$p_{s,i}$ in Pa	ϕ_i in %	p_i in Pa	θ_e in °C	$p_{s,e}$ in Pa	ϕ_e in %	p_e in Pa
Tauperiode (t = 2160 h)	20	2337	50	1168	-5	401	80	321
Verdunstungsperiode (t = 2160 h)	-	-	-	1200	-	-	-	1200

Berechnung des p_s-Verlaufes

1	2	3	4	5	6	7	8	9	10
Schicht n	d_n in m	λ_n in W/(mK)	μ_n	R_n oder R_s in m²K/W	$s_{d,n}$ in m	$s_{d,n}$ / Σs_d	$\Delta\theta_n$ in K	θ in °C	p_s in Pa
								20 = θ_i	2337
Wärmeübergang innen				0,25			3,56		
								16,44	1868
Gipsputz o. Zuschlag	0,01	0,51	10	0,020	0,1	0,038	0,28		
								16,16	1835
Porenbeton	0,1	0,21	5	0,476	0,5	0,190	6,79		
								9,37	1176
Porenbeton	0,1	0,21	5	0,476	0,5	0,190	6,80		
								2,57	735
Porenbeton	0,1	0,21	10	0,476	1,0	0,381	6,79		
								-4,22	429
Kalkzementputz	0,015	1,0	35	0,015	0,525	0,200	0,21		
								-4,43	421
Wärmeübergang außen				0,04			0,57		
								-5 = θ_e	401
				R_T = 1,753	Σs_d =2,625				
				U = 0,570					

b. Tauperiode

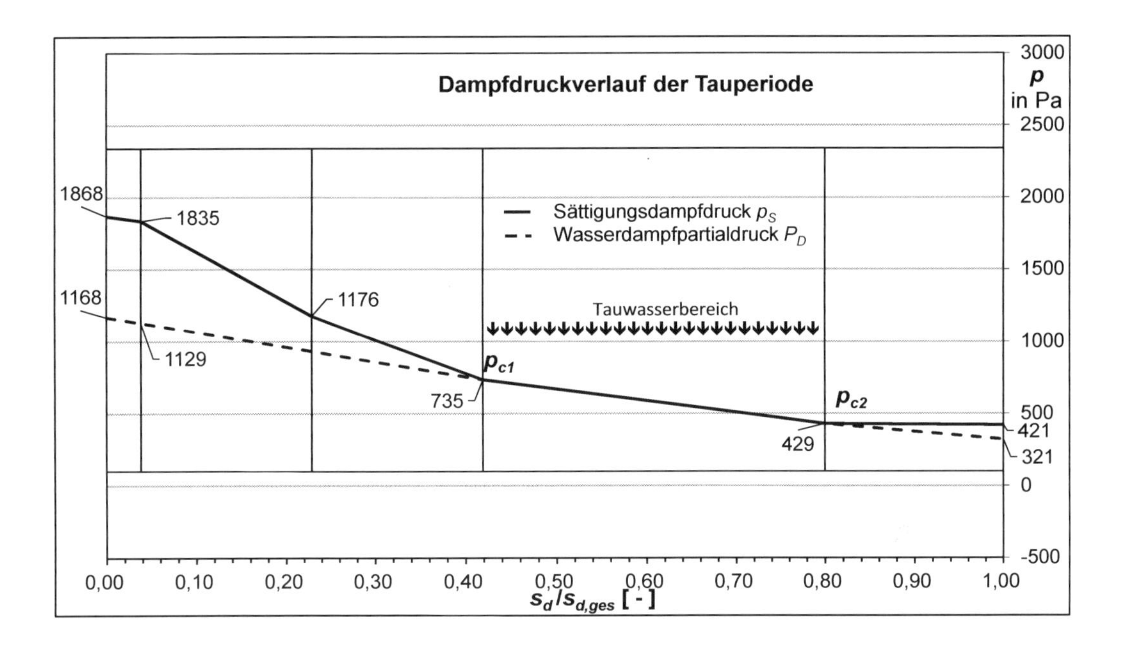

1. Tauwassermenge:

$$g_i = \delta_{DL} \cdot \frac{p_i - p_{c1}}{s_{di}} = 0,00072 \cdot \frac{1168 - 735}{1,1} = 0,283 \ \frac{\text{g}}{\text{m}^2 \cdot \text{h}} \qquad \textit{(Formel 3.4.3-11)}$$

$$g_e = \delta_{DL} \cdot \frac{p_{c2} - p_e}{s_{de}} = 0,00072 \cdot \frac{429 - 321}{0,525} = 0,148 \ \frac{\text{g}}{\text{m}^2 \cdot \text{h}} \qquad \textit{(Formel 3.4.3-12)}$$

$$M_c = t_c \cdot (g_i - g_e) = 2160 \cdot (0,283 - 0,148) = 292 \ \frac{\text{g}}{\text{m}^2} \qquad \textit{(Formel 3.4.3-10)}$$

Alle im Tauwasserbereich angrenzenden Schichten sind als kapillar wasseraufnahmefähig zu bezeichnen.

2. Nachweis:

Anforderung: $M_c \leq zul.\ M_{ev}$ *(Formel 3.4.3-13)*

$$292 \ \frac{\text{g}}{\text{m}^2} < 1000 \ \frac{\text{g}}{\text{m}^2} \qquad \textit{(Tab. 3.4.3-3, Z. 2)}$$

→ 1. Nachweis erfüllt!

c. Verdunstungsperiode

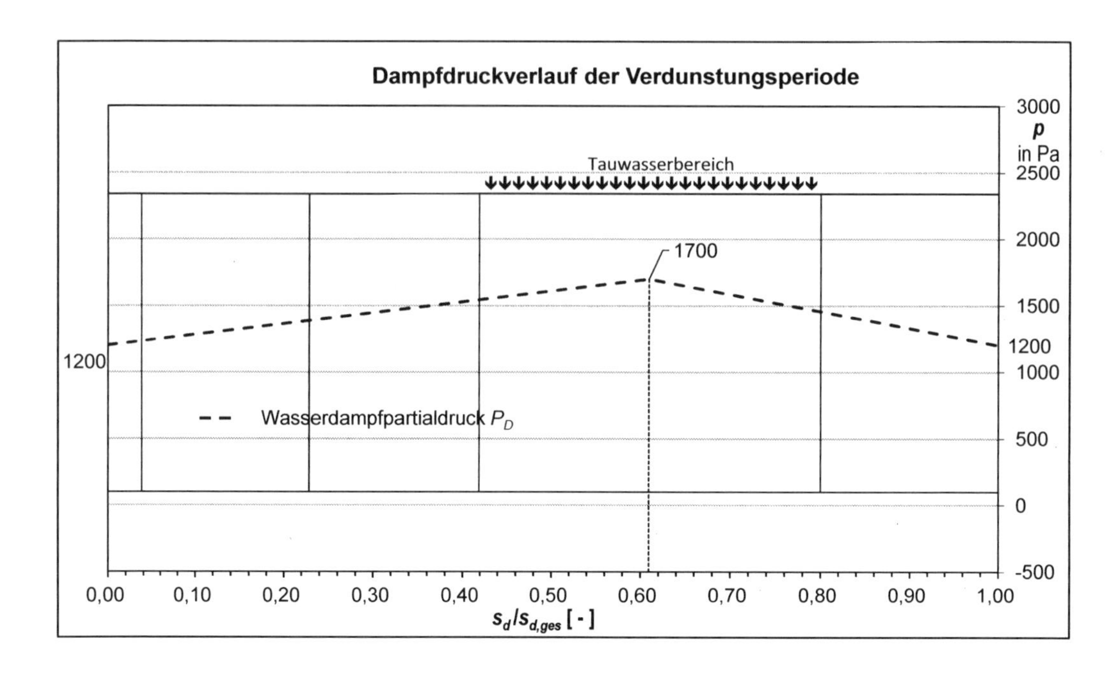

1. Verdunstungsmenge:

$$g_i = \delta_{DL} \cdot \frac{p_c - p_i}{(s_{di} + 0{,}5 \cdot s_{dz})} \qquad (\textit{Formel 3.4.3-25})$$

$$= 0{,}00072 \cdot \frac{1700 - 1200}{(1{,}1 + 0{,}5 \cdot 1{,}0)} = 0{,}225 \ \frac{\text{g}}{\text{m}^2 \cdot \text{h}}$$

$$g_e = \delta_{DL} \cdot \frac{p_c - p_e}{(0{,}5 \cdot s_{dz} + s_{de})} \qquad (\textit{Formel 3.4.3-26})$$

$$= 0{,}00072 \cdot \frac{1700 - 1200}{(0{,}5 \cdot 1{,}0 + 0{,}525)} = 0{,}351 \ \frac{\text{g}}{\text{m}^2 \cdot \text{h}}$$

$$M_{ev} = t_{ev} \cdot (g_i + g_e) = 2160 \cdot (0{,}225 + 0{,}351) = 1244 \ \frac{\text{g}}{\text{m}^2} \qquad (\textit{Formel 3.4.3-27})$$

2. Nachweis

Anforderung: $M_c \leq M_{ev}$ (*Formel 3.4.3-14*)

$287{,}3 \ \frac{\text{g}}{\text{m}^2} < 1244 \ \frac{\text{g}}{\text{m}^2}$ $\rightarrow$ 2. Nachweis erfüllt!

d) Ermittlung der max. Luftfeuchte, damit erst gar kein Tauwasser ausfällt

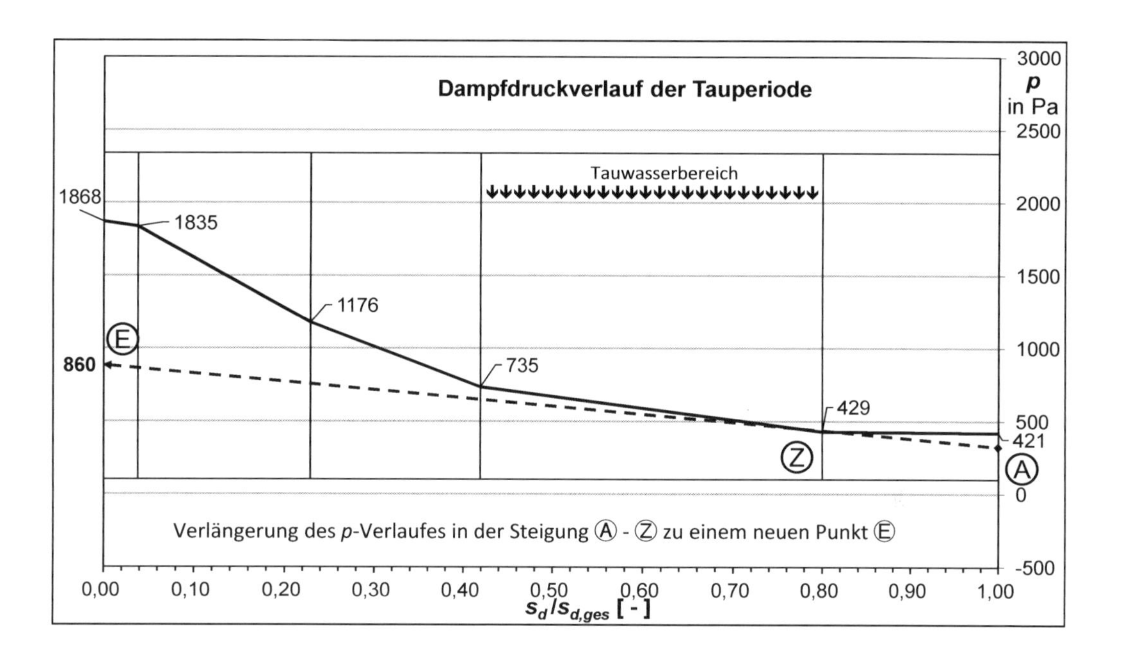

Verlängerung des p-Verlaufes in der Steigung A - Z zu einem neuen Punkt E.
Abgelesen aus Glaserdiagramm: $p_i = 860$ Pa
oder rechnerisch über Geradensteigung :

$$\frac{\Delta p}{\Delta s_d} = \frac{p_E - p_Z}{s_{di}} = \frac{p_Z - p_A}{s_{de}}$$

$$\rightarrow p_E = p_Z + \frac{p_Z - p_A}{s_{de}} \cdot s_{di}$$

$$= 429 + \frac{429 - 321}{0,525} \cdot 2,1 = 861 \text{ Pa}$$

$$\Rightarrow \phi_i = \frac{p_i}{p_{si}} = \frac{861}{2337} = 0,37 \Rightarrow 37\,\%$$

Die Innenraumluftfeuchte dürfte max. 37 % betragen, damit im Bauteil kein Tauwasser ausfällt.

Lösung zu Aufgabe 15

a) Randbedingungen und Berechnung nach Glaser

Klimarandbedingungen

1	2	3	4	5	6	7	8	9
Periode	Raumklima				Außenklima			
	θ_i in °C	$p_{s,i}$ in Pa	ϕ_i in %	p_i in Pa	θ_e in °C	$p_{s,e}$ in Pa	ϕ_e in %	p_e in Pa
Tauperiode (t = 2160 h)	20	2337	50	1168	-5	401	80	321
Verdunstungs-periode (t = 2160 h)	-	-	-	1200	-	-	-	1200

Berechnung des p_s-Verlaufes

1	2	3	4	5	6	7	8	9	10
Schicht n	d_n in m	λ_n in W/(mK)	μ_n	R_n oder R_s in m²K/W	$s_{d,n}$ in m	$s_{d,n}$ / Σs_d	$\Delta\theta_n$ in K	θ in °C	p_s in Pa
								20 = θ_i	2337
Wärmeübergang innen				0,25			1,98		
								18,02	2065
Zementestrich	0,06	1,4	15	0,043	0,9	0,029	0,34		
								17,68	2021
Trennlage	---	---	---	---	7,0	0,227	---		
								17,68	2021
Trittschall-dämmung	0,03	0,04	20	0,75	0,6	0,019	5,95		
								11,73	1377
Wärmedämmung	0,08	0,04	20	2,0	1,6	0,052	15,86		
								-4,13	432
Stahlbetondecke	0,16	2,3	130	0,07	20,8	0,673	0,55		
								-4,68	412
Wärmeübergang außen				0,04			0,32		
								-5,0 = θ_e	401
				R_T = 3,153	Σs_d = 30,9				
				U = 0,317					

mit:

R_{si}, R_{se} (*Tabelle 2.1.10-1*)

μ_n (*Abschnitt 1.5*)

p_s (berechnet nach *Formel 3.1.3-1* bzw. *-2* oder alternativ *Tabelle 3.1.3-1*)

b) Tauperiode

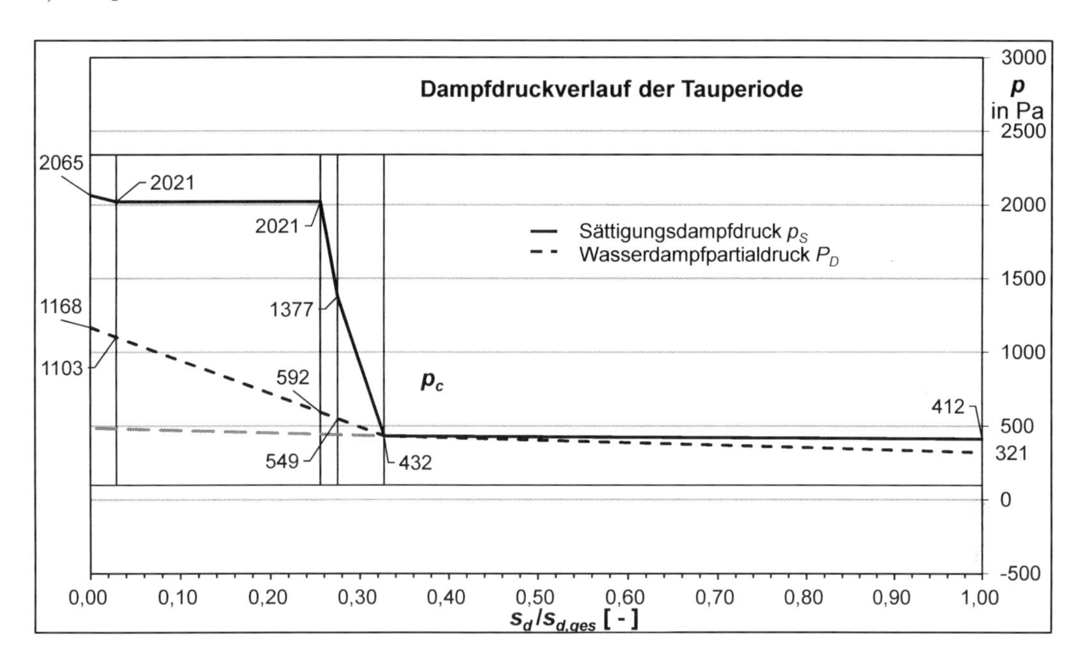

1. Tauwassermenge:

$$g_i = \delta_{DL} \cdot \frac{p_i - p_c}{s_{di}} = 0{,}00072 \cdot \frac{1168 - 432}{10{,}1} = 0{,}0525 \ \frac{\text{g}}{\text{m}^2 \cdot \text{h}}$$ *(Formel 3.4.3-2)*

$$g_e = \delta_{DL} \cdot \frac{p_c - p_e}{s_{de}} = 0{,}00072 \cdot \frac{432 - 321}{20{,}8} = 0{,}0038 \ \frac{\text{g}}{\text{m}^2 \cdot \text{h}}$$ *(Formel 3.4.3-3)*

$$M_c = t_c \cdot (g_i - g_e) = 2160 \cdot (0{,}0525 - 0{,}0038) = 105 \ \frac{\text{g}}{\text{m}^2}$$ *(Formel 3.4.3-1)*

Anforderung: $M_c \leq zul.\ M_{ev}$ *(Formel 3.4.3-13)*

$105 \ \frac{\text{g}}{\text{m}^2} < 500 \ \frac{\text{g}}{\text{m}^2}$ → 1. Nachweis erfüllt! *(Tabelle 3.4.3-3, Zeile 3)*

2. Verdunstungsmenge:

$$g_i = \delta_{DL} \cdot \frac{p_c - p_i}{s_{di}} = 0{,}00072 \cdot \frac{1700 - 1200}{10{,}1} = 0{,}0356 \ \frac{\text{g}}{\text{m}^2 \cdot \text{h}}$$ *(Formel 3.4.3-16)*

$$g_e = \delta_{DL} \cdot \frac{p_c - p_e}{s_{de}} = 0{,}00072 \cdot \frac{1700 - 1200}{20{,}8} = 0{,}0173 \ \frac{\text{g}}{\text{m}^2 \cdot \text{h}}$$ *(Formel 3.4.3-17)*

$$M_{ev} = t_{ev} \cdot (g_i + g_e) = 2160 \cdot (0{,}0356 + 0{,}0173) = 114 \ \frac{\text{g}}{\text{m}^2}$$ *(Formel 3.4.3-15)*

Anforderung: $M_c \leq M_{ev}$ *(Formel 3.4.3-14)*

$105 \ \frac{\text{g}}{\text{m}^2} < 114 \ \frac{\text{g}}{\text{m}^2}$ → 2. Nachweis erfüllt!

Lösung zu Aufgabe 16

a) Randbedingungen und Berechnung nach Glaser

Klimarandbedingungen

1	2	3	4	5	6	7	8	9
Periode	Raumklima				Außenklima			
	θ_i in °C	$p_{s,i}$ in Pa	ϕ_i in %	p_i in Pa	θ_e in °C	$p_{s,e}$ in Pa	ϕ_e in %	p_e in Pa
Tauperiode (t = 2160 h)	20	2337	50	1168	-5	401	80	321
Verdunstungs-periode (t = 2160 h)	-	-	-	1200	-	-	-	1200

Berechnung des p_s-Verlaufes

1	2	3	4	5	6	7	8	9	10
Schicht n	d_n in m	λ_n in W/(mK)	μ_n	R_n oder R_s in m²K/W	$s_{d,n}$ in m	$s_{d,n}$ / Σs_d	$\Delta\theta_n$ in K	θ in °C	p_s in Pa
								20 = θ_i	2337
Wärmeübergang innen				0,25			1,09		
								18,91	2184
Gipsputz o. Zuschlag	0,01	0,51	10	0,020	0,10	0,001	0,09		
								18,82	2172
Stahlbeton	0,18	2,3	80	0,078	14,4	0,100	0,34		
								18,48	2126
Bitumenbahn (Dampfbremse)	0,003		2000	---	6,0	0,042	---		
								18,48	2126
Wärmedämmung (EPS)	0,16	0,030	20	5,333	3,2	0,022	23,31		
								-4,83	407
Bitumenbahn (Abdichtung)	0,006	---	20000	---	120	0,835	---		
								-4,83	407
Wärmeübergang außen				0,04			0,17		
								-5 = θ_e	401
				R_T = 5,721	Σs_d =143,7				
				U = 0,175					

Hinweis:
Während der Verdunstungsperiode gilt für Dächer gegen Außenluft: $p_{s,e}$ = 2000 Pa

b) Tauperiode

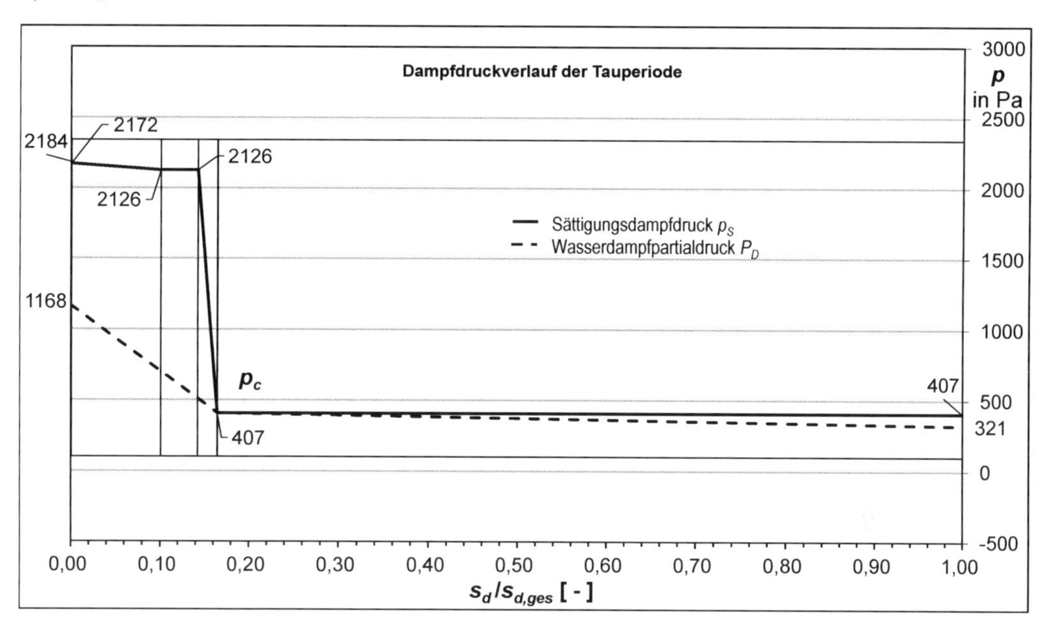

1. Tauwassermenge:

$$g_i = \delta_{DL} \cdot \frac{p_i - p_c}{s_{di}} = 0{,}00072 \cdot \frac{1168 - 407}{23{,}7} = 0{,}0231 \ \frac{\text{g}}{\text{m}^2 \cdot \text{h}}$$ (*Formel 3.4.3-11*)

$$g_e = \delta_{DL} \cdot \frac{p_c - p_e}{s_{de}} = 0{,}00072 \cdot \frac{407 - 321}{120} = 0{,}0005 \ \frac{\text{g}}{\text{m}^2 \cdot \text{h}}$$ (*Formel 3.4.3-12*)

$$M_c = t_c \cdot (g_i - g_e) = 2160 \cdot (0{,}0231 - 0{,}0005) = 48{,}8 \ \frac{\text{g}}{\text{m}^2}$$ (*Formel 3.4.3-10*)

Anforderung: $M_c <$ zul. M_{ev} (*Formel 3.4.3-13*)

$48{,}8 \ \frac{\text{g}}{\text{m}^2} < 500 \ \frac{\text{g}}{\text{m}^2}$ → 1. Nachweis erfüllt! (*Tab. 3.4.3-3, Zeile 3*)

Von den beiden an der Tauwasserebene angrenzenden Schichten ist Schicht 4 (EPS), als kapillar nicht wasseraufnahmefähig zu bezeichnen. -> max. Tauwassermasse $M_C = 500$ g/m²

2. Verdunstungsmenge:

$$g_i = \delta_{DL} \cdot \frac{p_c - p_i}{s_{di}} = 0{,}00072 \cdot \frac{2000 - 1200}{23{,}7} = 0{,}0243 \ \frac{\text{g}}{\text{m}^2 \cdot \text{h}}$$ (*Formel 3.4.3-16*)

$$g_e = \delta_{DL} \cdot \frac{p_c - p_e}{s_{de}} = 0{,}00072 \cdot \frac{2000 - 1200}{120} = 0{,}0048 \ \frac{\text{g}}{\text{m}^2 \cdot \text{h}}$$ (*Formel 3.4.3-17*)

$$M_{ev} = t_{ev} \cdot (g_i + g_e) = 2160 \cdot (0{,}0243 + 0{,}0048) = 62{,}9 \ \frac{\text{g}}{\text{m}^2}$$ (*Formel 3.4.3-15*)

Anforderung: $M_c < M_{ev} \Rightarrow 48{,}8 \ \frac{\text{g}}{\text{m}^2} < 62{,}9 \ \frac{\text{g}}{\text{m}^2}$ → 2. Nachweis erfüllt!

Lösung zu Aufgabe 17

a) Randbedingungen und Berechnung nach Glaser

Klimarandbedingungen

1	2	3	4	5	6	7	8	9
Periode	Raumklima				Außenklima			
	θ_i in °C	$p_{s,i}$ in Pa	ϕ_i in %	p_i in Pa	θ_e in °C	$p_{s,e}$ in Pa	ϕ_e in %	p_e in Pa
Tauperiode (t = 2160 h)	20	2337	50	1168	-5	401	80	321
Verdunstungs-periode (t = 2160 h)	---	---	---	1200	---	---	---	1200

Berechnung des p_s-Verlaufes

1	2	3	4	5	6	7	8	9	10
Schicht n	d_n in m	λ_n in W/(mK)	μ_n	R_n oder R_s in m²K/W	$s_{d,n}$ in m	$s_{d,n} / \Sigma s_d$	$\Delta\theta_n$ in K	θ in °C	p_s in Pa
								20 = θ_i	2337
Wärmeübergang innen				0,25			2,49		
								17,51	2000
Gipskarton-Bauplatte	0,0125	0,25	4	0,05	0,05		0,50		
								17,01	1938
Folie	0,001	---	6000	---	6		---		
								17,01	1938
Wärmedämmung	0,08	0,04	2	2	0,16		19,90		
								-2,89	400
Mauerwerk	0,24	1,4	μ	0,171	$0{,}24 \cdot \mu$		1,70		
								-4,59	415
Wärmeübergang außen				0,04			0,40		
								-5,0 = θ_e	401
				R_T = 2,511	Σs_d =				
				U = 0,398					

b) Tauwasser

Bei diesem innengedämmten Querschnitt fällt Tauwasser zwischen Wärmedämmung und Mauerwerk aus. Auf die Darstellung eines Diagramms für die Tauperiode wird verzichtet.

Berechnung des zulässigen μ-Wertes:

$$g_i = \delta_{DL} \cdot \frac{p_i - p_c}{s_{di}} = 0{,}00072 \cdot \frac{1168 - 480}{6{,}21} = 0{,}0798 \ \frac{\text{g}}{\text{m}^2 \cdot \text{h}} \qquad \textit{(Formel 3.4.3-2)}$$

$$g_e = \delta_{DL} \cdot \frac{p_c - p_e}{s_{de}} = 0{,}00072 \cdot \frac{480 - 321}{0{,}24 \cdot \mu} = \frac{0{,}477}{\mu} \ \frac{\text{g}}{\text{m}^2 \cdot \text{h}} \qquad \textit{(Formel 3.4.3-3)}$$

Anforderung laut Aufgabenstellung: $M_c \leq 100 \ \frac{\text{g}}{\text{m}^2}$

$$M_c = t_c \cdot (g_i - g_e) = 2160 \cdot \left(0{,}0798 - \frac{0{,}477}{\mu} \right) \leq 100 \ \frac{\text{g}}{\text{m}^2} \qquad \textit{(Formel 3.4.3-1)}$$

$$\Rightarrow \quad -\frac{0{,}477}{\mu} \leq \frac{100}{2160} - 0{,}0798$$

$$\frac{0{,}477}{\mu} \geq 0{,}0798 - \frac{100}{2160}$$

$$\Rightarrow \quad \mu \leq \frac{0{,}477}{0{,}0798 - \frac{100}{2160}} = 14{,}2$$

Der μ-Wert des verwendeten Mauerwerks muss kleiner als 14,2 sein, damit nicht mehr als 100 g/m^2 Tauwasser im Wandquerschnitt ausfallen.

Lösung zu Aufgabe 18

a) max. zulässige Raumluftfeuchte / Randbedingungen:

$\theta_{si,min} = 10,5\,°C \quad \Rightarrow \quad p_s(\theta_{si}) \triangleq p_{s,si} = 1269\ \text{Pa}$ (*Tabelle 3.1.3-1*)

$\theta_i \quad = 20,0\,°C \quad \Rightarrow \quad p_s(\theta_s) \triangleq p_{s,i} = 2337\ \text{Pa}$

Anforderungskriterium: (*Abschnitt 3.5.3*)

Unter der Annahme, dass der innere Wasserdampf-Diffusionsübergangswiderstand vernachlässigt werden kann, d.h. $1/\beta_i = 0$ gilt: (*Anmerkung S. 180*)

$p_{si} = p_i$

mit

$p_i = p_{s,i} \cdot \phi_i$ und $p_{s,i} = 0,8 \cdot p_{s,si}$

$\Rightarrow 0,8 \cdot p_{s,si} = p_{s,i} \cdot \phi_i$

$$\Rightarrow \phi_i = \frac{0,8 \cdot p_{s,si}}{p_{s,i}} = \frac{0,8 \cdot 1269\ \text{Pa}}{2337\ \text{Pa}} = 0,434$$

$\phi_{i,max} = 43,4\ \%$

b) weitere Annahme: Die Differenz (θ_{Wand} - θ_{Kante}) = 3,8 K bleibt gleich.

1. Minimale Innenoberflächentemperatur in der Wandebene

$$\theta_{si,min} = \left(\frac{\phi_{i,max} \cdot 1,25}{100}\right)^{0,1247} \cdot (109,8 + \theta_i) - 109,8$$ (*Formel 3.1.10-1*)

$$= \left(\frac{55 \cdot 1,25}{100}\right)^{0,1247} \cdot (109,8 + 20) - 109,8 = 14,07\,°C$$

Unter Berücksichtigung der Differenz $(\theta_{Wand} - \theta_{Kante}) = 3,8$ K folgt:

$\theta_{si,min} = 14,07 + 3,8 = 17,87\ °C$

2. Wärmedurchgangswiderstand

$$\theta_{si} = \theta_i - R_{si} \cdot \frac{1}{R_T} \cdot (\theta_i - \theta_e) \geq \theta_{si,min}$$ (*Bild 2.2.1-1*)

$$\rightarrow R_T \geq \frac{(\theta_i - \theta_e) \cdot R_{si}}{\theta_i - \theta_{si,min}} = \frac{(20 - (-5)) \cdot 0,25}{20 - 17,87} = 2,93 \frac{\text{m}^2\text{K}}{\text{W}}$$

3. Wärmedurchgangskoeffizient

$$U \leq \frac{1}{R_T - R_{si,4108} + R_{si,6946}} = \frac{1}{2,93 - 0,25 + 0,13} = 0,36 \frac{\text{W}}{\text{m}^2\text{K}}$$

Der U-Wert darf maximal 0,36 W/(m²K) betragen.

<u>Hinweis:</u> Es wäre in einem praktischen Fall nun noch die Annahme selbst durch eine erneute zweidimensionale Berechnung zu prüfen. Ergibt sich daraus eine größere Abweichung als die angesetzten 3,8 K, so ist der U-Wert entsprechend anzupassen.

Lösung zu Aufgabe 19

a) Berechnung des Temperaturfaktors f_{Rsi} der Außenwand

$$U = \frac{1}{R_T} = \left(R_{si} + \sum_{i=1}^{n} \frac{d_i}{\lambda_i} + R_{se} \right)^{-1} \qquad \text{(Formel 2.1.12-2)}$$

$$= \left(0,13 + \frac{0,01}{0,51} + \frac{0,24}{0,79} + \frac{0,08}{0,04} + \frac{0,015}{1,0} + 0,04 \right)^{-1} = 0,40 \ \frac{\text{W}}{\text{m}^2\text{K}}$$

für eindimensionale ebene Bauteile gilt nach DIN EN ISO 13788:

$$f_{Rsi} = 1 - U \cdot R_{si} = 1 - 0,40 \cdot 0,25 = 0,90$$

b) Berechnung des Mindest-Temperaturfaktors $f_{Rsi,min}$
bei bekannter Luftfeuchteklasse
Hinweis: Die Berechnung wird exemplarisch für den Monat Januar gezeigt.

$$p_{sat}(\theta_e) = 610,5 \cdot e^{\frac{17,269 \cdot \theta_e}{237,3 + \theta_e}} = 610,5 \cdot e^{\frac{17,269 \cdot 2,8}{237,3 + 2,8}} = 746,7 \text{ Pa} \qquad \text{(Formel 3.5.1-2)}$$

$$p_e = \phi_e \cdot p_{sat}(\theta_e) = 0,92 \cdot 746,7 = 687 \text{ Pa} \qquad \text{(Formel 3.5.1-1)}$$

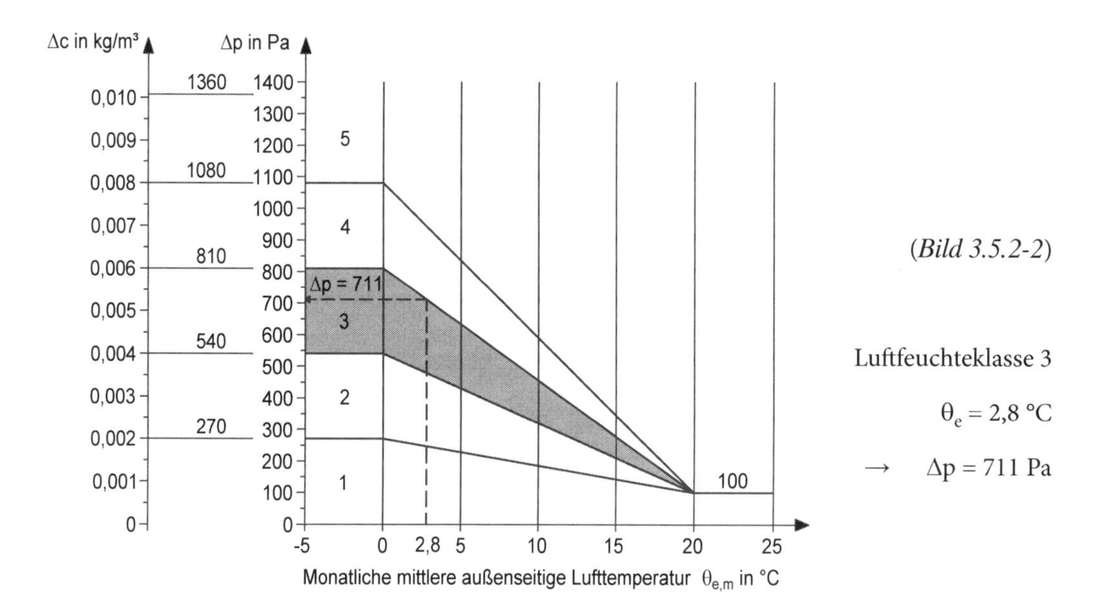

(Bild 3.5.2-2)

Luftfeuchteklasse 3

$\theta_e = 2,8$ °C

$\rightarrow$ $\Delta p = 711$ Pa

$$p_i = \Delta p + p_e = 711 + 687 = 1398 \text{ Pa} \qquad \text{(Formel 3.5.2-7)}$$

$$p_{sat}(\theta_{si}) = \frac{p_i}{0,8} = \frac{1398}{0,8} = 1748 \text{ Pa} \quad \text{(aus 80\%-Kriterium)} \qquad \text{(Formel 3.5.3-2)}$$

$$\theta_{si,min}(p_{sat}) = \frac{273{,}3 \cdot \ln\left(\frac{p_{sat}}{610{,}5}\right)}{17{,}269 - \ln\left(\frac{p_{sat}}{610{,}5}\right)} \qquad (Formel\ 3.5.3\text{-}1)$$

$$= \frac{237{,}3 \cdot \ln\left(\frac{1747}{610{,}5}\right)}{17{,}269 - \ln\left(\frac{1747}{610{,}5}\right)} = 15{,}38\,°C$$

$$f_{Rsi,min} = \frac{\theta_{si,min} - \theta_e}{\theta_i - \theta_e} = \frac{15{,}38 - 2{,}8}{20 - 2{,}8} = 0{,}732$$

b) Zusammenstellung der monatlichen Daten:

Monat	θ_e °C	ϕ_e %	$p_{sat}(\theta_e)$ Pa	p_e Pa	Δp Pa	p_i Pa	$p_{sat}(\theta_i)$ Pa	$\theta_{si,min}$ °C	θ_i °C	$f_{Rsi,min}$ -
Januar	2,8	92	747	687	711	1398	1747	15,38	20	0,732 → maßgebend
Februar	2,8	88	747	657	711	1368	1710	15,05	20	0,712
März	4,5	85	842	716	650	1366	1707	15,03	20	0,679
April	6,7	80	981	785	572	1357	1696	14,92	20	0,618
Mai	9,8	78	1211	945	462	1407	1758	15,48	20	0,557
Juni	12,6	80	1458	1167	363	1529	1912	16,79	20	0,567
Juli	14,0	82	1598	1310	313	1623	2029	17,74	20	0,623
August	13,7	84	1567	1316	324	1640	2050	17,90	20	0,667
September	11,5	87	1356	1180	402	1582	1977	17,33	20	0,686
Oktober	9,0	89	1147	1021	491	1512	1890	16,61	20	0,692
November	5,0	91	872	793	633	1426	1782	15,70	20	0,713
Dezember	3,5	92	785	722	686	1408	1760	15,50	20	0,727

c) Nachweis:

Maßgebend ist der Monat Januar.

$f_{Rsi} = 0{,}90$

$\max f_{Rsi,\min} = 0{,}732$

Anforderung: $f_{Rsi} > \max f_{Rsi,\min}$ (*Formel 3.5.3-3*)

$\Rightarrow\ 0{,}90 > 0{,}732 \quad \rightarrow$ Nachweis wird erfüllt!

2.3 Schallschutz

2.3.1 Antworten zu Verständnisfragen

Lösung zu Frage 1

Ein reiner Ton wird durch eine einzige Frequenz beschrieben.

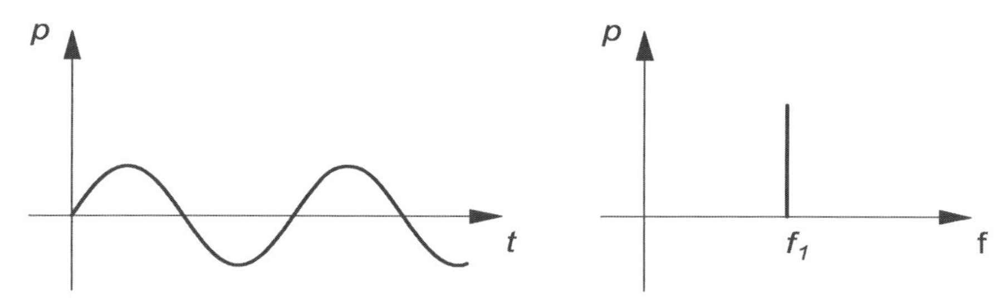

Lösung zu Frage 2

Schall breitet sich in Longitudinalwellen aus, d.h. es handelt sich um mechanische Schwingungen eines elastischen Mediums, das sich in einem beliebigen Aggregatzustand (fest, flüssig, gasförmig) befinden kann. Im Vakuum ist wegen der fehlenden Medien keine Schallausbreitung möglich, deswegen gibt es im Weltall auch keine Geräusche.

Lösung zu Frage 3

Der Gesamtschalldruckpegel erhöht sich um 3 dB.

Lösung zu Frage 4

Töne hoher Frequenzen werden bei konstantem Schalldruckpegel lauter empfunden als tiefere.

Lösung zu Frage 5

Verkehrslärm, Sportanlagenlärm, Lärm aus Gewerbebetrieben, Fluglärm, Baulärm, Lärm aus haustechnischen Anlagen, Schallübertragung aus fremden Wohneinheiten.

Lösung zu Frage 6

Eine Schalldruckpegeldifferenz von ± 10 dB.

Lösung zu Frage 7

Der bauphysikalisch relevante Frequenzbereich liegt zwischen 100 und 3150 Hz. Bei höheren Frequenzen ist der Anteil der im Hochbau auftretenden Geräusche gering, bei tieferen ist die Empfindlichkeit des menschlichen Ohres gering. In Abhängigkeit von der jeweiligen Fragestellung kann der Bereich jedoch auch erweitert werden.

Lösung zu Frage 8

Der Spuranpassungs- (Koinzidenz-) Effekt tritt bei akustisch einschaligen Bauelementen sowie bei einschaligen Bauteilschichten mehrschaliger Bauteile auf.

Lösung zu Frage 9

Die Messwerte werden durch sogenannte Schallpegelkorrekturwerte (siehe Diagramm) modifiziert. Meist erfolgt eine Korrektur nach Kurve A (für niedrige Schallpegel). Die Art der Bewertung wird dann i.d.R. in der Einheit als dB(A) vermerkt.

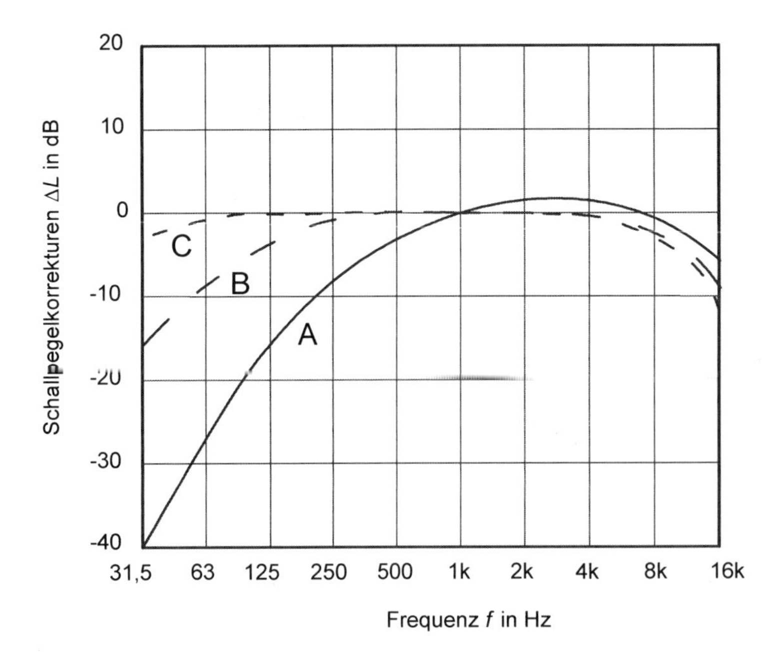

Lösung zu Frage 10

Das Lautstärkeempfinden des Menschen ist subjektiv geprägt und stark frequenzabhängig. Das Bild zeigt den Zusammenhang zwischen dem subjektiv empfundenen Lautstärkepegel L_N, angegeben in Phon, und dem objektiv messbaren Schalldruckpegel L_P. Eine Übereinstimmung von L_N und L_P besteht nur bei der Frequenz $f = 1000$ Hz.

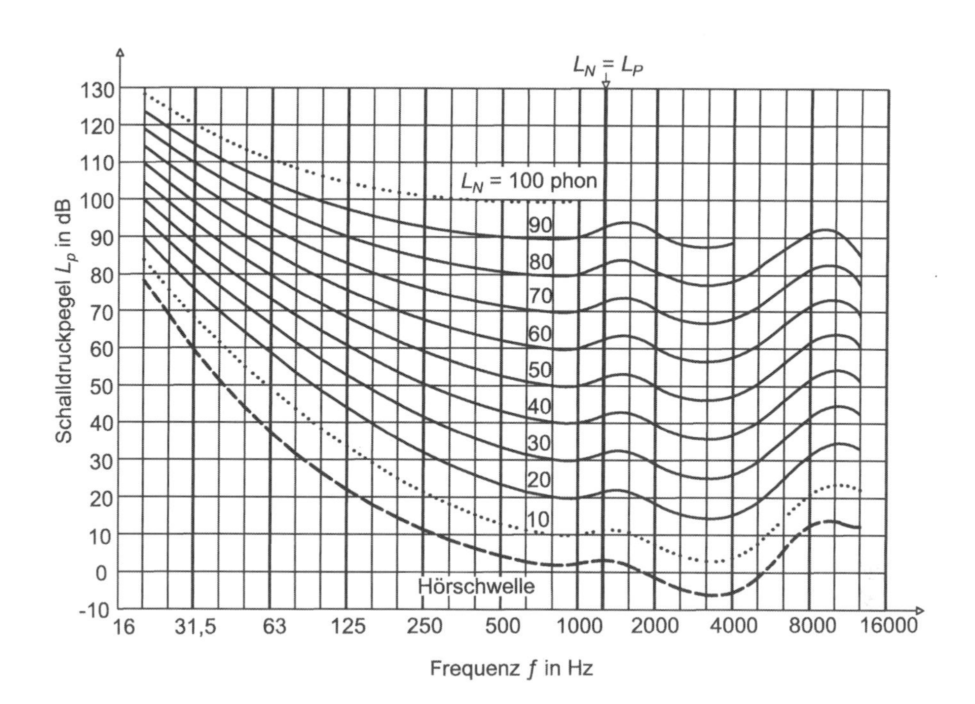

Lösung zu Frage 11

Der **Emissionsort** ist der Ort der Schallentstehung, also die Lage der Schallquelle.

Der **Immissionsort** ist die Messstelle, an welcher der von einer Schallquelle verursachte Lärm beurteilt wird. Dieses kann z. B. das einem Gewerbebetrieb nächstgelegene Wohnhaus sein und dort kann dann das vom Lärm am stärksten betroffene Wohnraumfenster maßgebend sein. Der maßgebliche Immissionsort liegt

a) bei bebauten Flächen 0,5 m außerhalb vor der Mitte des geöffneten Fensters des vom Geräusch am stärksten betroffenen schutzbedürftigen Raumes (z. B. Schlafzimmer);
b) bei unbebauten Flächen oder bebauten Flächen, die keine Gebäude mit schutzbedürftigen Räumen enthalten, an dem am stärksten betroffenen Rand der Fläche, wo nach dem Bau- und Planungsrecht Gebäude mit schutzbedürftigen Räumen erstellt werden dürfen.

Die **Schallausbreitung im Freien** wird beeinflusst durch verschiedene den Schalldruck-reduzierende Parameter:

- geometrische Parameter, z.B. Abstand zur Schallquelle
- Luftabsorption
- meteorologische Einflüsse (Temperatur, Wind)
- Bodeneffekte
- allgemeine Bebauung
- Bewuchs
- Reflexion an Flächen
- Abschirmung durch Hindernisse

Lösung zu Frage 12

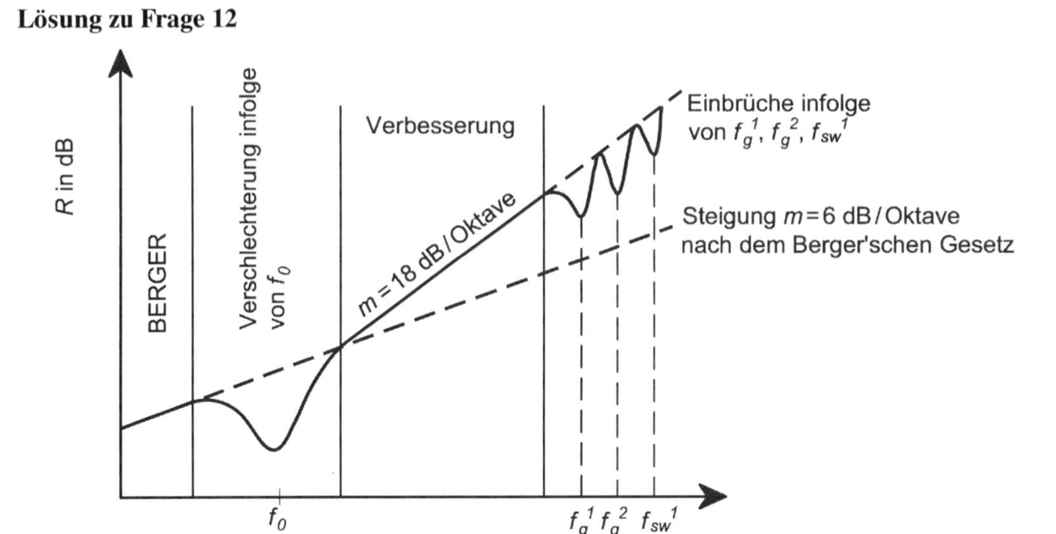

Der charakteristische Verlauf weist deutliche Abweichungen vom theoretischen Verhalten (Steigung der gestrichelten Linie beträgt nach Berger 6 dB je Oktave) auf:

- Verschlechterungen treten auf
  - im Bereich der Eigenfrequenz f_0 (Resonanzfrequenz des mehrschaligen Systems)
  - bei den Koinzidenzgrenzfrequenzen f_g^i der einzelnen Schalen
  - optional durch die Ausbildung stehender Wellen im Schalenzwischenraum (Hohlraumresonanzen), $f_{sw}^{\ 1}$ ist die Frequenz bei Ausbildung der ersten stehenden Welle einer nichtbedämpften Luftzwischenschicht
- Verbesserungen mit einem $\Delta R = 12$ dB/Oktave (Steigung der frequenzabhängigen Schalldämmkurve $m = 18$ dB/Oktave) treten im Bereich zwischen Resonanzfrequenz und Koinzidenzgrenzfrequenz der ersten Schale auf.

Lösung zu Frage 13

Wärmedämm-Verbundsysteme bestehen aus Dämmplatten (z. B. aus Polystyrol oder Mineralfasern), die auf der Außenseite einer Trägerwand mittels Verklebung und/oder Verdübelung angebracht und anschließend mit einem mehrschichtigen armierten Putzsystem beschichtet werden. Dadurch entsteht ein schwingungsfähiges Masse-Feder-System, das die akustischen Eigenschaften der Trägerwand verändert. Abhängig von der dynamischen Steifigkeit der Dämmschicht und der flächenbezogenen Masse des Putzes, d.h. der Lage der Resonanzfrequenz kann sowohl eine Verbesserung als auch eine Verschlechterung der Schalldämmung eintreten. Einfluss haben auch die Ausbildung der einschaligen, biegesteifen Trägerwand, die prozentuale Klebefläche der Dämmschicht und der längenbezogene Strömungswiderstand und die Faserausrichtung bei Mineralfaserdämmschichten. Die Änderung des bewerteten Schalldämm-Maßes kann zwischen -10 dB und +20 dB betragen.

Lösung zu Frage 14

Das Lautstärkeempfinden des Menschen ist subjektiv geprägt. Töne tiefer Frequenzen werden bei konstantem Schalldruckpegel leiser empfunden als höhere. Zur Berücksichtigung dieser subjektiven Beurteilung werden messtechnisch ermittelte Schalldruckpegel durch sogenannte Schallpegelkorrekturwerte modifiziert. Meist erfolgt eine Korrektur nach Kurve A (für niedrige Schallpegel). Die Art der Bewertung wird in der Einheit dann in der Regel als *dB(A)* vermerkt.

Lösung zu Frage 15

Schräg auf ein einschaliges Bauteil auftreffende Schallwellen (Longitudinalwellen mit der Wellenlänge λ_L) versetzen das Bauteil in Biegeschwingungen. Gleichzeitig breitet sich die Luftschallwelle als Spur mit der Wellenlänge λ'_L entlang des Bauteils aus (die Spur einer Welle ist ihre Projektion auf eine Projektionsebene.) Stimmt die Wellenlänge des auftreffenden Luftschalls mit der Länge der freien Biegewelle des Bauteils λ_B überein, kommt es zu einer Überlagerung beider Wellenbewegungen - der so genannten Koinzidenz- oder Spuranpassung, d.h. das Bauteil schwingt mit höchster Amplitude, was zu einer deutlichen Verschlechterung der Schalldämmeigenschaften in diesem Frequenzbereich führt („Dämmloch"). Die niedrigste Frequenz, bei der dieser Effekt auftritt, wird als Koinzidenzgrenzfrequenz oder auch Grenzfrequenz- oder Spuranpassungsfrequenz genannt.

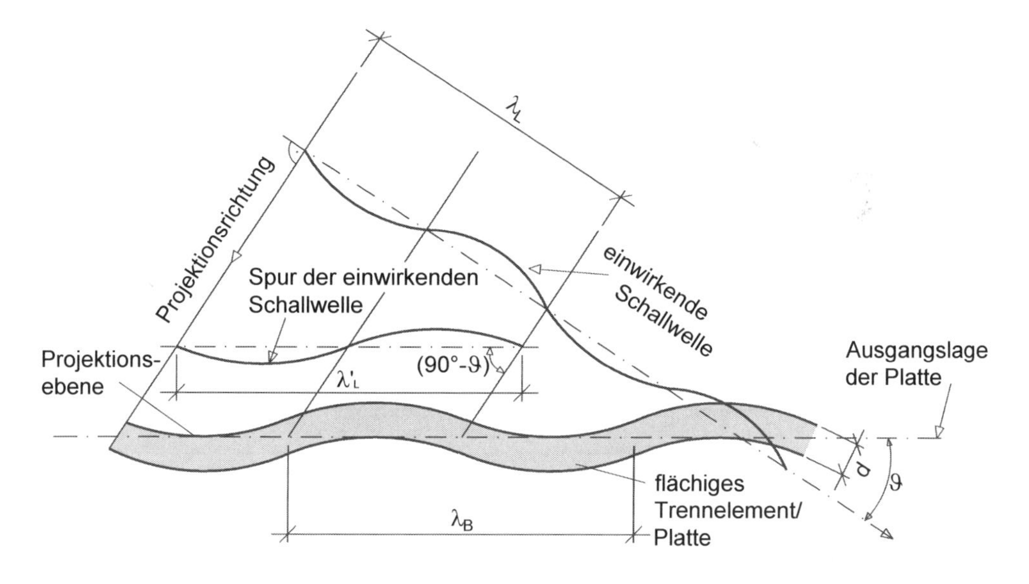

Lösung zu Frage 16

Die Abhängigkeit des Schalldämm-Maßes eines massiven Bauteils von der flächenbezogenen Masse und der Frequenz beschreibt das BERGERsche Massegesetz. Danach erhöht sich das Luftschalldämm-Maß um + 6 dB bei Verdopplung der flächenbezogenen Masse. Eine Verdopplung der Frequenz (Erhöhung der Frequenz um eine Oktave) erhöht das Schalldämm-Maß ebenfalls um + 6 dB.

Lösung zu Frage 17

Für einschalige massive biegesteife Bauteile gilt das theoretisch abgeleitete BERGERsche Gesetz:

$$R(f) = 10 \cdot \lg\left[1 + \left(\frac{\pi \cdot f \cdot m'}{\rho_L \cdot c_L} \cdot \cos\vartheta\right)^2\right]$$

Darin sind:

$R(f)$	frequenzabhängiges Luftschalldämm-Maß in dB
f	Frequenz in Hz
m'	flächenbezogene Masse in kg/m^2
ϑ	Einfallswinkel des Schalls (Winkel zwischen Flächennormaler und Schallsignal)
ρ_L	Rohdichte der Luft (ρ_L = 1,25 kg/m^3)
c_L	Schallgeschwindigkeit der Luft in m/s

Die Auswertung dieser Gleichung zeigt folgende Ergebnisse:

- Eine Verdopplung der flächenbezogenen Masse erhöht das Schalldämm-Maß *R(f)* um + 6 dB.
- Eine Erhöhung der Frequenz um eine Oktave (dies entspricht einer Verdopplung der Frequenz) erhöht das Schalldämm-Maß um + 6 dB.
- Bei streifendem Schalleinfall ($\vartheta \rightarrow 90°$ bedeutet $\cos\vartheta \rightarrow 0$) sinkt das Schalldämm-Maß stark ab.
- Bei senkrechtem Schalleinfall ($\vartheta \rightarrow 0°$ bedeutet $\cos\vartheta \rightarrow 1$) erreicht das Schalldämm-Maß seinen Maximalwert.

Lösung zu Frage 18

Wählt man die Schalen einer zweischaligen Wandkonstruktion und die Federsteifigkeit des Zwischenraums so, dass die Resonanzfrequenz des zweischaligen Systems unterhalb des bauakustisch relevanten Frequenzbereichs (also f_0 < 100 Hz) und die Koinzidenzgrenzfrequenzen der beiden Schalen oberhalb des bauakustisch relevanten Frequenzbereichs (also f_g > 3150 Hz) liegen, erreicht man die optimale Verbesserung gegenüber einer gleich schweren einschaligen Trennwand. Beim Verlauf des Luftschalldämm-Maßes für zweischalige Bauteile als Funktion der Frequenz wird die Abweichung vom theoretischen

Verhalten nach Berger sichtbar: Die Steigung der Schalldämmkurve beträgt zwischen Resonanzfrequenz und Koinzidenzgrenzfrequenzen 18 dB/Oktave, nach dem Bergerschen Massegesetz nur 6 dB/Oktave.

Lösung zu Frage 19

Die Differenzierung zwischen biegeweichen und biegeweichen Bauteilen erfolgt anhand der Koinzidenzgrenzfrequenz:

biegeweich →	Bauteile mit f_g > 2000 Hz
bauakustisch ungünstig →	200 Hz < f_g < 2000 Hz
biegesteif →	Bauteile mit f_g < 200 Hz

Für die Schalldämmung von Bauteilen ist es außerdem entscheidend, dass die Koinzidenzgrenzfrequenz außerhalb des bauakustisch interessanten Frequenzbereiches liegt. Liegt die Koinzidenzgrenzfrequenz eines Bauteils innerhalb des bauakustisch interessanten Frequenzbereiches, so erfährt die Schalldämmung einen merklichen Einbruch.

Lösung zu Frage 20

Das frequenzabhängige Luftschalldämm-Maß *R(f)* beschreibt das Vermögen des trennenden Bauteils, Schall zu dissipieren. Schallübertragung der Flankenwege wird nicht berücksichtigt. Man bezeichnet *R(f)* häufig auch als (frequenzabhängiges) Labor-Schalldämm-Maß.
Das frequenzabhängigen Luftschalldämm-Maß *R'(f)* berücksichtigt dagegen den Einfluß der flankierenden Bauteile und wird häufig auch als (frequenzabhängiges) Bau-Schalldämm-Maß bezeichnet.

Lösung zu Frage 21

Das Dickputzsystem auf Mineralwolle-Platten ist schalltechnisch günstiger. Das Verbesserungsmaß ΔR_w ist positiv, weil die Resonanzfrequenz des WDVS niedriger ist. Die dynamische Steifigkeit beträgt ca. 10 MN/m³, die Flächenmasse ca. 25 kg/m² → f_0 = 100 Hz. Beim EPS-System mit Dünnputz liegt die Resonanzfrequenz bei ca. 360 Hz, also mitten im bauakustisch relevanten Frequenzbereich. Damit ergibt sich für ΔR_w ein negativer Wert.

Lösung zu Frage 22

Die Resonanzfrequenz ist die Eigenschwingung eines schwingungsfähigen Systems. Ist eine Erregerfrequenz gleich oder nahezu gleich der Resonanzfrequenz des Systems, so tritt der Resonanzfall ein, d. h. die Schwingungsamplitude erfährt eine Aufschaukelung. In der Bauakustik sind diese Resonanzfrequenzen z.B. bei zweischaligen Bauteilen zu vermeiden, da dadurch die Schalldämmung wesentlich verschlechtert wird.

Lösung zu Frage 23

Die Bezugskurve wird nach unten verschoben.

Lösung zu Frage 24

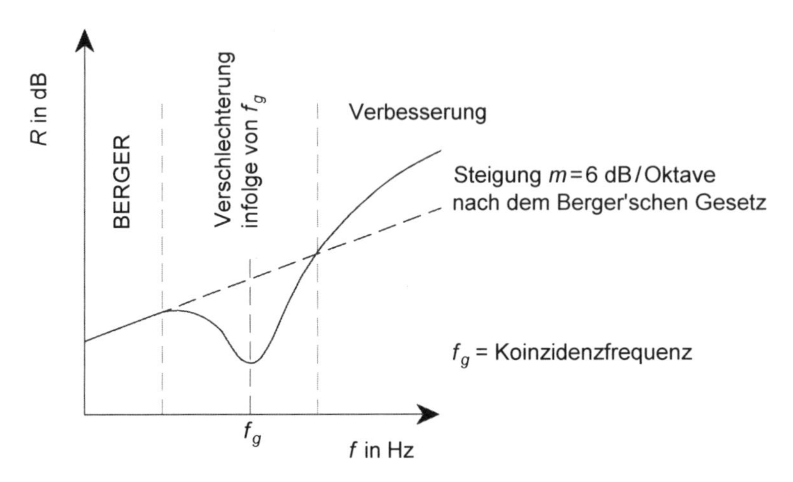

Lösung zu Frage 25

Durch Anordnung einer biegeweichen Vorsatzschale lässt sich die Schalldämmung verbessern, z.B. mit einer Vorsatzschale aus Gipskartonplatten, auf Metallständerwerk, frei vor der Massivwand stehend, mit Hohlraumfüllung aus Mineralwolledämmstoff. Alternativ kann die Dicke der Wand erhöht werden.

Lösung zu Frage 26

Der bewertete Norm-Trittschallpegel einer Massivdecke von übereinander liegenden Räumen berechnet sich nach:

$$L'_{n,w} = L_{n,eq,0,w} - \Delta L_w + K$$

mit

$L_{n,eq,0,w}$ äquivalenter bewerteter Norm-Trittschallpegel der Rohdecke

ΔL_w bewertete Trittschallminderung der Deckenauflage. (Dieses berechnet sich aus der flächenbezogenen Masse unterschiedlicher schwimmender Estriche und Steifigkeit der Dämmschicht bzw. in Abhängigkeit der Art der schwimmenden Holzfußböden oder weichfedernden Bodenbeläge.)

K Korrekturwert zur Berücksichtigung der Übertragung über flankierende Bauteile

Lösung zu Frage 27

Der einzige Unterschied ist K_T, der Korrekturwert zur Berücksichtigung der räumlichen Zuordnung:

Räume sind nebeneinander angeordnet: $K_T = +5$ dB (*Tab. 5.4.7-1, Z. 3*)

Räume sind diagonal (schräg) angeordnet: $K_T = +10$ dB (*Tab. 5.4.7-1, Z. 5*)

Räume über einer zweischaligen Haustrennwand: $K_T = +15$ dB (*Tab. 5.4.7-1, Z. 7*)

Lösung zu Frage 28

Die raumakustischen Eigenschaften des Empfangsraumes (*A(f)*) und die Fläche des trennenden Bauteils (*S*) haben ebenfalls Einfluss auf das Schalldämm-Maß und müssen daher zur Vergleichbarkeit von Messergebnissen kompensiert werden:

$$R(f) = L_i(f) - L_e(f) + 10 \cdot \log \frac{S}{A(f)}$$

Lösung zu Frage 29

Das bewertete Schalldämm-Maß der Trennwand beträgt 52 + 6 = 58 dB (verschobene Bezugskurve bei 500 Hz).

Lösung zu Frage 30

Konstruktion b) ist schalltechnisch günstiger, da durch die Trennung des Estrichs die Schall-Längsdämmung niedriger, d.h. das Schall-Längsdämm-Maß wesentlich höher ist.

Lösung zu Frage 31

Es sind erhöhte Anforderungen zu beachten, die über die Schallschutzanforderungen der DIN 4109 hinausgehen. Erhöhte Anforderungen werden in der DIN 4109 Bbl. 2 und in der VDI 4100 geregelt. In der VDI 4100 sind die Anforderungen aufgeteilt in drei Schallschutzstufen gegenüber den Nachbarn (SSt I-III) und zwei Schallschutzstufen für den Eigenbereich (EB I-II).

Lösung zu Frage 32

Grundsätzlich wird die Trittschalldämmung durch die Applikation des schwimmenden Estrichs über alle Frequenzen verbessert (zwischen ~10 dB im tieffrequenten und ~30 dB im hochfrequenten Bereich; also deutlich weniger effektiv als bei einer Massivdecke). Für die Reduzierung der Trittschallübertragung im tieffrequenten Bereich sollte zusätzlich noch eine Schüttung zur Erhöhung der flächenbezogenen Masse vorgesehen werden.

Lösung zu Frage 33

Als Nachhallzeit eines Raumes wird derjenige Zeitraum definiert, in dem in diesem Raum ein Schallsignal mit dem Schalldruckpegel *L(t)* nach seiner Beendigung auf 1/1.000.000 seines ursprünglichen Wertes, das heißt also um 60 dB reduziert wird.

Anmerkung: Während bei einer Reduzierung des Schalldruckpegels um 60 dB dieser sowie auch die Schallenergie (in W) um den Faktor 1.000.000 sinkt, bedeutet dieses für den Schalldruck (in Pa) eine Reduzierung um den Faktor 1.000.

Die Nachhallzeit ist frequenzabhängig. Der Physiker Sabine fand 1898 heraus, dass sich die Nachhallzeit T proportional zum Raumvolumen V und umgekehrt proportional zu der äquivalenten Absorptionsfläche A verhält:

$$T(f) = 0{,}163 \cdot \frac{V}{A(f)}$$

Verlauf eines Schallsignals gegebener Frequenz über die Zeit nach seiner Beendigung mit Kennzeichnung der Nachhallzeit T dieser Frequenz.

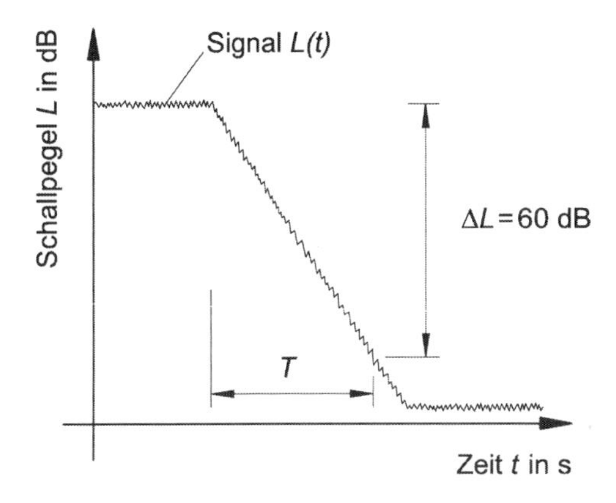

Lösung zu Frage 34

Die Absorption von Schallenergie und Umwandlung in Wärme durch Reibung an den Porenwänden des absorbierenden Materials.

Lösung zu Frage 35

Bei Verdopplung der äquivalenten Absorptionsfläche

$T(f) = 0{,}163 \cdot \frac{V}{A(f)}$ reduziert sich die Nachhallzeit um die Hälfte

$\Delta L(f) = 10 \cdot \log \frac{T_o(f)}{T(f)}$ wird eine Lärmpegelsenkung im Raum von 3 dB erreicht

Lösung zu Frage 36

Der Absorptionsgrad α ist definiert als:

Absorptionsgrad = 1 – Reflexionsgrad,
daher ist $\alpha = 1 - 0{,}55 = 0{,}45$.

Lösung zu Frage 37

Der raumakustisch relevante Frequenzbereich liegt zwischen 63 bis 8000 *Hz*.

Lösung zu Frage 38

Unter Hörsamkeit versteht man die Eignung eines Raumes für bestimmte Schalldarbietungen, insbesondere für gute sprachliche Kommunikation und musikalische Darbietungen.

Die Hörsamkeit wird vorwiegend beeinflusst durch:
- die geometrische Gestaltung des Raumes,
- die Verteilung von schallabsorbierenden und -reflektierenden Flächen,
- die Nachhallzeit und
- den Gesamtstörschalldruckpegel.

Lösung zu Frage 39

Die Laufzeitdifferenz ist ein Kriterium für die Verständlichkeit in Räumen. Sie beschreibt, um wieviel später als das direkte Schallsignal ein von den raumumschließenden Flächen reflektiertes Schallsignal am Immissionsort (Empfänger) eintrifft. Laufzeitdifferenzen von $\Delta t > 0{,}1$ sec (bzw. $\ell' > 34$ m) werden Echo genannt und sind mit raumakustischen Maßnahmen in Form von Reduzierung der Schallreflexionen bzw. durch Schalllenkung zu vermeiden.

Lösung zu Frage 40

Plattenresonatoren: Sie wirken schalltechnisch als ein Feder-Masse-System, ihr Wirkungsschwerpunkt liegt im Bereich der Eigenfrequenz, d.h. die Schallenergie wird in Bewegungsenergie der Platte umgesetzt. In der Regel wird eine leichte Vorsatzschale vor einer massiven Konstruktion angeordnet (mit $m'_2 >> m'_1$) und die Feder aus einer Luftschicht oder besser – zur Vermeidung stehender Wellen – aus einer Hohlraumbedämpfung.

Poröse Absorber: Die Absorption der Schallenergie erfolgt durch Umwandlung in Wärmeenergie durch Reibung an den Porenwänden des absorbierenden Materials (Dissipation). Es ist eine offenporige Struktur mit großer Porosität erforderlich, die Kenngröße für poröse Absorber ist der längenbezogene Strömungswiderstand.

Helmholtz-Resonator: Er besteht aus einem Luftvolumen mit einer engen Öffnung nach außen, z.B. einer Schlitzplatte vor einer massiven Wand. Beim Helmholtz-Resonator schwingt eine Luftmasse auf einem elastischen Luftpolster: Die im Resonatorhals befindliche Luftmasse schwingt hin und her und überführt Schallenergie durch Reibung an den Oberflächen in Wärme. Es bildet sich also ein schwingendes Feder-Masse-System, wobei das Resonator-Volumen in Form eines Luftkissens als Feder fungiert, auf der die Luftmasse im Resonatorhals hin und her schwingt. Bei Helmholtz-Absorbern handelt es sich um Resonanzabsorber für tiefe Frequenzen.

Mikroperforierte Absorber: Sie bestehen aus einer dünnen Lochplatte, deren Lochdurchmesser sehr gering sind (0,3 bis 2,0 *mm*) und einem abgeschlossenen Luftvolumen ohne Hohlraumbedämpfung. Damit handelt es sich um einen modifizierten Helmholtz-Resonator, also auch um ein Feder-Masse-System. Sie sind besonders im höheren Frequenzbereich wirksam. Die Dissipation der Schallenergie geschieht durch viskose Reibung der Luft an den Lochrändern (akustische Grenzschicht). Die Löcher sind so klein, dass sie vollständig von der Grenzschicht ausgefüllt sind.

Lösung zu Frage 41

Das Kriterium für die Verständlichkeit in Räumen ist die Laufzeitdifferenz. Sie beschreibt, um wieviel später als das direkt übertragene Schallsignal ein von den raumumschließenden Flächen reflektiertes Schallsignal am Immissionsort (Empfänger) eintrifft.

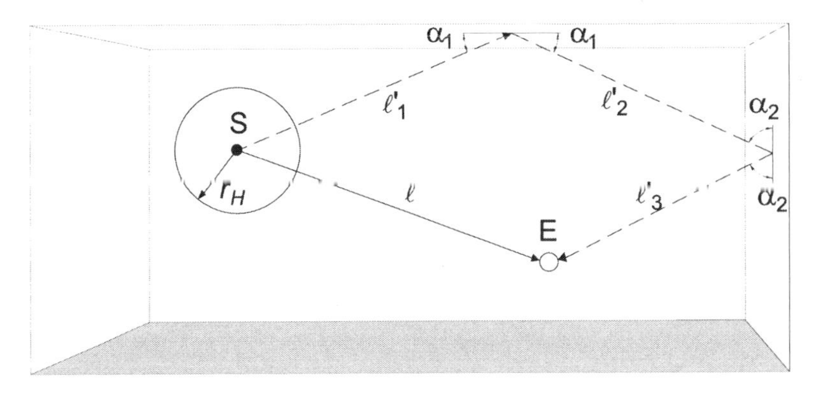

S: Sender
E: Empfänger

ℓ ist die Weglänge des direkten Schalls und $\ell' = \ell'_1 + \ell'_2 + \ell'_3$ die Weglänge des reflektierten Schalls. Laufwegdifferenzen von $\Delta\ell \leq 17$ m (das enspricht einer Laufzeitdifferenz von $\Delta t \leq 0{,}05$ s) führen durch Verstärkung des direkten Schalls zu einer Verbesserung der Verständlichkeit, Laufzeitdifferenzen von $0{,}05 < \Delta t \leq 0{,}1$ s führen zu Verschlechterungen. Laufzeitdifferenzen von $\Delta t > 0{,}1$ sec (bzw. $\ell' > 34$ m) werden Echo genannt und sind mit raumakustischen Maßnahmen in Form von Reduzierung der Schallreflexionen bzw. durch Schalllenkung unbedingt zu vermeiden.

Lösung zu Frage 42

Antwort a) leiser,
da das Lautstärkeempfinden des Menschen subjektiv geprägt und stark frequenzabhängig ist. Töne mit tiefen Frequenzen werden bei gleichem Schalldruckpegel erheblich leiser empfunden, als hohe Töne.

Lösung zu Frage 43

Antwort b) $\tau_X = 2 \cdot \tau_Y$ ist richtig. Eine Erhöhung des Schalldämm-Maßes um 3 dB bedeutet eine Halbierung der durchgelassenen Schallenergie, somit ist der Transmissionsgrad von Wand X doppelt so hoch wie der von Wand Y.

Lösung zu Frage 44

Mikroperforierte Absorber bestehen aus einer dünnen Platten (≤ 8 mm) und einem abgeschlossenen Hohlraum ohne Dämpfung, in der Platte sind kleine Löcher (0,3 – 2 mm). Er stellt einen modifizierten Helmholtz-Resonator dar und ist in den höheren Frequenzen wirksam.

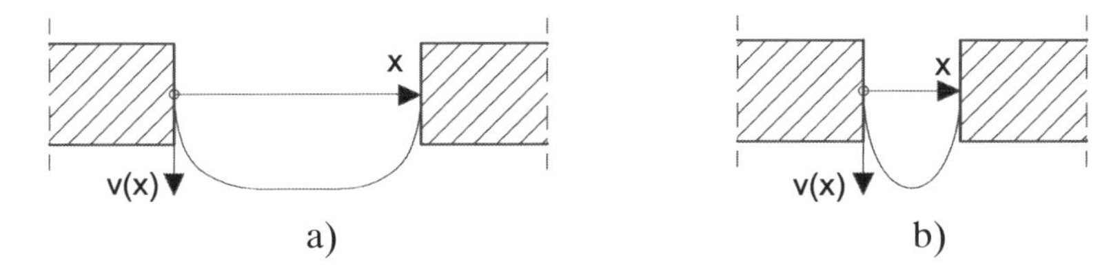

a) b)

Die Schallenergie wird durch viskose Reibung der Luft in den Löchern dissipiert. Diese Reibung erfolgt nur in den akustischen Grenzschichten, also in den Bereichen einer Änderung des Schnelleprofils. Charakteristikum des mikroperforierten Absorbers ist, dass die Löcher so klein sind, dass sie völlig von der akustischen Grenzschicht ausgefüllt sind.

2.3.2 Lösungen zu Schallschutz-Aufgaben

Lösung zu Aufgabe 1

a) resultierender Schalldruckpegel

$$L_{P,ges} = 10 \cdot \log \sum_{j=1}^{n} 10^{0,1 \cdot L_{P,j}}$$ *(Formel 4.1.3-2)**)

$$= 10 \cdot \log\left(10^{0,1 \cdot 54} + 10^{0,1 \cdot 58} + 10^{0,1 \cdot 50} + 10^{0,1 \cdot 49}\right) = 60 \text{ dB}$$

b) gleichlaute Schallquellen

$$L_{P,ges} = L_{P,i} + 10 \cdot \log n$$ *(Formel 4.1.3-3)**)

$$\Rightarrow L_{P,i} = L_{P,ges} - 10 \cdot \log n$$

$$= 60 - 10 \cdot \log 4 = 54 \text{ dB}$$

Die vier verschiedenen vorgegebenen Schallquellen erzeugen einen Schalldruckpegel von 60 dB, ebenso vier Schallquellen mit je 54 dB.

Lösung zu Aufgabe 2

a) Bestimmung des Gesamtschalldruckpegels der 7 PKWs
durch Addition gleicher Schalldruckpegel

$$L_{ges} = L_i + 10 \cdot \log\ n$$ *(Formel 4.1.3-3)**)

$$= 84 + 10 \cdot \log\ (7) = 92 \text{ dB(A)}$$

Die 7 PKWs erzeugen einen Gesamtschalldruckpegel von 92 dB(A).

b) Bestimmung des Gesamtschalldruckpegels einschließlich Flugzeug
durch Addition unterschiedlicher Schalldruckpegel

$$L_{P,ges} = 10 \cdot \log \sum_{j=1}^{n} 10^{0,1 \cdot L_{P,j}}$$ *(Formel 4.1.3-2)**)

$$= 10 \cdot \log\left(7 \cdot 10^{0,1 \cdot 84} + 10^{0,1 \cdot 100}\right) = 101 \text{ dB(A)}$$

Der Gesamtschalldruckpegel einschließlich Flugzeug beträgt 101 dB(A).

*) Die Formel- und Tabellenhinweise beziehen sich auf das Buch „Formeln und Tabellen - Bauphysik -“ 5. Auflage

Lösung zu Aufgabe 3

a) Addition unterschiedlicher Schalldruckpegel

$$L_{ges} = 10 \cdot \log \sum_{j=1}^{n} 10^{0,1 \cdot L_{p,j}}$$ (*Formel 4.1.3-2*)

$$= 10 \cdot \log \left(10^{0,1 \cdot 77} + 10^{0,1 \cdot 75} + 10^{0,1 \cdot 79} + 10^{0,1 \cdot 76}\right) = 83 \text{ dB(A)}$$

Der Gesamtschalldruckpegel aller 4 Geräte beträgt 83 dB(A).

b) Subtraktion von Schalldruckpegel (*Formel 4.1.3-4*)

$$L_5 = 10 \cdot \log \left[10^{0,1 \cdot L_{ges}} - \sum_{j=1}^{4} 10^{0,1 \cdot Lj} \right]$$

$$= 10 \cdot \log \left[10^{8,4} - 10^{8,3} \right] = 77 \text{ dB(A)}$$

Ein fünftes Gerät dürfte einen Einzelpegel von max. 77 dB(A) aufweisen.

Lösung zu Aufgabe 4

a) Abstandsermittlung

Der einzuhaltende Immissionsrichtwert nach TA-Lärm beträgt:

$L_r \leq 60$ dB(A) (*Tabelle 4.2.2-1*)

Die Säge entspricht einer halbkugelförmig abstrahlenden Punktschallquelle

$L_P = L_w - 8 - 20 \cdot \log r$ (*Formel 4.1.5-3*)

$$\Rightarrow \log r = \frac{L_w - L_P - 8}{20}$$

$$\Rightarrow r = 10^{\left(\frac{L_w - L_P - 8}{20}\right)}$$

$$= 10^{\left(\frac{101-60-8}{20}\right)} = 10^{1,65} = 44,7 \text{ m}$$

Die Säge muss 45 m entfernt von der Grundstücksgrenze aufgestellt werden.

b) lärmarme Maschine

$$L_P = L_w - 8 - 20 \cdot \log r$$

$$\Rightarrow L_w = L_P + 8 + 20 \cdot \log r$$

$$= 60 + 8 + 20 \cdot \log 20 = 94 \text{ dB(A)}$$

Eine lärmarme Säge dürfte maximal einen Schall-Leistungspegel von 94 dB(A) aufweisen.

Lösung zu Aufgabe 5

Die Straße entspricht einer linienförmigen Schallquelle

$$\Delta L_P = L_1 - L_2 = 10 \cdot \log \frac{r_2}{r_1}$$ (*Formel 4.1.5-4*)

$$L_2 = L_1 - 10 \cdot \log \frac{r_2}{r_1}$$

$$= 63 - 10 \cdot \log \frac{60}{30} = 60 \text{ dB(A)}$$

Eine Verdopplung des Abstandes verringert die Schallpegel bei linienförmigen Schallquellen um 3 dB.

Lösung zu Aufgabe 6

a) Dicke der Dämmschicht

$$m'_1 = m'_{Außenputz} = 0{,}015 \cdot 1600 = 24 \ \frac{\text{kg}}{\text{m}^2}$$ (*Tabelle 5.5.1-2, Zeile 10*)

$$m'_2 = m'_{Mauerwerksschale} = 0{,}01 \cdot 1000 + 0{,}24 \cdot (1000 \cdot 1{,}6 - 100)$$ (*Tabelle 5.5.1-2*)

$$= 10 + 0{,}24 \cdot 1500 = 370 \ \frac{\text{kg}}{\text{m}^2}$$

Anforderung:
Die Resonanzfrequenz des zweischaligen Systems muss unter 100 Hz liegen.

$$f_o = \frac{1000}{2 \cdot \pi} \sqrt{s' \cdot \left(\frac{1}{m'_1} + \frac{1}{m'_2} \right)} \leq 100 \text{ Hz}$$ (*Formel 5.5.1-1*)

$$s' = \frac{E_{Dyn}}{d}$$ (*Formel 5.1.14-1*)

$$f_o = \frac{1000}{2 \cdot \pi} \sqrt{\frac{E_{Dyn}}{d} \cdot \left(\frac{1}{m'_1} + \frac{1}{m'_2} \right)} \leq 100 \text{ Hz}$$

$$\Leftrightarrow \frac{E_{Dyn}}{d} \cdot \left(\frac{1}{m'_1} + \frac{1}{m'_2} \right) \leq \left(\frac{100 \cdot 2 \cdot \pi}{1000} \right)^2$$

$$\Leftrightarrow d \geq \frac{E_{Dyn}}{\left(\frac{2 \cdot \pi}{10} \right)^2} \cdot \left(\frac{1}{m'_1} + \frac{1}{m'_2} \right)$$

$$\geq \frac{1{,}2}{0{,}395} \cdot \left(\frac{1}{24} + \frac{1}{370} \right) = 0{,}135 \text{ m}$$

$d \geq 135$ mm

Gewählt wird eine Dämmschichtdicke von 140 mm.

Schalldämm-Maß der Außenwand

$$m'_2 = 370 \ \frac{\text{kg}}{\text{m}^2}$$

$$R_w = 30{,}9 \cdot \lg(m'/\,m'_0) - 22{,}2 = 30{,}9 \cdot \lg(370) - 22{,}2 = 57{,}2 \text{ dB} \qquad (\textit{Tab. 5.5.1-5, Zeile 3})$$

$$R_{Dd,w} = R_{w_{MW}} + \Delta R_{w_{WDVS}} = 57{,}2 + 3 = 60{,}2 \text{ dB}$$

Das bewertete Schalldämm-Maß beträgt 60,2 *dB*.

b) Außenlärmbelastung

$$L_{a,tags}(2000 \text{ Kfz/Tag; a = 20 m; Straßengattung B}) = 64 \text{ dB(A)} \qquad (\textit{Bild 4.3.4-1})$$

$$L_{a,nachts}(2000 \text{ Kfz/Tag; a = 20 m; Straßengattung B}) = 55 \text{ dB(A)} \qquad (\textit{Bild 4.3.4-2})$$

$$\Rightarrow L_{a,tags} - L_{a,nachts} = 64 - 55 = 9 \text{ dB} \quad < 10 \text{ dB}$$

d.h., relevant ist $L_a = L_{a,nachts} + 10 \text{ dB} + 3 \text{ dB} = 68 \text{ dB(A)}$ (*Tabelle 5.3.2-3*)

$\Rightarrow$ Lärmpegelbereich III

$$R'_{w,ges} = L_a - K_{Raumart} = 68 - 25 = 43 \text{ dB} \qquad (> 35 \text{ dB}) \qquad (\textit{Formel 5.3.2-1})$$

$$erf.\, R'_{w,ges} = R'_{w,ges} + K_{AL} + 2\text{dB} \qquad (\textit{Formel 5.3.2-2})$$

$$K_{AL} = 10 \cdot \lg\left(\frac{S_S}{0{,}8 \cdot S_G}\right) = 10 \cdot \lg \frac{6{,}2 \cdot 2{,}35}{0{,}8 \cdot 6{,}2 \cdot 5{,}0} = -2{,}3 \qquad (\textit{Formel 5.3.2-3})$$

$$\Rightarrow erf.\, R'_{w,ges} = 43 - 2{,}3 + 2\text{dB} = 42{,}7 \text{ dB}$$

Teilflächen:

$$S_{F+T} = 1{,}05 \cdot 2{,}0 + 1{,}1 \cdot 2{,}05 = 4{,}36 \text{ m}^2$$

$$S_W = 6{,}2 \cdot 2{,}35 - 4{,}36 = 10{,}21 \text{ m}^2$$

$$S_{ges} = 6{,}2 \cdot 2{,}35 = 14{,}57 \text{ m}^2$$

$$R_{e,i,w} = R_{i,w} + 10 \cdot \lg \frac{S_{ges}}{S_i} \qquad (\textit{Formel 5.4.6-4})$$

$$R_{e,Wand,w} = 60{,}2 + 10 \cdot \lg \frac{14{,}57}{10{,}21} = 61{,}7 \text{ dB}$$

$$R_{e,F+T,w} = R_{F+T,w} + 10 \cdot \lg \frac{14{,}57}{4{,}36} = R_{F+T,w} + 5{,}24 \text{ dB}$$

Ermittlung des Schalldämm-Maßes von Fenster und Tür:

$$R'_{w,ges} = -10 \cdot \lg \cdot \left(10^{-0,1 \cdot R_{e,Wand,w}} + 10^{-0,1 \cdot R_{F+T,w}}\right) \qquad (\textit{Formel 5.4.6-3})$$

$$-0{,}1 \cdot R'_{w,ges} = \lg \cdot \left(10^{-0,1 \cdot R_{e,Wand,w}} + 10^{-0,1 \cdot R_{F+T,w}}\right)$$

$$10^{-0,1 \cdot R'_{w,ges}} = 10^{-0,1 \cdot R_{e,Wand,w}} + 10^{-0,1 \cdot R_{F+T,w}}$$

$$10^{-0,1 \cdot R_{e,F+T,w}} = 10^{-0,1 \cdot R'_{w,ges}} - 10^{-0,1 \cdot R_{e,Wand,w}}$$

$$R_{e,F+T,w} = R_{F+T,w} + 5{,}24 \text{ dB} = -10 \cdot \lg\left(10^{-0,1 \cdot R'_{w,ges}} - 10^{-0,1 \cdot R_{e,Wand,w}}\right)$$

$$R_{F+T,w} = -10 \cdot \lg\left(10^{-4,27 dB} - 10^{-6,17 dB}\right) - 5,24 \text{ dB}$$
$$R_{F+T,w} = 37,5 \text{ dB} \quad \text{(gewählt 38 dB)}$$

Alternative Berechnung:

$$R'_{w,ges} = -10 \cdot \lg \cdot \left[\frac{1}{S_{ges}} \cdot \left(S_W \cdot 10^{-0,1 \cdot R_{wWDVS}} + S_{F+T} \cdot 10^{-0,1 \cdot R_{F+T,w}}\right)\right]$$ (*Formel 5.1.10-1*)

$$-0,1 \cdot R'_{w,ges} = \lg \cdot \left[\frac{1}{S_{ges}} \cdot \left(S_W \cdot 10^{-0,1 \cdot R_{wWDVS}} + S_{F+T} \cdot 10^{-0,1 \cdot R_{F+T,w}}\right)\right]$$

$$10^{-0,1 \cdot R'_{w,ges}} = \frac{1}{S_{ges}} \cdot \left(S_W \cdot 10^{-0,1 \cdot R_{wWDVS}} + S_F \cdot 10^{-0,1 \cdot R_{F+T,w}}\right)$$

$$S_F \cdot 10^{-0,1 \cdot R_{F+T,w}} = S_{ges} \cdot 10^{-0,1 \cdot R'_{w,ges}} - S_W \cdot 10^{-0,1 \cdot R_{wWDVS}}$$

$$\rightarrow 10^{-0,1 \cdot R_{F+T,w}} = \frac{S_{ges} \cdot 10^{-0,1 \cdot R'_{w,ges}} - S_W \cdot 10^{-0,1 \cdot R_{wWDVS}}}{S_F}$$

$$\rightarrow R_{F+T,w} = -10 \cdot \lg\left(\frac{S_{ges} \cdot 10^{-0,1 \cdot R'_{w,ges}} - S_W \cdot 10^{-0,1 \cdot R_{wWDVS}}}{S_F}\right)$$

$$= -10 \cdot \lg\left(\frac{14,57 \cdot 10^{-0,1 \cdot 42,7} - 10,21 \cdot 10^{-0,1 \cdot 60,2}}{4,36}\right) = 37,5 \text{ dB}$$

Die Tür und das Fenster müssen ein Schalldämm-Maß von mindestens 38 dB aufweisen.

Lösung zu Aufgabe 7

a) Ermittlung des erforderlichen Schalldämm-Maßes der gesamten Außenwand nach DIN 4109-2

Außenlärmpegel $L_a = 74$ dB(A) $\rightarrow$ Lärmpegelbereich V

$$K_{Raumart} = 35 \text{ dB}$$ (*Tabelle 5.3.2-1*)

$$R'_{w,ges} = L_a - K_{Raumart} = 74 - 35 = 39 \text{ dB} \quad \text{bzw.} \quad R'_{w,ges} \geq 30 \text{dB}$$ (*Formel 5.3.2-1*)

$$erf.\, R'_{w,ges} = R'_{w,ges} + K_{AL} + 2 \text{dB}$$ (*Formel 5.3.2-2*)

$$K_{AL} = 10 \cdot \lg\left(\frac{S_S}{0,8 \cdot S_G}\right) = 10 \cdot \lg \frac{4,2 \cdot 2,75}{0,8 \cdot 4,2 \cdot 6,0} = -2,4$$ (*Formel 5.3.2-3*)

$$\rightarrow erf.\, R'_{w,ges} = 39 - 2,4 + 2 \text{dB} = 38,6 \text{ dB}$$

Das erforderliche Schalldämm-Maß der Fassade beträgt 39 dB.

b) Ermittlung des Schalldämm-Maßes der Außenwand flächenbezogene Masse

$$m_I' = \rho_{MW} \cdot d_{MW} + \rho_{Putz} \cdot d_{Putz}$$ (*Tabelle 5.5.1-2*)

$$\rho_{MW} = 900 \cdot RDK + 100 = 900 \cdot 2,0 + 100 = 1900 \ \frac{\text{kg}}{\text{m}^3}$$

$$\rho_{Innenputz} = 1000 \ \frac{\text{kg}}{\text{m}^3}; \quad \rho_{Außenputz} = 1600 \ \frac{\text{kg}}{\text{m}^3}$$

$$m_1' = 1900 \cdot 0{,}24 + 1000 \cdot 0{,}01 = 466 \ \frac{\text{kg}}{\text{m}^2}$$

$$m_2' = m'_{Außenputz} = \rho_{Putz} \cdot d_{Putz} = 1600 \cdot 0{,}015 = 24 \ \frac{\text{kg}}{\text{m}^2}$$

Schalldämm-Maß der einschaligen Massivwand

$$R_{w,0} = 30{,}9 \cdot \lg \cdot (m' / m'_0) - 22{,}2 \qquad \textit{(Tabelle 5.5.1-5, Zeile 3)}$$

$$= 30{,}9 \cdot \lg \cdot 466 - 22{,}2 = 60{,}2 \text{ dB}$$

Korrektur für das WDVS

$$R_w = R_{w,0} + \Delta R_{WDVS} = 60{,}2 - 1 \text{ dB} = 59{,}2 \text{ dB}$$

Das vorhandene Schalldämm-Maß der Außenwand beträgt 59,2 dB.

c) Bestimmung der maximalen Fensterfläche
Schalldämmung zusammengesetzter Flächen

$$R'_{w,ges} = -10 \cdot \lg \cdot \left[\frac{1}{S_{ges}} \cdot \sum_{i=1}^{n} S_i \cdot 10^{-0{,}1 \cdot R_{e,i,w}} \right] \qquad \textit{(Formel 5.1.10-1)}$$

$$= -10 \cdot \lg \cdot \left[\frac{1}{S_{W+F}} \cdot \left((S_{W+F} - S_F) \cdot 10^{-0{,}1 \cdot R_{e,Wand,w}} + S_F \cdot 10^{-0{,}1 \cdot R_{e,Fenster,w}} \right) \right]$$

$$-0{,}1 \cdot R'_{w,ges} = \lg \cdot \left[\frac{1}{S_{W+F}} \cdot \left((S_{W+F} - S_F) \cdot 10^{-0{,}1 \cdot R_{e,Wand,w}} + S_F \cdot 10^{-0{,}1 \cdot R_{e,Fenster,w}} \right) \right]$$

$$10^{-0{,}1 \cdot R'_{w,ges}} = \frac{1}{S_{W+F}} \cdot \left((S_{W+F} - S_F) \cdot 10^{-0{,}1 \cdot R_{e,Wand,w}} + S_F \cdot 10^{-0{,}1 \cdot R_{e,Fenster,w}} \right)$$

$$S_{W+F} \cdot 10^{-0{,}1 \cdot R'_{w,ges}} = S_{W+F} \cdot 10^{-0{,}1 \cdot R_{e,Wand,w}} - S_F \cdot 10^{-0{,}1 \cdot R_{e,Wand,w}} + S_F \cdot 10^{-0{,}1 \cdot R_{e,Fenster,w}}$$

$$S_F \cdot \left(10^{-0{,}1 \cdot R_{e,Wand,w}} - 10^{-0{,}1 \cdot R_{e,Fenster,w}} \right) = S_{W+F} \cdot \left(10^{-0{,}1 \cdot R_{e,Wand,w}} - 10^{-0{,}1 \cdot R'_{w,ges}} \right)$$

$$S_F = \frac{S_{W+F} \cdot \left(10^{-0{,}1 \cdot R_{e,Wand,w}} - 10^{-0{,}1 \cdot R'_{w,ges}} \right)}{\left(10^{-0{,}1 \cdot R_{e,Wand,w}} - 10^{-0{,}1 \cdot R_{e,Fenster,w}} \right)}$$

Berechnung der maximalen Fensterfläche

$S_{W+F} = 4{,}2 \cdot 2{,}75 \text{ m}^2 = 11{,}55 \text{ m}^2$ $\qquad R'_{w,ges} = 38{,}6 \text{ dB}$

$R_{e,Wand,w} = 59{,}2 \text{ dB}$ $\qquad R_{e,Fenster,w} = 35 \text{ dB}$

$$S_{F,\max} = \frac{11{,}55 \cdot (10^{-5{,}92} - 10^{-3{,}86})}{(10^{-5{,}92} - 10^{-3{,}5})} = 5{,}0 \text{ m}^2$$

Das Fenster darf maximal 5 m² groß sein.

Lösung zu Aufgabe 8

a) Schallschutzanforderung an die Fassade

$L_{a,tags}$(20.000 Kfz/Tag; a = 70 m; Straßenart B = 65,5 dB(A) *(Bild 4.3.4-1)*

$L_{a,nachts}$(20.000 Kfz/Tag; a = 70 m; Straßenart B = 55,5 dB(A) *(Bild 4.3.4-2)*

$\Rightarrow L_{a,tags} - L_{a,nachts} = 65,5 - 55,5 = 10 \text{ dB} \quad < 10 \text{ dB}$

d.h., relevant ist $L_a = L_{a,tags} = 65,5$ dB(A)

Zuschlag für Ampel: +2 dB; Zuschlag nach DIN 18005-1 A.2: +3 dB

$\Rightarrow$ Außenlärmpegel = 65,5 + 2 + 3 = 70,5 dB(A)

$erf.\, R'_{w,ges} = L_a - K_{Raumart} = 70,5 - 30 = 40,5 \text{ dB} \qquad (R'_{w,ges} \geq 30 \text{ dB})$ *(Formel 5.3.2-1)*

$erf.\, R'_{w,ges} = R'_{w,ges} + K_{AL} + 2 \text{ dB} = L_a - K_{Raumart} + K_{AL} + 2 \text{ dB}$ *(Formel 5.3.2-2)*

$$K_{AL} = 10 \cdot \lg \frac{S_S}{0,8 \cdot S_G} = 10 \cdot \lg \frac{b \cdot h}{0,8 \cdot b \cdot t} = 10 \cdot \lg \frac{3,2 \cdot 2,5}{0,8 \cdot 3,2 \cdot 4,0} = -1,1 \text{ dB}$$ *(Formel 5.3.2-3)*

$erf.\, R'_{w,ges} = 40,5 - 1,1 + 2 = 41,4 \text{ dB}$

Das erforderliche Schalldämm-Maß der Fassade beträgt 41,4 dB.

b) Flächenanteile

$S_{ges} = 3,2 \cdot 2,5 = 8 \text{ m}^2$

$S_F = S_{ges} \cdot 0,3 = 8 \cdot 0,3 = 2,4 \text{ m}^2$

$S_W = S_{ges} - S_F = 8 - 2,4 = 5,6 \text{ m}^2$

c) Schallschutzanforderung an die Fenster

$$R'_{w,ges} = -10 \cdot \lg \cdot \left[\frac{1}{S_{ges}} \cdot \sum_{i=1}^{n} S_i \cdot 10^{-0,1 \cdot R_{i,w}} \right]$$ *(Formel 5.1.10-1)*

$$= -10 \cdot \lg \cdot \left[\frac{1}{S_{ges}} \cdot \left(S_w \cdot 10^{-0,1 \cdot R_{Wand}} + S_F \cdot 10^{-0,1 \cdot R_{Fenster}} \right) \right]$$

$$-0,1 \cdot R'_{w,ges} = \lg \cdot \left[\frac{1}{S_{ges}} \cdot \left(S_w \cdot 10^{-0,1 \cdot R_{Wand}} + S_F \cdot 10^{-0,1 \cdot R_{Fenster}} \right) \right]$$

$$10^{-0,1 \cdot R'_{w,ges}} = \frac{1}{S_{ges}} \cdot \left(S_w \cdot 10^{-0,1 \cdot R_{Wand}} + S_F \cdot 10^{-0,1 \cdot R_{Fenster}} \right)$$

$$S_F \cdot 10^{-0,1 \cdot R_{Fenster}} = S_{ges} \cdot 10^{-0,1 \cdot R'_{w,ges}} - S_W \cdot 10^{-0,1 \cdot R_{Wand}}$$

$$\Leftrightarrow \quad 10^{-0,1 \cdot R_{Fenster}} = \frac{S_{ges} \cdot 10^{-0,1 \cdot R'_{w,ges}} - S_W \cdot 10^{-0,1 \cdot R_{Wand}}}{S_F}$$

$$R_{Fenster} = -10 \cdot \lg\left(\frac{S_{ges} \cdot 10^{-0,1 \cdot R'_{w,ges}} - S_W \cdot 10^{-0,1 \cdot R_{Wand}}}{S_F}\right)$$

$$= -10 \cdot \lg\left(\frac{8 \cdot 10^{-0,1 \cdot 41,4} - 5,6 \cdot 10^{-0,1 \cdot 50}}{2,4}\right) = 36,6 \text{ dB} \quad \text{(gewählt: 37 dB)}$$

d) Alternative Berechnung:

$$R_{e,i,w} = R_{i,w} + 10 \cdot \lg \frac{S_{ges}}{S_i} \qquad \textit{(Formel 5.4.6-4)}$$

$$R_{e,Wand,w} = 50 + 10 \cdot \lg \frac{8}{5,6} = 51,5 \text{ dB}$$

$$R_{e,Fenster,w} = R_{Fenster,w} + 10 \cdot \lg \frac{8}{2,4} = R_{Fenster,w} + 5,2$$

$$R'_{w,ges} = -10 \cdot \lg \cdot \left(10^{-0,1 \cdot R_{e,Wand,w}} + 10^{-0,1 \cdot R_{e,Fenster,w}}\right) \qquad \textit{(Formel 5.4.6-3)}$$

$$-0,1 \cdot R'_{w,ges} = \lg \cdot \left(10^{-0,1 \cdot R_{e,Wand,w}} + 10^{-0,1 \cdot R_{e,Fenster,w}}\right)$$

$$10^{-0,1 \cdot R'_{w,ges}} = 10^{-0,1 \cdot R_{e,Wand,w}} + 10^{-0,1 \cdot R_{e,Fenster,w}}$$

$$10^{-0,1 \cdot R_{e,Fenster,w}} = 10^{-0,1 \cdot R'_{w,ges}} - 10^{-0,1 \cdot R_{e,Wand,w}}$$

$$R_{e,Fenster,w} = R_{Fenster,w} + 5,2 \text{ dB} = -10 \cdot \lg\left(10^{-0,1 \cdot R'_{w,ges}} - 10^{-0,1 \cdot R_{e,Wand,w}}\right)$$

$$R_{Fenster,w} = -10 \cdot \lg\left(10^{-4,14} - 10^{-5,15}\right) - 5,2 \text{ dB}$$

$$R_{Fenster,w} = 36,6 \text{ dB}$$

Das erforderliche Schalldämm-Maß der Fenster beträgt 37 dB.

Lösung zu Aufgabe 9

a) Subtraktion von Schallpegeln *(Formel 4.1.3-4)*

$$L_Z = 10 \cdot \lg\left[10^{0,1 \cdot L_{V+Z}} - 10^{0,1 \cdot L_V}\right]$$

$$= 10 \cdot \lg\left[10^{8,6} - 10^{8,4}\right] = 82 \text{ dB(A)}$$

Der Schalldruckpegel der zwei vorbeifahrenden Züge beträgt 82 dB(A).

b) Ein vorbeifahrender Zug bewirkt einen Einzel-Schalldruckpegel von

$$L_{Z,1} = L_z - 10 \cdot \lg 2 \qquad \textit{(Formel 4.1.3-3)}$$

$$= 82 - 3 = 79 \text{ dB(A)}$$

Addition von Schallpegeln (Straßenlärm + ein Zug),

$$L_{V+Z,1} = 10 \cdot \lg\left[10^{0,1 \cdot L_V} + 10^{0,1 \cdot L_{Z1}}\right] \qquad \textit{(Formel 4.1.3-2)}$$

$$= 10 \cdot \lg\left[10^{8,4} + 10^{7,9}\right] = 85 \text{ dB(A)}$$

Der Gesamtschalldruckpegel (Verkehrslärm + ein Zug) beträgt 85 dB(A).

Lösung zu Aufgabe 10

a) vor der Sanierung

$R_{F,alt} = 37$ dB (*Tab. 5.5.9-2, Zeile 7*)

$S_F = 4\ \text{m}^2;\quad S_{AW} = (5{,}5 \cdot 3{,}0) - 4 = 12{,}5\ \text{m}^2$

$$R_{e,F,w} = R_F + 10 \cdot \lg\frac{S_{ges}}{S_F} = 37 + 10 \cdot \lg\frac{16{,}5}{4} = 43{,}2\ \text{dB}$$ (*Formel 5.4.6-4*)

$$R_{e,AW,w} = R_{AW} + 10 \cdot \lg\frac{S_{ges}}{S_{AW}} = 54 + 10 \cdot \lg\frac{16{,}5}{12{,}5} = 55{,}2\ \text{dB}$$

$$R'_{w,ges} = -10 \cdot \lg\left[\sum_{i=1}^{n} 10^{-0{,}1 \cdot R_{e,i,w}}\right] = -10 \cdot \lg\left[10^{-4{,}32} + 10^{-5{,}52}\right]$$ (*Formel 5.4.6-5*)

$$= 42{,}9\ \text{dB}$$

alternative Berechnung:

$$R'_{w,ges} = -10 \cdot \lg \cdot \left[\frac{1}{S_{ges}} \cdot \sum_{i=1}^{n} S_i \cdot 10^{-0{,}1 \cdot R_{i,w}}\right]$$ (*Formel 5.1.10-1*)

$$= -10 \cdot \lg \cdot \left[\frac{1}{16{,}5} \cdot \left(12{,}5 \cdot 10^{-0{,}1 \cdot 54} + 4{,}0 \cdot 10^{-0{,}1 \cdot 37}\right)\right] = 42{,}9\ \text{dB}$$

b) nach der Sanierung

$R_{F,neu} = 34$ dB

$$R'_{w,ges} = -10 \cdot \lg\left[\frac{1}{16{,}5} \cdot \left(12{,}5 \cdot 10^{-0{,}1 \cdot 54} + 4{,}0 \cdot 10^{-0{,}1 \cdot 34}\right)\right] = 40{,}0\ \text{dB}$$

c) Anforderung nach DIN 4109

$K_{Raumart} = 30$ dB (*Tabelle 5.3.2-1*)

$R'_{w,ges} = L_a - K_{Raumart} = 70 - 30 = 40$ dB (*Formel 5.3.2-1*)

$\text{erf.}R'_{w,ges} = R'_{w,ges} + K_{AL} + 2$ dB (*Formel 5.3.2-2*)

$$= R'_{w,ges} + 10 \cdot \lg\left(\frac{S_S}{0{,}8 \cdot S_G}\right) + 2\ \text{dB}$$ (*Formel 5.3.2-3*)

$$= 40 + 10 \cdot \lg\left(\frac{5{,}5 \cdot 3{,}0}{0{,}8 \cdot 5{,}5 \cdot 4{,}2}\right) + 2$$

$$= 40 - 0{,}5 + 2 = 41{,}5\ \text{dB}$$

Anforderung:	vorh. $R'_{w,ges,neu}$	$\geq$	erf. $R'_{w,ges}$
	40 dB	$\ngeq$	41,5 dB

→ Die Fassade entspricht mit 40 dB nach der Sanierung nicht mehr den Anforderungen an den Außenlärm.

Lösung zu Aufgabe 11

a) Anforderung an die Außenfassade nach DIN 4109

$L_a = 65$ dB(A) *(Tabelle 5.3.2-2)*

$K_{Raumart} = 25$ dB *(Tabelle 5.3.2-1)*

$R'_{w,ges} = L_a - K_{Raumart} = 65 - 25 = 40$ dB (bzw. $R'_{w,ges} \geq 35$ dB) *(Formel 5.3.2-1)*

$\text{erf.}R'_{w,ges} = R'_{w,ges} + K_{AL} + 2$ dB *(Formel 5.3.2-2)*

$$= R'_{w,ges} + 10 \cdot \lg\left(\frac{S_S}{0{,}8 \cdot S_G}\right) + 2 \text{ dB}$$ *(Formel 5.3.2-3)*

$$= 40 + 10 \cdot \lg\left(\frac{4{,}12 \cdot 2{,}75}{0{,}8 \cdot 4{,}12 \cdot 5{,}5}\right) + 2 = 40 - 2{,}0 + 2 = 40 \text{ dB}$$

b) Berechnung der Schalldämmung der Außenwand

$m'_{ges} = m'_1 + m'_2 = m'_{Außenschale} + \left(m'_{Innenschale} + m'_{Putz}\right)$ *(Tabelle 5.5.1-7)*

$m'_1 = d_{Außenschale} \cdot \left(900 \cdot RDK_{Außenschale} + 100\right) = 0{,}115 \cdot 1900 = 218{,}5 \text{ kg/m}^2$ *(Tabelle 5.5.1-2)*

$$m'_2 = d_{Innenschale} \cdot \left(1000 \cdot RDK_{Innenschale} - 100\right) + d_{Putz} \cdot 1000$$

$$= 0{,}175 \cdot 1500 + 0{,}015 \cdot 1000 = 277{,}5 \text{ kg/m}^2$$

$$m'_{ges} = m'_1 + m'_2 = 496 \text{ kg/m}^2$$

$R_{w,AW} = 30{,}9 \cdot \lg\left(m'_{ges}\right) - 17{,}2 = 66{,}1$ dB *(Tabelle 5.5.1-7, Z. 5, Sp. 2)*

c) Berechnung der vorhandenen resultierenden Schalldämmung

$$R'_{w,ges} = -10 \cdot \lg \sum_{i=1}^{m} 10^{-0{,}1 \cdot R_{e,i,w}}$$ *(Formel 5.4.6-3)*

$$R_{e,i,w} = R_{i,w} + 10 \cdot \lg\left(\frac{S_{ges}}{S_i}\right)$$ *(Formel 5.4.6-4)*

$$R_{e,Fenster,w} = 32 + 10 \cdot \lg\left(\frac{2{,}75 \cdot 4{,}12}{1{,}97}\right) = 32 + 7{,}6 = 39{,}6 \text{dB}$$

$$R_{e,Tür,w} = 37 + 10 \cdot \lg\left(\frac{11{,}33}{2{,}44}\right) = 37 + 4{,}6 = 41{,}6 \text{dB}$$

$$R_{e,RK,w} = 26 + 10 \cdot \lg\left(\frac{11{,}33}{0{,}98}\right) = 26 + 10{,}6 = 36{,}6 \text{dB}$$

$$R_{e,AW,w} = 66 + 10 \cdot \lg\left(\frac{11{,}33}{11{,}33 - 1{,}97 - 2{,}44 - 0{,}98}\right) = 66 + 2{,}8 = 68{,}8 \text{dB}$$

$$R'_{w,ges} = -10 \cdot \lg \sum_{i=1}^{m} 10^{-0{,}1 \cdot R_{e,i,w}} = -10 \cdot \lg\left(10^{-3{,}96} + 10^{-4{,}16} + 10^{-3{,}66} + 10^{-6{,}88}\right) = 34 \text{ dB}$$

alternative Berechnung: *(Formel 5.1.10-1)*

$$R'_{w,ges} = -10 \cdot \lg\left[\frac{1}{S_{ges}} \cdot (S_{AW} \cdot 10^{-0,1 \cdot R_{AW}} + S_F \cdot 10^{-0,1 \cdot R_F} + S_T \cdot 10^{-0,1 \cdot R_T} + S_{RK} \cdot 10^{-0,1 \cdot R_{RK}}\right]$$

$$= -10 \cdot \lg\left[\frac{1}{11,33}\left(5,94 \cdot 10^{-6,1} + 1,97 \cdot 10^{-3,2} + 2,44 \cdot 10^{-3,7} + 0,98 \cdot 10^{-2,6}\right)\right]$$

$$= -10 \cdot \lg\left[\frac{1}{11,33}\left(0,00472 \cdot 10^{-3} + 1,243 \cdot 10^{-3} + 0,4868 \cdot 10^{-3} + 2,4616 \cdot 10^{-3}\right)\right]$$

$$= -10 \cdot \lg\left[\frac{1}{11,33}\left(4,196 \cdot 10^{-3}\right)\right] = 34 \text{ dB}$$

vorh. $R'_{w,ges} \leq$ *erf.* $R'_{w,ges}$ (34 dB ≤ 40 dB) → Anforderung nicht erfüllt!

Das schalltechnisch schlechteste Bauteil (→ Rollladenkasten) ist zu verbessern.

d) Berechnung des erforderlichen Schalldämmaßes des Rollladenkastens

$$R'_{w,ges} = -10 \cdot \lg\left[\frac{1}{S_{ges}} \cdot (S_{AW} \cdot 10^{-0,1 \cdot R_{AW}} + S_F \cdot 10^{-0,1 \cdot R_F} + S_T \cdot 10^{-0,1 \cdot R_T} + S_{RK} \cdot 10^{-0,1 \cdot R_{RK}}\right]$$

$$erf.\ R_{w,RK} \geq -10 \cdot \log\left[\frac{1}{S_{RK}} \cdot \left(S_{ges} \cdot 10^{-0,1 \cdot R'_{ges}} - (S_{AW} \cdot 10^{-0,1 \cdot R'_{AW}} + S_F \cdot 10^{-0,1 \cdot R'_F} + S_T \cdot 10^{-0,1 \cdot R'_T})\right)\right]$$

$$\geq -10 \cdot \log\left[\frac{1}{0,98}\left(11,33 \cdot 10^{-3,8} - 1,735 \cdot 10^{-3}\right)\right] \geq 42 \text{ dB}$$

Um die Schallschutz-Anforderungen an die gesamte Fassade zu erreichen, müssen die Rollladenkästen ein Mindest-Schalldämm-Maß von 42 dB aufweisen.

Lösung zu Aufgabe 12

Die Anforderung an die Trennwand beträgt nach DIN 4109, Bbl. 2

erf. $R'_W \geq 67$ dB *(Tab. 5.3.3-1, Zeile 18)*

$R'_w = 28 \cdot \lg(m'_1 + m'_2) - 18 + \Delta R_{w,Tr} - K$ *(Formel 5.5.1-2)*

$m'_1 = m'_2$

$\Delta R_{w,Tr} = 12$ (bei einer Trennfuge ≥ 30 mm) *(Tab. 5.5.1-9, Zeile 6)*

$K = 0,6$ (Annahme: $m'_{Tr,1} = m'_{f,m}$) *(Tab. 5.5.1-10)*

$$\lg(2 \cdot m'_1) = \frac{R'_w + 18 - 12 + 0,6}{28}$$

$$2 \cdot m'_1 = 10^{\frac{R'_w + 6,6}{28}} = 10^{\frac{67 + 6,6}{28}} = 425 \frac{\text{kg}}{\text{m}^2} \Rightarrow m'_1 = \frac{425}{2} = 212,5 \frac{\text{kg}}{\text{m}^2}$$

$m'_1 = m'_{MW} + m'_{Putz}$ mit $\rho_{Innenputz} = 1000 \frac{\text{kg}}{\text{m}^3}$

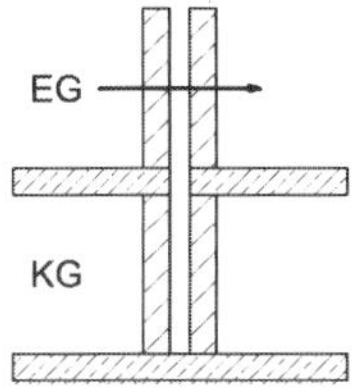

EG

KG

Situation

$$m'_{MW} = 212{,}5 - (0{,}01 \cdot 1000) = 202{,}5 \frac{\text{kg}}{\text{m}^2}$$

$$\rho_{MW} = \frac{m'_{MW}}{d} = \frac{202{,}5}{0{,}175} = 1157 \frac{\text{kg}}{\text{m}^3}$$

$$RDK_{MW} = \frac{\rho_{MW} - 100}{900} = \frac{1157 - 100}{900} = 1{,}2$$ (*Tab. 5.5.1-2, Zeile 2*)

Mauerwerk mit der Mindest-Rohdichte von 1200 kg/m³ (RDK = 1,2) erfüllen die geforderten Mindestanforderung. Die Trennfuge mit ≥ 30 mm ist durchgehend auszuführen. Schallbrücken im Fugenhohlraum, z.B. durch Mörtel, sind mit geeigneten Maßnahmen zu vermeiden.

Lösung zu Aufgabe 13

Die Anforderung beträgt für die Schallschutzstufe II nach VDI 4100 (von 2007)

erf. $R'_w \geq 63$ dB (*Tab. 5.3.5-4, Zeile 6*)

a) $m'_1 = m'_2 = 0{,}175 \cdot (900 \cdot 1{,}4 + 100) + 0{,}01 \cdot 1000 = 241{,}2 \frac{\text{kg}}{\text{m}^2}$ (*Tab. 5.3.5-4, Zeile 6*)

$\Delta R_{w,Tr} = 9$ (bei einer Trennfuge ≥ 30 mm) (*Tab. 5.5.1-9, Zeile 8*)

$K = 0$ (kein Ansatz des Korrekturwertes)

$$R'_w = 28 \cdot \lg(m'_1 + m'_2) - 18 + \Delta R_{w,Tr} - K$$
$$= 28 \cdot \lg(2 \cdot 241{,}2) - 18 + 9 - 0 = 66{,}9 \text{ dB}$$

b) $m'_1 = m'_2 = 0{,}175 \cdot (1000 \cdot 0{,}8 - 50) + 10 = 141 \frac{\text{kg}}{\text{m}^2}$

$\Delta R_{w,Tr} = 11$ (bei einer Trennfuge ≥ 30 mm) (*Tab. 5.5.1-9, Zeile 7*)

$K = 0$

$$R'_w = 28 \cdot \lg(m'_1 + m'_2) - 18 + \Delta R_{w,Tr} - K$$
$$= 28 \cdot \lg(2 \cdot 141) - 18 + 11 - 0 = 61{,}6 \text{ dB}$$

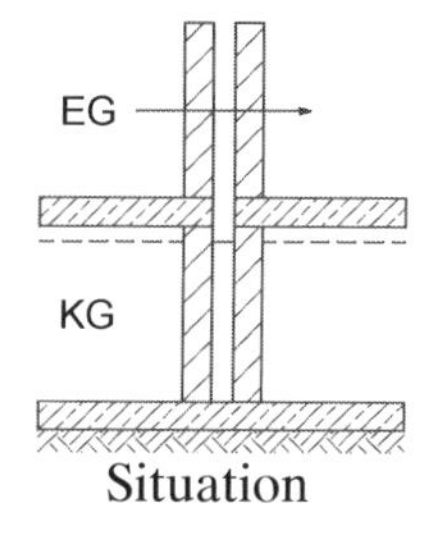

Situation

Mauerwerk mit der Rohdichteklasse 1,4 erfüllen die vereinbarten Anforderung, es ist ein Schalldämm-Maß von 66-67 dB zu erwarten. Mauerwerk aus Leichtbetonsteinen erfüllen die Anforderungen nicht, hier ergibt sich nur ein Schalldämm-Maß von 61-62 dB.

Lösung zu Aufgabe 14

$R'_{W,R} = 28 \cdot \log(m'_1 + m'_2) - 18 + \Delta R_{w,Tr} - K$ *(Formel 5.5.1-3)*

$m'_{Tr1} = m'_{Tr2} = 0{,}175 \cdot (900 \cdot 0{,}65 + 50) + 1000 \cdot 0{,}01 = 121 \frac{kg}{m^2}$ *(Tab. 5.5.1-2)*

$m'_{f,m} = 0{,}115 \cdot (900 \cdot 1{,}2 - 100) + 1000 \cdot 0{,}01 = 123 \frac{kg}{m^2}$

$K = 0{,}6 \qquad (m'_{Tr} \approx m'_{f,m})$ *(Tab. 5.5.1-10)*

$\Delta R_{w,Tr} = 14$ dB *(Tab. 5.5.1-9, Zeile 11, Fußnote [3)])*

$R'_{W,R} = 28 \cdot \lg(2 \cdot 121) - 18 + 14 - 0{,}6 = 62{,}1$ dB

Die Anforderungen betragen nach

DIN 4109	→ erf. $R'_W \geq 59$ dB	*(Tab. 5.3.2-5, Zeile 5)*
DIN 4109, Bbl. 2, Tab. 2	→ erf. $R'_W \geq 67$ dB	*(Tab. 5.3.3-1, Zeile 18)*
DIN SPEC 91314	→ erf. $R'_W \geq 62$ dB	*(Tab. 5.3.4-3, Zeile 11)*
VDI 4100 (08.2007), SSt II	→ erf. $R'_W \geq 63$ dB	*(Tab. 5.3.5-4, Zeile 6)*

Mit der geplanten Konstruktion sind nur die Mindest-Anforderungen (DIN 4109, DIN SPEC 91314) einzuhalten. Mit schwereren Steinen sind wesentlich höherer Schall-dämm-Maße erreichbar.

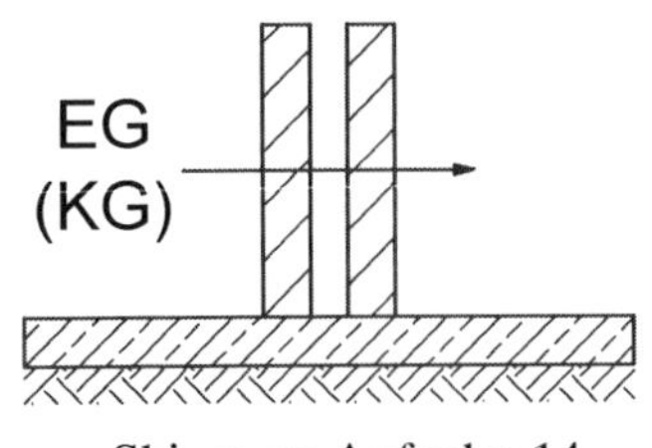

Skizze zu Aufgabe 14

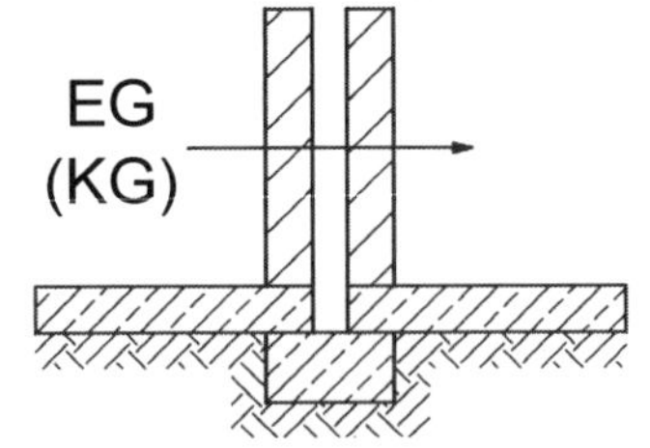

Skizze zu Aufgabe 15

Lösung zu Aufgabe 15

Die Anforderung an die Luftschalldämmung der Trennwand beträgt nach DIN 4109, Bbl. 2, Tab. 2

erf. $R'_W \geq 67$ dB *(Tab. 5.3.3-1, Zeile 18)*

$R'_w = 28 \cdot \lg(m'_1 + m'_2) - 18 + \Delta R_{w,Tr} - K$ *(Formel 5.5.1-2)*

$m'_1 = m'_2$

$\Delta R_{w,Tr} = 6$ *(Tab. 5.5.1-9, Zeile 10)*

$K = 0 \qquad$ (Annahme: $m'_{Tr} < 250$ kg/m^2) *(Tab. 5.5.1-10, Spalte 5)*

$$\lg(2 \cdot m'_1) = \frac{R'_w + 18 - 6 + 0}{28}$$

$$2 \cdot m'_I = 10^{\frac{R'_w+18-6}{28}} = 10^{\frac{67+12}{28}} = 663 \frac{\text{kg}}{\text{m}^2}$$

$$m'_I = 331{,}5 \frac{\text{kg}}{\text{m}^2} = m'_{MW} + m'_{Putz}$$

$$m'_{Putz} = 1000 \cdot 0{,}01 = 10 \frac{\text{kg}}{\text{m}^2}$$

$$m'_{MW} = m'_I - m'_{Putz} = 331{,}5 - 10 = 321{,}5 \frac{\text{kg}}{\text{m}^2}$$

$$\rho_{MW} = \frac{m'_{MW}}{d} = \frac{321{,}5}{0{,}24} = 1340 \frac{\text{kg}}{\text{m}^3}$$

Mauerwerk mit der Steinrohdichteklasse 1,4 erfüllen die o.g. Mindestanforderung. Die Trennfuge mit ≥ 30 mm ist durchgehend auszuführen. Schallbrücken im Fugenhohlraum, z.B. durch Mörtel, sind mit geeigneten Maßnahmen unbedingt zu vermeiden.

Lösung zu Aufgabe 16

a) Die Anforderung an die Wohnungstrennwand beträgt nach DIN 4109-1:
$R'_W \geq 53$ dB *(Tab. 5.3.2-4, Zeile 15)*

b) flächenbezogene Massen:

$$m'_1 = \rho \cdot d = 800 \frac{\text{kg}}{\text{m}^3} \cdot 0{,}0125 \text{ m} = 10 \frac{\text{kg}}{\text{m}^2}$$

$$m'_2 = 350 \frac{\text{kg}}{\text{m}^2}$$

Resonanzfrequenz eines zweischaligen Systems:
Anforderung $f_0 \leq 100$ Hz

$$f_0 = \frac{1000}{2 \cdot \pi} \cdot \sqrt{s' \cdot \left(\frac{1}{m'_1} + \frac{1}{m'_2}\right)} \leq 100 \text{ Hz} \qquad \text{mit} \quad s' = \frac{E_{Dyn}}{d}$$

(Formeln 5.5.1-1 und 5.1.14-1)

$$\sqrt{\frac{E_{Dyn}}{d} \cdot \left(\frac{1}{m'_1} + \frac{1}{m'_2}\right)} \leq 100 \cdot \frac{2 \cdot \pi}{1000}$$

$$\frac{E_{Dyn}}{d} \cdot \left(\frac{1}{m'_1} + \frac{1}{m'_2}\right) \leq \left(100 \cdot \frac{2 \cdot \pi}{1000}\right)^2$$

$$d \geq \frac{E_{Dyn}}{\left(100 \cdot \frac{2 \cdot \pi}{1000}\right)^2} \cdot \left(\frac{1}{m'_1} + \frac{1}{m'_2}\right) = \frac{0{,}2}{(0{,}6283)^2} \cdot \left(\frac{1}{10} + \frac{1}{350}\right) = 0{,}052 \text{ m}$$

Es sollte ein Abstand zwischen Massivwand und Vorsatzschale von mindestens 5,2 cm gewählt werden, damit die Resonanzfrequenz unter 100 Hz liegt.

c) Verbesserung der Direktschalldämmung

$$f_0 = 160 \cdot \sqrt{\frac{0,08}{d} \cdot \left(\frac{1}{m'_1} + \frac{1}{m'_2}\right)}$$ (*Formel 5.5.1-8*)

$$= 160 \cdot \sqrt{\frac{0,08}{0,052} \cdot \left(\frac{1}{10} + \frac{1}{350}\right)} = 63 \text{ Hz}$$

$$R_w = 30,9 \cdot \lg m'_{ges} - 22,2 = 30,9 \cdot \lg(350) - 22,2 = 56,4 \text{ dB}$$ (*Tab. 5.5.1-5, Zeile 3*)

$$\Delta R_w = 74,4 - 20 \cdot \lg f_0 - 0,5 \cdot R_w$$ (*Tab. 5.5.1-17, Zeile 2*)

$$= 74,4 - 20 \cdot \lg(63) - 0,5 \cdot 56,4 = 10,2 \text{ dB}$$

Es ist eine Verbesserung von ca. 10 dB zu erwarten, d.h. die Direktschalldämmung der Wohnungstrennwand beträgt dann ca. 66 dB.

Lösung zu Aufgabe 17

Die Resonanzfrequenz des zweischaligen Systems muss unter 100 Hz liegen.

$$f_0 = \frac{1000}{2 \cdot \pi} \cdot \sqrt{s' \cdot \left(\frac{1}{m'_1} + \frac{1}{m'_2}\right)} \leq 100 \, Hz \qquad \text{mit} \quad s' = \frac{E_{Dyn}}{d}$$ (*Formeln 5.1.14-3 und 5.1.14-1*)

$$m'_{Außenputz} = 0,02 \cdot 1600 = 32 \text{ kg/m}^2$$ (*Tab. 5.5.1-2, Zeile 10*)

$$m'_{MW\text{-}Schale} = 0,175 \cdot (900 \cdot 1,8 + 100) + 0,01 \cdot 1000 = 311 \text{ kg/m}^2$$ (*Tab. 5.5.1-2*)

$$\frac{1000}{2 \cdot \pi} \cdot \sqrt{\frac{E_{Dyn}}{d_{EPS}} \cdot \left(\frac{1}{m'_1} + \frac{1}{m'_2}\right)} \leq 100 \text{ Hz}$$

$$\frac{E_{Dyn}}{d_{EPS}} \cdot \left(\frac{1}{m'_1} + \frac{1}{m'_2}\right) \leq \left(100 \cdot \frac{2 \cdot \pi}{1000}\right)^2$$

$$E_{Dyn} \leq \frac{\left(100 \cdot \frac{2 \cdot \pi}{1000}\right)^2 \cdot d_{EPS}}{\left(\frac{1}{m'_1} + \frac{1}{m'_2}\right)}$$

$$E_{Dyn} \leq \frac{(0,6283)^2 \cdot 0,16}{\left(\frac{1}{30} + \frac{1}{311}\right)} = 1,73 \frac{\text{MN}}{\text{m}^2}$$

Um eine möglichst gute Luftschalldämmung für die Außenwandkonstruktion zu erhalten, muss der dynamische Elastitzitätsmodul E_{Dyn} der gewählten Wärmedämmschicht kleiner als 1,75 MN/m² sein.

Lösung zu Aufgabe 18

a) Resonanzfrequenz

$$m'_1 = m'_2 = \rho \cdot d_{GK} = 800 \cdot 0{,}0125 = 10 \frac{\text{kg}}{\text{m}^2}$$ (ρ_{GK}; *Tab. 1.6.3-1, Zeile 28*)

$$s' \approx \frac{10}{d_{Schalenabs\tan d}} = \frac{10}{4} = 2{,}5 \frac{\text{MN}}{\text{m}^3}$$ (*Formel 5.1.14-2*)

$$f_0 = \frac{1000}{2 \cdot \pi} \cdot \sqrt{s' \cdot \left(\frac{1}{m'_1} + \frac{1}{m'_2} \right)} = \frac{1000}{2 \cdot \pi} \cdot \sqrt{2{,}5 \cdot \left(\frac{1}{10} + \frac{1}{10} \right)} = 113 \text{ Hz}$$ (*Formel 5.1.14-3*)

Die Resonanzfrequenz liegt mit 113 Hz im bauakustisch relevanten Frequenzbereich und ist damit ungünstig.

b) Verbesserungsmaßnahme

$$f_0 = \frac{1000}{2 \cdot \pi} \cdot \sqrt{\frac{10}{d} \cdot \left(\frac{1}{m'_1} + \frac{1}{m'_2} \right)} \leq 100 \text{ Hz}$$ (*Formel 5.1.14-3*)

$$\Leftrightarrow \frac{100 \cdot 2 \cdot \pi}{1000} \geq \sqrt{\frac{10}{d} \cdot \left(\frac{1}{m'_1} + \frac{1}{m'_2} \right)}$$

$$(0{,}2 \cdot \pi)^2 \geq \frac{10}{d} \cdot \left(\frac{1}{m'_1} + \frac{1}{m'_2} \right)$$

$$\Leftrightarrow d \geq \frac{10 \cdot 2}{(0{,}2 \cdot \pi)^2 \cdot m'} = \frac{20}{(0{,}2 \cdot \pi)^2 \cdot 10} = 5{,}1 \text{ cm}$$

Der Abstand der Gipskartonschalen sollte auf 5-6 cm erhöht werden, um mit der Resonanzfrequenz unterhalb der geforderten 100 Hz zu liegen.

Lösung zu Aufgabe 19

Schwimmender Estrich → zweischaliges System
Die Resonanzfrequenz des zweischaligen Systems muss unter 100 Hz liegen.

$$f_0 = \frac{1000}{2 \cdot \pi} \cdot \sqrt{s' \cdot \left(\frac{1}{m'_1} + \frac{1}{m'_2} \right)} \leq 100 \, Hz$$ (*Formel 5.1.14-3*)

mit $s' = \frac{E_{Dyn}}{d}$ (*Formel 5.1.14-1*)

$$m'_{Estrich} = 0{,}055 \cdot 2000 = 110 \text{ kg/m}^2$$ (*Tab. 5.5.2-2, Zeile 6*)

$$m'_{Rohdecke} = 0{,}22 \cdot 2400 = 528 \text{ kg/m}^2$$ (*Tab. 5.5.2-2, Zeile 2*)

$$\frac{1000}{2\cdot\pi}\cdot\sqrt{\frac{E_{Dyn}}{d_{TD}}\cdot\left(\frac{1}{m'_1}+\frac{1}{m'_2}\right)}\leq 100\ \text{Hz}$$

$$\frac{E_{Dyn}}{d_{TD}}\cdot\left(\frac{1}{m'_1}+\frac{1}{m'_2}\right)\leq\left(100\cdot\frac{2\cdot\pi}{1000}\right)^2$$

$$E_{Dyn}\leq\frac{\left(100\cdot\frac{2\cdot\pi}{1000}\right)^2\cdot d_{TD}}{\left(\frac{1}{m'_1}+\frac{1}{m'_2}\right)}$$

$$E_{Dyn}\leq\frac{(0{,}6283)^2\cdot 0{,}06}{\left(\frac{1}{528}+\frac{1}{110}\right)}=2{,}16\frac{\text{MN}}{\text{m}^2}$$

Um eine möglichst gute Trittschalldämmung zu erhalten, muss der dynamische Elastizitätsmodul E_{Dyn} der gewählten Trittschalldämmung kleiner als 2,16 MN/m² sein.

b) Luftschalldämmung:

$$s'=\frac{E_{Dyn}}{d_{TD}}=\frac{2{,}16}{0{,}06}=36\frac{\text{MN}}{\text{m}^3} \qquad \textit{(Formel 5.1.14-1)}$$

$$f_0=160\cdot\sqrt{s'\cdot\left(\frac{1}{m'_1}+\frac{1}{m'_2}\right)} \qquad \textit{(Formel 5.5.1-7)}$$

$$=160\cdot\sqrt{36\cdot\left(\frac{1}{110}+\frac{1}{528}\right)}=100\ \text{Hz}$$

$$R_{s,w}=30{,}9\cdot\lg\left(m'_{ges}\right)-22{,}2=30{,}9\cdot\lg(528)-22{,}2=61{,}9\ \text{dB} \qquad \textit{(Tab. 5.5.2-3, Zeile 3)}$$

$$\Delta R_{Dd,w}=74{,}4-20\cdot\lg(f_0)-0{,}5\cdot R_{s,w} \qquad \textit{(Tab. 5.5.2-5, Zeile 2)}$$

$$=74{,}4-20\cdot\lg(100)-0{,}5\cdot 61{,}9=3{,}4\ \text{dB}$$

$$R_{Dd,w}=R_{s,w}+\Delta R_{Dd,w}=61{,}9+3{,}45=65{,}3\ \text{dB} \qquad \textit{(Formel 5.4.2-5)}$$

c) Trittschalldämmung:

$$L_{n,eq,0,w}=164-35\cdot\lg m'=164-35\cdot\lg(528)=68{,}7\ \text{dB} \qquad \textit{(Tab. 5.5.2-4)}$$

$$\Delta L_w=13\cdot\lg m'_{Estrich}-14{,}2\cdot\lg s'+20{,}8 \qquad \textit{(Tab. 5.5.2-6, Zeile 2)}$$

$$=13\cdot\lg(110)-14{,}2\cdot\lg(36)+20{,}8=25{,}2\ \text{dB}$$

$$K=0{,}6+5{,}5\cdot\lg\left(\frac{m'_{Rohdecke}}{m'_{f,m}}\right)=0{,}6+5{,}5\cdot\lg\left(\frac{528}{250}\right)=2{,}4\ \text{dB} \qquad \textit{(Formel 5.4.7-4)}$$

$$L'_{n,w}=L_{n,eq,0,w}-\Delta L_w+K=68{,}7-25{,}2+2{,}4=45{,}9\ \text{dB} \qquad \textit{(Formel 5.4.7-2)}$$

Für die Decke ergeben sich eine Direktschalldämmung von 65 dB und ein Normtrittschallpegel von 46 dB.

Lösung zu Aufgabe 20

a) vorhandene Wandkonstruktion

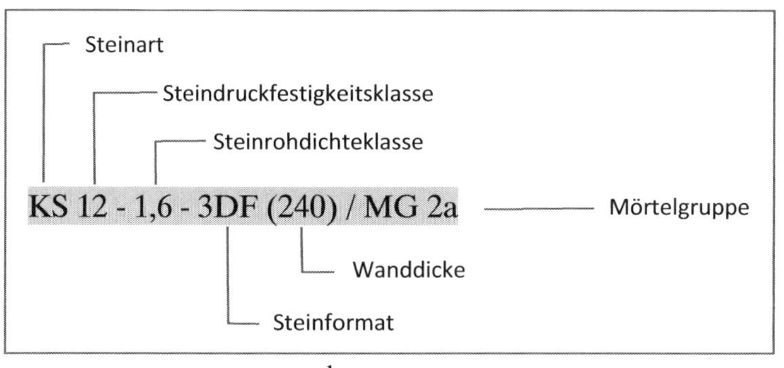

$$\rho_{MW} = 900 \cdot 1{,}6 + 100 = 1540 \frac{\text{kg}}{\text{m}^3}$$ (*Tabelle 5.5.1-2*)

$$d_{Mauerwerk} = 240 \text{ mm}$$

$$m'_{Putz} = 1000 \cdot 0{,}01 = 10 \frac{\text{kg}}{\text{m}^2}$$

$$m'_1 = 1540 \cdot 0{,}24 \text{ m} + 2 \cdot 10 = 390 \frac{\text{kg}}{\text{m}^2}$$

b) Vorsatzschale
biegeweiche Vorsatzschale → zweischaliges System
Die Resonanzfrequenz des zweischaligen Systems muss unter 100 Hz liegen.

$$f_0 = \frac{1000}{2 \cdot \pi} \cdot \sqrt{s' \cdot \left(\frac{1}{m'_1} + \frac{1}{m'_2} \right)} \leq 100 \text{ Hz}$$ (*Formel 5.1.14-3*)

mit $$s' = \frac{E_{Dyn}}{d} = \frac{0{,}18}{0{,}06} = 3{,}0 \frac{\text{MN}}{\text{m}^3}$$ (*Formel 5.1.14-1*)

$$m'_2 = m'_{GK} = 800 \frac{\text{kg}}{\text{m}^3} \cdot d_{GK}$$ (ρ_{GK}; *Tab. 1.6.3-1, Zeile 28*)

$$100 \geq \frac{1000}{2 \cdot \pi} \cdot \sqrt{3{,}0 \cdot \left(\frac{1}{390} + \frac{1}{800 \cdot d_{GK}} \right)}$$

$$\left(\frac{100 \cdot 2 \cdot \pi}{1000} \right)^2 \geq \left(\frac{3}{390} + \frac{3}{800 \cdot d_{GK}} \right)$$

$$\frac{1}{d_{GK}} \geq \left(\left(\frac{100 \cdot 2 \cdot \pi}{1000} \right)^2 - \frac{3}{390} \right) \cdot \frac{800}{3}$$

$$d_{GK} \geq 0{,}0097 \text{ m}$$

Um eine möglichst gute Luftschalldämmung zu erhalten, wird eine Gipskartonplatte von 12,5 mm oder Gipsfaserplatte von 10 mm Dicke gewählt.

Lösung zu Aufgabe 21

a) Berechnung der Schallpegeldifferenz *D*, der äquivalenten Absorptionsfläche *A* und des Bau-Schalldämm-Maß *R'* für die jeweiligen Frequenzen *f* :

f in Hz	100	125	160	200	250	315	400	500	630	800	1000	1250	1600	2000	2500	3150
L_1 in dB	64,5	72,3	80,8	87,3	89,5	88,7	87,9	89,1	88,7	88,0	87,5	90,9	89,7	93,2	93,2	80,7
L_2 in dB	47,0	51,8	53,4	50,4	50,6	51,9	52,6	52,1	51,8	50,6	52,7	55,9	48,5	51,3	49,3	45,5
D in dB	17,5	20,5	27,4	36,9	38,9	36,8	35,3	37,0	36,9	37,4	34,8	35,0	41,2	41,9	43,9	35,2
T in s	3,20	3,20	3,20	1,88	1,88	1,88	1,56	1,56	1,56	1,45	1,45	1,45	1,30	1,30	1,30	1,12
A in m^2	3,17	3,17	3,17	5,40	5,40	5,40	6,51	6,51	6,51	7,00	7,00	7,00	7,81	7,81	7,81	9,07
R' in dB	26,4	29,4	36,3	43,5	45,5	43,4	41,1	42,8	42,7	42,9	40,3	40,5	46,2	46,9	48,9	39,6

$$D(f) = L_1(f) - L_2(f) \qquad \textit{(Formel 5.1.2-1)}$$

$$A(f) = 0{,}163 \cdot \frac{V}{T(f)} \qquad \textit{(Formel 5.1.5-3)}$$

$$R'(f) = D(f) + 10 \cdot \log \frac{S}{A(f)} \qquad \textit{(Formel 5.1.5-2)}$$

b) Verlauf und Bestimmung des bewerteten Schalldämm-Maßes R'_W

Verschieben der Bezugskurve parallel zu sich selbst um jeweils 1 dB-Schritte, bis die Summe der Unterschreitungen so groß wie möglich, jedoch ≤ 32 dB ist (Überschreitungen werden nicht berücksichtigt.

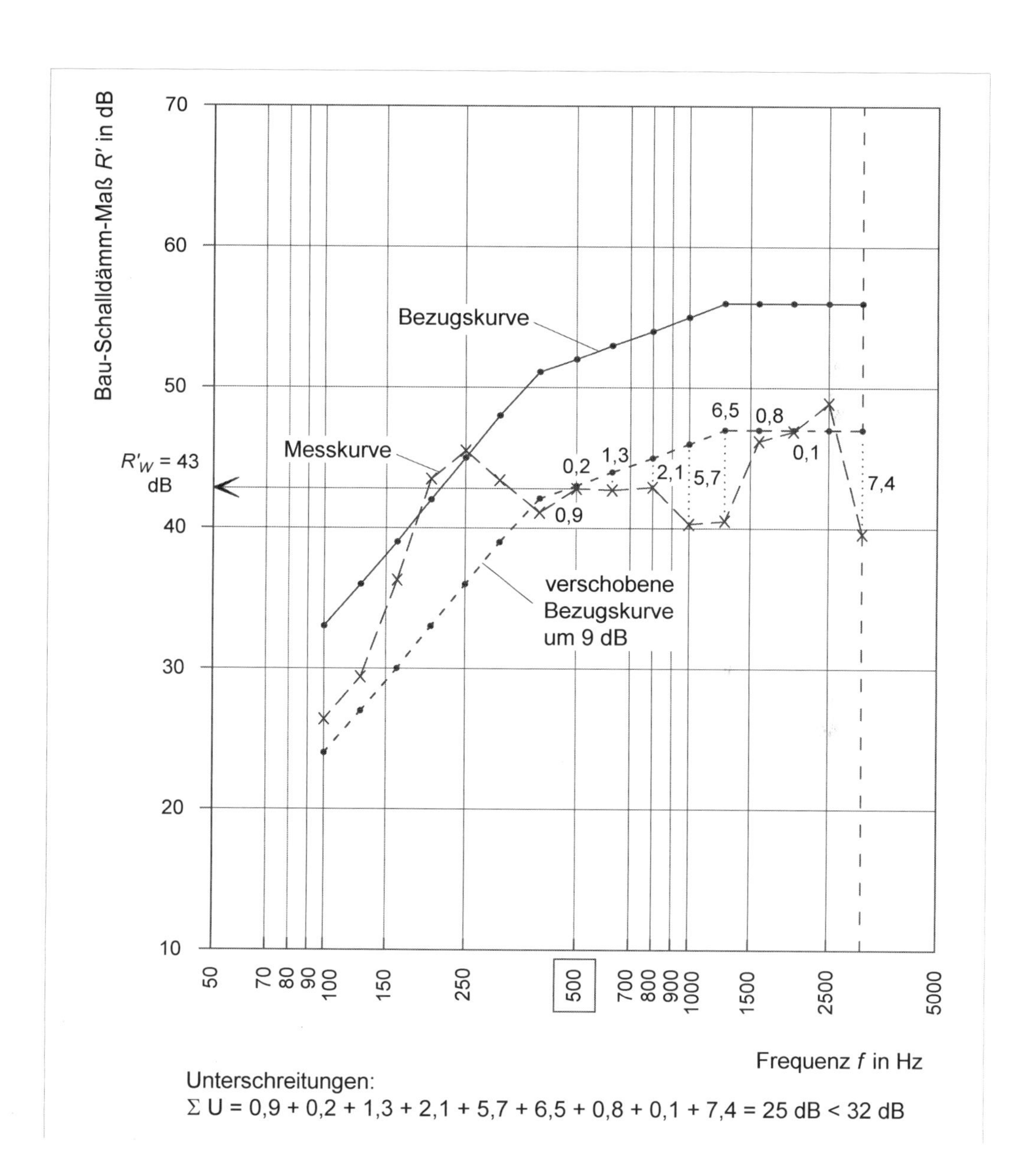

Tabelle: Verschiebung der Bezugskurve:

f in Hz	R' in dB	Bezugswerte in dB	Bezugswerte, verschoben um - 9 dB	ungünstige Abweichung
100	26,4	33	24	
125	29,4	36	27	
160	36,3	39	30	
200	43,5	42	33	
250	45,5	**45**	**36**	
315	43,4	**48**	**39**	
400	41,1	**51**	**42**	**0,9**
500	42,8	**52**	**43**	**0,2**
630	42,7	**53**	**44**	**1,3**
800	42,9	**54**	**45**	**2,1**
1000	40,3	**55**	**46**	**5,7**
1250	40,5	**56**	**47**	**6,5**
1600	46,2	**56**	**47**	**0,8**
2000	46,9	**56**	**47**	**0,1**
2500	48,9	**56**	**47**	
3150	39,6	**56**	**47**	**7,4**
				Summe = 25 < 32

Ablesen des bewerteten Schalldämm-Maß R'_w als Einzahlwert bei der Frequenz 500 Hz an der verschobenen Bezugskurve.

$\rightarrow \quad R'_w = 52 - 9 = 43$ dB

Das bewertete Schalldämm-Maß der Trenndecke beträgt 43 dB.

Lösung zu Aufgabe 22

Tabelle: Verschiebung der Bezugskurve:

f in Hz	100	125	160	200	250	315	400	500	630	800	1000	1250	1600	2000	2500	3150	Summe
L_1 in dB	58,3	58,8	60,9	62,5	65,6	66,8	67,9	67,3	67,8	66,3	65,9	62,3	57,6	52,5	47,4	46,2	
Bezugskurve	62	62	62	62	62	62	61	60	59	58	57	54	51	48	45	42	
1. Versuch:																	
verschobene Bezugskurve	67	67	67	67	67	67	66	65	64	63	62	59	56	53	50	47	
Über-schreitungen	-	-	-	-	-	-	1,9	2,3	3,8	3,3	3,9	3,3	1,6	-	-	-	20,1 < 32 dB
2. Versuch:																	
verschobene Bezugskurve	66	66	66	66	66	66	65	64	63	62	61	58	55	52	49	46	
Über-schreitungen	-	-	-	-	-	0,8	2,9	3,3	4,8	4,3	4,9	4,3	2,6	0,5	-	0,2	28,6 < 32 dB

Verlauf und Bestimmung des bewerteten Norm-Trittschallpegels $L'_{n,w}$:

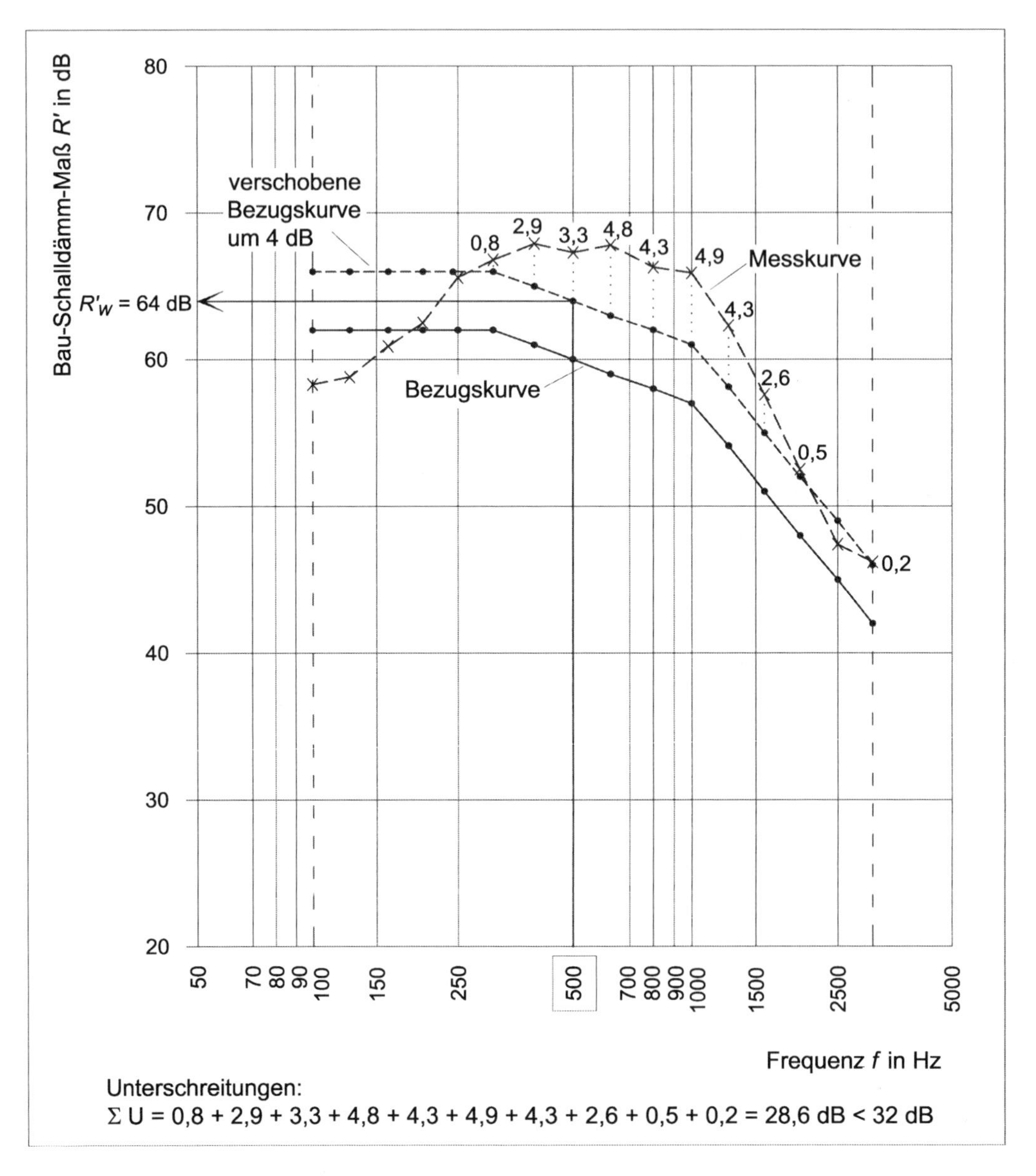

Ablesen des bewerteten Norm-Trittschallpegel $L'_{n,w}$ als Einzahlwert bei der Frequenz von 500 Hz an der verschobenen Bezugskurve.

$$\rightarrow \quad L'_{n,w} = 60 + 4 = 64 \text{ dB}$$

Der bewertete Norm-Trittschallpegel der gemessenen Trenndecke beträgt 64 dB.

Lösung zu Aufgabe 23

a) Die Anforderungen an die Trenndecken betragen nach DIN 4109:

Trittschall: $\text{zul.}L'_{n,w} \leq 50\text{ dB}$ (*Tab. 5.3.2-4, Zeile 3*)

Sicherheitskonzept: $\text{zul.}L'_{n,w} \leq L'_{n,w} + 3\text{ dB}$ (*Formel 5.4.1-4*)

$\rightarrow L'_{n,w} = \text{zul.}L'_{n,w} - 3\text{ dB} = 47\text{ dB}$

b) Lösungsansatz:

$L'_{n,w} = L_{n,eq,0,w} - \Delta L_w + K$ (*Formel 5.4.7-2*)

$\rightarrow \Delta L_w = L_{n,eq,0,w} - L'_{n,w} + K$

Rohdecke:

$$m'_s = m'_{Beton} + m'_{Putz} = 0{,}18 \cdot 2400 + 0{,}01 \cdot 1000 = 442\,\frac{\text{kg}}{\text{m}^2}$$

$$L_{n,eq,0,w} = 164 - 35 \cdot \lg(m'_s) = 164 - 35 \cdot \lg(442) = 71{,}4\text{ dB}$$ (*Formel 5.4.7-3*)

Korrekturwert:

$$m'_{f,m} = \frac{1}{n}\sum_{i=1}^{n} m'_{f,i} = \frac{1}{4}(380 + 426 + 2 \cdot 175{,}5) \approx 289\,\frac{\text{kg}}{\text{m}^2}$$

$$m'_{f,m} \leq m'_s$$

$$\Rightarrow \quad K = 0{,}6 + 5{,}5 \cdot \lg\left(\frac{m'_s}{m'_{f,m}}\right) = 0{,}6 + 5{,}5 \cdot \lg\left(\frac{442}{289}\right) = 1{,}6\text{ dB}$$ (*Formel 5.4.7-4*)

Trittschallminderung:

$$\Delta L_w = L_{n,eq,0,w} - L'_{n,w} + K = 71{,}4 - 47 + 1{,}6 = 26\text{ dB}$$

außerdem gilt:

$$\Delta L_w = 13 \cdot \lg(m'_{Estrich}) - 14{,}2 \cdot \lg(s') + 20{,}8$$ (*Tab. 5.5.2-6, Zeile 2*)

$$\leftrightarrow \quad s' = 10^{\left(\frac{13 \cdot \lg(m'_{Estrich}) - \Delta L_w + 20{,}8}{14{,}2}\right)}$$

$$m'_{Estrich} = d_{Estrich} \cdot \rho_{Estrich} = 0{,}05 \cdot 2000 = 100\,\frac{\text{kg}}{\text{m}^2}$$

$$\rightarrow \quad s' \geq 10^{\left(\frac{13 \cdot \lg(100) - 26 + 20{,}8}{14{,}2}\right)} = 29{,}2 \simeq 30\,\frac{\text{MN}}{\text{m}^3}$$

mit $s' = \dfrac{E_{dyn}}{d_{TS}}$ (*Formel 5.1.14-1*)

$$E_{dyn} \leq s' \cdot d_{TS} = 30 \cdot 0{,}03 = 0{,}9\,\frac{\text{MN}}{\text{m}^2}$$

Als Trittschalldämmmaterial wird elastifizierter Polystyrol-Hartschaum oder besser Mineralwolle empfohlen.

Lösung zu Aufgabe 24

$L_{n,eq,0,w} = 164 - 35 \cdot \lg(m')$ *(Tabelle 5.5.2-4)*

a) $m'_{Normalbeton} = 0,25 \cdot 2400 = 600 \frac{\text{kg}}{\text{m}^2}$ *(Tabelle 5.5.2-2)*

$L_{n,eq,0,w} = 164 - 35 \cdot \lg(600) = 66,1 \text{ dB}$

b) $m'_{Leichtbeton} = 0,25 \cdot 1600 - 12,5 = 387,5 \frac{\text{kg}}{\text{m}^2}$ *(Tabelle 5.5.2-2)*

$L_{n,eq,0,w} = 164 - 35 \cdot \lg(387,5) = 73,4 \text{ dB}$

c) $m'_{Normalbeton\ mit\ Hohlräumen} = (0,25 \cdot 2400) - 15\% = 510 \frac{\text{kg}}{\text{m}^2}$ *(Tabelle 5.5.2-2, Zeile 3)*

$L_{n,eq,0,w} = 164 - 35 \cdot \lg(510) = 69,2 \text{ dB}$

Lösung zu Aufgabe 25

$\Delta L_w = 13 \cdot \lg(m'_{Estrich}) - 14,2 \cdot \lg(s') + 20,8$ *(Tab. 5.5.2-6, Zeile 2)*

$m'_{Estrich} = d_{Estrich} \cdot \rho_{Estrich} = 0,045 \cdot 2000 = 90 \frac{\text{kg}}{\text{m}^2}$ (ρ_{ZE}; *Tab. 5.5.2-2, Zeile 6*)

Hinweis: Die Ausgleichsschicht ist nicht durchgängig verlegt und daher bei der Ermittlung der dynamischen Steifigkeit nicht zu berücksichtigen.

$\Delta L_w = 13 \cdot \lg(90) - 14,2 \cdot \lg(15) + 20,8 = 30,1 \text{ dB}$

Die bewertete Trittschallminderung (das Trittschall-Verbesserungsmaß) beträgt 30 dB.

Lösung zu Aufgabe 26

$\Delta L_w = (-0,21 \cdot m'_{Estrich} - 5,45) \cdot \lg(s') + 0,46 \cdot m'_{Estrich} + 23,8$ *(Tab. 5.5.2-6, Zeile 2)*

$$\Leftrightarrow \quad \lg(s') = \frac{\Delta L_w - 0,46 \cdot m'_{Estrich} - 23,8}{(-0,21 \cdot m'_{Estrich} - 5,45)}$$

$$\Leftrightarrow \quad s' = 10^{\left(\frac{\Delta L_w - 0,46 \cdot m'_{Estrich} - 23,8}{(-0,21 \cdot m'_{Estrich} - 5,45)}\right)}$$

$m'_{Estrich} = d_{Estrich} \cdot \rho_{Estrich} = 0,03 \cdot 2300 = 69 \frac{\text{kg}}{\text{m}^2}$

Hinweis: Die Ausgleichsschicht ist nicht zu berücksichtigen.

$$s' = 10^{\left(\frac{30 - 0,46 \cdot 69 - 23,8}{(-0,21 \cdot 69 - 5,45)}\right)} = 19,1 \frac{\text{MN}}{\text{m}^3}$$

$$d = \frac{E_{dyn}}{s'} = \frac{0,6}{19,1} = 0,0314 \simeq 0,035 \text{ m}$$ *(Formel 5.4.5-1)*

Das gewählte Trittschalldämmaterial sollte mindestens 35 mm dick sein.

Lösung zu Aufgabe 27

Innenwand 03:

$$\rho_{MW} = 1200 \frac{\text{kg}}{\text{m}^3} \quad \Rightarrow \quad RDK_{MW} = 1{,}2 \qquad \textit{(Tabelle 5.5.1-1)}$$

$$m'_{IW\,03} = m'_{MW} + 2 \cdot m'_{Putz}$$

$$= 0{,}115 \cdot (900 \cdot 1{,}2 + 100) + 2 \cdot 0{,}015 \cdot 1000 = 165{,}7 \frac{\text{kg}}{\text{m}^2} \qquad \textit{(Tabelle 5.5.1-2)}$$

Rohdecke:

$$m'_s = m'_{Beton} + m'_{Putz}$$

$$= 0{,}20 \cdot 2400 + 0{,}01 \cdot 1000 = 490 \frac{\text{kg}}{\text{m}^2}$$

a) Korrekturwert ohne Abhangdecke:

$$m'_{f,m} = \frac{1}{n} \sum_{i=1}^{n} m'_{f,i} = \frac{1}{4}(350 + 426 + 175{,}5 + 165{,}7) = 279{,}3 \frac{\text{kg}}{\text{m}^2} \qquad \textit{(Formel 5.5.1-3)}$$

$$279{,}3 \frac{\text{kg}}{\text{m}^2} < 490 \frac{\text{kg}}{\text{m}^2} \qquad \left(m'_{f,m} \le m'_s\right)$$

$$\Rightarrow \quad K = 0{,}6 + 5{,}5 \cdot \lg\left(\frac{m'_s}{m'_{f,m}}\right) \qquad \textit{(Formel 5.4.7-4)}$$

$$= 0{,}6 + 5{,}5 \cdot \lg\left(\frac{490}{279{,}3}\right) = 1{,}94 \simeq 1{,}9 \text{ dB}$$

b) Korrekturwert mit biegeweicher Unterdecke:

$$\Delta R_w = 12 \text{ dB} \qquad \ge 10 \text{ dB}$$

$$\Rightarrow \quad K = -5{,}3 + 10{,}2 \cdot \lg\left(\frac{m'_s}{m'_{f,m}}\right) \qquad \textit{(Formel 5.4.7-6)}$$

$$= -5{,}3 + 10{,}2 \cdot \lg\left(\frac{490}{279{,}3}\right) = -2{,}8 \text{ dB}$$

Die Differenz des Korrekturwerts für die Flankenschallübertragung mit und ohne biegeweiche Unterdecke beträgt fast 5 dB (ΔK=1,9-(-2,8)=4,7 dB).

Lösung zu Aufgabe 28

gegeben: Wand $S_W = 13\ \text{m}^2$ $R_W = 56$ dB

Tür $S_T = 2{,}5\ \text{m}^2$ $R_T = 32$ dB

Oberlicht $S_{OL} = 3{,}5\ \text{m}^2$ $R_{OL} = 42$ dB

gesamt $S_{ges} = 13 + 2{,}5 + 3{,}5 = 19\ \text{m}^2$

$$R_{w,res} = -10 \cdot \lg\left[\frac{1}{S_{ges}} \cdot \sum_{i=1}^{n} S_i \cdot 10^{-0,1 \cdot R_{i,w}}\right] \qquad \textit{(Formel 5.1.10-1)}$$

$$= -10 \cdot \lg\left[\frac{1}{S_{ges}} \cdot \left(S_{Wand} \cdot 10^{-0,1 \cdot R_{Wand}} + S_{Tür} \cdot 10^{-0,1 \cdot R_{Tür}} + S_{OL} \cdot 10^{-0,1 \cdot R_{OL}}\right)\right]$$

$$= -10 \cdot \lg\left[\frac{1}{19} \cdot \left(13 \cdot 10^{-0,1 \cdot 56} + 2{,}5 \cdot 10^{-0,1 \cdot 32} + 3{,}5 \cdot 10^{-0,1 \cdot 42}\right)\right]$$

$$= 40 \text{ dB}$$

Das resultierende Direkt-Schalldämm-Maß beträgt 40 dB.

Lösung zu Aufgabe 29

a) Die Anforderungen beträgt nach DIN 4109-1 *(Tab. 5.3.2-4, Zeile 15)*

Luftschall Wohnungstrennwand: *erf.* $R'_W \geq 53$ dB

Berechnung des bewerteten Bau-Schalldämm-Maßes zwischen zwei Räumen:

$$R'_w = -10 \cdot \log\left(10^{-0,1 \cdot R_{Dd,w}} + \sum_{F=f=1}^{n} 10^{-0,1 \cdot R_{Ff,w}} + \sum_{f=1}^{n} 10^{-0,1 \cdot R_{Df,w}} + \sum_{F=1}^{n} 10^{-0,1 \cdot R_{Fd,w}}\right) \qquad \textit{(Formel 5.4.2-2)}$$

b) **Direktschalldämmung** Trennwand - Weg Dd

$$\rho_{MW} = 1800 \frac{\text{kg}}{\text{m}^3} \quad \Rightarrow \quad RDK_{MW} = 1{,}8 \qquad \textit{(Tabelle 5.5.1-1)}$$

$$m'_{TW(1)} = m'_{MW} + 2 \cdot m'_{Putz}$$

$$= 0{,}24 \cdot (900 \cdot 1{,}8 + 100) + 2 \cdot 0{,}01 \cdot 1000 = 432{,}8 \frac{\text{kg}}{\text{m}^2} \qquad \textit{(Tabelle 5.5.1-2)}$$

$$R_w = 30{,}9 \cdot \lg(m') - 22{,}2 \qquad \textit{(Tabelle 5.5.1-5)}$$

$$= 30{,}9 \cdot \lg(432{,}8) - 22{,}2 = 59{,}3 \text{ dB}$$

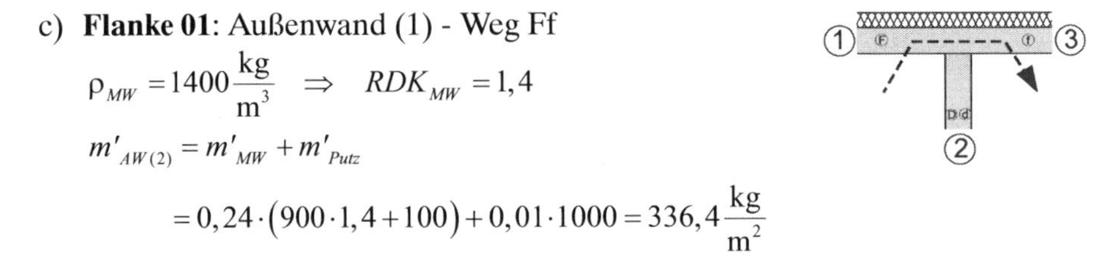

c) **Flanke 01**: Außenwand (1) - Weg Ff

$$\rho_{MW} = 1400 \frac{\text{kg}}{\text{m}^3} \quad \Rightarrow \quad RDK_{MW} = 1{,}4$$

$$m'_{AW(2)} = m'_{MW} + m'_{Putz}$$

$$= 0{,}24 \cdot (900 \cdot 1{,}4 + 100) + 0{,}01 \cdot 1000 = 336{,}4 \frac{\text{kg}}{\text{m}^2}$$

$$R_{F,w} = R_{f,w} = 30{,}9 \cdot \lg(m') - 22{,}2$$
$$= 30{,}9 \cdot \lg(336{,}4) - 22{,}2 = 55{,}9 \text{ dB}$$

keine Vorsatzschale $\Rightarrow$ $\Delta R_{Ff,w} = 0$ dB

Stoßstelle: T-Stoß (*Tab. 5.5.5-1, Zeile 4*)

$$M = \lg\left(\frac{m'_{\perp i}}{m'_i}\right) = \lg\left(\frac{m'_{TW(1)}}{m'_{AW(2)}}\right) = \lg\left(\frac{432{,}8}{336{,}4}\right) = 0{,}109$$

$$M < 0{,}215 \Rightarrow K_{Ff} = 5{,}7 + 14{,}1 \cdot M + 5{,}7 \cdot M^2$$

$$K_{13} = K_{Ff} = 5{,}7 + 14{,}1 \cdot 0{,}109 + 5{,}7 \cdot (0{,}109)^2 = 7{,}3 \text{ dB}$$

Geometrie:

$$S_s = 4{,}25 \cdot 2{,}55 = 10{,}84 \text{ m}^2$$
$$l_0 = 1{,}0 \text{ m}; \quad l_f = 2{,}55 \text{ m}$$

$$10 \cdot \lg\left(\frac{S_s}{l_0 \cdot l_f}\right) = 10 \cdot \lg\left(\frac{10{,}84}{1{,}0 \cdot 2{,}55}\right) = 6{,}3 \text{ dB}$$

gesamt: Flanke 01, Weg Ff

$$R_{Ff,w} = \frac{R_{F,w}}{2} + \frac{R_{f,w}}{2} + \Delta R_{Ff,w} + K_{Ff} + 10 \cdot \lg\left(\frac{S_s}{l_0 \cdot l_f}\right)$$ (*Formel 5.4.2-6*)

$$= \frac{55{,}9}{2} + \frac{55{,}9}{2} + 0 + 7{,}3 + 6{,}3 = 69{,}5 \text{ dB}$$

d) **Flanke 01**: Außenwand (1) - Weg Fd

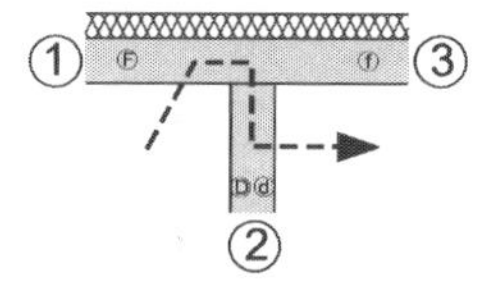

$R_{F,w} = 55{,}9$ dB (Flanke Außenwand)

$R_{d,w} = 59{,}3$ dB (Trennbauteil)

keine Vorsatzschale $\Rightarrow$ $\Delta R_{Fd,w} = 0$ dB

Stoßstelle: T-Stoß (*Tab. 5.5.5-1, Zeile 4*)

$$M = \lg\left(\frac{432{,}8}{336{,}4}\right) = 0{,}1094$$

$$K_{12} = K_{Fd} = 4{,}7 + 5{,}7 \cdot M^2 = 4{,}7 + 5{,}7 \cdot (0{,}1094)^2 = 4{,}8 \text{ dB}$$

Geometrie:

$$10 \cdot \lg\left(\frac{S_s}{l_0 \cdot l_f}\right) = 6{,}3 \text{ dB}$$

gesamt: Flanke 01, Weg Fd

$$R_{Fd,w} = \frac{R_{F,w}}{2} + \frac{R_{d,w}}{2} + \Delta R_{Fd,w} + K_{Fd} + 10 \cdot \lg\left(\frac{S_s}{l_0 \cdot l_f}\right)$$ (*Formel 5.4.2-7*)

$$= \frac{55{,}9}{2} + \frac{59{,}3}{2} + 0 + 4{,}8 + 6{,}3 = 68{,}7 \text{ dB}$$

e) **Flanke 01**: Außenwand (1) - Weg Df

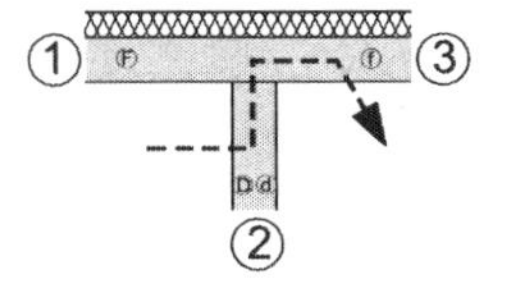

$R_{D,w} = 59,3$ dB (Trennbauteil)

$R_{f,w} = 55,2$ dB (Flanke Außenwand)

keine Vorsatzschale $\Rightarrow \Delta R_{Df,w} = 0$ dB

Stoßstelle: T-Stoß *(Tab. 5.5.5-1, Zeile 4)*

$$M = \lg\left(\frac{m'_{\perp i}}{m'_i}\right) = \lg\left(\frac{m'_{AW(2)}}{m'_{TW(1)}}\right) = \lg\left(\frac{336,4}{432,8}\right) = -0,1094$$

$$K_{12} = K_{Fd} = 4,7 + 5,7 \cdot M^2 = 4,7 + 5,7 \cdot (-0,1094)^2 = 4,8 \text{ dB}$$

Geometrie:

$$10 \cdot \lg\left(\frac{S_s}{l_0 \cdot l_f}\right) = 6,3 \text{ dB}$$

gesamt: Flanke 01, Weg Df

$$R_{Df,w} = \frac{R_{D,w}}{2} + \frac{R_{f,w}}{2} + \Delta R_{Df,w} + K_{Df} + 10 \cdot \lg\left(\frac{S_s}{l_0 \cdot l_f}\right) \qquad \textit{(Formel 5.4.2-8)}$$

$$= \frac{59,3}{2} + \frac{55,9}{2} + 0 + 4,8 + 6,3 = 68,7 \text{ dB}$$

f) **Flanke 02**: Decke oben und **Flanke 03**: Innenwand

Die Werte sind vergleichbar wie Flanke 01 zu berechnen. Es sind keine Vorsatzschalen zu berücksichtigen. Die Werte sind der Übersichtstabelle zu entnehmen.

g) **Flanke 04**: Decke unten/Fußboden - Weg Ff

$$m'_1 = m'_{Rohdecke+Putz} = 0,18 \cdot 2400 + 0,01 \cdot 1000 = 442 \frac{\text{kg}}{\text{m}^2}$$

$$R_{F,w} = R_{f,w} = 30,9 \cdot \lg(m') - 22,2 = 30,9 \cdot \lg(442) - 22,2 = 59,5 \text{ dB}$$

Bei dieser Flanke sind Sende- und Empfangsraum-seitig Vorsatzschalen (schwimmender Estrich) zu berücksichtigen.

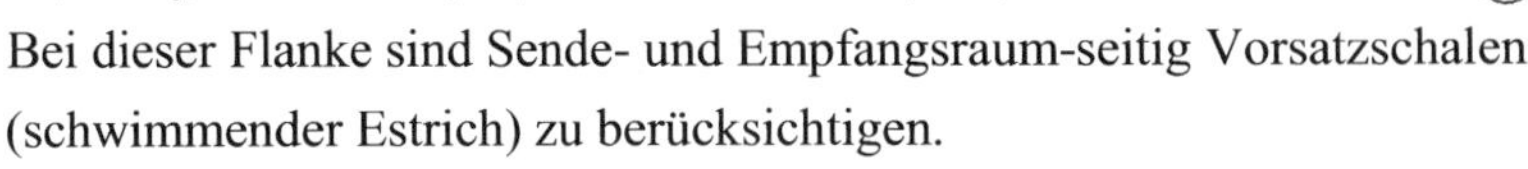

$$m'_2 = m'_{Estrich} = 0,05 \cdot 2000 = 100 \frac{\text{kg}}{\text{m}^2} \qquad s' = 15 \frac{\text{MN}}{\text{m}^3}$$

$$f_0 = 160 \cdot \sqrt{s' \cdot \left(\frac{1}{m'_1} + \frac{1}{m'_2}\right)} = 160 \cdot \sqrt{15 \cdot \left(\frac{1}{100} + \frac{1}{442}\right)} = 69 \text{ Hz} \qquad \textit{(Formel 5.5.5-7)}$$

$$\Delta R_{F,w} = \Delta R_{f,w} = 74,4 - 20 \cdot \lg(f_0) - 0,5 \cdot R_{Ff,w} \quad \text{(einseitigige Applikation)} \qquad \textit{(Tab. 5.5.1-17)}$$

$$= 74,4 - 20 \cdot \lg(69) - 0,5 \cdot 59,5 = 7,9 \text{ dB}$$

beidseitige Applikation:

$$\Delta R_{Ff,w} = \Delta R_{f,w} + \frac{\Delta R_{F,w}}{2} = 7,9 + \frac{7,9}{2} = 11,8 \text{ dB} \qquad \textit{(Tab. 5.4.2-3)}$$

Stoßstelle: Kreuz-Stoß

(Tab. 5.5.5-1, Zeile 3)

$$M = \lg\left(\frac{m'_{\perp i}}{m'_i}\right) = \lg\left(\frac{m'_{TW(1)}}{m'_{Fb(2)}}\right) = \lg\left(\frac{432{,}8}{442}\right) = -0{,}0091$$

$$M < 0{,}182 \Rightarrow K_{Ff} = 8{,}7 + 17{,}1 \cdot M + 5{,}7 \cdot M^2$$

$$K_{13} = K_{Ff} = 8{,}7 + 17{,}1 \cdot (-0{,}0091) + 5{,}7 \cdot (-0{,}0091)^2 = 8{,}5 \text{ dB}$$

Geometrie:

$$S_s = 4{,}25 \cdot 2{,}55 = 10{,}84 \text{ m}^2; \quad l_0 = 1{,}0 \text{ m}; \quad l_f = 4{,}25 \text{ m}$$

$$10 \cdot \lg\left(\frac{S_s}{l_0 \cdot l_f}\right) = 10 \cdot \lg\left(\frac{10{,}84}{1{,}0 \cdot 4{,}25}\right) = 4{,}1 \text{ dB}$$

gesamt: Flanke 04, Weg Ff

(Formel 5.4.2-6)

$$R_{Ff,w} = \frac{R_{F,w}}{2} + \frac{R_{f,w}}{2} + \Delta R_{Ff,w} + K_{Ff} + 10 \cdot \lg\left(\frac{S_s}{l_0 \cdot l_f}\right)$$

$$= \frac{59{,}5}{2} + \frac{59{,}5}{2} + 11{,}8 + 8{,}5 + 4{,}1 = 83{,}9 \text{ dB}$$

h) **Flanke 04**: Decke unten/Fußboden - Weg Fd

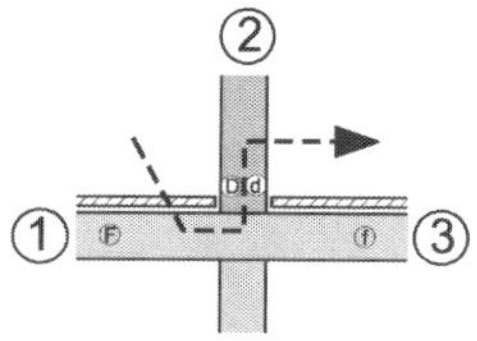

$R_{F,w} = 59{,}5$ dB (Flanke Fußboden)

$R_{d,w} = 59{,}3$ dB (Trennbauteil)

eine Vorsatzschale $\Rightarrow$ $\Delta R_{Fd,w} = 7{,}9$ dB

Stoßstelle: Kreuz-Stoß mit $M = -0{,}0091$

$$K_{12} = K_{Fd} = 5{,}7 + 15{,}4 \cdot M^2 = 5{,}7 + 15{,}4 \cdot (-0{,}0091)^2 = 5{,}7 \text{ dB}$$

Geometrie:

$$10 \cdot \lg\left(\frac{S_s}{l_0 \cdot l_f}\right) = 4{,}1 \text{ dB}$$

gesamt: Flanke 04, Weg Fd

(Formel 5.4.2-7)

$$R_{Fd,w} = \frac{R_{F,w}}{2} + \frac{R_{d,w}}{2} + \Delta R_{Fd,w} + K_{Fd} + 10 \cdot \lg\left(\frac{S_s}{l_0 \cdot l_f}\right)$$

$$= \frac{59{,}5}{2} + \frac{59{,}3}{2} + 7{,}8 + 5{,}7 + 4{,}1 = 77{,}0 \text{ dB}$$

i) **Flanke 04**: Decke unten/Fußboden - Weg Df

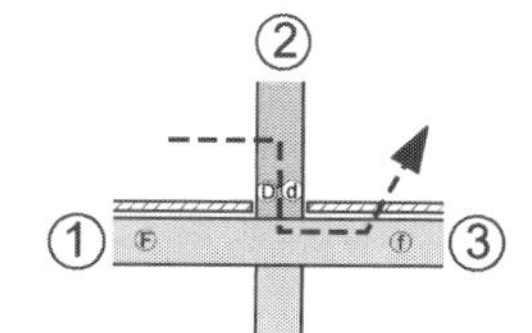

$R_{f,w} = 59{,}5$ dB (Flanke Fußboden)

$R_{D,w} = 59{,}3$ dB (Trennbauteil)

(Berechung wie Flanke Fd)

$R_{Df,w} = 77{,}0$ dB

Übersichttabelle zu Aufgabe 29

Berechnung des Direkt-Schalldämm-Maßes und die Flankenübertragungen mit den entsprechenden Eingangsdaten

Bauteil	Übertragungsweg	m´ [kg/m²]		R_W [dB]		ΔR_W [dB]	$K_{ij,min}$ [dB]	K_{ij} [dB]	$10 \cdot \lg(S_S/l_f)$ [dB]	R_{ij} [dB]	R_{ij} [dB]	R'_w [dB]
Trennbauteil	Dd	432,8		59,3		0,0				59,3	59,3	56,0
Flanke 01 Außenwand	F_1f_1	336,4	336,4	55,9	55,9	0,0	-14,8	7,3	6,3	69,5	64,1	
	Df_1	432,8	336,4	59,3	55,9	0,0	-15,7	4,8	6,3	68,7		
	F_1d	336,4	432,8	55,9	59,3	0,0	-15,7	4,8	6,3	68,7		
Flanke 02 Decke oben	F_2f_2	442,0	442,0	59,5	59,5	0,0	-17,0	8,5	4,1	72,2	65,2	
	Df_2	432,8	442,0	59,3	59,5	0,0	-15,7	5,7	4,1	69,2		
	F_2d	442,0	432,8	59,5	59,3	0,0	-15,7	5,7	4,1	69,2		
Flanke 03 Innenwand	F_3f_3	155,7	155,7	45,5	45,5	0,0	-14,8	14,5	6,3	66,3	62,2	
	Df_3	432,8	155,7	59,3	45,5	0,0	-15,7	8,7	6,3	67,4		
	F_3d	155,7	432,8	45,5	59,3	0,0	-15,7	8,7	6,3	67,4		
Flanke 04 Fußboden	F_4f_4	442,0	442,0	59,5	59,5	11,9	-17,0	8,5	4,1	84,0	73,6	
	Df_4	432,8	442,0	59,3	59,5	7,9	-15,7	5,7	4,1	77,0		
	F_4d	442,0	432,8	59,5	59,3	7,9	-15,7	5,7	4,1	77,0		

Anforderung: erf. $R'_w \geq 53$ dB

Sicherheitsbeiwert: vorh. $R'_w - 2 \text{ dB} \geq$ erf. R'_w

Nachweis: vorh. $R'_w = 56$ dB

$56 - 2 = 54 \geq 53$ dB Nachweis erfüllt!

Lösung zu Aufgabe 30

Anforderung:

zul. $L'_{n,w} = 53$ dB (da es sich um einen Holzbau handelt) *(Tab. 5.3.2-4, Z. 3, Fußnote 2)*

vorh. $L'_{n,w} \leq$ zul. $L'_{n,w}$ *(Formel 5.4.7-1)*

Berechnung:

vorh. $L'_{n,w} = L_{n,w} + K_1 + K_2$ *(Formel 5.4.7-8)*

$L_{n,w} = 46$ dB *(Tab. 5.5.8-3, Z. 2)*

$K_1 = 5$ dB *(Tab. 5.5.8-4, Z. 5, Sp. 3)*

$K_2 = 1$ dB *(Tab. 5.5.8-5, Z. 21, Sp. 5)*

$\rightarrow$ vorh. $L'_{n,w} = 46 + 5 + 1 = 52$ dB

Nachweis:

$52\text{ dB}\left(\text{vorh. } L'_{n,w}\right) < 53\text{ dB}\left(\text{zul. } L'_{n,w}\right)$

Die baurechtlichen Anforderungen werden erfüllt.

Lösung zu Aufgabe 31

Die Anforderung beträgt nach VDI 4100: 2012 *(Tab. 5.3.6-6, Zeile 4)*

Trittschall (SST III) *erf.* $L'_{n,T,w} \leq 37$ dB

Umrechnung:

$$\text{zul. } L'_{n,w} = \text{zul. } L'_{n,T,w} + 10 \cdot \lg\left(0{,}032 \cdot V_E\right)$$

$$V_E = L \cdot B \cdot H = 6{,}0 \cdot 4{,}5 \cdot 2{,}8 = 75{,}6 \text{ m}^3$$

$$\text{zul. } L'_{n,w} = 37 + 10 \cdot \lg\left(0{,}032 \cdot 75{,}6\right) = 40{,}8 \text{ dB}$$

außerdem gilt:

$$L'_{n,w} = L_{n,eq,0,w} - \Delta L_w + K$$

$$\Leftrightarrow \quad \Delta L_w = L_{n,eq,0,w} - L'_{n,w} + K$$

$$L_{n,eq,0,w} = 164 - 35 \cdot \lg\left(m'\right)$$

$$= 164 - 35 \cdot \lg\left(0{,}045 \cdot 2000 + 0{,}18 \cdot 2400 + 0{,}01 \cdot 1600\right)$$

$$= 164 - 35 \cdot \lg\left(538\right) = 68{,}4 \text{ dB}$$

$$m'_s = 538 \frac{\text{kg}}{\text{m}^2} \qquad m'_{f,m} = 264 \frac{\text{kg}}{\text{m}^2} \qquad \rightarrow \quad m'_{f,m} < m'_s$$

$$K = 0{,}6 + 5{,}5 \cdot \lg\left(\frac{m'_s}{m'_{f,m}}\right) = 0{,}6 + 5{,}5 \cdot \lg\left(\frac{538}{264}\right) = 2{,}3 \text{ dB}$$

$$\Delta L_w = L_{n,eq,0,w} - L'_{n,w} + K = 68{,}4 - 40{,}8 + 2{,}3 = 29{,}9 \text{ dB} \cong 30 \text{ dB}$$

Die bewertete Trittschallminderung des schwimmenden Estrichs muss $\Delta L_w = 30$ dB betragen, damit die Anforderungen der VDI 4100 erfüllt werden.

Lösung zu Aufgabe 32

a) Massenermittlung:

$m'_{AW}\left(=m'_i\right)=m'_{KS}+m'_{Putz}$ mit $m'_{KS}=d\cdot\left(1000\cdot RDK-100\right)$ (*Tabelle 5.5.1-2, Z. 4*)

$\rho_{MW}=1800\frac{\text{kg}}{\text{m}^3} \Rightarrow RDK_{MW}=1{,}8$

$m'_{AW}=0{,}175\cdot\left(1000\cdot 1{,}8-100\right)+0{,}01\cdot 1000=307{,}5\frac{\text{kg}}{\text{m}^2}$

$m'_{TW}\left(=m'_{\perp,i}\right)=m'_{KS}+2\cdot m'_{Putz}$

$=0{,}24\cdot\left(1000\cdot 2{,}2-100\right)+2\cdot 0{,}01\cdot 1000=524\frac{\text{kg}}{\text{m}^2}$

Hilfsgröße:

$M = \lg\left(\frac{m'_{\perp i}}{m'_i}\right)=\lg\left(\frac{524}{307{,}5}\right)=0{,}231$ (*Formel 5.5.5-1*)

Stoßstelle: T-Stoß (*Tab. 5.5.5-1, Z. 4*)

$M>0{,}215 \Rightarrow K_{Ff}=8{,}0+6{,}8\cdot M$

$K_{13}=K_{Ff}=8{,}0+6{,}8\cdot 0{,}231=9{,}6\text{ dB}$

$K_{Df}=K_{Fd}=4{,}7+5{,}7\cdot M^2=4{,}7+5{,}7\cdot 0{,}231^2=5{,}0\text{ dB}$

b) Massenermittlung:

$m'_1\left(=m'_i\right)=m'_{KS}+2\cdot m'_{Putz}$

$m'_1=0{,}175\cdot\left(1000\cdot 1{,}8-100\right)+2\cdot 10=317{,}5\frac{\text{kg}}{\text{m}^2}$ (*Tabelle 5.5.1-2, Z. 2*)

$m'_2\left(=m'_{\perp,i}\right)=m'_{KS}+2\cdot m'_{Putz}$

$=0{,}24\cdot\left(900\cdot 2{,}0+100\right)+2\cdot 10=476\frac{\text{kg}}{\text{m}^2}$

Hilfsgröße:

$M = \lg\left(\frac{m'_{\perp i}}{m'_i}\right)=\lg\left(\frac{476}{317{,}5}\right)=0{,}176$ (*Formel 5.5.5-1*)

Stoßstelle: Kreuz-Stoß (*Tab. 5.5.5-1, Z. 3*)

$M<0{,}182 \Rightarrow K_{Ff}=8{,}7+17{,}1\cdot M+5{,}7\cdot M^2=11{,}9\text{ dB}$

$K_{Df}=K_{Fd}=5{,}7+15{,}4\cdot M^2=6{,}2\text{ dB}$

c) Massenermittlung siehe a):

$m'_i=307{,}5\frac{\text{kg}}{\text{m}^2}$ $m'_{\perp,i}=524\frac{\text{kg}}{\text{m}^2}$ $M=0{,}231$

Stoßstelle: Eck-Stoß (*Tab. 5.5.5-1, Z. 6*)

$K_{Ff}=2{,}7+2{,}7\cdot M^2=2{,}8\text{ dB}$

Lösung zu Aufgabe 33

a) Die Anforderung beträgt nach DIN 4109-2 (*Tab. 5.3.2-9, Zeile 8*)

Trittschall (von unten nach oben) *erf.* $L'_{n,w} \leq 33$ dB

b) Trittschall von unten nach oben

$\text{vorh. } L'_{n,w} \leq \text{ zul. } L'_{n,w}$ (*Formel 5.4.7-1*)

$L'_{n,w} = L_{n,eq,0,w} - \Delta L_w - K_T$ (*Formel 5.4.7-7*)

$L_{n,eq,0,w} = 164 - 35 \cdot \lg(m')$ (*Tabelle 5.5.2-4*)

$$= 164 - 35 \cdot \lg(0{,}20 \cdot 2400) = 70{,}1 \text{ dB}$$

$m'_{Estrich} = 0{,}07 \cdot 2000 = 140 \dfrac{\text{kg}}{\text{m}^2}$ $\quad s' = 25 \text{ MN/m}^3$

$\Delta L_w = 13 \cdot \lg(m') - 14{,}2 \cdot \lg(s') + 20{,}8 = 28{,}8 \text{ dB}$ (*Tabelle 5.5.2-6, Z. 2*)

$K_T = 10 \text{ dB}$ (*Tabelle 5.4.7-1, Z. 5*)

$$L'_{n,w} = L_{n,eq,0,w} - \Delta L_w - K_T = 70{,}1 - 28{,}8 - 10 = 31{,}3 \text{ dB}$$

$$31{,}3 \text{ dB}\left(\text{vorh. } L'_{n,w}\right) \leq 33 \text{ dB}\left(\text{zul. } L'_{n,w}\right)$$

Die geplante Deckenkonstruktion erfüllt die Anforderungen nach DIN 4109-2.

Lösung zu Aufgabe 34

a) Direktschalldämmung

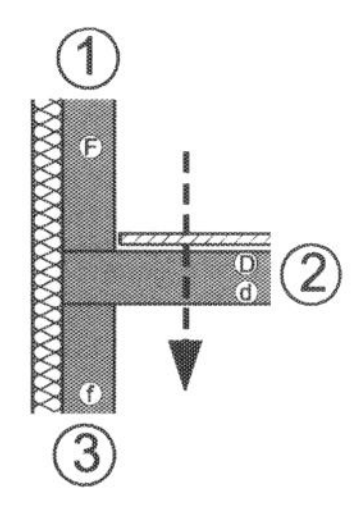

$$R_{Dd,w} = R_w + \Delta R_{Dd,w}$$

$$m'_{Rohdecke} = 0{,}22 \cdot 2400 = 528 \frac{\text{kg}}{\text{m}^2}$$

$$R_w = 30{,}9 \cdot \lg(m') - 22{,}2 = 30{,}9 \cdot \lg(528) - 22{,}2 = 61{,}9 \text{ dB}$$

$$\Delta R_{Dd,w} = 10 \text{ dB}$$

$$R_{Dd,w} = 61{,}9 + 10 = 71{,}9 \text{ dB}$$

b) Flanke 01 (Außenwand) - Weg Ff

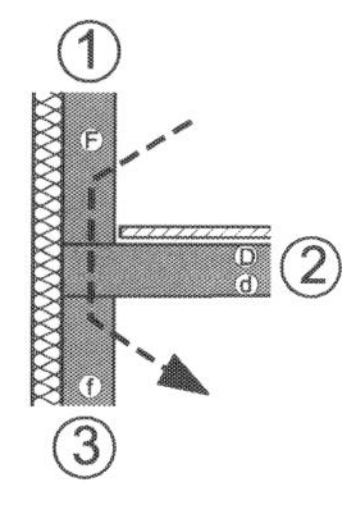

$$R_{F,w} = R_{f,w} = 30{,}9 \cdot \lg(0{,}20 \cdot 2400) - 22{,}2 = 60{,}7 \text{ dB}$$

$$\Delta R_{Ff,w} = 0$$

Stoßstelle: T-Stoß $\quad m'_i = m'_{AW} = 0{,}2 \cdot 2400 = 480 \dfrac{\text{kg}}{\text{m}^2}$

$$M = \lg\left(\frac{m'_{\perp i}}{m'_i}\right) = \lg\left(\frac{528}{480}\right) = 0{,}0414$$

$$M < 0{,}215 \Rightarrow K_{Ff} = 5{,}7 + 14{,}1 \cdot M + 5{,}7 \cdot M^2$$

$$K_{13} = K_{Ff} = 5{,}7 + 14{,}1 \cdot 0{,}0414 + 5{,}7 \cdot (0{,}0414)^2 = 6{,}3 \text{ dB}$$

Geometrie:

$S_s = 5{,}0 \cdot 3{,}75 = 18{,}75\ \text{m}^2;\quad l_0 = 1{,}0\ \text{m};\quad l_f = 2{,}55\ \text{m}$

$$10 \cdot \lg\left(\frac{S_s}{l_0 \cdot l_f}\right) = 10 \cdot \lg\left(\frac{18{,}75}{1{,}0 \cdot 3{,}75}\right) = 7{,}0\ \text{dB}$$

gesamt: Flanke 01, Weg Ff

$$R_{Ff,w} = \frac{R_{F,w}}{2} + \frac{R_{f,w}}{2} + \Delta R_{Ff,w} + K_{Ff} + 10 \cdot \lg\left(\frac{S_s}{l_0 \cdot l_f}\right)$$

$$= \frac{60{,}7}{2} + \frac{60{,}7}{2} + 0 + 6{,}3 + 7{,}0 = 74{,}0\ \text{dB}$$

c) Flanke 01 (Außenwand), Weg Df

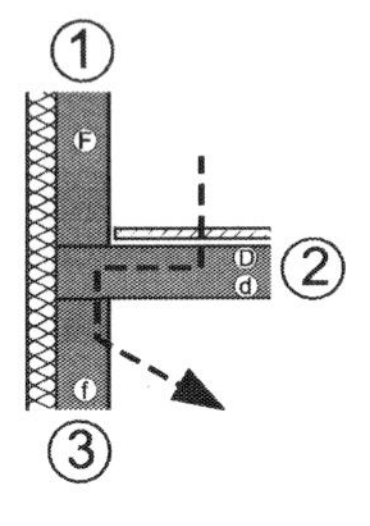

$R_{D,w} = 71{,}9$ dB (Trennbauteil)

$R_{f,w} = 60{,}7$ dB (Flanke Außenwand)

eine Vorsatzschale $\Rightarrow$ $\Delta R_{Df,w} = 10$ dB

Stoßstelle: T-Stoß $\quad M = 0{,}0414$

$$K_{12} = K_{Fd} = 4{,}7 + 5{,}7 \cdot M^2 = 4{,}7 + 5{,}7 \cdot (0{,}0414)^2 = 4{,}7\ \text{dB}$$

Geometrie: $\quad 10 \cdot \lg\left(\frac{S_s}{l_0 \cdot l_f}\right) = 7{,}0\ \text{dB}$

gesamt: Flanke 01, Weg Df

$$R_{Df,w} = \frac{R_{D,w}}{2} + \frac{R_{f,w}}{2} + \Delta R_{Df,w} + K_{Df} + 10 \cdot \lg\left(\frac{S_s}{l_0 \cdot l_f}\right)$$

$$= \frac{71{,}9}{2} + \frac{60{,}7}{2} + 10 + 4{,}7 + 7{,}0 = 88{,}0\ \text{dB}$$

d) Flanke 01 (Außenwand), Weg Fd

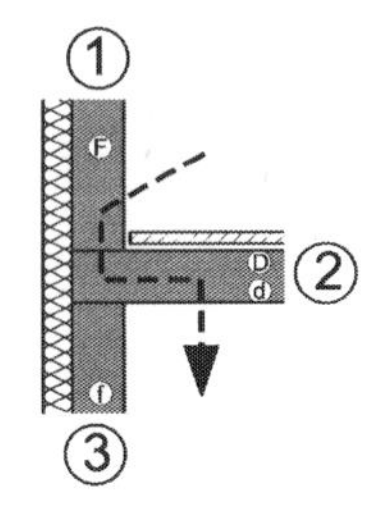

$R_{Df,w} = R_{Fd,w} = 88{,}0$ dB

e) Flanken 02 bis 04 (Ständerwände)

$D_{n,f,w} = 76{,}0$ dB (*Tabelle 5.5.7-3*)

Flanken 02 und 04 (Bürotrennwände):

$$R_{Ff,w} = D_{n,f,w} + 10 \cdot \lg\left(\frac{l_{lab}}{l_f}\right) + 10 \cdot \lg\left(\frac{S_s}{A_0}\right)$$ (*Formel 5.4.3-2*)

$$= 76{,}0 + 10 \cdot \lg\left(\frac{4{,}5}{5{,}0}\right) + 10 \cdot \lg\left(\frac{5{,}0 \cdot 3{,}75}{10}\right)$$

$$= 76{,}0 - 0{,}5 + 2{,}7 = 78{,}2\ \text{dB}$$

Flanke 03 (Flurwand):

$$R_{Ff,w} = 76,0 + 10 \cdot \lg\left(\frac{4,5}{3,75}\right) + 10 \cdot \lg\left(\frac{5,0 \cdot 3,75}{10}\right)$$

$$= 76,0 + 0,8 + 2,7 = 79,5 \text{ dB}$$

f) gesamt

$$R'_w = -10 \cdot \lg\left(10^{-0,1 \cdot R_{Dd,w}} + \sum_{F=f=1}^{n} 10^{-0,1 \cdot R_{Ff,w}} + \sum_{f=1}^{n} 10^{-0,1 \cdot R_{Df,w}} + \sum_{F=1}^{n} 10^{-0,1 \cdot R_{Fd,w}}\right) \qquad \textit{(Formel 5.4.2-2)}$$

$$= -10 \cdot \lg\left(10^{-7,19} + 10^{-7,4} + 10^{-8,8} + 10^{-8,8} + 10^{-7,82} + 10^{-7,95} + 10^{-7,82}\right)$$

$$= 68,3 \cong 68 \text{ dB}$$

Das bewertete Bau-Schalldämm-Maß der Trenndecke beträgt 68 dB.

Lösung zu Aufgabe 35

Grunddaten

$$m' = m'_{MW} + 2 \cdot m'_{Putz}$$

$$= d_{MW} \cdot (1000 \cdot RDK_{MW} - 100) + 2 \cdot d_{Putz} \cdot \rho_{Putz} \qquad \textit{(Tab. 5.5.1-2, Z. 4)}$$

$$m'_{Trennwand} = m'_1 = 0,24 \cdot (1000 \cdot 2,0 - 100) + 2 \cdot 0,01 \cdot 1000 = 476 \frac{\text{kg}}{\text{m}^2}$$

$$m'_{flankierend} = m'_2 = 0,115 \cdot (1000 \cdot 1,4 - 100) + 2 \cdot 0,01 \cdot 1000 = 169,5 \frac{\text{kg}}{\text{m}^2}$$

$$R_{w,1} = 30,9 \cdot \lg(m'_1) - 22,2 = 30,9 \cdot \lg(476) - 22,2 = 60,5 \text{ dB}$$

$$R_{w,2} = 30,9 \cdot \lg(169,5) - 22,2 = 46,7 \text{ dB}$$

$$\ell_f = 2,6 \text{ m}; \quad S_s = 4,5 \cdot 2,6 = 11,7 \text{ m}^2$$

$$S_i = 3,8 \cdot 2,6 = 9,88 \text{ m}^2; \quad S_j = 3,5 \cdot 2,6 = 9,1 \text{ m}^2$$

a) Hier wird trotz des Versatzes ein Kreuzstoß angesetzt (ℓ < 0,5 m). *(Bild 5.5.5-2)*

$$M = \lg\left(\frac{m'_{\perp i}}{m'_i}\right) = \lg\left(\frac{476}{169,5}\right) = 0,4484 \qquad \textit{(Formel 5.5.5-1)}$$

$$K_{ij,min} = 10 \cdot \lg\left[\ell_f \cdot \ell_0 \cdot \left(\frac{1}{S_i} + \frac{1}{S_j}\right)\right] \qquad \textit{(Formel 5.5.5-2)}$$

$$= 10 \cdot \lg\left[2,6 \cdot 1 \cdot \left(\frac{1}{2,6 \cdot 3,8} + \frac{1}{2,6 \cdot 3,5}\right)\right] = -2,6 \text{ dB}$$

$$M > 0,182 \quad \Rightarrow \quad K_{Ff} = 9,6 + 11,0 \cdot M = 14,5 \text{ dB} \qquad \textit{(Tabelle 5.5.5-1, Z. 3)}$$

$$K_{Ff} > K_{ij,min}$$

$K_{Df} = K_{Fd} = 5,7 + 15,4 \cdot M^2 = 8,8$ dB

keine Vorsatzschale $\Rightarrow$ $\Delta R = 0$ dB

Geometrie: $10 \cdot \lg\left(\frac{S_s}{l_0 \cdot l_f}\right) = 10 \cdot \lg\left(\frac{2,6 \cdot 4,5}{1 \cdot 2,6}\right) = 6,5$ dB

Flanke - Weg Ff

$$R_{Ff,w} = \frac{R_{F,w}}{2} + \frac{R_{f,w}}{2} + \Delta R + K_{Ff} + 10 \cdot \lg\left(\frac{S_s}{l_0 \cdot l_f}\right) \qquad (\textit{Formel 5.4.2-6})$$

$$= \frac{46,7}{2} + \frac{46,7}{2} + 0 + 14,5 + 6,5 = 67,7 \text{ dB}$$

Flanke - Weg Df

$$R_{Df,w} = \frac{R_{D,w}}{2} + \frac{R_{f,w}}{2} + \Delta R + K_{Df} + 10 \cdot \lg\left(\frac{S_s}{l_0 \cdot l_f}\right) \qquad (\textit{Formel 5.4.2-8})$$

$$= \frac{60,5}{2} + \frac{46,7}{2} + 0 + 8,8 + 6,5 = 68,9 \text{ dB}$$

Flanke - Weg Fd: $R_{Fd,w} = R_{Df,w} = 68,9$ dB

b) Hier wird ein abknickender T-Stoß angesetzt (**ℓ** > 0,5 m).
(*Bild 5.5.5-2*)

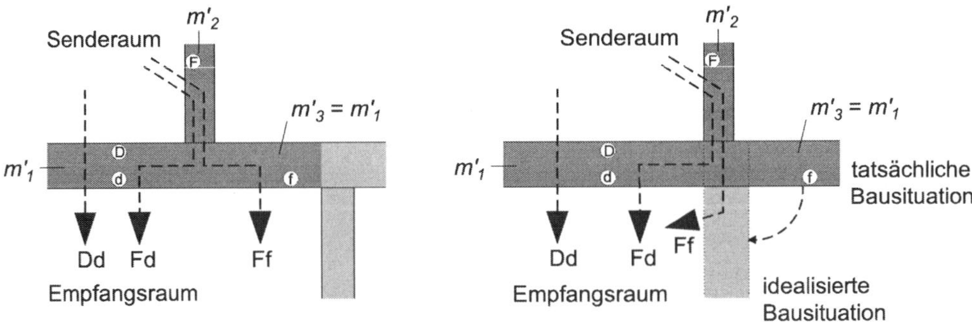

da $m'_2 \neq m'_3$

$$\Rightarrow \quad m'_i = 0,5 \cdot (m'_2 + m'_3) = 0,5 \cdot (169,5 + 476) = 322,75 \frac{\text{kg}}{\text{m}^2} \qquad (\textit{Tabelle 5.5.5-1, Z. 5})$$

$$M = \lg\left(\frac{m'_{\perp i}}{m'_i}\right) = \lg\left(\frac{476}{322,75}\right) = 0,1687 \qquad (\textit{Formel 5.5.5-1})$$

$$M < 0,215 \quad \Rightarrow \quad K_{Ff} = 5,7 + 14,1 \cdot M + 5,7 \cdot M^2 + 3 = 11,2 \text{ dB} \qquad (\textit{Tabelle 5.5.5-1, Z. 8})$$

$$K_{Ff,min} = 10 \cdot \lg\left[\ell_f \cdot \ell_0 \cdot \left(\frac{1}{S_i} + \frac{1}{S_j}\right)\right] = 10 \cdot \lg\left[2,6 \cdot 1 \cdot \left(\frac{1}{2,6 \cdot 3,8} + \frac{1}{2,6 \cdot 0,7}\right)\right] = 2,3 \text{ dB}$$

$K_{Ff} > K_{Ff,min}$

$$K_{Fd} = 4,7 + 5,7 \cdot M^2 = 4,9 \text{ dB}$$

$$K_{Df} = 4,7 + 5,7 \cdot M^2 - 3 = 1,9 \text{ dB}$$ (*Tabelle 5.5.5-1, Z. 8*)

$$K_{Df,min} = 10 \cdot \lg\left[2,6 \cdot 1 \cdot \left(\frac{1}{2,6 \cdot 4,5} + \frac{1}{2,6 \cdot 0,7}\right)\right] = 2,2 \text{ dB}$$

$$K_{Df} < K_{Df,min}$$

$$R_{Ff} = \frac{46,7}{2} + \frac{60,5}{2} + 0 + 11,2 + 6,5 = 71,3 \text{ dB}$$ (*Formel 5.4.2-6*)

$$R_{Fd} = \frac{46,7}{2} + \frac{60,5}{2} + 0 + 4,9 + 6,5 = 65,0 \text{ dB}$$ (*Formel 5.4.2-7*)

$$R_{Df} = 60,5 + 0 + 2,2 + 6,5 = 69,2 \text{ dB}$$ (*Formel 5.4.2-8*)

Lösung zu Aufgabe 36

Trennwand: $\rho_{MW} = 1600 \frac{\text{kg}}{\text{m}^3} \Rightarrow RDK_{MW} = 1,6$

$$m' = m'_{MW} + 2 \cdot m'_{Putz}$$

$$= 0,115 \cdot (900 \cdot 1,6 + 100) + 2 \cdot 0,01 \cdot 1000 = 197 \frac{\text{kg}}{\text{m}^2}$$

$$R_w = 30,9 \cdot \lg(m') - 22,2$$ (*Tab. 5.5.1-5, Z. 3*)

$$= 30,9 \cdot \lg(197) - 22,2 = 48,7 \text{ dB}$$

$$R_{w,KE} = R_w + K_E$$ (*Formel 5.5.1-6*)

$K_E = 3$ dB (bei zwei entkoppelten Kanten) (*Tab. 5.5.1-11, Z. 3*)

$$R_{w,KE} = 48,7 + 3 = 51,7 \text{ dB}$$

Der Unterschied zwischen dem Direkt-Schalldämm-Maß mit und ohne Entkopplung beträgt 3 dB. Das ist für den Nutzer schon deutlich hörbar.

Praktisch sähen die Detailausführung dann folgendermaßen aus:

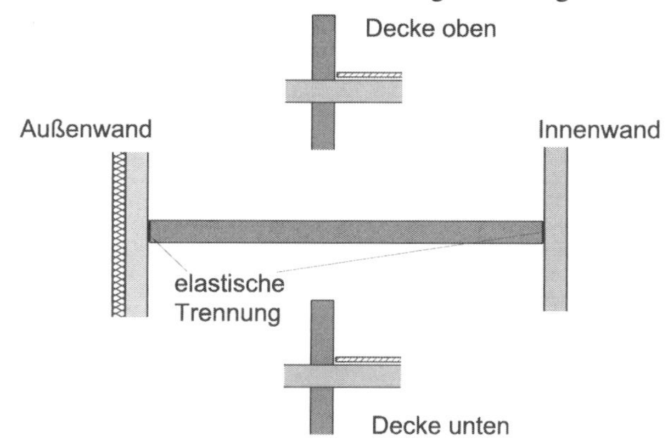

Lösung zu Aufgabe 37

a) Die erforderliche Nachhallzeit in einem Raum für Unterrichtsnutzung mit einem Volumen von $V = 7{,}5 \cdot 10 \cdot 3{,}5 = 262{,}5\ \mathrm{m}^3$ beträgt nach DIN 18041

$T_{soll} = 0{,}6\ s$ *(Bild 6.3.1-1)*

oder

$T_{soll} = 0{,}32 \cdot \lg(V) - 0{,}17 = 0{,}32 \cdot \lg(262{,}5) - 0{,}17 = 0{,}6\ \mathrm{s}$ *(Tab. 6.3.1-2, Zeile 5)*

$erf.\ A_{ges} = 0{,}163 \cdot \frac{V}{T} = 0{,}163 \cdot \frac{262{,}5}{0{,}6} = 71{,}3\ \mathrm{m}^2$ *(Formel 6.1.7-5)*

b) Absorptionsflächen bei 500 *Hz* (Werte aus *Tabellen 6.7-1 bis 6.7-8*):

Oberfläche	Fläche / Volumen / Anzahl		Absorptionsgrad α bzw. ΔA	Absorptionsfläche A in m²
Fußboden	S = 0,20 · (7,5 · 10,0) =	15,0 m²	0,05	0,75
Schüler an Holztischen	n = 0,80 · (7,5 · 10,0) / 3 =	24	0,35	8,4
Decke gelocht	S = x · 7,5 · 10,0 =	75,0 · x	0,71	
Decke glatt	S = (1 - x) · 75,0 =	(1-x) · 75,0	0,09	
Fenster	S = 0,20 · 2 · (10,0 + 7,5) · 3,5 =	24,5 m²	0,05	1,22
Tür	S = 0,02 · 122,5 =	2,5 m²	0,06	0,16
Wände	S = 0,78 · 122,5 =	95,5 m²	0,03	2,87
			Summe:	13,4 m²

$A_{erf.} = A_{vorh.} + A_{Decke,\ gelocht} + A_{Decke,\ glatt}$

$71{,}3 = 13{,}4 + (75 \cdot x \cdot 0{,}71) + (75 \cdot (1 - x) \cdot 0{,}09)$

$71{,}3 - 13{,}4 = 53{,}25 \cdot x + 6{,}75 - 6{,}75 \cdot x$

$51{,}15 = x \cdot (53{,}25 - 6{,}75)$

$x = \frac{51{,}15}{46{,}5} = 1{,}1$

Die Deckenfläche muss zu 100 % in gelochter Ausführung vorgesehen werden und es müssen noch weitere schallabsorbierenden Flächen gefunden werden.

c) Die Deckenfläche ist nicht ausreichend. Weitere schallabsorbierende Maßnahmen könnten sein:

- Schallschluckfläche im oberen Teil der Rückwand
- Anbringen von Vorhängen
- Auswahl einer Deckenverkleidung mit einem größeren Absorptionsgrad

Lösung zu Aufgabe 38

a) Absorptionsfläche der Räume

$$A = 0{,}163 \cdot \frac{V}{T} = 0{,}163 \cdot \frac{b \cdot h \cdot t}{T}$$ (*Formel 6.1.7-5*)

$$= 0{,}163 \cdot \frac{9 \cdot 3{,}1 \cdot 10}{1{,}2} = 37{,}9 \text{ m}^2$$

b) Schallpegel im Klassenraum

$$D(f) = L_{p1}(f) - L_{p2}(f)$$ (*Formel 5.1.2-1*)

$$R(f) = D(f) + 10 \cdot \lg \frac{S}{A(f)}$$ (*Formel 5.1.5-2*)

$$= L_{p1}(f) - L_{p2}(f) + 10 \cdot \lg \frac{S}{A(f)}$$

$$\rightarrow L_{p2}(f) = L_{p1}(f) - R(f) + 10 \cdot \lg \left(\frac{b \cdot h}{A(f)} \right)$$

$$= 75 - 47 + 10 \cdot \lg \left(\frac{9 \cdot 3{,}1}{37{,}9} \right) = 27 \text{ dB}$$

Im nebenan liegenden Klassenraum wird ein Pegel von 27 dB erzeugt.

c) zusätzliche Absorptionsfläche

$$A_{nachher} = 0{,}163 \cdot \frac{V}{T_{nachher}}$$ (*Formel 6.1.7-5*)

$$= 0{,}163 \cdot \frac{279}{0{,}75} = 60{,}6 \text{ m}^2$$

$$\Delta A = A_{nachher} - A_{vorher} = 60{,}6 - 37{,}9 = 22{,}7 \text{ m}^2$$

$$\Delta L = 10 \cdot \lg \left(1 + \frac{\Delta A}{A_{vorher}} \right)$$ (*Formel 6.2-1*)

$$= 10 \cdot \lg \left(1 + \frac{22{,}7}{37{,}9} \right) = 2 \text{ dB}$$

Durch die zusätzlichen Absorptionsflächen im Klassenraum wird eine Schallpegelsenkung von 2 dB erreicht.

d) Beurteilung Raumakustik

Musik: $T_{soll} = 0{,}45 \cdot \log V + 0{,}07$ (*Tabelle 6.3.1-2, Z. 3*)

$V = 279 \text{ m}^3 \rightarrow T_{soll} = 1{,}17 \text{ s}$

$T_{ist} = 1{,}2 \text{ s} \rightarrow$ i.O.

Unterricht: $T_{soll} = 0{,}32 \cdot \log V - 0{,}17$ (*Tabelle 6.3.1-2, Z. 5*)

$V = 279\ \text{m}^3 \rightarrow T_{soll} = 0{,}61\ \text{s}$

$$\frac{T_{ist}}{T_{soll}} = \frac{0{,}75}{0{,}61} = 1{,}23$$ (*Bild 6.3.1-2*)

Die Nachhallzeit im Unterrichtsraum ist noch etwas zu hoch. Zur weiteren Absenkung sind zusätzliche Absorptionsflächen anzuordnen.

Beurteilung Luftschallschutz

erf. $R'_w = 55$ dB (*Tabelle 5.3.2-8, Z. 8*)

Die vorhandene Schalldämmung der Wand mit R_w = 47 dB (vgl. Aufgabenstellung) ist nicht ausreichend. Sie kann z.B. mit einer biegeweichen Vorsatzschale verbessert werden.

Der Pegel im nebenan liegenden Klassenraum beträgt dann bei R_w = 55 dB L_p = 19 dB, was einem leisen Blätterrauschen entspricht.

Lösung zu Aufgabe 39

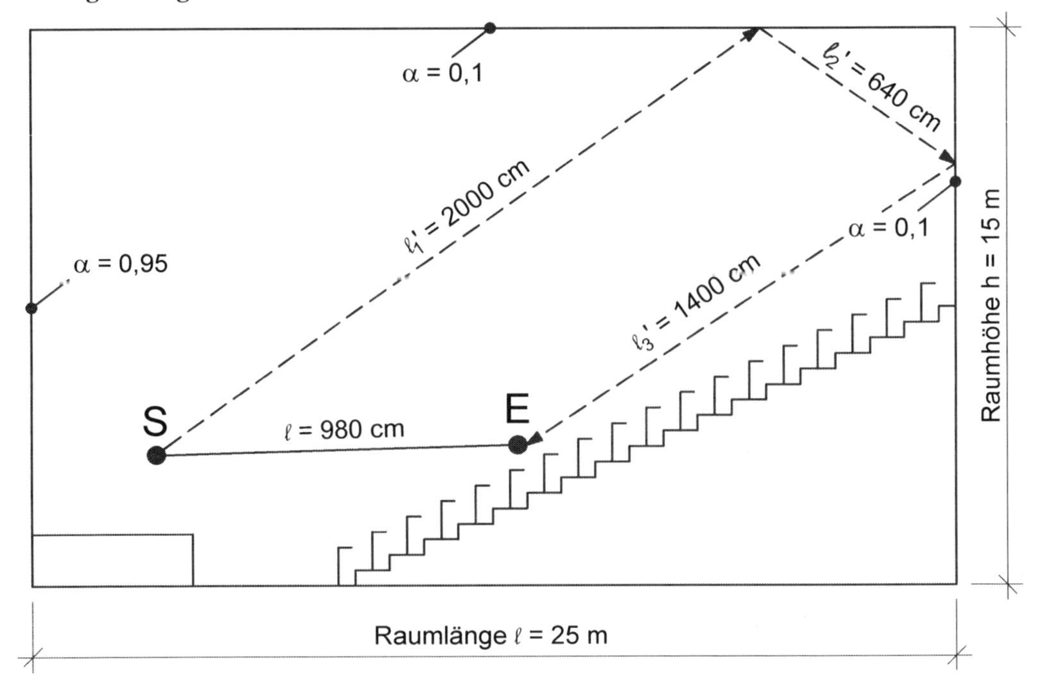

Hörsaal mit ansteigendem Gestühl: skizzenhafter Verlauf eines Schallsignals (durchgezogene Linie: direkter Schall; gestrichelte Linie: reflektierter Schall)

gute Verständlichkeit: *erf* $\Delta\ell \leq 17$ m (*Abschnitt 6.1.3*)
vorhandene Laufwegsunterschiede:

$\ell_{\text{direkt}} = 9{,}8$ m

$\ell_{\text{reflextiert}} = \ell_1' + \ell_2' + \ell_3' = 20 + 6{,}4 + 14 = 40{,}4$ m

vorh. $\Delta\ell = 40{,}4 - 9{,}8 = 30{,}6$ m

vorh. $\Delta\ell >$ erf. $\Delta\ell$ → schlechte Verständlichkeit

Die Verständlichkeit im Raum ist aufgrund der zu großen Laufwegsunterschiede zwischen direktem und reflektiertem Schall ungünstig.

Als Verbesserungsmaßnahmen sind Absorberflächen im Bereich der Rückwand und/oder hinterer Deckenteil des Hörsaals erforderlich, um die Schallreflexionen dort zu unterdrücken.

Lösung zu Aufgabe 40

a) angestrebte Nachhallzeit nach DIN 18041
Volumen des Raumes
$V = (20{,}0 \cdot 7{,}5 \cdot 6{,}0) - (5{,}0 \cdot 5{,}5 \cdot 1{,}0) = 872{,}5 \text{ m}^3$
Musiknutzung $\rightarrow T_{soll} = 1{,}4\ s$ (*Bild 6.3.1-1*)

b) Berechnung der Nachhallzeit

$$T(f) = 0{,}163 \cdot \frac{V}{A(f)}$$ (*Formel 6.1.8-1*)

$$A = \sum_{i=1}^{n} \alpha_i \cdot S_i + \sum_{j=1}^{k} A_j + \sum_{o=1}^{p} \alpha_{s,k} \cdot S_k + 4 \cdot m \cdot V(1 - \Psi)$$ (*Formel 6.1.7-1 und 6.1.7-2*)

Anzahl der Musiker: $k = 27{,}5 / 2{,}3 = 12$

Dämpfungskonstante der Luft: $m = 0{,}6$ in 10^{-3} Nepar/m

Berechnung der Absorptionsflächen bei 500 Hz (α *Tabellen 6.7-1 bis 6.7-12*):

Oberfläche	Fläche / Volumen / Anzahl		Absorptionsgrad α –	Absorptionsfläche A in m²
Fußboden Gänge	S = (20,0 · 7,5) - 5,5 · (11,5 + 5,0)=	59,25 m²	0,10	5,9
Decke	S = 0,98 · 20,0 · 7,5 =	147,0 m²	0,09	13,2
Lüftungsgitter	S = 150,0 · 0,02 =	3,0 m²	0,50	1,5

Oberfläche	Fläche / Volumen / Anzahl		Absorptionsgrad α –	Absorptionsfläche A in m²
Tür	S = 2,0 · 2,0 =	4,0 m²	0,06	0,2
Seitenwände	S = 2 · 20,0 · 6,0 =	240,0 m²	0,03	7,2
Stirnwand Bühne	S = 7,5 · 6,0 - 1,0 · 5,5 =	39,5 m²	0,03	1,2
Stirnwand Tür	S = 7,5 · 6,0 - 2,0 · 2,0 =	41,0 m²	0,03	1,2
Podestseiten	S = (5,5 + 5,0 + 5,0) · 1,0 =	15,5 m²	0,05	0,8
Publikum	S = 11,5 · 5,5 =	63,25 m²	0,60	38,0
Musiker	S = 5,0 · 5,5 = 27,5 m² n = 27,5 / 2,3 =	12	0,43	5,2
Luft	V =	872,5 m³	$A_{air} = 4 \cdot m \cdot V =$	2,1
			Summe:	76,5 m²

$$T_{(500\text{ Hz})} = 0{,}163 \cdot \frac{V}{A_{(500\text{ Hz})}} = 0{,}163 \cdot \frac{872{,}5}{76{,}5} = 1{,}86\text{ s}$$ (*Formel 6.1.8-1*)

Toleranzbereich $\frac{T_{ist}}{T_{soll}} = \frac{1{,}86}{1{,}4} = 1{,}33$ (*Bild 6.3.1-2*)

obere Grenze = 1,2 → außerhalb des Tolenanzbereichs

Die sich ergebende Nachhallzeit liegt bei 1,86 *s* (T_{soll} = 1,4 s) und liegt auch außerhalb des Toleranzbereichs.

c) Ermittlung der zusätzlichen Schallschluckfläche

$$erf.\,A_{ges} = 0{,}163 \cdot \frac{V}{T} = 0{,}163 \cdot \frac{872{,}5}{1{,}4} = 101{,}5\text{ m}^2$$ (*Formel 6.1.7-5*)

$$\Delta A_{ges} = 101{,}5 - 76{,}5 = 25\text{ m}^2 = S_{Wand,verkleidet} \cdot (\alpha_{nachher} - \alpha_{vorher})$$

$$S_{Wand,verkleidet} = \frac{25\text{ m}^2}{0{,}70 - 0{,}03} = 37{,}3\text{ m}^2$$

Mindestens 38 m² der Wandflächen müssen schallabsorbierend (α = 0,7) ausgeführt werden. Diese sollten an der Rückwand (Stirnwand mit Tür) im oberen Bereich angeordnet werden, um Rückwandreflexionen zu minimieren. Laufzeitdifferenzen zwischen direktem und reflektierten Schall von über 0,05 Sekunden führen zu Verschlechterungen der Verständlichkeit.

Lösung zu Aufgabe 41

$V = 9{,}9 \cdot 5{,}2 \cdot 3{,}2 = 165\ \text{m}^3$

$T_{soll} = (0{,}32 \cdot \log V - 0{,}17) = 0{,}54\ \text{s}$ *(Tab. 6.3.1-2, Z. 5)*

$$A_{0,(unbesetzt)} = 0{,}163 \cdot \frac{V}{T_0} = 0{,}163 \cdot \frac{165}{0{,}9} = 29{,}9\ \text{m}^2$$ *(Formel 6.1.7-5)*

$$T_{besetzt} = 0{,}163 \cdot \frac{V}{A_0 + A_{Personen}}$$

$$= 0{,}163 \cdot \frac{165}{29{,}9 + 20 \cdot 0{,}43} = 0{,}70\ s$$

$$\frac{T_{ist}}{T_{soll}} = \frac{0{,}70}{0{,}54} = 1{,}3$$ *(nach Bild 6.3.1-2)*

Die erforderliche Nachhallzeit nach DIN 18041 für Unterrichtsnutzung wird überschritten, der Quotient aus Ist- und Soll-Wert liegt oberhalb des Toleranzbereichs. Zusätzliche Akustikeinbauten, z.B. im Deckenbereich, sind daher erforderlich.

Lösung zu Aufgabe 42

a) Absorptionsflächen bei 1 kHz (Werte aus *Tabellen 6.7-1 bis 6.7-12*):

Oberfläche	Fläche / Volumen / Anzahl		Absorptionsgrad α_s –	Absorptionsfläche A in m²
Schüler an Holztischen	n = 20 (≙ 20 · 3 m² = 60 m²)	20	A = 0,32	6,4
Fußboden	S = (12,0 · 6,5) - 60=	18,0 m²	0,20	3,6
Decke	S = 12,0 · 6,5 =	78,0 m²	0,05	3,9
Fenster		14,0 m²	0,04	0,6
Vorhänge		3,0 m²	0,90	2,7
Tür		2,5 m²	0,05	0,1
Seitenwände	S = (2 · 12,0 · 3,7) - 14,0- 3,0- 2,5 =	69,3 m²	0,05	3,5
Stirnwände	S = 2 · 6,5 · 3,7 =	48,1 m²	0,05	2,4
			Summe:	23,2 m²

$$vorh.\ T = 0{,}163 \cdot \frac{V}{A_{ges}} = 0{,}163 \cdot \frac{288{,}6}{23{,}2} = 2{,}03\ \text{s}$$ *(Formel 6.1.8-1)*

Es ergibt sich eine Nachhallzeit bei 1 kHz von 2,03 *s*.

b) Die erforderliche Nachhallzeit in einem Raum für Unterrichtsnutzung mit einem Volumen von 288 m³ beträgt nach DIN 18041:

$T_{soll} = (0{,}32 \cdot \log V - 0{,}17) = 0{,}62\,s.$ (*Tab. 6.3.1-2, Z. 5*)

$$erf.\,A_{ges} = 0{,}163 \cdot \frac{V}{T} = 0{,}163 \cdot \frac{288{,}6}{0{,}62} = 75{,}9\ \text{m}^2$$ (*Formel 6.1.7-5*)

$\Delta A = erf.\,A - vorh.\,A = 75{,}9 - 23{,}2 = 52{,}7\ \text{m}^2$

$52{,}7\ \text{m}^2 = A_{Decke,\ nachher} - A_{Decke,\ vorher} = 78\ \text{m}^2 \cdot (\alpha_{nachher} - 0{,}05)$

$\alpha_{nachher} = 0{,}73$

Es sind 52,7 m² zusätzliche äquivalente Absorptionsflächen notwendig; Umsetzung: z.B. Ausführung der Decke als Absorptionsfläche mit $\alpha_s = 0{,}73$.

c) Schallpegelminderung

$$\Delta L_{(1\ \text{kHz})} = 10 \cdot \log\left[1 + \frac{\Delta A}{A_{vorher}}\right]$$ (*Formel 6.2-1*)

$$= 10 \cdot \log\left[1 + \frac{52{,}7}{23{,}2}\right] = 5\ \text{dB}$$

Die sich ergebende Schallpegelminderung beträgt 5 dB.

Lösung zu Aufgabe 43

resultierender Schallpegel im Raum

$$L_{ges} = 10 \cdot \log\left(10^{0{,}1 \cdot L_1} + 10^{0{,}1 \cdot L_2} + 10^{0{,}1 \cdot L_3} + 10^{0{,}1 \cdot L_4}\right)$$ (*Formel 4.1.3-2*)

$$= 10 \cdot \log\left(10^{7{,}4} + 10^{7{,}8} + 10^{8{,}4} + 10^{8{,}8}\right)$$

$$= 90\ \text{dB}$$

Der resultierende Schallpegel beträgt 90 *dB*, wenn alle vier Geräte gleichzeitig betrieben werden.

Absorptionsfläche im Auswerteraum

$$R = L_{Sende} - L_{Empfang} + 10 \cdot \log \frac{S_{Trennwand}}{A_{Empfang}}$$ (*Formel 5.1.5-2 und 5.1.2-1*)

$$\Leftrightarrow \log \frac{S_{Trennwand}}{A_{Empfang}} = \frac{R - L_{Sende} + L_{Empfang}}{10}$$

$$\frac{S_{Trennwand}}{A_{Empfang}} = 10^{\frac{R - L_{Sende} + L_{Empfang}}{10}}$$

$$A_{Empfang} = \frac{S_{Trennwand}}{10^{\frac{R-L_{Sende}+L_{Empfang}}{10}}}$$

$$= \frac{20}{10^{\frac{53-90+35}{10}}} = 31{,}7\,\mathrm{m}^2$$

Die erforderliche Absorptionsfläche muss mindestens 31,7 m² betragen.

Absorptionsgrad der Begrenzungsflächen

$$S_{Empfang,\,ges} = 2 \cdot (5 \cdot 6 + 5 \cdot 4 + 6 \cdot 4) = 74\ \mathrm{m}^2$$

$$A = \alpha \cdot S$$

$$\alpha = \frac{A}{S} = \frac{31{,}7}{74{,}0} = 0{,}43$$

Die Anforderungen werden erfüllt, wenn der mittlere Absorptionsgrad der Begrenzungsflächen 0,43 beträgt.

Lösung zu Aufgabe 44

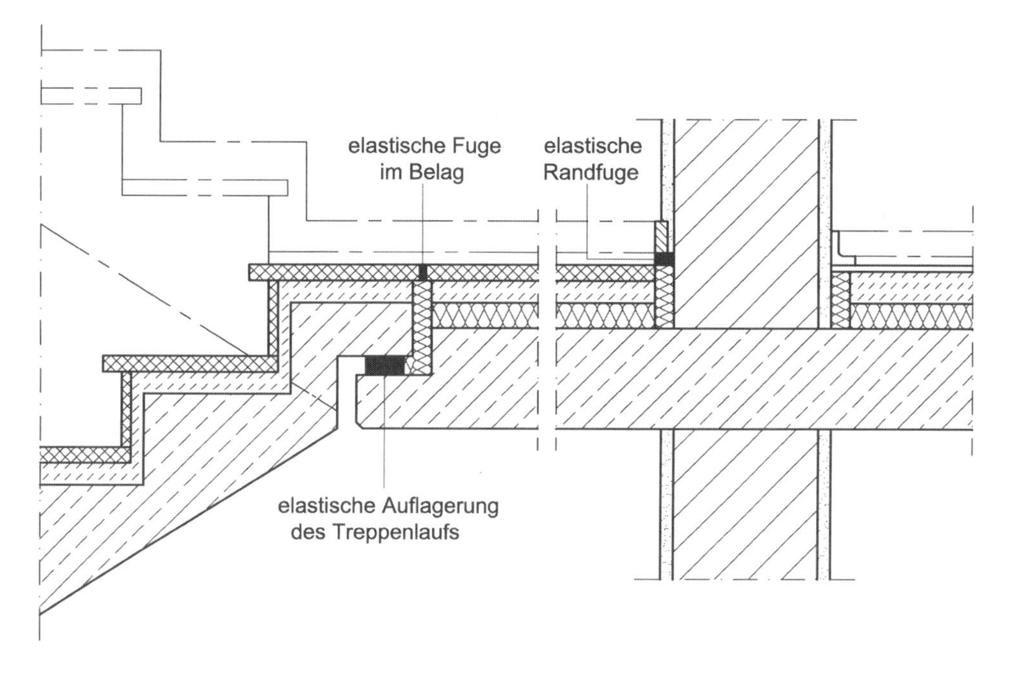

Vertikalschnitt: Elastische Auflagerung eines vom Treppenhaus getrennten Treppenlaufs auf dem Treppenpodest mit schwimmendem Estrich. Zu beachten sind neben dem elastischen Auflager auch die elastischen Fugen im Belag und Randbereich zur Randleiste.

2.4 Brandschutz

2.4.1 Antworten zu Verständnisfragen

Lösung zu Frage 1

Baustoffklasse	bauaufsichtliche Benennung
A	nichtbrennbare Baustoffe
B1	schwerentflammbare Baustoffe
B2	normalentflammbare Baustoffe
B3	leichtentflammbare Baustoffe

Lösung zu Frage 2

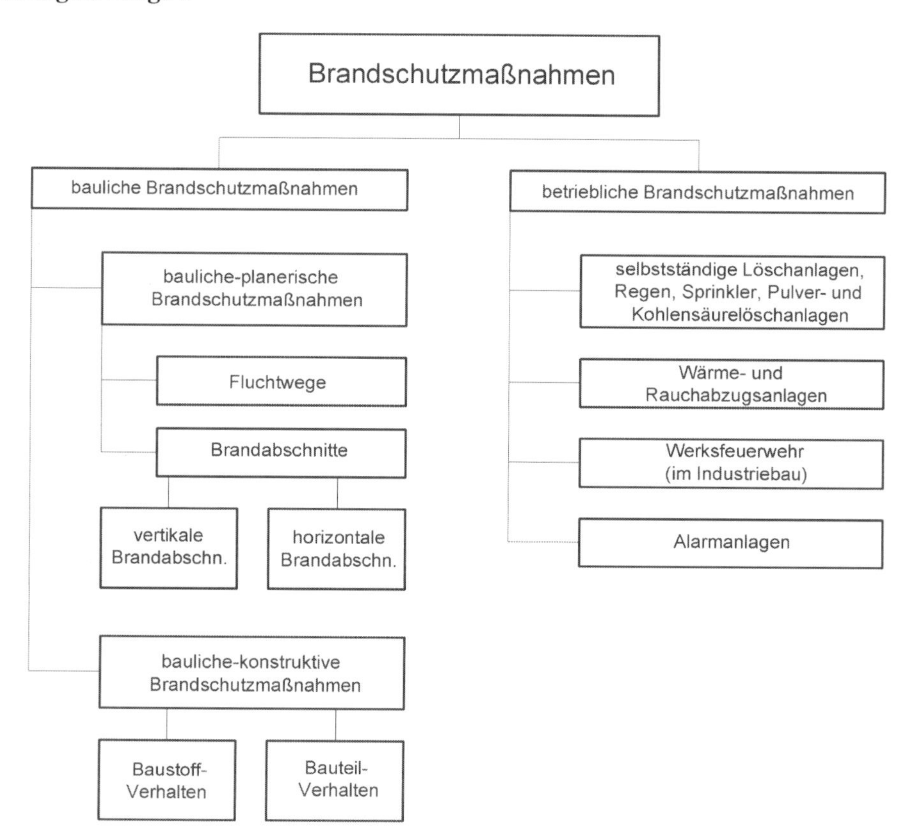

Überblick über die primären Brandschutzmaßnahmen.

Lösung zu Frage 3

Das Bauwerk muss derart entworfen und ausgeführt sein, dass bei einem Brand:

- die Tragfähigkeit des Bauwerks während eines bestimmten Zeitraums erhalten bleibt,
- die Entstehung und Ausbreitung von Feuer und Rauch innerhalb des Bauwerks begrenzt wird,
- die Ausbreitung von Feuer auf benachbarte Bauwerke begrenzt wird,
- die Bewohner das Gebäude unverletzt verlassen oder durch andere Maßnahmen gerettet werden können
- die Sicherheit der Rettungsmannschaften berücksichtigt ist.

Lösung zu Frage 4

Der Verlauf eines Brandes wird im Wesentlichen bestimmt durch:

- Menge und Art der brennbaren Materialien (Brandlast), die das Gesamt-Wärmepotential darstellen,
- Konzentration und Lagerungsdichte der Brandlast,
- Verteilung der Brandlast im Brandraum,
- Geometrie des Brandraumes,
- thermische Eigenschaften (insbesondere Wärmeleitfähigkeit und Wärmekapazität) der Bauteile, die den Brandraum umschließen,
- Ventilationsbedingungen, die die Sauerstoffzufuhr zum Brandraum steuern,
- Löschmaßnahmen

Lösung zu Frage 5

- den Landesbauordnungen
- DIN 4102, Brandverhalten von Baustoffen und Bauteilen
- DIN 18230, Baulicher Brandschutz im Industriebau
- Gewerbeordnung
- DIN EN 13501, Europäisches Klassifizierungssystem
- SonderBauVO mit:
    - Versammlungsstättenverordnung
    - Garagenverordnung
    - Hochhausrichtlinien
    - Beherbergungsstättenverordnung
    - Hochhausbau-Richtlinie
    - Schulbaurichtlinie
    - Industriebaurichtline
    - Garagenverordnung
    - Verkaufsstättenverordnung
    - Wohnform-Richtlinie

Lösung zu Frage 6

Gleichzeitiges Vorhandensein von:

- brennbarem Stoff
- Sauerstoff
- Entzündungstemperatur

Lösung zu Frage 7

Flash-over ist die englische Bezeichnung für „Brandüberschlag“ oder „Feuerübersprung“. Nach Entstehen eines Schwelbrandes und Ausbreiten eines Brandherdes erhitzt sich die Raumluft mehr oder weniger schnell, bis die Temperatur zum Feuerübersprung auf die Brandlast des gesamten Raumes ausreicht.

Lösung zu Frage 8

Um einheitliche Prüf- und Beurteilungsgrundlagen für das Brandverhalten von Bauteilen zu schaffen, wurde auf internationaler Ebene eine „Einheitstemperaturzeitkurve“ (ETK) festgelegt. Auf ihr basieren die Bauteilprüfungen nach DIN 4102. Der Temperaturanstieg in der ETK wird nach der im Bild angegebenen Gleichung bestimmt.

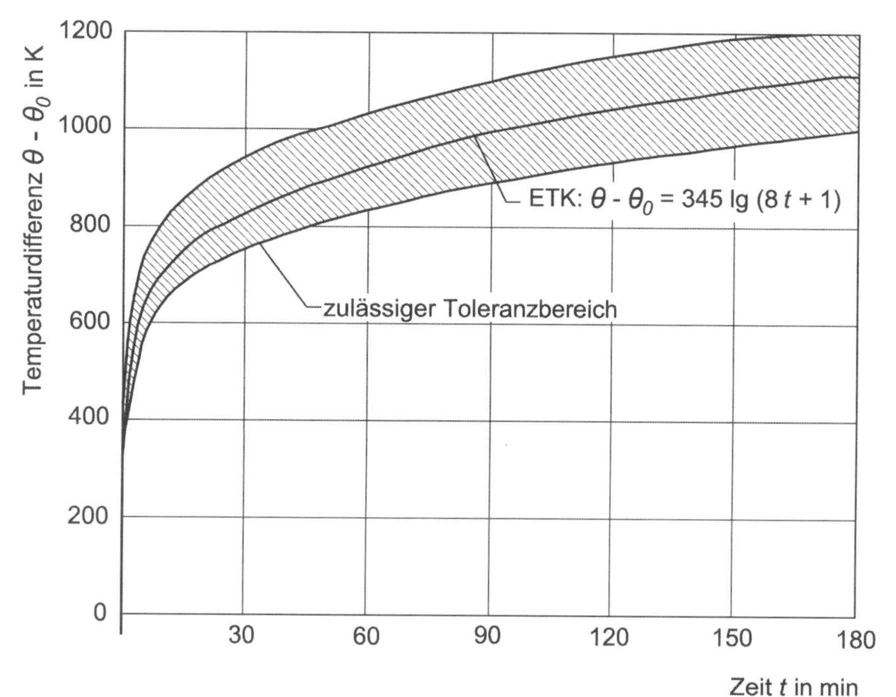

Verlauf der Einheitstemperaturkurve (ETK) mit θ_0= Ausgangstemperatur

Lösung zu Frage 9

Die Feuerwiderstandsklassen geben an, für wie viele Minuten ein Bauteil in einem Normbrand die jeweiligen Anforderungen an den Feuerwiderstand erfüllt. Die Widerstandsdauer wird dabei in Intervalle (Klassen) eingeordnet.

Lösung zu Frage 10

F90-A: Bauteil mit Feuerwiderstandsklasse F 90 (das Bauteil erfüllt im Brandfall mindestens 90 Minuten seine Funktion) und aus nichtbrennbaren Baustoffen

Lösung zu Frage 11

F60-AB: Bauteil mit Feuerwiderstandsklasse F 60 (das Bauteil erfüllt im Brandfall mindestens 60 Minuten seine Funktion) und in den wesentlichen Teilen aus nichtbrennbaren Baustoffen

Lösung zu Frage 12

ETK Einheitstemperaturkurve
R Feuerwiderstandsklasse von tragenden Bauteilen ohne Raumabschluss
s Rauchentwicklungsklasse
d Klassifizierung „brennendes Abtropfen / Abfallen“

Lösung zu Frage 13

Der Brandablauf lässt sich in 4 Phasen einteilen:

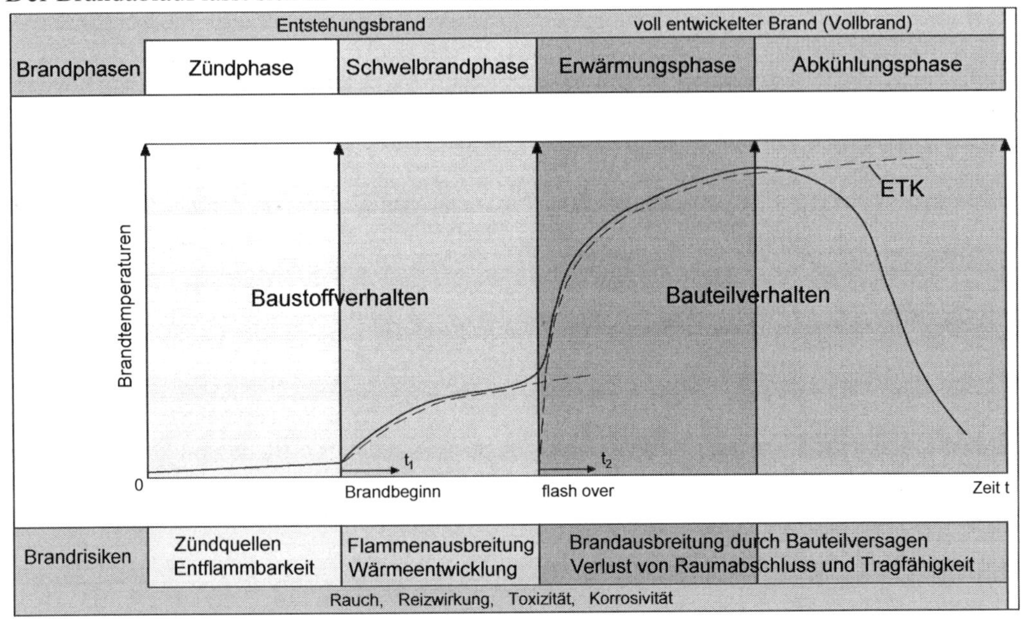

Lösung zu Frage 14

T30-RS: Tür mit Feuerwiderstandsdauer F 30 (das Bauteil erfüllt im Brandfall mindestens 30 Minuten seine Funktion) und Rauchschutz.
Die Tür muss selbstschließend sein.

Lösung zu Frage 15

Beide Verglasungen benötigen grundsätzlich eine allgemeine bauaufsichtliche Zulassung durch das Institut für Bautechnik in Berlin, die nur bauteilbezogen (für das komplette Bauteil: Fenster inkl. Rahmen, Glas, Abdichtungen und Montagetechnik) erteilt wird.

Bei den F-Gläsern handelt es sich grundsätzlich um Mehrscheibenverglasung. Die Brandschutzwirkung beruht auf, bei Hitzeeinwirkung, verdampfenden chemischen Verbindungen, die zwischen den Scheiben eingebracht sind (z.B. Wasserglas).
Die einzelnen Scheiben bestehen aus Verbundsicherheitsglas oder Einscheibensicherheitsglas. Durch die Verdampfung beschlagen die Scheiben im Scheibenzwischenraum und verhindern über einen gewissen Zeitraum die Hitzestrahlung vom Brandherd durch das Fenster hindurch.

Bei G-Verglasungen handelt es sich meist um eine Einscheibenverglasung, die im Gegensatz zur F-Verglasung den Durchlass der Hitzestrahlung nicht verhindert, und während der festgelegten Feuerwiderstandsdauer nicht schmelzen oder bersten darf. Die Feuerwiderstandseigenschaften des Glases werden erreicht durch Drahteinlagen, spezielle Rahmen/Glas-Konstruktionen oder chemische Zusätze.

Lösung zu Frage 16

Für die Klassen A2 bis D kam neu der SBI-Test (Single-Burning-Item-Test) hinzu. Dieser ersetzt den bisherigen Brandschachttest nach DIN 4102-1. In diesem Test wird in einer Ecke ein Brandherd angebracht, der in etwa einen brennenden Papierkorb in der Raumecke o. ä. simulieren soll.

Lösung zu Frage 17

Stahl brennt zwar im Vergleich zu Holz nicht, aber Stahl verliert jedoch oberhalb von 500 °C seine Festigkeit und damit seine Tragfähigkeit. Da diese Temperatur innerhalb weniger Minuten erreicht ist, geben Stahlkonstruktionen schneller nach als Holzkonstruktionen.

Lösung zu Frage 18

Jede Nutzungseinheit eines Gebäudes mus mindestens zwei Flucht- und Rettungswege aufweisen. Der erste Fluchtweg muss baulicher Art sein. Der zweite Fluchtweg kann baulich sein, darf aber auch über Rettungsgeräte der Feuerwehr (Rettungsleiter) führen.

Lösung zu Frage 19

<table>
<tr><th>Gebäudetyp</th><th>1</th><th>2</th><th>3</th><th>4</th><th>5</th></tr>
<tr><td>Gebäude</td><td>Freistehende Wohngebäude 1 WE</td><td>Wohngebäude geringer Höhe ≤ 2 WE</td><td>Gebäude geringer Höhe</td><td>andere Gebäude (mittlerer Höhe)</td><td>Hochhaus (hohe Gebäude)</td></tr>
<tr><td>Höhe des obersten Fußbodens eines Aufenthalts-raumes über Geländeober-kante</td><td colspan="3">< 7 m</td><td>> 7 m
≤ 22 m</td><td>> 22 m</td></tr>
</table>

Lösung zu Frage 20

Löschmittel sind:

- Wasser
- Pulver
- Schaum
- CO_2
- Löschdecke
- Sand
- Stickstoff

2.4.2 Lösungen zu Brandschutz-Aufgaben

Lösung zu Aufgabe 1

Der Deckenbalken (mit dreiseitiger Brandbeanspruchung) muss dem Feuer mindestens 60 Minuten standhalten. Bei einer Abbrandgeschwindigkeit von 1,0 mm/min sind somit 60 mm (6 cm) Sperrholz notwendig.

$$d_{char,n} = \beta_n \cdot t = 1 \cdot 60 = 60 \text{ mm} \qquad (\textit{Formel 7.5.4-8})$$

$$k_0 = 1 \quad (\text{da} \quad t \geq 20 \,\text{min})$$

$$d_0 = 7 \text{ mm}$$

$$d_{ef} = d_{char,n} + d_0 \cdot k_0 = 60 \text{ mm} + 7 \text{ mm} \cdot 1 = 67 \text{ mm} \qquad (\textit{Formel 7.5.4-7})$$

$$b_{Balken} = 10 \text{ cm} + 2 \cdot 6{,}7 \text{ cm} = 23{,}4 \text{ cm}$$

$$h_{Balken} = 16 \text{ cm} + 1 \cdot 6{,}7 \text{ cm} = 22{,}7 \text{ cm}$$

Der Deckenbalken benötigt aus brandschutztechnischen Gründen Maße von 24/23 cm.

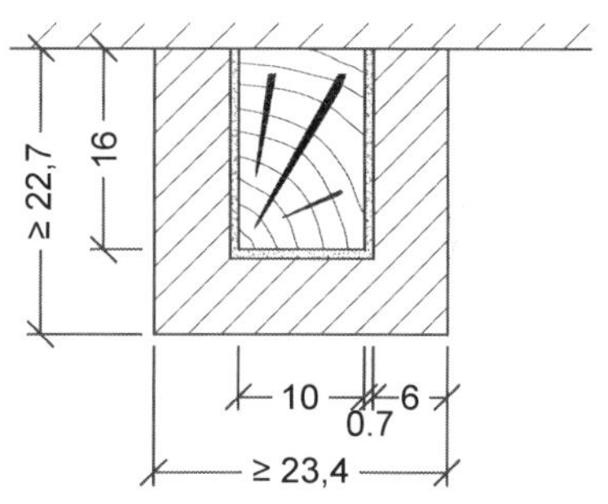

Lösung zu Aufgabe 2

$$d_{ef} = d_{char,n} + d_0 \cdot k_0 \qquad \text{mit} \quad d_0 = 7 \text{ mm} \qquad (\textit{Formel 7.5.4-8})$$

$$d_{char,n} = \beta_n \cdot t = 0{,}8 \cdot 30 = 24 \text{ mm} \qquad (\textit{Formel 7.5.4-7})$$

$$k_0 = 1 \quad , \text{da } t \geq 20 \,\text{min}$$

$$d_{ef} = d_{char,n} + d_0 \cdot k_0 = 24 \text{ mm} + 7 \text{ mm} \cdot 1 = 31 \text{ mm}$$

$$b_{Balken} = 10 \text{ cm} + 2 \cdot 3{,}1 \text{ cm} = 16{,}2 \text{ cm}$$

$$h_{Balken} = 14 \text{ cm} + 3{,}1 \text{ cm} = 17{,}1 \text{ cm}$$

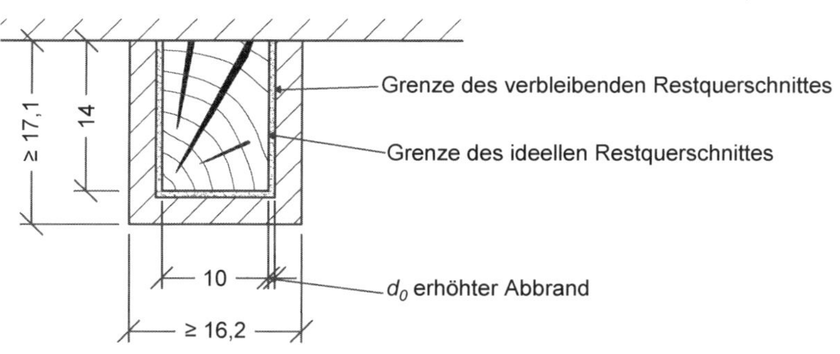

Der Deckenbalken benötigt aus brandschutztechnischen Gründen Maße von 18/18 cm.

Lösung zu Aufgabe 3

$$d_{char,n} = b_n \cdot t = 0{,}8 \cdot 60 = 48 \text{ mm} \qquad (\textit{Formel 7.5.4-7})$$

$$d_{ef} = d_{char,n} + d_0 \cdot k_0 = 48 \text{ mm} + 7 \text{ mm} \cdot 1 = 55 \text{ mm} \qquad (\textit{Formel 7.5.4-8})$$

$$b_{Stütze} = 10 \text{ cm} + 2 \cdot 5{,}5 \text{ cm} = 21 \text{ cm}$$

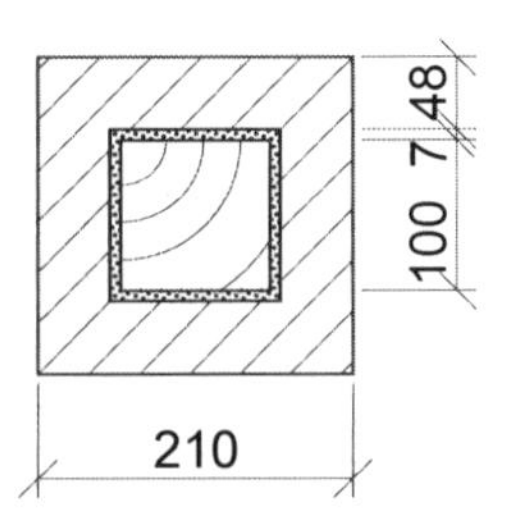

Die Stütze benötigt aus brandschutztechnischen Gründen Abmessungen von 21/21 cm.

Lösung zu Aufgabe 4

Mindestmaß Stützenbreite $b_{min} = 350$ mm (*Tabelle 7.5.4-3, Zeile 9*)

Mindestachsabstand $a = 63$ mm

Lösung zu Aufgabe 5

Mindestplattendicke $h_s = 200$ mm (*Tabelle 7.5.4-6, Spalte 6*)

Mindestachsabstand $a = 35$ mm

Lösung zu Aufgabe 6

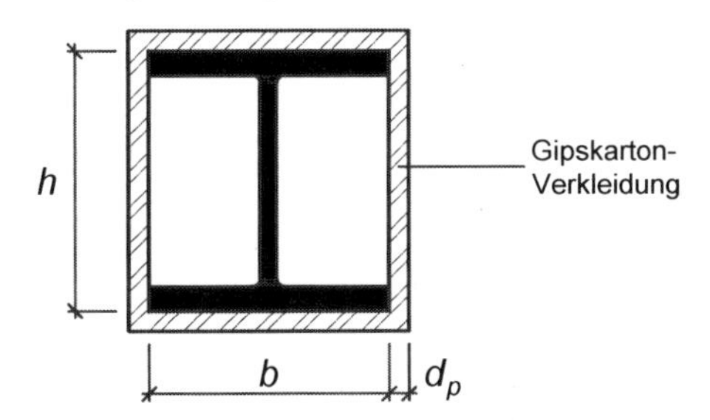

Kritische Stahltemperatur mit $\mu_0 = 0{,}52$

$$\theta_{a,cr} = 39{,}19 \cdot \ln\left(\frac{1}{0{,}9674 \cdot \mu_0^{3{,}833}} - 1\right) + 482 = 578\,°\text{C} \qquad (\textit{Formel 7.5.4-3})$$

Für die Stütze HEB 400 gilt:

h = 400 mm = 0,4 m
b = 300 mm = 0,3 m
A = 198 cm² = 0,01978 m²

(z.B. Wendehorst: Bautechnische Zahlentafeln, 34. Auflage 2012, Seite 798 oder Schneider Bautabellen für Ingenieure, 23. Auflage, Seite 8.191)

Profilfaktor A_P/V

$$\frac{A_P}{V}=\frac{2(b+h)}{A}=\frac{2(0,4+0,3)}{0,01978}=70,8\frac{1}{\text{m}}$$ (*Tab. 7.5.4-7, Zeile 3*)

Kastenverkleidung λ_P/d_P

$$d_P=2\cdot 12,5\text{ mm}=25\text{ mm}=0,025\text{ m}$$

$$\frac{\lambda_P}{d_P}=\frac{0,25}{0,025}=10$$

Eingangswert für Bild 7.5.4-1

$$\frac{A_P}{V}\cdot\frac{\lambda_P}{d_P}=70,8\cdot 10=708$$

→ bei Branddauer t = 120 min ergibt sich $\theta_a \approx 630°C$ (*Bild 7.5.4-1*)

Nachweis für F120-Tauglichkeit

$\theta_{a,cr} \geq \theta_{max}$ (*Formel 7.5.4-2*)

$\theta_{a,crr}$ = 578 °C < $\theta_a \approx$ 630°C

→ Nachweis nicht erbracht, Konstruktion so nicht zulässig

Lösung zu Aufgabe 7

Nach MBO § 31 wird für Decken in Obergeschossen von Gebäuden der Gebäudeklasse 5:

Anforderung: Fb =„feuerbeständig"

(z.B. Wendehorst: Bautechnische Zahlentafeln, 34. Auflage 2012, Seite 305 oder Schneider Bautabellen für Ingenieure, 23. Auflage, Seite 10.95)

„feuerbeständig" → F90-AB (*Tabelle 7.4.2-1, Zeile 10*)

Kritische Stahltemperatur

ohne weitere Angabe: μ_0 = 0,59 → $\theta_{a,cr}$ = 557°C (*Seite 513, 2. Abschnitt*)

Zulässige Stahltemperatur

$$\max \theta_a = \theta_{a,cr} = 557°C$$

Für den Unterzug IPE 360 gilt:

$h = 360 \text{ mm} = 0{,}36 \text{ m}$
$b = 170 \text{ mm} = 0{,}17 \text{ m}$
$A = 72{,}7 \text{ cm}^2 = 0{,}00727 \text{ m}^2$
$U = 1{,}3539 \text{ m}^2/\text{m}$
(z.B. Wendehorst: Bautechnische Zahlentafeln, 34. Auflage 2012, Seite 794/795 oder Schneider Bautabellen für Ingenieure, 23. Auflage, Seite 8.186)

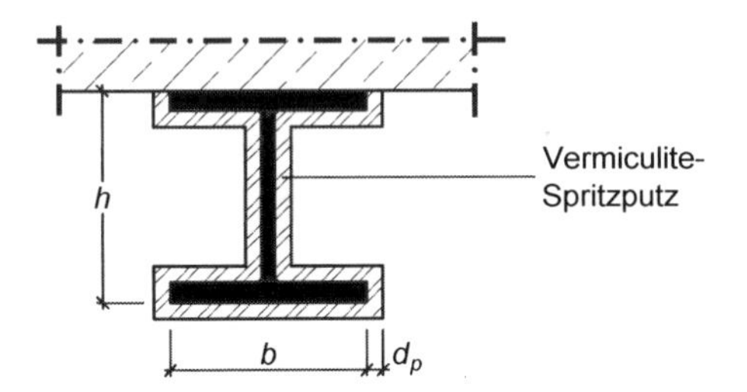

Profilfaktor A_P/V

$$\frac{A_P}{V} = \frac{Stahlumfang - b}{A} = \frac{1{,}3539 - 0{,}17}{0{,}00727} = 155 \text{ m}^{-1}$$ (*Tab. 7.5.4-7, Zeile 4*)

bei einer Branddauer von $t = 90$ min ergibt sich bei $\theta_a = 557°C$

$$\rightarrow \frac{A_P}{V} \cdot \frac{\lambda_P}{d_P} \approx 800$$ (*Bild 7.5.4-1*)

Vermiculite-Beschichtung

$\lambda_P = 0{,}12 \text{ W/(mK)}$ (*Tabelle 7.5.4-8*)

$$\frac{A_P}{V} \cdot \frac{\lambda_P}{d_P} \approx 800 \frac{\text{W}}{\text{m}^3\text{K}}$$

$$\rightarrow d_P = \frac{A_P}{V} \cdot \frac{\lambda_P}{800} = 163 \frac{1}{\text{m}} \cdot \frac{0{,}12}{800} \frac{\text{W}}{\text{mK}} \cdot \frac{\text{m}^3\text{K}}{\text{W}} = 0{,}0245 \text{ m}$$

$d_P \approx 25$ mm

Das Verticulite-Putzsystem muss eine Mindestdicke von 25 mm aufweisen.

Lösung zu Aufgabe 8

a) Für die freistehende Stahlbetonstütze können die Werte abgelesen werden:

Mindeststützenbreite $b_{min} = 350$ mm (*Tabelle 7.5.4-3, Spalte 4*)

Mindestachsabstand $a = 35$ mm

b) freistehende Stahlstütze

Anforderung: $\theta_{a,cr} \geq \theta_{max}$ (*Formel 7.5.4-2*)

Zulässige Stahltemperatur: $\theta_{a,cr} = 557°C$ (*Seite 513, 2. Abschnitt*)

bei einer Branddauer von $t = 90$ min ergibt sich bei $\theta_a = 557°C$

$$\rightarrow \frac{A_P}{V} \cdot \frac{\lambda_P}{d_P} \approx 800$$ (*Bild 7.5.4-1*)

Profilfaktor für eine Kastenverkleidung mit allseitiger Brandbeanspruchung:

Für die Stütze HEA 180 gilt:

$h = 171$ mm $= 0{,}171$ m

$b = 180$ mm $= 0{,}18$ m

$A = 45{,}3$ cm^2 $= 0{,}00453$ m^2

$U = 1{,}024$ m^2/m

(z.B. Wendehorst: Bautechnische Zahlentafeln, 34. Auflage 2012, Seite 796/797 oder Schneider Bautabellen für Ingenieure, 23. Auflage 2018, Seite 8.187)

$$\frac{A_P}{V} = \frac{2 \cdot (h+b)}{Querschnittsfläche} = \frac{2 \cdot (0{,}171 + 0{,}18)}{0{,}00453} = 155 \text{ m}^{-1}$$ (*Tab. 7.5.4-7, Zeile 3*)

Wärmeleitfähigkeit von GK: $\lambda_p = 0{,}20$ W/mK

$$\rightarrow \quad d_P = \frac{A_P}{V} \cdot \frac{\lambda_P}{800} = 155 \cdot \frac{0{,}20}{800} = 0{,}039 \text{ m}$$

gewählt werden 2 GK-Platten mit je 20 mm

Gesamtabmessung der Stütze: a = b = 0,18 + 2 · 0,04 m = 0,26 m

Die Stahlstütze stellt mit Abmessungen von 0,26 m x 0,26 m gegenüber der Stahlbetonstütze mit Abmessungen von 0,35 m x 0,35 m die schlankere Lösung dar, für die sich der Bauherr letztlich entscheidet.

3 Anhang

3.1 Formulare und Diagramme

3.1.1 Wärmeschutz

1. U-Wert-Berechnung eines homogenen, mehrschichtigen Bauteils

Bauteilschicht	d in m	λ in W/(m·K)	R_s / R_i in (m²·K)/W
Wärmeübergang (oben / innen)	-	-	
Wärmeübergang (unten / außen)	-	-	
		R_T =	
		U = 1/R_T =	W/(m²·K)

W. M. Willems et al., *Praxisbeispiele Bauphysik*,
https://doi.org/10.1007/978-3-658-25170-3_3

2. Diagramm Temperaturverlauf

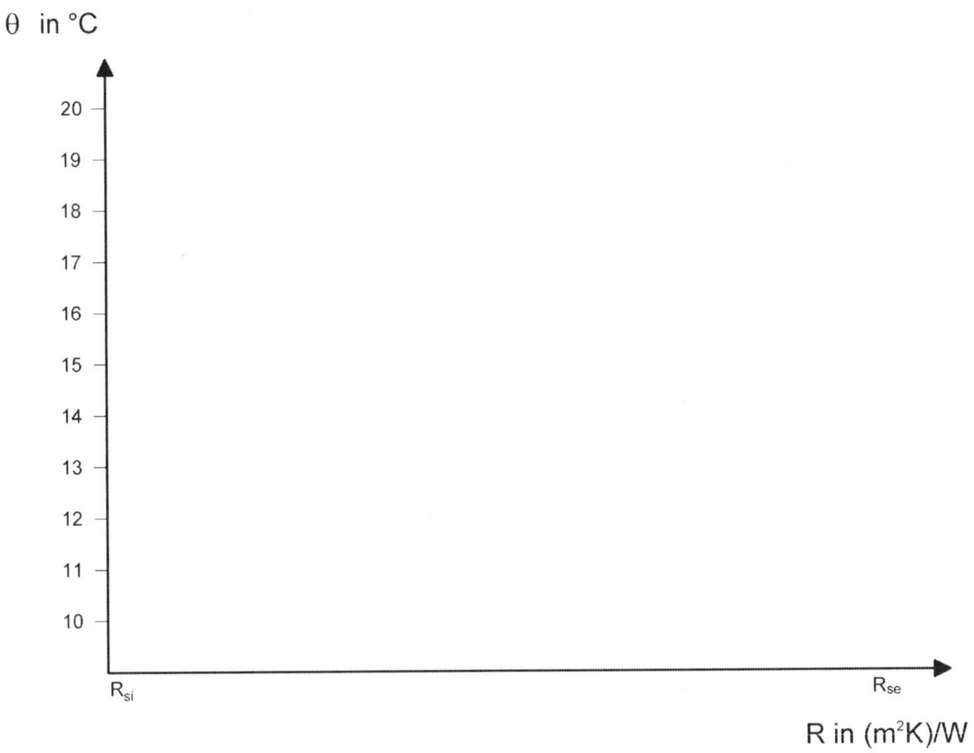

3. Energieeinsparverordnung

- Flächenberechnung (siehe nachfolgende 3 Seiten)

Flächenberechnung

Projekt	Bauko-EnEV-Übungshaus

Fenster (W 1)

Geschoss	Orientierung	Breite	Länge	Höhe	Fläche	Volumen
		in m	in m	in m	in m²	in m³
			SUMMEN =			

Dachfenster (W 2)

Geschoss	Orientierung	Breite	Länge	Höhe	Fläche	Volumen
		in m	in m	in m	in m²	in m³
			SUMMEN =			

Aussenwand (AW 1)

Geschoss	Art	Breite	Länge	Höhe	Fläche	Volumen
		in m	in m	in m	in m²	in m³
			SUMMEN =			

Schrägdach		(D 1)				
Geschoss	Art	Breite	Länge	Höhe	Fläche	Volumen
		in m	in m	in m	in m²	in m³
				SUMMEN =		

Kehlbalkenlage		(D 2)				
Geschoss	Art	Breite	Länge	Höhe	Fläche	Volumen
		in m	in m	in m	in m²	in m³
				SUMMEN =		

Außenwand zur Garage (Höhe = 2,80 m)			(AW 2)			
Geschoss	Art	Breite	Länge	Höhe	Fläche	Volumen
		in m	in m	in m	in m²	in m³
				SUMMEN =		

Treppenhauswand		(U 1)				
Geschoss	Art	Breite	Länge	Höhe	Fläche	Volumen
		in m	in m	in m	in m²	in m³
				SUMMEN =		

Innenwand zum unbeheizten Keller			(U 2)			
Geschoss	Art	Breite	Länge	Höhe	Fläche	Volumen
		in m	in m	in m	in m²	in m³
				SUMMEN =		

Kellerwand - erdberührt (vom beheizten Keller)				(G 1)		
Geschoss	Art	Breite	Länge	Höhe	Fläche	Volumen
		in m	in m	in m	in m²	in m³
				SUMMEN =		

Kellerdecke zum unbeheizten Keller				***(G 2)***		
Geschoss	***Art***	***Breite***	***Länge***	***Höhe***	***Fläche***	***Volumen***
		in m	in m	in m	in m²	in m³
				SUMMEN =		

Bodenplatte vom beheizten Keller				***(G 3)***		
Geschoss	***Art***	***Breite***	***Länge***	***Höhe***	***Fläche***	***Volumen***
		in m	in m	in m	in m²	in m³
				SUMMEN =		

Decke über Außenluft - Erkerboden				***(FB 1)***		
Geschoss	***Art***	***Breite***	***Länge***	***Höhe***	***Fläche***	***Volumen***
		in m	in m	in m	in m²	in m³
				SUMMEN =		

Summe wärmeübertragende Gebäudehüllfläche A = m²

Volumen						
Geschoss	***Art***	***Breite***	***Länge***	***Höhe***	***Fläche***	***Volumen***
		in m	in m	in m	in m²	in m³
				Summe =	V_e=	

beheiztes Gebäudevolumen	V_e =	m³
wärmeübertragende Umfassungsfläche	A =	m²
Gebäudenutzfläche	A_N =	m²

4. Zusammenstellung der monatlichen Leitwerte

Monat	θ_i in °C	$\theta_{e,m}$ in °C	$\Phi_{x,m}$ in W	$L^*_{s,m}$ in W/K
Januar				
Februar				
März				
April				
Mai				
Juni				
Juli				
August				
September				
Oktober				
November				
Dezember				
Jahressumme				

3.1.2 Feuchteschutz

1. Carrier-Diagramm

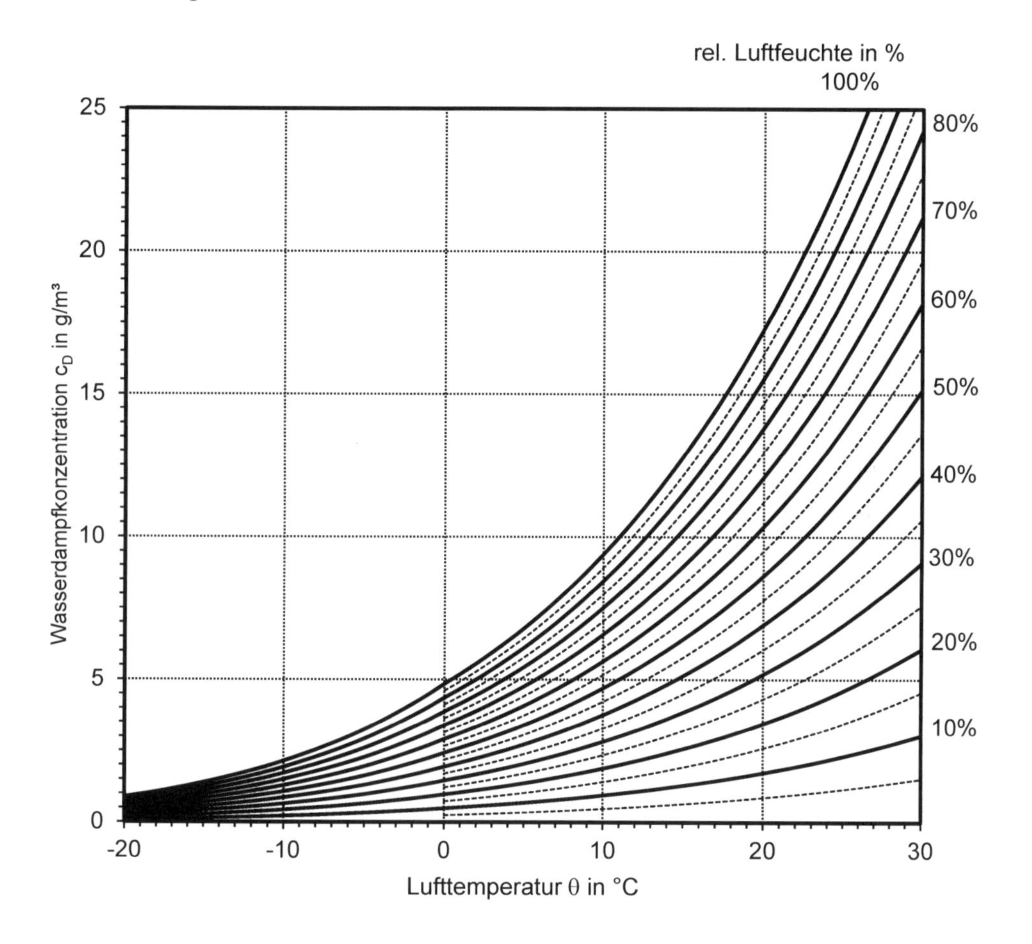

2. Glaser-Verfahren

Klimatische Randbedingungen gemäß DIN 4108-3

Periode	Raumklima				Innenklima			
①	②	③	④	⑤	⑥	⑦	⑧	⑨
	θ_i in °C	$p_{s,i}$ in Pa	ϕ_i in %	$p_i = \phi_i \cdot p_{s,i}$ in Pa	θ_e in °C	$p_{s,e}$ in Pa	ϕ_e in %	$p_e = \phi_i \cdot p_{s,e}$ in Pa
Tauperiode t_T = 2160 h								
Verdunstungs-periode t_V = 2160 h								

Berechnung

	①	②	③	④	⑤	⑥	⑦	⑧	⑨	⑩
Nr.	Bauteilschicht n	d_n	λ_n	$R_n = \frac{d_n}{\lambda_n}$ R_{si}, R_{se}	μ_n	$s_{d,n} = \mu_n \cdot d_n$	$s_{d,n}/\Sigma s_d$	$\Delta\theta = \frac{d_n}{\lambda_n}(\theta_i - \theta_e)U$	θ	p_s
–	–	in m	in W/(m·K)	in m²·K/W	–	in m		in K	in °C	in Pa
–	Wärmeübergang (innen)									
1										
2										
3										
4										
5										
6										
7										
8										
–	Wärmeübergang (außen)									
				R_T =		= Σs_d				

$U = \frac{1}{R_T} =$ W/(m²K)

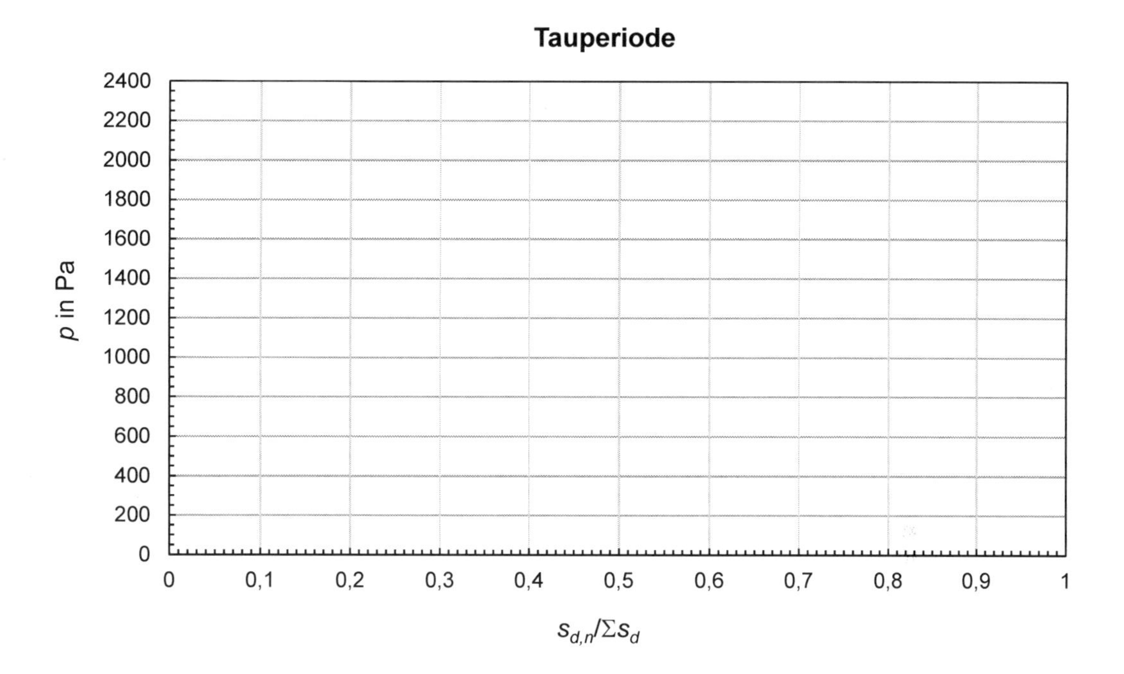
Tauperiode
p in Pa
2400
2200
2000
1800
1600
1400
1200
1000
800
600
400
200
0
0
0,1
0,2
0,3
0,4
0,5
0,6
0,7
0,8
0,9
1
$s_{d,n}/\Sigma s_d$

3. DIN EN ISO 13788

1. Aufstellung der klimatischen Randbedingungen

Monat	Außenklima				Raumklima			
①	②	③	④	⑤	⑥	⑦	⑧	⑨
	$\theta_{e,M}$ in °C	$p_{sat,e,M}$ in Pa	$\phi_{e,M}$ in %	$p_{e,M} = \phi_{e,M} \cdot p_{sat,e,M}$ in Pa	$\theta_{i,M}$ in °C	$p_{sat,i,M}$ in Pa	$\phi_{i,M}$ in %	$p_{i,M} = (\phi_{i,M} \cdot 0{,}05) \cdot p_{sat,i}$ in Pa
							oder	
							$\Delta p_{i,M}$ in Pa	$p_{i,M} = p_{e,M} + 1{,}1 \cdot \Delta p_{i,M}$ in Pa

2. Berechnung für Monat ....

	①	②	③	④	⑤	⑥	⑦	⑧	⑨
Nr.	Bauteilschicht n	d_n	λ_n	μ_n	$R_n = \frac{d_n}{\lambda_n}$ R_{si}, R_{se}	$s_{d,n} = \mu_n \cdot d_n$	$\Delta\theta = \frac{d_n}{\lambda_n} \cdot (\theta_i - \theta_e) \cdot U$	θ	p_{sat}
–	–	m	W/(m·K)	–	m²·K/W	m	K	°C	Pa
	Wärmeübergang (außen)								
	Wärmeübergang (innen)								

$R_T =$

$U = \frac{1}{R_T} =$ W/m²K

3.1.3 Schallschutz

1. Tabelle: Verschiebung der Bezugskurve:

f in Hz	*R'* in dB	Bezugswerte in dB	Bezugswerte, verschoben um ..... dB	ungünstige Abweichung
100				
125				
160				
200				
250				
315				
400				
500				
630				
800				
1000				
1250				
1600				
2000				
2500				
3150				
				Summe = < 32

2. Diagramm zur Ermittlung des bewerteten Schalldämm-Maßes

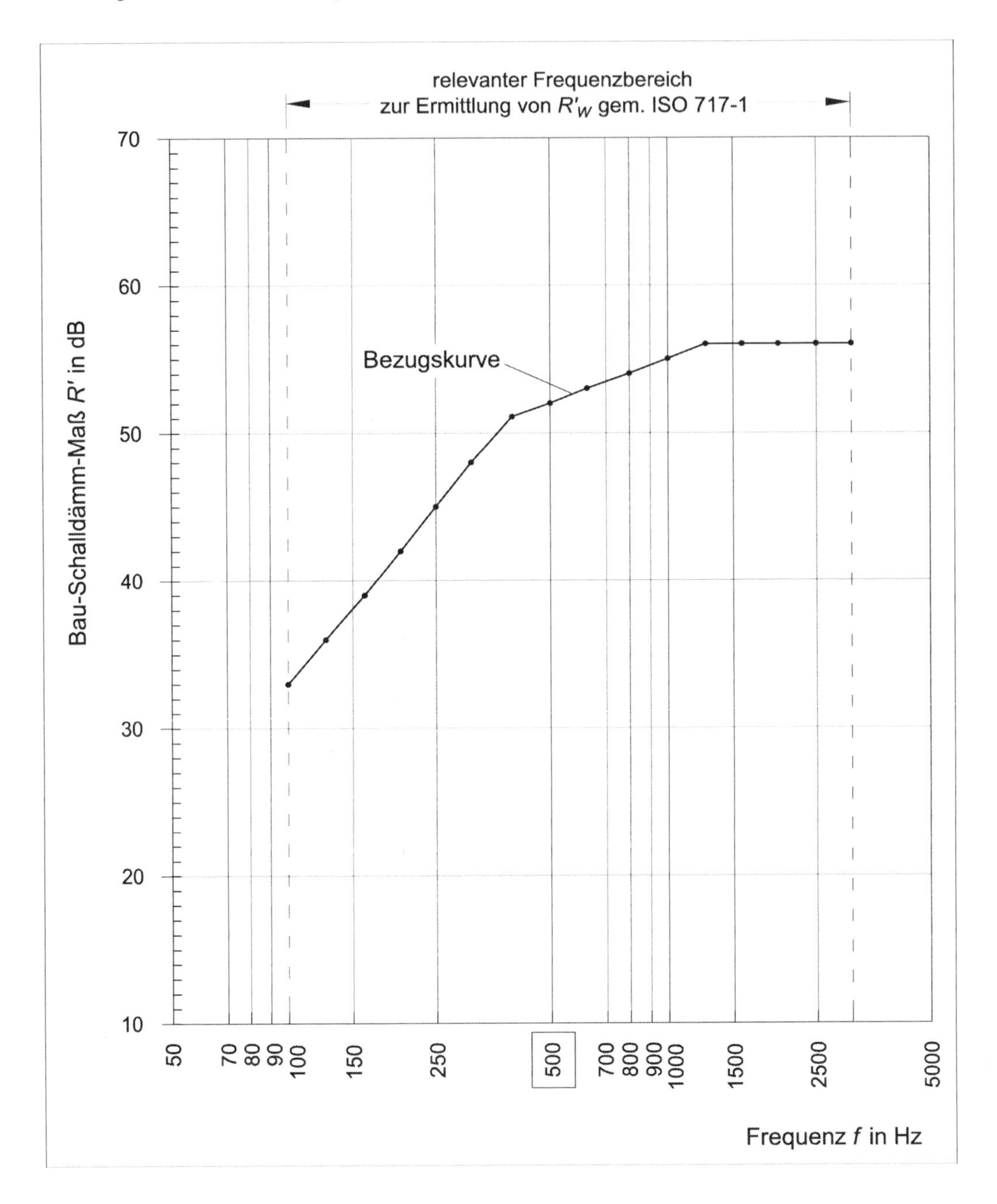

2. Diagramm zur Ermittlung des bewerteten Norm-Trittschallpegels

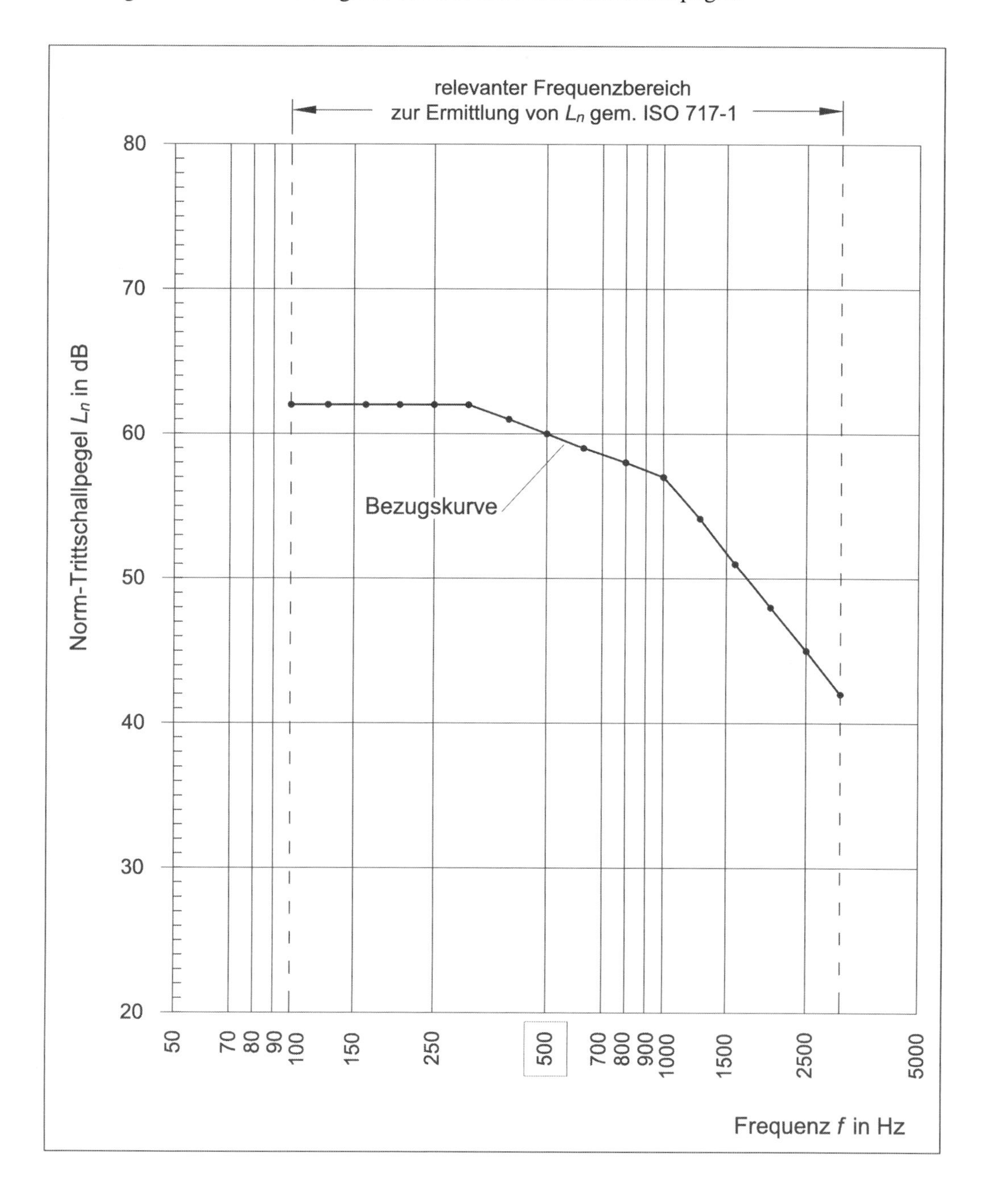

4. Tabelle zur Berechnung der Absorptionsflächen bei .... Hz

Oberfläche	Fläche / Volumen / Anzahl		Absorptionsgrad α -	Absorptionsfläche A in m^2
			Summe:	

Printed in Poland
by Amazon Fulfillment
Poland Sp. z o.o., Wrocław